"十二五"普通高等教育本科国家级规划教材
北京市高等教育精品教材立项项目
高校土木工程专业指导委员会规划推荐教材
(经典精品系列教材)

混凝土结构及砌体结构(下册)

(第二版)

罗福午　方鄂华　叶知满　编著

中国建筑工业出版社

图书在版编目(CIP)数据

混凝土结构及砌体结构. 下册/罗福午等编著. —2 版.
北京：中国建筑工业出版社，2003
"十二五"普通高等教育本科国家级规划教材. 北京市高等教育精品教材立项项目. 高校土木工程专业指导委员会规划推荐教材（经典精品系列教材）
ISBN 978-7-112-05800-6

Ⅰ. 混… Ⅱ. 罗… Ⅲ. ①混凝土结构—高等学校—教材②砌块结构—高等学校—教材 Ⅳ. TU37

中国版本图书馆 CIP 数据核字(2003)第 050147 号

"十二五"普通高等教育本科国家级规划教材
北京市高等教育精品教材立项项目
高校土木工程专业指导委员会规划推荐教材
（经典精品系列教材）

混凝土结构及砌体结构（下册）
（第二版）

罗福午　方鄂华　叶知满　编著

*

中国建筑工业出版社出版、发行（北京西郊百万庄）
各地新华书店、建筑书店经销
北京云浩印刷有限责任公司印刷

*

开本：787×960 毫米　1/16　印张：25　字数：542 千字
2003 年 8 月第二版　2017 年 7 月第二十二次印刷
定价：39.00 元
ISBN 978-7-112-05800-6
(11439)

版权所有　翻印必究
如有印装质量问题，可寄本社退换
（邮政编码　100037）

本册为《混凝土结构及砌体结构（第二版）》上册的续篇，内容包括单层工业厂房结构设计、多层和高层建筑结构设计、砌体结构等三篇。各篇均按照新制订的《建筑结构可靠度设计统一标准》（GB 50068—2001）和 2001 年以来新颁布的各种建筑结构设计规范编制而成。为了符合我国国情，每篇都有抗震设计章节，并附有简明实用的工程设计实例，主要各章还编有供自学用的思考题。本书可作为土木工程专业"钢筋混凝土结构"及"砌体结构"课程的教材，亦可作为高职、高专相应专业的教材，并可供土建工程技术人员参考。

* * *

责任编辑：王跃　朱首明

责任设计：彭路路

责任校对：王金珠

出 版 说 明

1998年教育部颁布普通高等学校本科专业目录，将原建筑工程、交通土建工程等多个专业合并为土木工程专业。为适应大土木的教学需要，高等学校土木工程学科专业指导委员会编制出版了《高等学校土木工程专业本科教育培养目标和培养方案及课程教学大纲》，并组织我国土木工程专业教育领域的优秀专家编写了《高校土木工程专业指导委员会规划推荐教材》。该系列教材2002年起陆续出版，共40余册，十余年来多次修订，在土木工程专业教学中起到了积极的指导作用。

本系列教材从宽口径、大土木的概念出发，根据教育部有关高等教育土木工程专业课程设置的教学要求编写，经过多年的建设和发展，逐步形成了自己的特色。本系列教材投入使用之后，学生、教师以及教育和行业行政主管部门对教材给予了很高评价。本系列教材曾被教育部评为面向21世纪课程教材，其中大多数曾被评为普通高等教育"十一五"国家级规划教材和普通高等教育土建学科专业"十五"、"十一五"、"十二五"规划教材，并有11种入选教育部普通高等教育精品教材。2012年，本系列教材全部入选第一批"十二五"普通高等教育本科国家级规划教材。

2011年，高等学校土木工程学科专业指导委员会根据国家教育行政主管部门的要求以及新时期我国土木工程专业教学现状，编制了《高等学校土木工程本科指导性专业规范》。在此基础上，高等学校土木工程学科专业指导委员会及时规划出版了高等学校土木工程本科指导性专业规范配套教材。为区分两套教材，特在原系列教材丛书名《高校土木工程专业指导委员会规划推荐教材》后加上经典精品系列教材。各位主编将根据教育部《关于印发第一批"十二五"普通高等教育本科国家级规划教材书目的通知》要求，及时对教材进行修订完善，补充反映土木工程学科及行业发展的最新知识和技术内容，与时俱进。

高等学校土木工程学科专业指导委员会
中国建筑工业出版社
2013年2月

第二版前言

本书包含单层工业厂房结构设计、多层和高层建筑结构设计和砌体结构三部分，内容涉及钢筋混凝土结构和砌体结构的整体设计，是《混凝土结构及砌体结构》一书的下册。本书所选择的三种结构类型，既是国民经济建设中量大面广的常用结构，也是土木工程专业大学本科教学中选择作为主要教学内容的典型结构。

根据对结构整体设计的需要，本书引入了许多结构设计的新概念。它们主要包含在下列内容之中：(1) 结构方案、体系和布置；(2) 设计荷载和荷载效应组合；(3) 计算简图选择及内力、位移计算的实用方法；(4) 整体结构中某些构件的设计要点；(5) 构件的连接和节点的构造；(6) 抗地震的设计方法。本书的主要编写目的，是使学习者通过对书中内容的学习，掌握建筑结构设计的方法。故在采用本书作为教材和学习材料时，应着重以其中结构设计方法的内容为主线进行讲授和学习，以便学习者日后在设计各种结构时，能够举一反三地加以应用。

本书第4篇单层工业厂房结构设计，重点介绍了传统的"板-架-柱"体系，也对其他结构体系作了适当的讨论。对于这一篇的内容，要求学习者掌握等高多跨单层厂房的结构布置、主要构件设计要点和主要节点构造做法；也能推及不等高多跨单层厂房的结构设计。

第5篇多层和高层建筑结构设计，在介绍了多层和高层建筑中常用的结构体系、总体布置以及荷载计算与荷载效应组合方法后，重点放在多层框架结构上。要求学习者掌握框架结构的近似计算方法和设计方法；对剪力墙结构和框架-剪力墙结构的设计方法有一定的了解。至于对框筒、筒中筒等空间结构的受力特点，本书只作了概念性的介绍。

第6篇为砌体结构。由于砌体材料不同于钢筋混凝土，本篇从介绍砌体材料的物理力学性能出发，进而说明各种砌体结构构件的设计方法，以及单层、多层砌体结构的墙体设计计算方法。

本书内容除依据现行规范（2002年以来颁布的建筑结构设计新规范）编写外，所具有的一个特点是在每一篇中都编入了抗震设计的部分。这是一种新的探索和尝试。采用这种处理方法的主要考虑是：

1. 我国60%以上国土属于需要进行抗震设防的地区。因此，建筑物的地震作用计算和抗震设计方法应该列为教学的基本内容。本书这方面的内容主要涉及抗震设计的方法。至于有关地面运动知识、动力学原理以及地震反应谱理论等均不在本书范围以内。

2. 抗震设计的重点在于结构布置和结构构造，而这些要求都是在一般结构设计的基础上再增加某些抗震要求来实现的。因此，若同一类结构的抗震与非抗地震设计同时讲述，所占学时既不多，却便于学习者掌握抗震与非抗震的共性和特性，起到概念清晰、印象深刻的效果。

3. 地震作用虽有它的独特性，但在结构设计时，地震作用却是作为一种等效地震荷载方式出现的，计算方法简单，其中反应谱底部剪力法尤其如此。因此，在编写中以及在教学过程中都有可能在对有关地震的概念作简单介绍后，即引入抗震验算方法，并有利于将荷载效应组合中有地震作用或无地震作用的两种情况区分清楚，概念明确。

鉴于上述理由，本书编者认为，将三类结构的抗震设计方法与一般结构设计方法结合起来阐述是有利的，我们也有一定的教学实践经验。但是，由于我们按此体系进行教学的经验毕竟有限，在各篇插入抗震设计部分内容的作法上还不够完善。编写过程中，考虑到各校可能根据需要单独选用本书中的一篇或两篇进行讲述，前后次序的安排也可能不一，因而强调了各篇的相对独立性。今后，如何更加完善地做到各篇既相对独立，又相互呼应，还需要编者与采用本书的教师、教授者和学习者共同努力，在教与学的实践中进一步改革。

本书第4篇由罗福午撰写，第5篇由方鄂华撰写，第6篇由叶知满撰写。第一版完成于1994年11月，1998年10月获建设部1998年科学技术进步二等奖。2002年根据《建筑结构可靠度设计统一标准（GB 50068—2001）》和相应的建筑结构荷载、建筑抗震设计、混凝土结构设计、砌体结构设计、地基基础设计等规范进行改编，作为本书的第二版。

本书一定有不少缺点乃至错误，请读者批评指正。

编者
2003年2月

目 录

第 4 篇 单层工业厂房结构设计

第 16 章 单层工业厂房结构的特性和体系 …………………………………………… 1
  16.1 单层工业厂房结构的特性 ……………………………………………………… 1
  16.2 单层工业厂房结构的体系 ……………………………………………………… 2

第 17 章 单层工业厂房的结构布置和主要结构构件 …………………………………… 7
  17.1 厂房平剖面关键尺寸和变形缝 ………………………………………………… 7
  17.2 屋盖结构的布置和主要构件 …………………………………………………… 8
  17.3 梁、柱体系的布置和主要构件 ………………………………………………… 15
  17.4 基础体系的布置和主要构件 …………………………………………………… 21
  思考题 …………………………………………………………………………………… 22

第 18 章 排架结构的内力分析 …………………………………………………………… 24
  18.1 排架结构的基本假定和计算简图 ……………………………………………… 24
  18.2 排架结构上的荷载 ……………………………………………………………… 25
  18.3 排架结构的内力计算方法 ……………………………………………………… 34
  18.4 排架结构的内力组合方法 ……………………………………………………… 38
  思考题 …………………………………………………………………………………… 40
  附录 1 5~50/5t 一般用途电动桥式起重机基本参数和尺寸系列（ZQ1—62） ……… 41
  附录 2 单阶变截面柱在各种荷载作用下的柱顶反力系数（$c_1 \sim c_8$）表 …………… 43

第 19 章 钢筋混凝土柱和基础设计 ……………………………………………………… 45
  19.1 钢筋混凝土柱的设计 …………………………………………………………… 45
  19.2 钢筋混凝土柱下单独基础的设计 ……………………………………………… 51
  思考题 …………………………………………………………………………………… 57
  设计实例 单层工业厂房钢筋混凝土排架结构设计计算 ……………………………… 58

第 20 章 单厂结构其他主要结构构件的设计要点 ……………………………………… 73
  20.1 吊车梁设计要点 ………………………………………………………………… 73
  20.2 钢筋混凝土屋架设计要点 ……………………………………………………… 80
  20.3 柱间支撑及预埋件设计要点 …………………………………………………… 85

第 21 章 单层工业厂房结构的抗震设计 ………………………………………………… 90
  21.1 按照抗震设计原则制定的主要抗震构造措施 ………………………………… 91
  21.2 横向水平地震作用下的抗震验算 ……………………………………………… 95

21.3　纵向水平地震作用下的抗震验算 ········· 102
思考题 ········· 115

第5篇　多层和高层建筑结构设计

第22章　多层和高层建筑结构体系与布置 ········· 116
　22.1　概述 ········· 116
　22.2　多、高层建筑结构受力特点 ········· 119
　22.3　多、高层建筑结构体系及典型布置 ········· 120
　22.4　多、高层建筑结构的总体布置 ········· 126
　思考题 ········· 132

第23章　荷载及设计要求 ········· 133
　23.1　竖向荷载 ········· 133
　23.2　风荷载 ········· 133
　23.3　地震作用 ········· 140
　23.4　荷载效应组合 ········· 147
　23.5　结构设计要求 ········· 148
　思考题 ········· 152

第24章　框架结构 ········· 153
　24.1　布置、梁柱尺寸及计算简图 ········· 153
　24.2　在竖向荷载作用下框架内力的近似计算——分层计算法 ········· 156
　24.3　在水平荷载作用下框架内力的近似计算——D值法 ········· 162
　24.4　在水平荷载作用下框架侧移近似计算 ········· 179
　24.5　荷载效应组合 ········· 184
　24.6　延性框架及框架构件设计 ········· 188
　思考题 ········· 211

第25章　剪力墙结构 ········· 213
　25.1　剪力墙结构布置 ········· 213
　25.2　剪力墙结构计算 ········· 215
　25.3　剪力墙截面设计 ········· 230
　思考题 ········· 237

第26章　框架-剪力墙结构 ········· 239
　26.1　变形及受力特点 ········· 239
　26.2　框架-剪力墙结构布置 ········· 241
　26.3　框架-剪力墙结构计算 ········· 242
　26.4　框架-剪力墙结构截面设计 ········· 249
　思考题 ········· 253

第27章　框筒、筒中筒与空间结构 ········· 255
　27.1　平面结构与空间结构 ········· 255

27.2 框筒与筒中筒结构特点及布置 ……………………………………………… 257
27.3 框筒与筒中筒结构计算简介 ………………………………………………… 259

第6篇 砌 体 结 构

第28章 概述 …………………………………………………………………………… 262
  28.1 砌体结构的范畴 ……………………………………………………………… 262
  28.2 砌体结构的特色和应用范围 ………………………………………………… 264
  28.3 砌体结构的简史和发展趋势 ………………………………………………… 265
  28.4 工业与民用建筑物中的砌体结构体系 ……………………………………… 266
第29章 块体、砂浆、砌体的物理力学性能 …………………………………………… 269
  29.1 块体材料的物理力学性能 …………………………………………………… 269
  29.2 砂浆的物理力学性能 ………………………………………………………… 271
  29.3 砖砌体的力学性能 …………………………………………………………… 272
  29.4 砖砌体的变形性能和摩擦系数 ……………………………………………… 280
  29.5 砖砌体中块材和砂浆的粘结作用 …………………………………………… 281
  思考题 ……………………………………………………………………………… 282
第30章 砌体结构设计方法 …………………………………………………………… 284
  30.1 砌体结构设计方法的概念 …………………………………………………… 284
  30.2 砌体结构设计方法的表达式 ………………………………………………… 284
  30.3 砌体强度计算指标 …………………………………………………………… 285
  30.4 砌体房屋静力计算的基本规定 ……………………………………………… 289
  思考题 ……………………………………………………………………………… 292
第31章 砌体结构构件的设计计算 …………………………………………………… 293
  31.1 墙、柱高厚比验算 …………………………………………………………… 293
  31.2 无筋砌体受压构件承载力 …………………………………………………… 298
  31.3 砌体局部受压承载力 ………………………………………………………… 303
  31.4 砌体轴心受拉、受弯、受剪构件承载力 …………………………………… 312
  31.5 网状配筋砖砌体构件承载力计算 …………………………………………… 314
  31.6 组合砖砌体构件介绍 ………………………………………………………… 318
  31.7 配筋砌块砌体构件 …………………………………………………………… 319
  思考题 ……………………………………………………………………………… 321
  附录 无筋砌体构件承载力计算时影响系数 φ 表 ……………………………… 322
第32章 墙体的设计计算 ……………………………………………………………… 324
  32.1 房屋的空间性能影响系数 …………………………………………………… 324
  32.2 墙体的验算 …………………………………………………………………… 328
  32.3 墙体的构造措施 ……………………………………………………………… 337
  思考题 ……………………………………………………………………………… 346
第33章 过梁、墙梁、挑梁设计 ……………………………………………………… 348

33.1 过梁的设计计算 ············ 348
33.2 墙梁的设计计算 ············ 353
33.3 砌体中的钢筋混凝土挑梁设计 ············ 363
第34章 砌体结构房屋抗震设计 ············ 370
34.1 砌体结构房屋几种常见地震损坏形态 ············ 370
34.2 砌体结构房屋的抗震构造措施 ············ 373
34.3 多层砌体结构房屋的抗震验算 ············ 380
思考题 ············ 387
参考文献 ············ 388

第4篇 单层工业厂房结构设计

第16章 单层工业厂房结构的特性和体系

16.1 单层工业厂房结构的特性

单层工业厂房结构（简称单厂结构）是服务于工业生产的、单层的空间结构骨架。这种骨架是根据工业生产的空间需求设计的，它能抵御工业生产中遇到的各种作用，能满足工业产品的生产工艺、工业厂房的安全耐用和建筑环境的协调优美等多方面的需要。一般说来它有以下特性：

1. 它是单层的。只有屋盖，没有楼盖（厂房的生活间等除外）。
2. 它是服务于工业生产的建筑物。工业生产的特点决定了单厂结构的特点，它们大体有以下几方面：

（1）在工业生产过程中需要考虑对重量较重、体积较大的零部件、半成品的运输起吊问题。这些问题会影响厂房的跨度、剖面、柱的型式、墙的设置等。

（2）工业厂房中往往有大型设备。它们的设置和使用，会影响厂房的高度、跨度和基础埋置深度，有时还会引起厂房的振动。

（3）工业生产有采光、通风、保温等功能需要。它使得厂房屋盖上往往要架设天窗，屋面要有保温措施，厂房四周要有足够采光面积的围护墙等。

（4）工业生产有时会产生高温、高湿，放出侵蚀性气液体，处于露天条件下等特殊问题。它们涉及单厂结构的使用环境和耐久性，会影响结构材料的选择。

（5）工业生产工艺和技术发展快、变化大。它要求厂房能形成大空间，室内布置灵活，为厂房的扩建留有余地。

（6）工业生产往往要求迅速投产。这就要求厂房用预制构件做成装配式或装配整体式结构，以缩短建造工期。

3. 它是空旷型结构，室内几乎无隔墙，仅在四周设置柱和墙。柱是承受屋盖荷载、墙面风载、吊车荷载以及地震作用的主要构件。

16.2 单层工业厂房结构的体系

16.2.1 传统的结构体系

1. 传统的钢筋混凝土单厂结构体系是"板-架-柱"体系，由四种结构组成：

(1) 由"屋面板-屋架（或屋面梁，后同）"或"屋面板-檩条-屋架"组成的屋盖结构；
(2) 由"屋架-柱-基础"组成的排架结构；
(3) 由屋盖支撑、柱间支撑组成的支撑结构；
(4) 由纵墙、山墙组成的围护结构。

其中，排架结构是单厂结构的主要承重结构，同时也是厂房横向刚度的保证；支撑结构是保证厂房纵向刚度和传递厂房纵向作用的重要结构，也是屋盖结构和排架结构的组成部分。

2. 传统的结构体系的型式有（图16-1）：

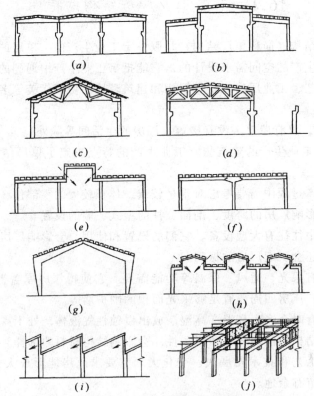

图 16-1 传统结构体系型式

(a) 等高多跨；(b) 不等高多跨；(c) 单跨有檩屋盖；(d) 无檩屋盖及露天结构；(e)、(f) 多跨装配连续结构；
(g) 单屋脊；(h) 矩形多屋脊；(i) 锯齿形多屋脊；(j) 纵向承重结构

(1) 按厂房高度不同分，有等高多跨和不等高多跨结构（a、b）；
(2) 按厂房跨数不同分，有单跨结构和多跨结构（c、d、a）；
(3) 按屋盖组成不同分，有檩屋盖、无檩屋盖和露天结构（c、d）；
(4) 按屋盖结构的连续性不同分，有装配简支和装配连续结构（e、f）；
(5) 按屋脊形式不同分，有单屋脊和多屋脊结构，后者又有矩形、锯齿形等（g、h、i）；
(6) 按主体承重结构的方向不同分，有横向和纵向承重结构（除图16-1（j）为纵向承重外，其他均为横向承重）。

3. 传统"板-架-柱"体系的基本点是：

(1) 在受力性能上，它是平面排架结构。在排架结构平面内的竖向力（主要为重力）和水平力（如风力、水平地震作用、吊车制动力）作用下，它具有良好的受力性能；但它承受排架结构平面外水平力的能力很弱，主要靠柱、屋盖构件、吊车梁、连系梁（杆）和各种支撑形成的结构系统来抵抗这些排架平面外的水平力，如图16-2（b）的纵向剖面所示。

(2) 在传力方式上，它是由屋面板、天窗架、屋架、吊车梁、墙、连系梁、柱、各种支撑、基础等多种构件组成的空间结构；各种荷载通过它们传至地基的传力途径明确（图16-2），计算方法清晰；但由于构件种类多，传力途径长，致使材料用量较费，计算方法较繁。

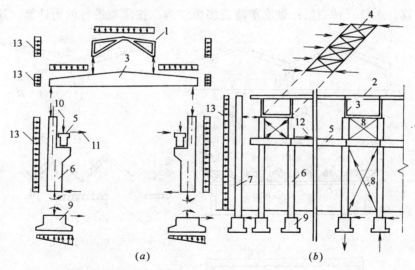

图16-2 单厂结构传力途径示意
(a) 横向；(b) 纵向
1—天窗架；2—屋面板；3—屋面梁（屋架）；4—屋盖水平支撑；5—吊车梁；
6—柱；7—山墙柱；8—柱间支撑；9—基础；10—吊车竖向荷载；
11—吊车横向水平荷载；12—吊车纵向水平荷载；13—风荷载

(3) 在建造方法上，除基础一般采用现浇混凝土构件外，其他几乎均为可以大规模生产的定型预制构件。这些构件里设有预埋件，以便在现场相互焊接成整体结构。因此这些体系的标准化、工业化程度高，构造拼接简捷，工期较短。但是，现场焊接是钢结构传统做法，不符合钢筋混凝土构件的特点，实际设计中预埋件的设计计算往往简单处理，现场焊接时的质量又难以控制，因而构件连接处常是整个结构的薄弱环节。

(4) 在结构与工艺关系上，通常采用架设在柱和吊车梁上的桥式吊车作为起重运输工具，工艺和结构结合较好，可节约建筑空间。但是，它使厂房结构承担着沉重的生产负荷，这是形成大截面柱的主因；同时还使厂房结构设计时难以兼顾今后工艺的发展，使厂房建成后灵活度小。

由此可见，传统结构体系有许多优点，并在我国有长期成熟的设计计算、施工实践和生产使用的经验，至今是我国工业建设中主要采用的结构体系。但必须看到，传统体系有许多上述的固有弱点，因而各种新型结构体系应运而生。不过就目前发展趋势看，在我国将这些新型结构体系广为应用到各种工业建筑上的时机还不够成熟。初学者首先应掌握传统体系的设计计算，同时要密切注视新结构体系的出现和发展。

16.2.2 非传统的结构体系

1. 门式刚架结构体系（图 16-3a）

门式刚架是一种梁柱合一的钢筋混凝土构件，常用作中小型厂房的主体结构。它可有三铰、两铰、无铰三种类型，做成单跨或多跨结构，按刚架进行内力计算。这种体系的特

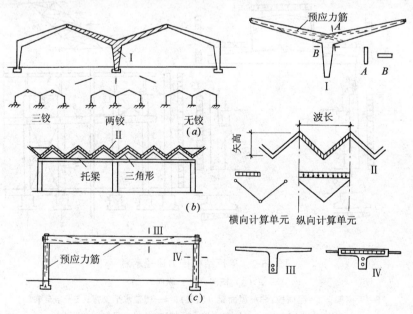

图 16-3
(a) 门式刚架结构体系；(b) V形折板结构体系；(c) T形板结构体系

点是：(1) 刚架横梁为人字形，室内有较大空间；(2) 梁柱节点附近内力很大，刚架常做成变截面；(3) 横梁在荷载作用下产生水平推力，使柱顶处的跨度有所变化，当跨变值较大时会影响柱上吊车安全行驶，因而它不宜用于吊车起重量超过 10t 的厂房。

2．V 形折板结构体系（图 16-3b）

V 形折板是一种用于屋盖的板架合一的空间结构，由折板、三角架和托梁组成，也可将折板直接搁在墙上。内力分析时按中间一折为计算单元，沿纵向视作 V 形截面梁，沿横向视作简支板进行计算。这种体系的特点是体型新颖、传力简捷、构件自重轻、用料省、类型少、施工快，但屋面采光、通风不易处理好，屋盖不能承受吨位较大的悬挂吊车，目前只适用于无吊车或小于 3t 吊车的中小型厂房。

3．T 形板结构体系（图 16-3c）

T 形板分为单 T 板和双 T 板，是又一种用于屋盖的板梁合一构件，按 T 形截面梁进行内力和配筋计算，在国内用于单厂结构屋盖已有成熟的实践经验。若将双 T 板竖向搁置兼作承重墙柱，就发展为全 T 形板结构；这种结构只适用于无吊车或小吨位吊车的厂房，尚在试用阶段。

4．落地拱结构体系（图 16-4a）

一些无吊车或使用将轨道铺设在地面上的龙门吊车的单厂结构，可采用各种型式的落

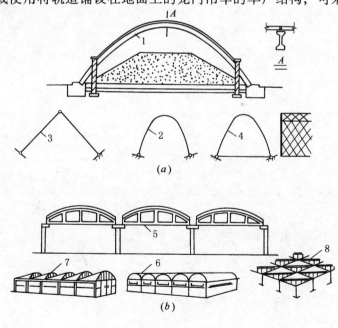

图 16-4

(a) 落地拱结构体系；(b) 壳体结构体系

1—两铰有拉杆抛物线落地拱；2—两铰无拉杆抛物线落地拱；3—三角形落地拱；
4—网格落地拱；5—椭圆抛物面壳体；6—圆柱形长筒壳体；7—劈锥壳体；8—扭壳

地拱。如若将双 T 板一端支承于基础、另端互相搭接,就成为三角形落地拱,按三铰斜直线拱进行设计计算;若采用装配或现浇拱肋,上面搁置各种混凝土板,可做成各种抛物线落地拱;若采用网格杆件作为拱面,可做成各种网格落地拱。拱结构的特点是必须处理好拱脚推力的支承问题,其做法是可在基础中设置拉杆,可将基础底面斜置以抵抗斜向推力,也可做成斜桩基础。

5. 壳体结构体系(图 16-4b)

空间薄壳结构具有很大的空间刚度,用料很省,还可使厂房屋盖有较大的覆盖面积。国内外采用壳体结构作为屋盖的单层厂房已屡见不鲜,如圆柱形长筒壳体、劈锥壳体、椭圆抛物面壳体、扭壳等。但由于壳体外形各异,制造时需用较多的模板,限制了它的推广。

第17章 单层工业厂房的结构布置和主要结构构件

单层工业厂房结构的布置包括厂房平剖面关键尺寸和变形缝的确定；屋盖结构布置和主要构件选择；梁柱体系布置和构件选择；以及基础体系的布置和构件选择等。

17.1 厂房平剖面关键尺寸和变形缝

厂房平面的关键尺寸指厂房的纵向定位轴线❶的间距（指跨度）、横向定位轴线❶的间距（一般指柱距）和厂房总长。这些都是根据生产工艺要求和建筑平面设计确定的。厂房跨度在18m和18m以下，应采用3m的倍数；在18m以上，宜采用6m的倍数。厂房横向定位轴线间距应采用6m或6m的倍数，它们一般都在柱截面中线处，端部山墙和变形缝处柱截面中线离横向定位轴线500mm❶。厂房纵向定位轴线有两种：当其与边柱外缘和纵墙内缘、中柱外缘和悬墙内缘、或中柱上柱中心线重合时称封闭轴线；否则，不重合，在纵向定位轴线间设有联系尺寸、插入距时称非封闭轴线❶。厂房平面关键尺寸的确定，影响屋面板、屋架、吊车梁等构件的选择和厂房结构内力分析。

厂房剖面高程方面的关键尺寸，分别为室内地面至柱顶面、吊车轨道顶面的高度，它们是由生产工艺和模数规定确定的。吊车吨位、吊车型号、柱间距和吊车梁类型的确定，又决定了吊车梁端部截面高度和柱牛腿至室内地面的距离，这又是上下柱的分界线。这些关键尺寸影响着柱、柱间支撑的选择和厂房结构内力分析。

对总长度或总宽度过大的厂房，要在适当位置设置伸缩缝，即变形缝。这是由于气温变化时厂房上部结构构件热胀冷缩，而厂房埋在地下的部分受温度影响很小，使上部结构构件的伸缩受到约束，产生温度应力（图17-1），严重时可使墙面、屋面、纵梁被拉裂，使柱的承载力降低。在复杂的厂房结构中要准确计算这种温度应力是困难的，目前采取沿厂房纵横向在一定长度内设置伸缩缝的办法，将厂房结构分成若干温度区段来减小温度应力，保证厂房的正常使用。

《混凝土结构设计规范》（GB 50010—2002）（下面简称规范）规定，装配式钢筋混凝土排架结构伸缩缝最大间距宜取100m（室内或土中）、70m（露天）。伸缩缝的一般做法

---

❶ 参见《厂房建筑模数协调标准》（GBJ 6—86），中国计划出版社；《工业建筑设计原理》，刘鸿滨，清华大学出版社，1987年。

是从基础顶面开始将相邻温度区段的上部结构完全分开,在伸缩缝两侧形成并列的双排柱、双榀屋架,而基础可做成将双排柱连在一起的双杯口基础。

沉降缝亦是一种变形缝。由于单厂结构由简支装配式构件做成,因地基发生过大不均匀沉降在构件中产生的附加内力不大,所以在单厂结构中除主厂房与生活间等附属建筑物相连接处外,很少采用沉降缝。

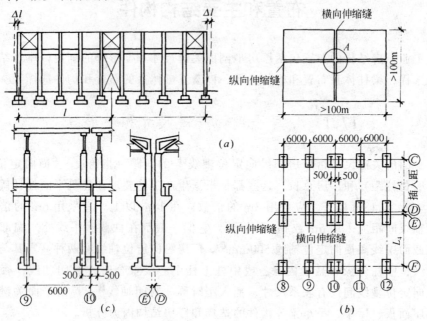

图 17-1
(a) 厂房由于温度变化引起的变形情况;(b) 纵横向伸缩缝平面;(c) 伸缩缝做法

17.2 屋盖结构的布置和主要构件

单层厂房的屋盖结构分无檩体系和有檩体系两种。无檩体系由大型屋面板、天窗架、屋架和屋盖支撑组成。有檩体系由小型屋面板(或瓦材)、檩条、天窗架、屋架和屋盖支撑组成。两者相比,有檩体系由于构件种类多、传力途径长、承载能力低、屋盖的刚度和整体性差,除小型瓦材屋面不保温厂房外,较少采用。本章着重讨论无檩体系屋盖,并简单介绍檩条。

17.2.1 屋面板

最常见的用于无檩屋盖的屋面板是预应力混凝土大型屋面板。它适用于保温或不保温卷材防水屋面,屋面坡度不应大于 1/5。目前国内大量采用的规格是 1.5m(宽)×6m(长)×0.24m(高)的双肋槽形板,每肋两端底部设有预埋钢板与屋架上弦顶面预埋钢板在现场三点焊接（焊缝长度不小于8mm，厚度不小于6mm），形成水平刚度较大的屋面结构，如图17-2所示。其他型式屋面板有预应力F形屋面板（用于自防水非卷材屋面，图17-3a）、预应力自防水保温屋面板（兼有防水保温功能，图17-3b）、钢筋加气混凝土板（有保温功能，图17-3c）。

常见的用于有檩屋盖的屋面板有预应力混凝土槽瓦、波形大瓦等小型屋面板（图17-3d、e）。

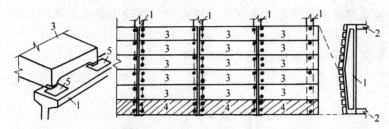

图17-2 大型屋面板与屋面大梁（屋架）的连接
1—屋面大梁；2—柱；3—三点焊大型屋面板；4—四点焊大型屋面板；
5—埋设在屋面大梁顶部或屋架上弦杆顶部的锚板（与屋面板焊接用）

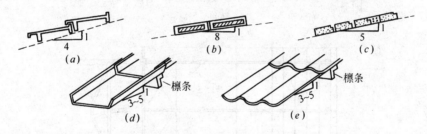

图17-3 各种屋面板
(a) 预应力混凝土F形屋面板；(b) 预应力自防水保温屋面板；
(c) 钢筋加气混凝土板；(d) 预应力混凝土槽瓦；(e) 波形大瓦

17.2.2 檩条

檩条搁在屋架上，起支承小型屋面板并将屋面荷载传给屋架的作用。它与屋架间用预埋钢板焊接，并与屋盖支撑一起保证屋盖结构的整体刚性。檩条的跨度一般为4m或6m。应用较多的是钢筋混凝土和预应力混凝土Γ形檩条（图17-4），也可采用钢筋混凝土和钢材的组合檩条，或轻钢檩条。

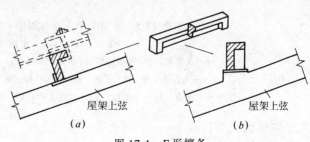

图17-4 Γ形檩条
(a) 斜放；(b) 正放

17.2.3 屋架

1. 屋架是屋盖的主要承重构件，主要作用是：

(1) 保持厂房内部具有与跨度相应的空间；

(2) 作为排架结构内力分析中的水平横梁；

(3) 直接承受在其平面内由屋面板、檩条、天窗架传来的作用力以及悬挂吊车、管道等吊重；

(4) 与屋盖支撑组成水平的和垂直的支撑系统，保证屋盖水平和竖向刚度和某些屋盖构件的稳定。

屋架在其平面内外与周围构件的关系如图17-5。

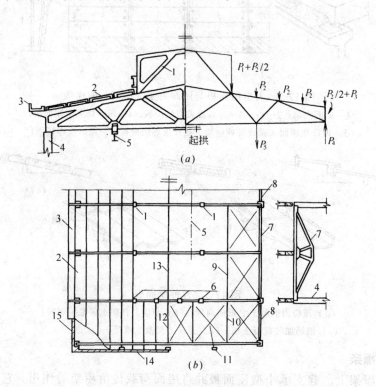

图17-5 屋架平面内外与周围构件关系示意

(a) 平面内；(b) 平面外

1—天窗架；2—大型屋面板；3—天沟板；4—柱；5—单轨吊车梁；
6—天窗端壁架；7—托架；8—受压撑杆；9—下弦纵向水平支撑；
10—横向水平支撑；11—山墙柱；12—垂直支撑；13—水平系杆；14—山墙；15—纵墙

2. 屋架的受力特点

屋架按静定桁架进行计算[1]，由节点刚性连接而产生的次内力，在一般情况下可忽略。屋架上弦杆在天窗架和屋面板传来的节点和非节点荷载作用下为偏心受压构件，同时上弦杆还兼作搁置屋面板的支承，因而其截面尺寸相对较大；而屋架下弦杆为轴心受拉构件，腹杆为轴心受压或受拉构件，它们的截面尺寸相对较小。屋架弦杆外形和腹杆布置对屋架的内力变化规律起决定作用：同样高跨比的屋架，当上下弦形成三角形时，弦杆受力最大；当上弦节点在拱形曲线上时，弦杆受力居中，腹杆内力为零；当上下弦形成梯形时，弦杆受力也居中；当上弦为近拱形折线时，弦杆受力较小，如图17-6所示（图中折线形屋架上的虚线不参与桁架内力分析，仅保持屋面为一斜面便于铺设屋面板）。

拱形屋架虽受力合理，但屋架制造和屋面板铺设都较困难，端部上弦坡度太陡致使卷材屋面的油膏容易流淌。因此，18～24m跨度的钢筋混凝土或预应力混凝土屋架多做成折线形，24m以上跨度的屋架有时可做成梯形。无论哪种屋架，其中部高度对屋架受力合理性有重要影响，一般取高跨比为1/6～1/8较为合理。

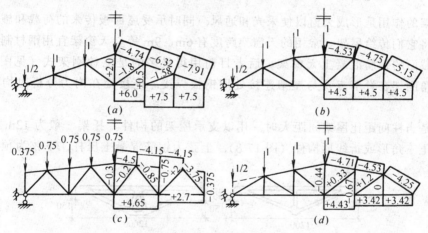

图17-6 各种型式屋架的内力图（$f/L=1/6$）
(a) 三角形屋架；(b) 拱形屋架；(c) 梯形屋架；(d) 折线形屋架

3. 其他屋架型式

近年来，国内采用的钢筋混凝土或预应力混凝土屋架型式有所发展，如钢筋混凝土与钢组合屋架、下撑式五角形屋架、钢筋混凝土或预应力混凝土三铰或两铰屋架、空腹屋架等都经常被采用。它们的示意如图17-7，读者可自行参阅有关设计图集。

屋面大梁仅在厂房跨度小于或等于18m时采用，一般为钢筋或预应力混凝土Ⅰ（T）形变截面梁。上翼缘作为搁置屋面板的支承面，坡度1/8～1/12。可参阅有关设计图集。

4. 与屋架有关的天窗架和托架

---

[1] 参阅《单层工业厂房结构设计》（第二版），罗福午主编，清华大学出版社，1990年9月。

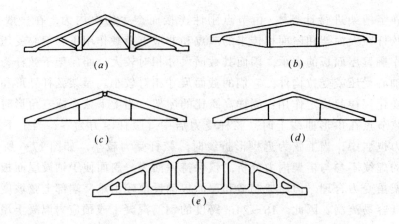

图 17-7 其他屋架型式

（a）组合屋架；（b）五角形屋架；（c）三铰屋架；（d）两铰屋架；（e）空腹屋架

天窗架的作用是形成天窗以便采光和通风，同时承受屋面板传来的荷载和施加于天窗的风载并将它们传给屋架。常用的天窗架跨度有 6m、9m 等。天窗架宜用钢材制造，也可采用矩形截面的钢筋混凝土天窗架。后者目前用得最多的是三铰刚架式（见图 17-5a），以两个三角刚架在脊节点及与屋架连接处用钢板焊接，连接处在内力分析时均取为铰节点。

托架是当柱间距比屋架间距大时，用以支承屋架的构件。托架一般为 12m 跨度的预应力混凝土三角形或折线形构件（图 17-8），上弦为钢筋混凝土压杆，下弦为预应力混凝土拉杆。

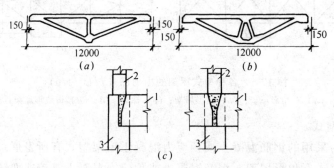

图 17-8 托架

（a）三角形托架；（b）折线形托架；（c）托架与屋架、柱连接

1—托架；2—屋架；3—柱

17.2.4 屋盖支撑

由于屋架只能承受其平面内的作用力，又由于施工时屋面板和屋架间的三点焊接难以确保质量，所以屋架平面外的荷载、屋架杆件在其平面外的稳定以及屋盖结构在屋架平面

外的刚度,都需要由屋盖支撑系统来承受和保证。屋盖支撑系统包括天窗支撑、屋盖上弦支撑、屋盖下弦支撑、屋盖垂直支撑及水平系杆等部分。

1. 天窗支撑

由于一般天窗跨度≤12m,可仅设天窗架垂直支撑,布置在天窗端部第一柱距及设有柱间支撑的柱距内的天窗两侧,如图17-9。

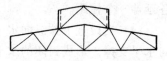

图17-9 天窗支撑布置

2. 屋盖上弦支撑(图17-10)

(1) 在每一伸缩缝区段端部第一或第二柱间距内布置在屋架上弦平面内的,由交叉角钢、直腹杆和屋架上弦杆组成的水平桁架,称为上弦横向水平支撑;设置的目的是保证屋盖纵向水平刚度和上弦杆在平面外的稳定。

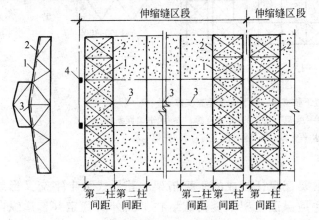

图17-10 屋盖上弦支撑

1—上弦支撑;2—屋架上弦;3—水平刚性系杆;4—山墙柱

(2) 当山墙柱传递风力至屋架上弦时,上弦横向水平支撑还起传递水平风力至两侧柱和柱间支撑的作用。

(3) 当厂房有天窗时,应在屋脊点设置一道水平刚性系杆(压杆),将天窗区段内各榀屋架与上弦横向水平支撑连系起来。

3. 屋盖下弦支撑(图17-11a)

(1) 当厂房跨度≥18m时,应在每一伸缩缝区段端部第一柱距布置在屋架下弦平面内的,由交叉角钢、直腹杆和屋架下弦杆组成的水平桁架,称为下弦横向水平支撑;设置的目的是作为下述屋盖垂直支撑的支承点并将山墙和屋面上的风荷载传至两侧柱和柱间支撑。当厂房跨度<18m且山墙上风载由屋盖上弦支撑传递时,可以不设。

(2) 当厂房有沿纵向运行的悬挂吊车且吊点设在屋架下弦时,应在悬挂吊车轨道尽头的柱间设置上述下弦横向水平支撑。

(3) 当具有下列情况之一时,应设置由交叉角钢、直腹杆和屋架下弦第一节间组成的水平桁架,称为下弦纵向水平支撑,目的是加强屋盖结构的横向水平刚度;

(a) 厂房内设有软钩桥式吊车但厂房高大、吊车吨位较重时(如等高多跨厂房柱高>15m(无天窗>18m),中级工作制吊车起重量≥50t时);

(b) 厂房内设有硬钩桥式吊车❶时;

---

❶ 硬钩吊车——用刚臂起吊重物;软钩吊车——用钢索通过滑轮组带动吊钩起吊重物。

（c）厂房内设有≥5吨悬挂吊车或设有较大振动设备时；

（d）厂房内设有托架时，这时下弦纵向水平支撑应布置在托架所在柱间，并向两端各延伸一个柱距。

（4）当设置下弦纵向水平支撑时，为保证厂房空间刚度，必须同时设置相应的下弦横向水平支撑，形成封闭的水平支撑系统。

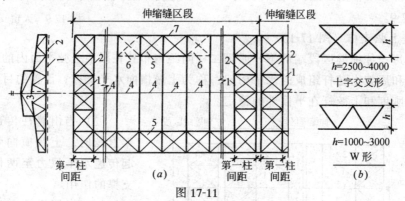

图 17-11
（a）屋盖下弦支撑；（b）屋盖垂直支撑
1—下弦横向水平支撑；2—屋架下弦；3—垂直支撑；4—水平柔性系杆；
5—下弦纵向水平支撑；6—延伸的支撑；7—托架

4．屋盖垂直支撑（图 17-11b）

屋盖垂直支撑是由角钢杆件与屋架直腹杆组成的垂直桁架，其形式为十字交叉形或W形，视屋架高度而异；设置的目的是保证屋架承受荷载后在平面外的稳定并传递纵向水平力，因而垂直支撑应与下弦横向水平支撑布置在同一柱距内。

一般情况下，厂房跨度<18m时可不设垂直支撑；跨度为18～30m时在屋架中部布置一道垂直支撑；跨度>30m时在屋架跨度1/3左右布置两道垂直支撑。当屋架端部高度>1.2m时，还应在屋架两端各布置一道垂直支撑，其目的是使屋面传来的纵向水平力能可靠地传递给柱和柱间支撑，并使施工时能保证屋架平面外的稳定。当厂房伸缩缝区段大于90m时，还应在柱间支撑柱距内增设一道垂直支撑。

当屋盖设置垂直支撑时，应在未设垂直支撑的屋架间，在相应于垂直支撑平面内的屋架上弦和下弦节点处，设置通长的水平系杆。凡设在屋架端部柱顶处和屋架上弦屋脊节点处的通长水平系杆，均应采用刚性系杆，其余均可采用柔性系杆（刚性系杆可用2 L 75×5角钢、柔性系杆可用1 L 70×5角钢制成）。

5．屋盖支撑的组成

屋盖支撑一般用角钢做成。上下弦水平支撑节间的划分应与屋架节间相适应。交叉杆件的倾角为30°～60°。钢支撑杆件的最大长细比如表17-1所示。支撑与屋架杆件的连接见图17-12。原则上屋盖支撑承受着作用在屋盖结构上的各种水平作用力，其截面和连接点的承载力都应根据内力计算确定；实际上它们所受的内力都不大，可不进行计算，杆件

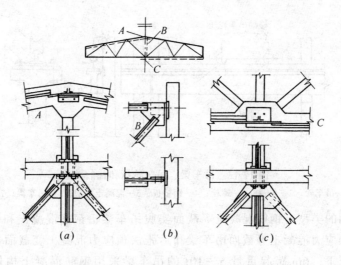

图 17-12
(a) 上弦横向水平支撑与上弦连接；(b) 垂直支撑与腹杆连接；(c) 下弦横向水平支撑与下弦连接

截面按构造决定，一般取用 L 45～L 70 的角钢拼接而成，可查阅有关构造图集❶。

支撑杆件容许长细比（l_0/i）　　　　　　表 17-1

支 撑 类 型	压 杆	拉 杆
屋盖支撑	200	400
上柱柱间支撑（中轻级工作制车间）	150	400
下柱柱间支撑（中轻级工作制车间）	150	300

注：l_0 为支撑杆件的计算长度，i 为支撑杆件的回转半径。

17.3 梁、柱体系的布置和主要构件

单厂结构中的梁系是排架结构中仅承受桥（梁）式吊车、围护墙等重力荷载的水平结构体系，包括吊车梁、连系梁、基础梁和圈梁。而单厂结构中的柱系却承受了排架结构所要承受的全部作用力，包括屋盖结构和梁系传来的全部作用力以及厂房在风载和纵横向水平地震作用传来的作用力。显然，柱系是单厂结构的最主要的结构体系。

17.3.1 吊车梁

单厂结构中的吊车梁一般承受桥式吊车（包括起重量 5t 以下的单梁桥式吊车和 5t 以上的桥架式吊车）传来的垂直轮压和吊车启动或刹车时产生的水平制动力。移动的吊车轮压，吊车轨道扣件、吊车梁和柱的关系和连接构造如图 17-13。

---

❶ 参阅《建筑结构构造资料集》（上册），建筑结构构造资料集编委会编，中国建筑工业出版社，1990 年。

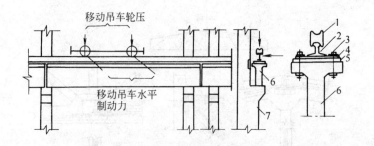

图 17-13 吊车梁、吊车轮压和柱的关系
1—吊车轮；2—轨道；3—螺栓；4—钢垫板；5—混凝土垫层；6—吊车梁；7—柱

吊车梁常用的类型有钢筋混凝土等截面实腹吊车梁、钢筋混凝土和钢组合式吊车梁、先（后）张法预应力混凝土等截面吊车梁和后张法预应力混凝土变截面吊车梁，如图 17-14。在一般情况下，6m 跨起重量 5～10t 的吊车梁采用钢筋混凝土构件；6m 跨起重量 15/3～30/5❶ t 的吊车梁可采用钢筋混凝土构件，也可采用预应力混凝土构件；6m 跨起重量 30/5t 以上的吊车梁和 12m 跨吊车梁一般采用预应力混凝土构件。

吊车梁一般根据吊车起重量、吊车工作制、吊车跨度、吊车台数以及排架柱间距选用定型构件。选定后就可从定型构件图集中查到设计计算排架时需要的有关吊车梁的一切数据。

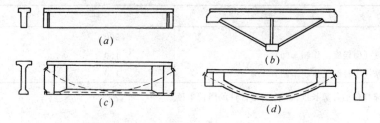

图 17-14 吊车梁的类型
(a) 钢筋混凝土等截面吊车梁；(b) 组合式吊车梁；
(c) 预应力等截面吊车梁；(d) 预应力变截面吊车梁

17.3.2 连系梁和圈梁

连系梁，也称墙梁。作用是承受砌筑在其上围护墙的重力荷载并传给排架柱，一般按简支墙梁进行设计，做成矩形截面，截面宽度小于或等于围护墙厚度，支承在自柱挑出的牛腿上。围护墙也可直接砌筑在置于边柱一侧基础杯口顶端的基础梁上；这时围护墙的重力荷载不经过排架柱而直接传递给基础（见图 17-15）。基础梁也是连系梁的一种。

圈梁在单厂结构中的作用是将围护墙体和排架柱、山墙柱等箍在一起，增加厂房结构的整体刚性，防止地基发生过大的不均匀沉降或较大的振动荷载对厂房的不利影响。圈梁为现浇钢筋混凝土构件，埋设在墙体内但不承受墙体重力荷载。圈梁和柱子间用预埋在柱

---

❶ 30/5 指吊车起重主钩额定起重量 30t，副钩额定起重量 5t，两者不同时出现。

中的拉结筋连接而不必在柱上设置牛腿。圈梁在平面上尽可能沿整个厂房交圈,但在伸缩缝处不得不切断。

对有桥式吊车的厂房,须在柱顶附近和吊车梁标高处各设一道圈梁;当外墙高度超过15m时还应适当增设,通常每4~6m设一道。对无桥式吊车的厂房,须在柱顶附近设一道;当外墙高度超过8m时,还应适当增设。圈梁截面宽度宜与墙体厚度等同,当墙厚>240mm时,不宜小于2/3墙厚;圈梁截面高度不宜小于120mm。

在围护墙上还可能设置直接搁置在墙体上与排架柱无关的门窗过梁,仅承受门窗口上端墙体自重。位置合适的圈梁或连系梁经过验算可以兼作门窗过梁。

17.3.3 柱

1. 柱与周围构件的关系

图17-15为一不等高三跨厂房横剖面和一段纵剖面。由图可见,柱与下列构件有联系:

横向——屋架、吊车梁、围护墙、连系梁、圈梁、基础梁、基础;
纵向——柱顶纵向系杆、托架、柱间支撑、吊车梁。

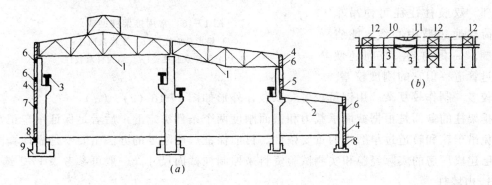

图17-15 不等高三跨单厂结构
(a)横剖面;(b)纵剖面一段
1—屋架;2—屋面大梁;3—吊车梁;4—围护墙;5—连系梁;6—圈梁;
7—过梁;8—基础梁;9—基础;10—柱顶纵向系杆;11—托梁;12—柱间支撑

由于排架方向是柱的主要受力方向,又由于柱上往往支承有吊车梁,因此在单厂结构中的柱一般为两阶(或三阶)变截面柱。上柱截面尺寸较小,下柱因受力和搁置吊车梁需要,截面尺寸较大,上下柱均以排架平面内的边长为截面高度h。上柱根部在抗震设计时为全柱的薄弱部位,设计时应予特别注意。

排架柱分为边柱和中柱。边柱一侧有牛腿和吊车梁,另侧与围护墙、连系梁、圈梁连接。中柱有时两侧有牛腿和吊车梁(等高情况),有时一侧除牛腿、吊车梁外还有高悬墙(不等高情况)。柱沿高度的设计必须同时考虑柱与各种构件的连接。

2. 柱的型式

钢筋混凝土柱的型式可分两类:单肢柱(矩形、工形、环形截面)和双肢柱。

矩形截面柱，自重大、材料费，但构造简单、施工方便。$h \leqslant 600\text{mm}$ 时宜采用，如图 17-16（a）。

工形截面柱，截面形式合理、施工比较简单、适用范围较广，常在 $h = 600 \sim 1400\text{mm}$ 时采用。应该指出，工形截面柱并非沿全柱都是工形截面，上柱和牛腿附近的高度内，由于受力较大以及构造需要仍应为实腹矩形截面，柱底插入基础杯口高度内也宜做成实腹矩形截面（图 17-16b）。

双肢柱分平腹杆和斜腹杆两种，宜在 $h > 1400\text{mm}$ 时采用。斜腹杆双肢柱的内力以轴力为主，混凝土构件的承载力能得到比较充分利用；平腹杆双肢柱实为空腹刚架构件，在柱截面高度较大时，比工形截面合理。双肢柱往往可使吊车竖向荷载通过肢中心线。能省去牛腿，简化构造，肢间还便于通过管道；但它的刚度较差，

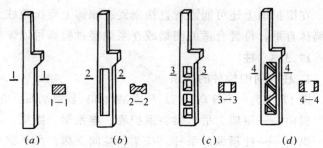

图 17-16 常用排架柱型式
（a）矩形截面柱；（b）工形截面柱；
（c）平腹杆双肢柱；（d）斜腹杆双肢柱

节点较多，制作较复杂，用钢量较多。双肢柱外形如图 17-16（c）、（d）。

排架柱的截面是根据截面承载力和截面刚度两个条件决定的，后者是保证吊车正常运行避免吊车轮和轨道过早磨损的重要条件。目前保证厂房刚度的办法主要不是靠计算而是根据已建成厂房的实际经验和实测试验资料来控制柱截面尺寸，一般可参考表 17-2 选用。

3. 山墙柱

除排架柱外，单厂结构中还有山墙柱，也称抗风柱。其作用是承受山墙风载或同时承受由连系梁传来的山墙重力荷载。山墙柱底部支承在杯口基础内，上部支承点为屋架上弦杆或下弦杆，或同时与上下弦铰接，因此，在屋架上弦或下弦平面内的屋盖横向水平支撑承受山墙柱顶部传来的风载。山墙柱也为变截面柱，变截面在屋架下弦底部以下 200mm 处，如图 17-17（a）。

山墙柱的上柱宜采用矩形截面，其截面尺寸 $b_1 \times h_1$ 不宜小于 $350\text{mm} \times 300\text{mm}$。山墙柱的下柱宜采用工形截面或矩形截面，其截面尺

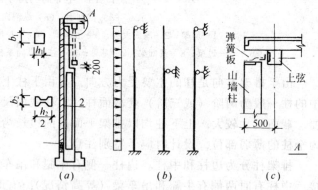

图 17-17 山墙柱
（a）山墙柱与屋架、围护墙的关系；（b）三种计算简图；
（c）山墙柱顶与屋架上弦杆的连接

6m柱距厂房钢筋混凝土柱截面尺寸参考表

表 17-2

吊车起重量 (t)	轨顶标高 (m)	边柱 上柱 $(b \times h)$	边柱 下柱 $b \times h$ $b \times h \times h_i \times b_i$	中柱 上柱 $(b \times h)$	中柱 下柱 $b \times h$ $b \times h \times h_i \times b_i$	按 H_l、H_k 估计	柱截面简图
			$b \geqslant H/30, h \geqslant H/18(20)$		$b \geqslant H/30, h \geqslant H/18(20)$		矩形 / I形 / 双肢
无吊车单(多)跨	—	矩 400×400	矩 400×600				
5	6~8.4	矩 400×400	矩 400×600	矩 400×400	矩 400×600	$b \geqslant H_l/20$ 并 $\geqslant 400$ $h \geqslant H_k/14$	
10	8.4	矩 400×400	I 400×800×150×100	矩 400×600	I 400×800×150×100		
10	10.2	矩 400×400	I 400×800×150×100	矩 400×600	I 400×800×150×100		
15~20	8.4	矩 400×400	I 400×800×150×100	矩 400×600	I 400×800×150×100	$b \geqslant H_l/20$ 并 $\geqslant 400$ $h \geqslant H_k/11$	
15~20	10.2	矩 400×400	I 400×1000×150×120	矩 400×600	I 400×1000×150×120		
30	10.2	矩 500×500	I 500×1200×150×120	矩 500×600	I 500×1200×150×120	$b \geqslant H_l/20$ 并 $\geqslant 400$ $h \geqslant H_k/10$	
30	12	矩 500×500	I 500×1200×200×120	矩 500×600	I 500×1200×200×120		
50	10.2	矩 500×500	I 500×1200×200×120	矩 500×600	双 500×1600×300$(b \times h \times h_i)$	$b \geqslant H_l/20$ 并 $\geqslant 400$ $h \geqslant H_k/9$	
50	12	矩 500×600	I 500×1200×200×120	矩 500×600	双 500×1600×300$(b \times h \times h_i)$		

注：H ——基础顶面至柱顶总高度；
H_l ——基础顶面至吊车梁底的高度；
H_k ——基础顶面至吊车梁顶的高度
本表录自《建筑结构构造资料集》上册，中国建筑工业出版社，1990年。

寸应满足下列要求：

截面高度 $h_2 \geqslant H_x/25$；且 $h \geqslant 600mm$。

截面宽度 $b_2 \geqslant H_y/35$；且 $b \geqslant 350mm$。

式中，H_x 为基础顶面至屋架与山墙柱连接点（当有两个连接点时指较低连接点）的距离；H_y 为山墙柱平面外竖向范围内支点间的最大距离，除山墙柱与屋架及基础的连接点外，与山墙柱有锚筋连接的墙梁也可视为连接点。

山墙柱在风载作用下的计算简图如图 17-17（b）所示。山墙柱顶与屋架上弦杆的连接如图 17-17（c）所示。

17.3.4 柱间支撑（图 17-15b）

柱间支撑宜由十字交叉形钢杆件组成，交叉杆件的倾角一般为 35°～55°，其作用是承受由山墙柱和屋盖横向水平支撑传来的山墙风载、由屋盖结构传来的纵向水平地震作用以及由吊车梁传来的吊车纵向水平制动力，并将它们传给基础；此外，它还能提高厂房结构的纵向刚度。柱间支撑中位于吊车梁上部的称为上柱柱间支撑，它设置在伸缩缝区段两侧与屋盖横向水平支撑相对应的柱间以及伸缩缝区段中央或临近中央的柱间，并在柱顶设置通长的刚性连系杆以传递水平作用力。柱间支撑中位于吊车梁下部的称为下柱柱间支撑，设置在伸缩缝区段中部与上柱柱间支撑相应的位置。这样做的目的是当厂房因温度变化而发生纵向伸缩变形时，不致因柱间支撑设置不当，约束了这种变形而使支撑结构内部产生较大的温度应力。

有下列情况时应设置柱间支撑❶

（1）厂房跨度 $\geqslant 18m$，或柱高 $\geqslant 8m$；

（2）设有起重量 $\geqslant 10t$ 的中、轻级工作制（工作级别 A1～A5）吊车或设有重级工作制（工作级别 A6、A7）吊车；

（3）设有起重量 $\geqslant 3t$ 的悬挂吊车；

（4）露天吊车的柱列。

钢筋混凝土矩形或工形截面柱，当柱宽 $\geqslant 600mm$ 时，下柱柱间支撑应设计成双片，每片用单角钢做成交叉杆，其间用钢板或角钢做成缀条连接。两片支撑中距等于柱宽减 200mm（对于工形截面柱也可取截面高度减翼缘宽度）。双肢柱的下柱柱间支撑宜设置在吊车梁纵轴的竖

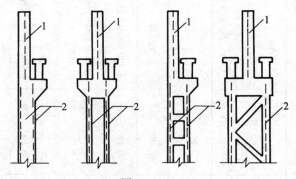

图 17-18
1—上柱柱间支撑；2—下柱柱间支撑

---

❶ 单厂结构考虑抗震设防时的柱间支撑设置要求见第 21 章。

向平面内。上柱柱间支撑一般为单片用单角钢做成的交叉杆。以上情况均见图17-18。

柱间支撑钢杆件的最大长细比见表17-1。

17.4 基础体系的布置和主要构件

单厂结构的基础主要采用单独柱下现浇钢筋混凝土杯口基础,承受由排架平面内柱传来的作用力(轴向压力、弯矩和剪力)。有柱间支撑的基础尚需承受排架平面外由下柱柱间支撑传来的作用力。两者的最大值并不同时出现。伸缩缝两侧双柱下的基础,则需要在构造上做成双杯口基础,甚至四杯口基础(见图17-1)。在柱基础由于地质条件或附近有深埋设备基础而需将基础底面下降的情况下,若基础顶面标高不变,则需在构造上做成高杯口基础(图17-20c)。一般边柱和山墙柱基础外侧还需贴柱边设置在杯口基础顶面上的基础梁,以承受围护墙传给基础的重力荷载。因此,单厂结构的基础体系由围护墙下的基础梁和排架柱、山墙柱下的各种单独杯口基础组成。

整个厂房的基础顶面原则上宜在同一标高,而各种杯口基础和设备基础底面因地质和工艺条件不同有时并不在同一标高;这时基础间净距 L 与基底高差 Z 应满足下式要求(图17-19):

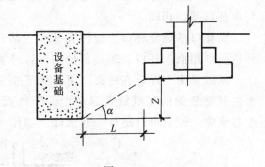

$$\frac{Z}{L} = \tan\alpha \leqslant \tan\varphi \qquad (17-1)$$

式中 φ 为地基土的内摩擦角,通常可取 $\tan\alpha$ 为 0.5~1.0,视土质而定。

图 17-19

单独柱下基础的外形尺寸如图17-20(a)所示。其中基础高度为 H;柱的插入深度 H_1、杯底厚度 a_1、杯壁厚度 t 参照表17-3确定。t/h_1 值的要求与柱的受力状态和杯壁内配筋有关,见第19章19.2.3节。当杯口基础外形为锥形且顶面非支模制作(图17-20a)时,坡度 $\tan\alpha \geqslant 2.5$,边缘高度 $a_2 \geqslant a_1$;外形为阶梯形(图17-20b),$H \leqslant 850$mm时宜采用双阶,$H \geqslant 900$mm时宜采用三阶,每

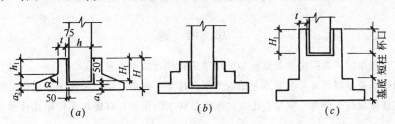

图17-20 单独柱下杯口基础

(a) 锥形基础;(b) 阶梯形基础;(c) 高杯口基础

阶高 300~500mm。

钢筋混凝土杯口基础外形尺寸 H_1、a_1、t 的要求   表 17-3

柱截面尺寸（mm）	H_1 (mm)	a_1 (mm)	t (mm)
$h<500$	$(1.0\sim1.2)h$	≥150	150~200
$500\leq h<800$	h	≥200	≥200
$800\leq h<1000$	$0.9h$ 且≥800	≥200	≥300
$1000\leq h<1500$	$0.8h$ 且≥1000	≥250	≥350
$1500\leq h\leq 2000$		≥300	≥400
双肢柱	$(1/3\sim2/3)h_A$ $(1.5\sim1.8)h_B$	≥300（可适当加大）	≥400

注：h 为柱截面长边尺寸；h_A 为双肢柱整个截面长边尺寸；h_B 为双肢柱整个截面短边尺寸。

　　双杯口基础除两杯口中心线距为伸缩缝两侧双柱中心线距 1000mm 外，其余尺寸要求与单杯口基础相同。

　　高杯口基础分杯口、短柱和基底三部分，柱插入深度 H_1 和杯壁厚度 t 的要求与一般杯口基础相似。杯口、短柱部分的设计计算可参考有关书籍❶。

　　基础梁由于埋设在地面以下，为了施工方便，可做成梯形截面，如图 17-21（a）。支承在基础顶面的基础梁顶部至少低于地面 50mm，基础梁底部距土层表面应预留 100mm 左右空隙，使它可以随柱一起沉降，如图 17-21（b）。

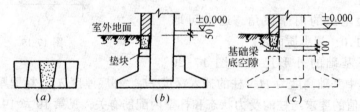

图 17-21　基础梁制造及构造做法
（a）基础梁制作时；（b）基础梁支承处做法；（c）柱间基础梁下空隙

思 考 题

17.1　试比较单层工业厂房屋盖结构与民用建筑物楼盖结构的异同。

17.2　为什么说单层厂房的主要承重结构为平面排架，而单厂结构又被认为是空间骨架结构？

17.3　试述屋面板、檩条、屋架、托架在屋盖结构中的作用；有檩与无檩屋盖体系的区别及其各自的应用范围。

---

❶ 参阅《单层工业厂房结构设计》（第二版），罗福午主编，清华大学出版社，1990年。

17.4 试综合画出单厂屋盖结构各种支撑和系杆的受力示意图,并表述它们在单厂结构受力中的作用。

17.5 试从受力、构造、在整个承重结构体系中的作用等方面比较单厂结构中的排架柱、民用建筑物中的框架柱以及砌体结构中的内框架柱的区别。

17.6 为什么说单厂结构排架柱的上柱下截面是全柱受力的最弱截面?为什么说单厂结构排架柱在排架平面内的水平刚度是厂房结构设计中的重要问题?排架柱在排架平面外的水平刚度比排架水面内的小得多,设计中采取什么措施来保证整个厂房在排架平面外的水平刚度?

17.7 试区别边柱、中柱、山墙柱在受力和构造上的异同;试区别屋面梁、连系梁、基础梁、圈梁在受力和构造上的异同。

17.8 如果单厂结构中柱间支撑如图 17-22（a）、（b）两种布置,它们各自会产生什么后果?

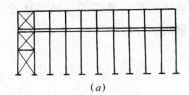
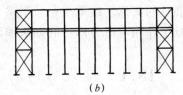

(a)　　　　　　　　　　(b)

图 17-22

17.9 如果在纵横向都很长的单厂结构中不设伸缩缝,会产生什么后果?如果设置了伸缩缝但不采用在缝两侧布置双柱的结构体系,你认为这时的伸缩缝应该在构造上怎样处理?

17.10 若相邻基础底部高差 Z 和基础间净距 L 不满足公式（17-1）的条件,会产生什么后果?

17.11 试自行布置一座长 120m、宽 36m,无桥式吊车,纵向排架结构的单屋工业厂房的板-梁-柱体系,并画出其结构平面和纵横向剖面的示意图。该纵向排架结构纵横向柱距均为 12m,中部有一列纵向天窗。

第18章 排架结构的内力分析

虽然单厂结构是一个空间骨架,但却由屋架、柱、基础组成了它的基本受力体系——排架结构。由于这种排架结构柱网的排列是有规律的(一般柱距为6m),因此单厂结构的内力分析就可从整个厂房中分离出有代表性的部分作为计算单元,将此单元内由屋架、柱、基础组成的结构抽象成计算模型,在本单元内各种荷载作用下进行内力分析。至于由屋面板、屋盖和柱间支撑、连系梁和吊车梁、墙体给厂房带来的空间整体性,则以在上述内力分析的基础上作相应内力修正的办法加以解决。

18.1 排架结构的基本假定和计算简图

排架结构一般指铰接平面排架,在确定其计算简图时有以下基本假定:
(1) 屋架与柱顶为铰接,只能传递竖向轴力和水平剪力,不能传递弯矩。
(2) 柱底嵌固于基础,固定端位于基础顶面,不考虑各种荷载引起的基础角变形。
(3) 横梁(即屋架)的轴向刚度很大,排架受力后横梁的轴向变形忽略不计❶,横梁两侧柱顶水平位移相等。
(4) 柱轴线为柱的几何中心线,当柱为变截面柱时,柱轴线为一折线(图18-1a、b)。

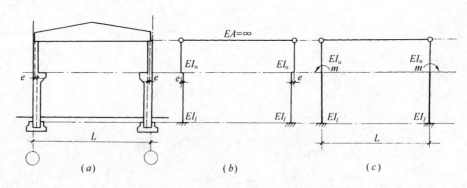

图 18-1
(a) 排架结构;(b) 变截面排架柱的实际轴线;(c) 排架结构计算模型

---

❶ 此假定不适用于下弦为柔性拉杆的屋架。

图18-1（c）为排架结构的计算模型，其中跨度 L 即厂房纵向定位轴线的间距；在该模型上加以荷载就成为排架结构的计算简图。由图18-1（b）改为图18-1（c）只需在柱变截面处增加一个力偶 m，m 等于上柱传下的竖向力乘以上下柱中线间距 e。

当单层厂房因生产工艺要求各列柱距不等（图18-2a 所示厂房边列柱距6m、中列柱距12m为常见情况）时，如果屋盖结构刚度很大，或设有可靠的下弦纵向水平支撑，可认为厂房的纵向屋盖构件把各横向排架连接成一个空间整体，这样就有可能选取较宽的计算单元进行内力分析，图18-2（b）即为图18-2（a）所示厂房的排架结构计算模型。

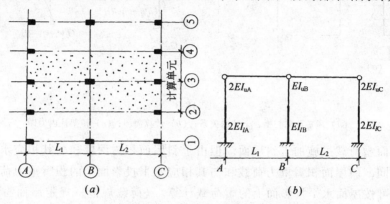

图 18-2

（a）排架各列柱距不等时的结构平面和计算单元；（b）相应的计算模型

18.2 排架结构上的荷载

18.2.1 屋盖荷载

1．屋盖恒载

屋盖恒载包括屋面构造层、屋面板、天窗架、屋架、屋盖支撑以及与屋架连接的各种管道如室内水落管等的重力荷载。它们都以集中力 G_1 的形式施加于柱顶，其作用点位于屋架上下弦几何中心线汇交处（一般在纵向定位轴线内侧150mm）。G_1 对上柱截面中心往往有偏心距 e_1，对下柱截面中心又增加另一偏心距 e_2（e_2 为上下柱中心线间距），如图18-3（a）所示。因此，屋盖恒载作用下的计算简图和排架柱的内力图分别如图18-3（b）、（c）所示。

2．屋面活载

屋面活载包括屋面均布活载、屋面雪荷载和屋面积灰荷载三部分。

（1）不上人的屋面均布活载，主要指厂房施工阶段的施工荷载或使用阶段作为维修所必需的维修荷载。《建筑结构荷载规范》（GB 50009—2001，简称《荷载规范》，下同）规定不上人屋面均布活载的标准值为 $0.5kN/m^2$。

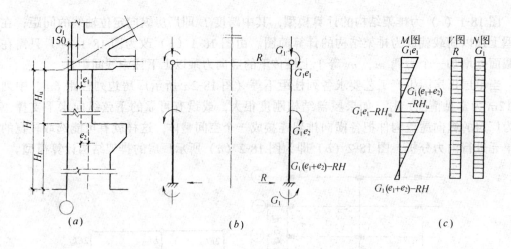

图 18-3
(a) 屋盖荷载与上、下柱的关系；(b) 计算简图；(c) 排架柱内力图

(2) 屋面雪荷载虽施加于斜屋面，但由于斜屋面积雪深度和与其相应水平投影面上的积雪深度相同，斜屋面积雪重力荷载和与其相应水平投影面上的积雪重力荷载也相同，故屋面雪荷载可按屋面水平投影面上的雪荷载计算。《荷载规范》规定屋面雪荷载的标准值 s_k（kN/m²）按下列计算：

$$s_k = \mu_r s_0 \tag{18-1}$$

式中，s_0 为基本雪压（即当地具有代表性的空旷平坦的观察场地上统计所得 50 年一遇最大积雪的重力荷载），μ_r 为屋面积雪分布系数（当坡屋面坡度角 $\alpha \leqslant 25°$ 时，$\mu_r = 1.0$），两者均由《荷载规范》查得。

(3) 当设计生产中有大量排灰的厂房（如铸造厂房、水泥厂有灰源厂房等）及其邻近厂房时，尚应考虑厂房屋面水平投影面上的屋面积灰荷载，也按《荷载规范》规定查得。

屋面均布活载不与屋面雪荷载同时考虑，取两者中的较大值。当有屋面积灰荷载时，它应与不上人屋面均布活载或屋面雪荷载中之较大者同时取用。

这三种屋面活载都以竖向集中力的形式作用于柱顶，作用点同屋盖恒载，计算简图同图 18-3 (b)。当厂房为多跨排架结构时，要考虑它们在排架结构上的不利位置问题。

18.2.2 柱、吊车梁和轨道联接重力荷载

它们是在预制柱吊装就位后屋架尚未安装时就施加于柱子上的，这时柱因这部分重力荷载而承受的内力应按竖向悬臂构件进行计算（图 18-4）❶。其中柱的重力荷载分别按上、下柱（下柱包括牛腿）的实际体积计算；吊车梁和轨道联结重力荷载均可从有关定型图集中直接查得，轨道联接也可按 0.8~1.0kN/m 估算。

---

❶ 有时为与其他荷载项的计算方法统一，对柱、吊车梁和轨道联接重力荷载也可按排架结构进行内力计算。

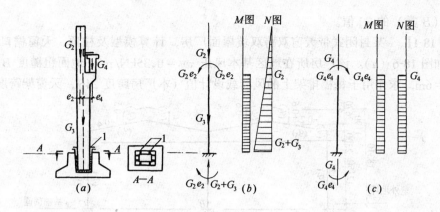

图 18-4

(a) 就位后的柱和吊车梁；(b) 柱重力荷载产生的内力；(c) 吊车梁和轨道联接产生的内力；
1—吊装就位时固定柱所用的钢楔

18.2.3 风荷载

风荷载垂直作用于厂房外墙面、天窗侧面和屋面，并在排架平面内传给柱。作用于柱顶以下的风荷载可近似按水平均布荷载作用于柱上计算；作用于柱顶以上的风荷载，通过屋架以水平集中力 F_w 的形式作用于柱顶。

《荷载规范》规定，垂直于厂房各部分表面上的风荷载标准值 w_k（kN/m²）按下式计算：

$$w_k = \mu_s \mu_z w_0 \tag{18-2}$$

式中，w_0 为某地区基本风压值（kN/m²），是以当地具有代表性的空旷平坦的观察场地上离地 10m 高处统计所得的 50 年一遇平均最大风速为标准确定的风压值；μ_s 为风荷载体型系数，是风吹到厂房表面引起的压力或吸力与理论风压的比值，与厂房的外表体型和尺度有关；μ_z 为风压高度变化系数，与地面粗糙程度和所求风压值处离地面高度有关。它们均可由《荷载规范》查得。图 18-5（a）、（b）分别给出封闭式带天窗单跨和双跨双坡屋面的 μ_s 值。其中正号为压力，负号为吸力。图 18-5（c）给出房屋比较稀疏的乡镇和城

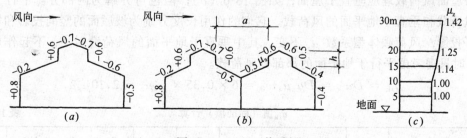

图 18-5 μ_s、μ_z 值举例

(a) μ_s 值；(b) μ_s 值；(c) μ_z 值

(b) 中 μ_s：当 $a \leq 4h$ 时，取 $\mu_s = +0.2$；当 $a > 4h$ 时，取 $\mu_s = +0.6$

市郊区（B 类）的 μ_z 值。

【例 18-1】 某封闭式带天窗双跨双坡屋面厂房，计算模型及柱顶、天窗檐口离室外地坪高度如图 18-6（a）。该厂房所在地区基本风压 $w_0 = 0.35 \text{kN/m}^2$，地面粗糙度 B 类，排架间距 $D = 6\text{m}$，求作用于每榀排架上的风荷载设计值（本厂房跨度 24m，天窗架跨度 9m）。

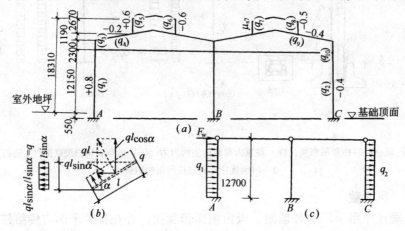

图 18-6
（a）计算模型；（b）坡屋面风荷载的分解；（c）计算简图

解

1. 求 μ_z（按图 18-5（c）用插值法求）

柱顶处（按离地面高度 12.15m 计），$\mu_z = 1.06$；

天窗檐口处（柱顶以上各部分风荷载均可近似以天窗檐口离地面高度 18.31m 计），$\mu_z = 1.21$。

2. 求 μ_s 和各部分 q_{ik}

由图 18-6（a）知，$a = 15000\text{mm}$，$h = 3120\text{mm}$，$a > 4h$，故取 $\mu_{s7} = +0.6$；其余 $\mu_{s1} \sim \mu_{s10}$ 见图 18-6（a）。

坡屋面风荷载理应垂直于屋面，如图 18-6（b）；但也可分解为两部分：平行于地平面的风荷载和垂直于地平面的风荷载。它们的作用长度分别为坡屋面的竖向投影和坡屋面的水平投影，风荷载体型系数 μ_s 不变。其中垂直于地平面的风荷载对 F_w 不起作用，计算 F_w 时只需考虑平行于地平面的那部分风荷载。

$$q_{ik} = Dw_k = D\mu_s\mu_z w_0 = 6 \times 0.35 \times \mu_s\mu_z = 2.10\mu_s\mu_z$$

q_{ik} 值（标准值）计算　　　　　　　　　　　　表 18-1

q	q_1	q_2	q_3	q_4	q_5	q_6	q_7	q_8	q_9	q_{10}
μ_z	1.06	1.06	1.21	1.21	1.21	1.21	1.21	1.21	1.21	1.21
μ_s	0.8	0.4	0.8	0.2	0.6	0.6	0.6	0.5	0.4	0.4

续表

q	q_1	q_2	q_3	q_4	q_5	q_6	q_7	q_8	q_9	q_{10}
q_{ik} (kN/m)	1.78	0.89	2.03	0.51	1.52	1.52	1.52	1.27	1.02	1.02
作用长度（m）			2.30	1.19	2.67	2.67	2.67	2.67	1.19	2.30
方　　向	→	→	→	←	←	→	→	→	→	→

3．求 q_1、q_2 和 F_w 的设计值

$$q_1 = \gamma_Q q_{1k} = 1.4 \times 1.78 = 2.49 \text{kN/m}$$

$$q_2 = \gamma_Q q_{2k} = 1.4 \times 0.89 = 1.25 \text{kN/m}$$

$$\begin{aligned}F_w &= \gamma_Q[2.30(q_{3k} + q_{10k}) + 1.19(-q_{4k} + q_{9k}) + 2.67(q_{5k} + q_{6k} + q_{7k} + q_{8k})] \\ &= 1.4 \times [2.30(2.03 + 1.02) + 1.19(-0.51 + 1.02) \\ &\quad + 2.67(1.52 + 1.52 + 1.52 + 1.27)] \\ &= 1.4 \times 23.19 = 32.46 \text{kN}\end{aligned}$$

每榀排架在风荷载作用下的计算简图如图 18-6（c）。

18.2.4　吊车荷载

吊车按生产工艺要求和吊车本身构造特点的差别有不同的型号和规格。不同类型的吊车当起重量和跨度均相同时，作用在单厂结构上的荷载是不同的。吊车按其在使用期内要求的总工作循环次数以及吊车荷载达到其额定值的频繁程度分成轻、中、重和超重级工作制四种❶；根据利用等级和载荷状态，吊车分为 8 个工作级别：A1～A8。按其吊钩种类分成软钩和硬钩两种；按其动力来源分成电动和手动两种。一般单厂结构使用的吊车多为中级工作制、软钩、电动桥式吊车，其工作级别对应为 A4、A5。

一般说来，作用在厂房横向排架结构上的桥式吊车荷载有吊车的竖向荷载和横向水平荷载；作用在厂房纵向排架结构上的为吊车的纵向水平荷载。

1．吊车竖向荷载

吊车荷载是一种通过轮压传给排架柱的移动荷载，由吊物重、吊车桥架重和卷扬机小车重三部分组成，随桥架和小车运行所在位置和吊重大小的不同而不同。当吊车满载且小车行驶到桥架一侧的极限位置时，小车所在一侧轮压将出现最大值 P_{max}，称为最大轮压，另一侧吊车轮压被称作最小轮压 P_{min}，见图 18-7（a）。另外，厂房中同一跨内可能有多部吊车；《荷载规范》规定，单跨厂房的每个排架，参与组合的吊车台数不宜多于两台，多跨厂房的每个排架，不宜多于四台。所以，每榀排架上作用的吊车竖向荷载指的是几台吊车组合后通过吊车梁传给柱的可能的最大反力（一侧为几个 P_{max} 产生的最大反力，另侧为几个 P_{min} 产生的最大反力）。

---

❶ 参见国家标准《起重机设计规范》（GB 3811—83）。

由于吊车荷载是移动荷载,每榀排架上作用的吊车竖向荷载要用影响线原理求出。最大反力为当两台吊车挨紧并行,其中一台轮子正好运行至计算排架柱的位置时的反力,按下式求得其标准值 D_{max} 和 D_{min}(图 18-7b):

$$D_{max} = \xi \Sigma P_{max} y_i \quad (18-3)$$

$$D_{min} = \xi \Sigma P_{min} y_i \quad (18-4)$$

式中,y_i 为各轮压对应反力影响线的坐标值;ξ 为折减系数,它是从概率观点考虑多台吊车共同作用时吊车荷载效应组合相对于多台吊车均满载时吊车荷载效应的折减,见表 18-2。

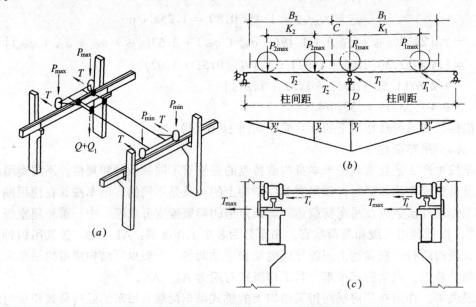

图 18-7 吊车竖向荷载和横向水平荷载

(a) P_{max}、P_{min} 和 T;(b) 吊车荷载及其影响线;(c) 吊车横向水平荷载

多台吊车的荷载折减系数 ξ 表 18-2

参与组合的吊车台数	吊车工作级别	
	A1~A5	A6~A8
2	0.9	0.95
4	0.8	0.85

确定 D_{max}、D_{min} 后即可求出它们施加于排架结构的力偶 $D_{max}e$ 和 $D_{min}e'$。这里,e、e' 分别为两侧排架柱上各自吊车梁中心线和下柱中心线的间距。求出 D_{max}、$D_{max}e$、D_{min}、$D_{min}e'$ 后即可得到排架结构在吊车竖向荷载作用下的计算简图,如图 18-8(a)。应

予注意：D_{max} 既可能施加在 A 柱上，其力偶为 $D_{max}e$，也可能施加在 B 柱上，其力偶为 $D_{max}e'$。它们各自相应施加在另侧柱上的 D_{min} 及其力偶，请读者自思。

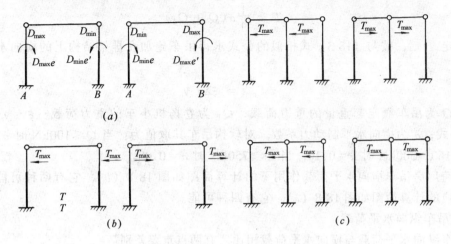

图 18-8 吊车荷载作用下的计算简图
(a) 吊车竖向荷载作用下；(b) 单跨吊车横向水平荷载作用下；
(c) 双跨吊车横向水平荷载作用下

有关吊车 P_{max}、P_{min} 和各种尺寸参数都应由工艺提供。专业标准《起重机基本参数和尺寸系列》（ZQ1—62）曾对 5～50/5t 电动桥式吊车的有关参数作有详尽规定❶，可供设计计算使用。但多年实践表明，由各工厂设计的吊车其参数和尺寸不太可能与该标准一致，故设计时仍应直接参照制造厂当时的产品规格作为计算依据。

2. 吊车横向水平荷载

桥式吊车的卷扬机小车起吊重物后在启动或制动时将产生惯性力，即横向水平制动力。此力为运行的小车和起吊物重量与运行加速度的乘积；它通过小车制动轮与钢轨间的摩擦传给排架结构。实测表明，小车制动力可近似简化考虑由支承吊车的两侧相应的承重结构（即排架柱）共同承受，各负担 50%。

横向水平制动力也是移动荷载，其位置必然与吊车的竖向轮压相同。但《荷载规范》规定，对单跨或多跨厂房的每个排架，参与水平荷载组合的吊车台数不应多于两台；所以，每榀排架上作用的吊车横向水平荷载是一台或两台吊车横向水平制动力通过吊车梁传给柱的可能的最大横向反力。显然，此吊车横向水平荷载也要用影响线原理求出（图 18-7b）。由于吊车横向水平制动力经轨道和埋设在吊车梁顶面的连接件传给上柱，故吊车横向水平荷载施加于排架结构的作用点，就在吊车梁顶面标高处，如图 18-7（c）。它的方向又有向左或向右两种可能。

---

❶ （ZQ1—62）规定的电动桥式吊车数据表见本篇附录 1 表 18-4。

按照以上规定，当一般四轮桥式吊车满载运行时，每一轮子上产生的横向水平制动力 T 的标准值按下式确定：

$$T = \frac{1}{4}\alpha(Q + Q_1) \tag{18-5}$$

确定 T 后，按与（18-3）式相似的公式求得吊车施加在排架结构上的横向水平荷载 T_{max}：

$$T_{max} = \xi\Sigma T_i y_i \tag{18-6}$$

式中，Q 为吊车额定起重量的重力荷载；Q_1 为卷扬机小车的重力荷载；ξ、y_i 意义同（18-3）式；α 为横向水平制动力系数，对软钩吊车其取值为：当 $Q \leqslant 100$ kN 时 $\alpha = 0.12$，当 $Q = 160 \sim 500$ kN 时 $\alpha = 0.10$，当 $Q \geqslant 750$ kN 时 $\alpha = 0.08$。

单跨厂房吊车横向水平荷载作用下的计算简图如图 18-8（b），它有两种可能。双跨厂房相应的计算简图如图 18-8（c），它有四种可能。

3．吊车纵向水平荷载

吊车纵向水平荷载与横向水平荷载相比，有两点重要差别：

（1）它是桥式吊车在厂房纵向启动或制动时产生的惯性力，是吊重、桥架自重和卷扬机小车自重与运行加速度的乘积。所以，它与桥式吊车每侧的制动轮数有关，也与吊车的最大轮压 P_{max} 有关，而不是与 $(Q + Q_1)$ 有关。

（2）它由吊车每侧制动轮传至两侧轨道，并通过吊车梁传给纵向柱列或柱间支撑，而与横向排架结构无关。在横向排架结构内力分析中不涉及吊车纵向水平荷载。

吊车纵向水平荷载的标准值 T_l 按下式确定：

$$T_l = nP_{max}/10 \tag{18-7}$$

式中，n 为吊车每侧制动轮数，一台四轮桥式吊车的 $n = 1$；$1/10$ 为制动轮在轮压下与钢轨间的滑动摩擦系数，与实测结果接近。

当厂房有柱间支撑时，全部吊车纵向水平荷载由柱间支撑承受；当厂房无柱间支撑时，全部吊车纵向水平荷载由同一伸缩缝区段内的所有各柱共同承受。在计算吊车纵向水平荷载引起的厂房纵向结构的内力时，不论单跨或多跨厂房，参与组合的吊车台数不应多于两台。

【例 18-2】 同例 18-1 所示 24m 双跨厂房，6m 柱距，每跨设有 30/5t 及 15/3t 桥式吊车各一台，工作级别 A5。采用工形截面柱，其边柱、中柱吊车梁中心线与下柱中心线间距各为 500mm 和 750mm。吊车梁顶在基础顶面以上 9.71m 高度处。若吊车按专业标准（ZQ1—62）给出的基本参数进行设计，并假设先不考虑吊车组合折减系数 ξ，试画出该排架结构在吊车竖向荷载和横向水平荷载标准值作用下的计算简图。

解

1．吊车主要参数

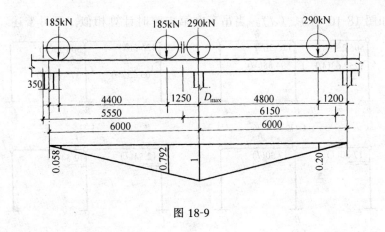

图 18-9

表 18-3

吊车吨位	Q (kN)	吊车宽 B (mm)	轮距 K (mm)	P_{max} (kN)	P_{min} (kN)	Q_1 (kN)
30/5	300	6150	4800	290	70	118
15/3	150	5550	4400	185	50	74

2．吊车竖向荷载（考虑每个排架两台吊车，如图 18-9）的标准值

$$D_{max} = 290(1 + 0.20) + 185(0.792 + 0.058) = 505.25 \text{kN}$$
$$D_{min} = 70(1 + 0.20) + 50(0.792 + 0.058) = 126.50 \text{kN}$$

（1）当两台吊车作用于第一跨时

D_{max} 在边柱：施加于 A 柱的 $N = 505.25 \text{kN}$，$M = 505.25 \times 0.5 = 252.63 \text{kN·m}$

施加于 B 柱的 $N = 126.50 \text{kN}$，$M = 126.50 \times 0.75 = 94.88 \text{kN·m}$

D_{min} 在边柱：施加于 A 柱的 $N = 126.50 \text{kN}$，$M = 126.50 \times 0.5 = 63.25 \text{kN·m}$

施加于 B 柱的 $N = 505.25 \text{kN}$，$M = 505.25 \times 0.75 = 378.94 \text{kN·m}$

作计算简图如图 18-10（a）、（b）。

（2）当两台吊车作用在第二跨时计算相似，不另赘述。

3．吊车横向水平荷载（$\alpha = 0.10$，图 18-9）的标准值

30/5t 吊车一个轮子横向水平制动力 $T_{30} = \dfrac{0.1}{4}(300 + 118) = 10.45 \text{kN}$

15/3t 吊车一个轮子横向水平制动力 $T_{15} = \dfrac{0.1}{4}(150 + 74) = 5.60 \text{kN}$

（1）当一台 30/5t 一台 15/3t 吊车同时作用时

$$T_{max} = 10.45(1 + 0.20) + 5.60(0.792 + 0.058) = 17.30 \text{kN}$$

（2）当一台 30/5t 吊车作用时

$$T_{max} = 10.45(1 + 0.20) = 12.54 \text{kN}$$

作计算简图如图 18-10（c）、（d）。当吊车在第二跨时计算相似，不另赘述。

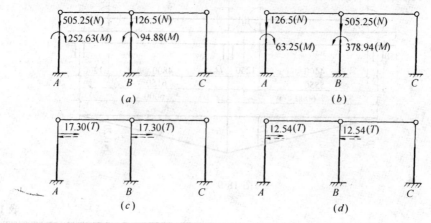

图 18-10

（a）D_{max} 在 A；（b）D_{min} 在 A；（c）两台吊车在第一跨内；（d）一台吊车在第一跨内

（单位：N、T—kN；M—kN·m）

18.2.5 墙体荷载

当墙体砌筑在基础梁上时，仅有圈梁与柱连接，它们对柱无竖向作用力，它们对排架结构的作用是传递施加于墙面上的风荷载。但如墙体搁置在由柱伸出的牛腿上时，则柱将受到由墙体重力荷载（排架计算单元内墙体、窗和连系梁的重力荷载）产生的偏心荷载（偏心距为墙体中心线至柱中心线的间距）。

18.3 排架结构的内力计算方法

单层厂房排架是一个空间结构。目前有考虑厂房整体空间工作和不考虑厂房整体空间作用两种计算方法。关于考虑厂房整体空间作用的计算方法，可参阅有关书籍[1]。本章仅讨论不考虑厂房整体空间作用的计算方法。

即使不考虑空间作用，单层厂房排架也是一个承受着多种荷载、具有变截面柱的平面结构。究竟在哪些荷载作用下变截面柱的哪些截面内力最不利，很难一下判断。通常方法是先求出单项荷载作用下排架柱各个截面的内力图，再把单项计算结果加以综合，通过内力组合的方法确定几个关键性控制截面的最不利内力，才能按照这些内力对排架柱进行设计。因此，本节先讨论单个变截面柱在任意荷载作用下的内力计算方法，再依次讨论等高排架在柱顶水平集中力和在任意荷载作用下的内力计算方法，并对不等高排架的内力计算方法作简略介绍。下一节再讨论排架结构分析中的内力组合问题。

---

[1]《单层工业厂房结构设计》（第二版），罗福午主编，清华大学出版社，1990 年。

18.3.1 顶端不动铰下端固定端单阶变截面柱在任意荷载下的内力计算方法

这是一个用力法对变截面构件求解的问题。以图 18-11 所示变截面柱为例，可用下列变形协调方程求得在下柱顶部作用有力偶 M 的内力图：

$$R_a \delta_a = M \Delta_{aM} \tag{18-8}$$

式中，R_a 为柱顶不动铰支座处的反力；δ_a 为柱顶作用有水平方向的单位力时，柱顶的水平侧移；Δ_{aM} 为柱上作用有 $M=1$ 时，柱顶的水平侧移。

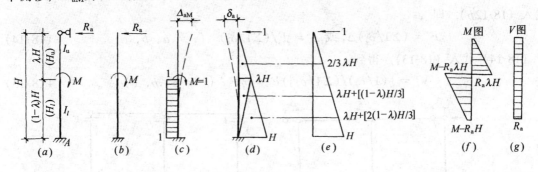

图 18-11

δ_a 由图 18-11（d）、（e）用图乘法求得。若上下柱高度 H_u、H_l 与全柱高 H 的关系分别为 $H_u = \lambda H$，$H_l = (1-\lambda)H$；上、下柱截面惯性矩 I_u、I_l 的关系为 $I_u = nI_l$，则 δ_a 可表达为

$$\delta_a = \frac{1}{3/\left[1+\lambda^3\left(\frac{1}{n}-1\right)\right]} \times \frac{H^3}{EI_l} = \frac{H^3}{c_0 EI_l} \tag{18-9}$$

Δ_{aM} 由图 18-11（c）、（d）用图乘法求得：

$$\Delta_{aM} = (1-\lambda^2)\frac{H^2}{2EI_l} \tag{18-10}$$

将 (18-9)、(18-10) 式代入 (18-8) 式，即求得

$$R_a = \frac{M\Delta_{aM}}{\delta_a} = \frac{3}{2} \frac{1-\lambda^2}{1+\lambda^3\left(\frac{1}{n}-1\right)} \times \frac{M}{H} = c_2 \frac{M}{H} \tag{18-11}$$

根据 R_a 值，就可得到相应的内力图，如图 18-11（f）、（g）。

这里，$c_0 = 3/\left[1+\lambda^3\left(\frac{1}{n}-1\right)\right]$ 为单阶变截面柱柱顶位移系数；$c_2 = \frac{3}{2}(1-\lambda^2)/\left[1+\lambda^3\left(\frac{1}{n}-1\right)\right]$ 为单阶变截面柱在下柱柱顶有力偶 M 时的柱顶反力系数。单阶变截面柱在各种荷载作用下的柱顶反力系数 $c_1 \sim c_8$ 及 c_0 均见本章附录 2 表 18-5。

18.3.2 等高排架在柱顶水平集中力作用下的内力计算方法

这是一个用剪力分配法对排架结构求解的问题。以图 18-12 所示等高排架在柱顶水平

力 F 作用下受力分析为例。按 18.1 节基本假定,该排架受力后各柱顶水平侧移 Δ_i 相等;各柱顶剪力 V_i 可由下列联立方程求出:

$$\Delta_a = \Delta_b = \Delta_c = \Delta \qquad (18\text{-}12a)$$

$$F = V_a + V_b + V_c \qquad (18\text{-}12b)$$

由图 18-11 (d),$\Delta_i = V_i \cdot \delta_i$,并考虑 (18-12a) 的关系,

$$V_i = \Delta_i/\delta_i = (1/\delta_i)\Delta \quad (i = a, b, c) \qquad (18\text{-}13)$$

代入 (18-12b),即

$$F = (\Sigma 1/\delta_i)\Delta, \text{ 或 } \Delta = F/(\Sigma 1/\delta_i) \quad (i = a, b, c) \qquad (18\text{-}14)$$

以 (18-14) 代入 (18-13),得到

$$V_i = [(1/\delta_i)/(\Sigma 1/\delta_i)]F = \eta_i F \quad (i = a, b, c) \qquad (18\text{-}15)$$

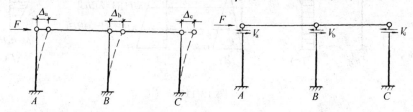

图 18-12

在求得 V_i 后,就可得到相应的内力图。下面对 (18-15) 式的物理意义做些说明:

1. δ_i 为第 i 柱的柔度,$(1/\delta_i)$ 为第 i 柱的抗剪刚度,$\eta_i = (1/\delta_i)/(\Sigma 1/\delta_i)$ 为第 i 柱的剪力分配系数,$\Sigma \eta_i = 1$。

2. 当排架结构柱顶作用有水平集中力 F 时,各柱的柱顶剪力按其抗剪刚度与各柱抗剪刚度总和的比例关系进行分配,故称剪力分配法。

18.3.3　等高排架在任意荷载作用下的内力计算方法

这是一种将上两节所述计算方法加以综合考虑对排架结构求解的问题。

当对称排架所受的荷载也对称时(如屋盖恒载),排架结构顶端无侧移,排架柱可简化为 18.3.1 节所示情况进行内力计算,如图 18-13 所示。

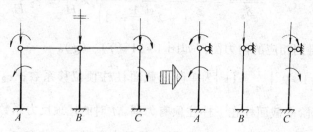

图 18-13

当对称排架所受的荷载非对称时(如排架柱上作用有风荷载、吊车竖向荷载、吊车横

向水平荷载等），排架顶端有水平侧移。但不论在何种荷载作用下，排架结构的内力计算都可分解为两步进行：

1. 先在排架柱顶部附加一个不动铰支座以阻止其水平侧移，用 18.3.1 所述方法求出支座反力 R（图 18-14b），同时即可得到相应排架柱的内力图。

2. 撤除附加不动铰支座，并将 R 以反方向作用于排架柱顶（图 18-14c），以期恢复到原来的结构体系情况。这时，可用 18.3.2 所述方法求得整个排架结构在 R 作用下的内力图。

叠加上述两步求得的内力图，就能得到排架结构的实际内力图。

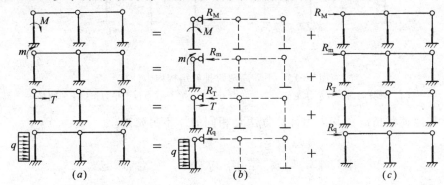

图 18-14

18.3.4 不等高排架内力计算方法简述

图 18-15（a）为常见的两跨不等高排架结构的计算简图。由于它在任意荷载作用下，高低列柱的柱顶水平侧移不等，用 18.3.2 节所述的剪力分配法就不适宜了。它更适合于用力法求解。

以图 18-15（b）所示高跨作用有水平集中力 F 为例，这时高、低跨排架横梁产生的未知内力分别为 x_1、x_2。按照变形协调条件，可以认为高跨两侧柱顶水平侧移必然相等，低跨两侧柱顶水平侧移也必然相等，因此得到下列联立方程：

$$\begin{cases} (F-x_1)\delta_a = x_1\delta_b - x_2\delta_{bd} & (\text{即 } \Delta_a = \Delta_b) \quad (18\text{-}16a) \\ x_2\delta_c = x_1\delta_{db} - x_2\delta_d & (\text{即 } \Delta_c = \Delta_d) \quad (18\text{-}16b) \end{cases}$$

式中，δ_a、δ_b、δ_c、δ_d 分别为单柱柱顶 a、b、c 及单柱 B 的 d 结点处作用有单位水平力时，在该处产生的水平侧移；δ_{bd}、δ_{db} 分别为单位水平力作用在单柱 B 的 d 结点处时在 b 端产生的水平侧移，以及单位水平力作用在单柱 B 的柱顶时在 d 结点处产生的水平侧移。按照结构力学中的位移互等定理，$\delta_{bd} = \delta_{db}$。关于 δ_a、δ_b、δ_c、δ_d、δ_{bd}、δ_{db} 的图示均见图 18-15（c）。关于 Δ_a、Δ_b、Δ_c、Δ_d 的图示均见图 18-15（b）。

显然，δ_a、δ_b、δ_c、δ_d、δ_{bd}、δ_{db} 均可按照排架柱的高度和截面尺寸用图乘法求出，解联立方程（18-16）就可求得 x_1、x_2。于是，该不等高排架结构的内力即可求得。

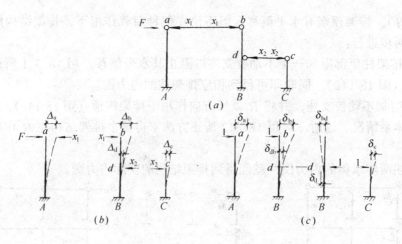

图 18-15 不等高两跨排架结构内力计算

(a) 计算简图；(b) 水平侧移和未知内力；(c) 单柱在单位水平力作用下的侧移

对于其他荷载情况，其内力计算方法是相同的，不另赘述。

18.4 排架结构的内力组合方法

内力组合的目的是把作用在排架结构上各种单项荷载算得的内力，按照它们各自在使用过程中同时出现的可能性，进行组合，求出起控制作用的构件截面的最不利内力组合的设计值，作为排架结构中两个主要构件——柱和基础按承载能力极限状态进行设计的依据。

18.4.1 需要进行内力组合的截面——控制截面

从分析排架结构在单项荷载作用下产生的内力图可知，吊车荷载和风荷载是排架柱相应截面产生最不利内力的主要荷载。它们使柱产生的内力图和变形图大体如图 18-16 所示。

对上柱说，底部Ⅰ—Ⅰ截面的内力最大，而一般情况下整个上柱截面配筋相同，故Ⅰ—Ⅰ截面为控制截面（图 18-16c）。

对下柱说，控制截面是Ⅱ—Ⅱ、Ⅲ—Ⅲ（图 18-16c）。前者在吊车竖向荷载作用下弯矩图最大，后者在吊车横向水平荷载和风荷载作用下弯矩值最大❶，均见图 18-16（a）、(b)。此外，对基础计算来说，需要的是通过Ⅲ—Ⅲ截面传来的内力。

18.4.2 内力组合原则

《荷载规范》规定，对于承载能力极限状态的基本组合，一般排架的荷载效应组合

---

❶ 在吊车竖向荷载作用下，下柱最不利截面为Ⅱ′—Ⅱ′，而不是Ⅱ—Ⅱ。这是因为Ⅱ—Ⅱ截面处有牛腿，其截面高度较下柱为大的缘故。为计算方便，取Ⅱ—Ⅱ为下柱控制截面。

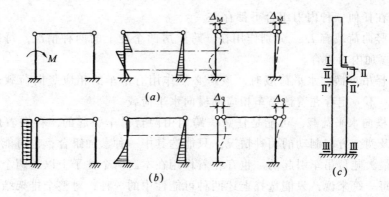

图 18-16
(a) 吊车竖向荷载下的内力和变形图;(b) 风荷载下的内力和变形图;(c) 控制截面

(即内力组合)的设计值 S 按下式确定❶:

$$S = \gamma_G S_{Gk} + \gamma_{Q1} S_{Q1k} \tag{18-17a}$$

$$S = \gamma_G S_{Gk} + 0.9 \sum_{i=1}^{n} \gamma_{Qi} S_{Qik} \tag{18-17b}$$

式中,γ_G、γ_{Qi} 分别为恒载和第 i 个可变荷载的分项系数,取 $\gamma_G = 1.2$,$\gamma_{Qi} = 1.4$;S_{Gk}、S_{Qik} 分别为按恒载和第 i 个可变荷载标准值计算的相应荷载效应值。

按以上原则,对不考虑抗震设防的单厂结构,按承载能力极限状态进行内力分析时,需进行以下可能的组合:

①1.2×恒载标准值计算的荷载效应+0.9×1.4×(活载+风荷载+吊车荷载)标准值计算的荷载效应;

②1.2×恒载标准值计算的荷载效应+0.9×1.4×(风荷载+吊车荷载)标准值计算的荷载效应;

③1.2×恒载标准值计算的荷载效应+0.9×1.4×(活载+风荷载)标准值计算的荷载效应;

④1.2×恒载标准值计算的荷载效应+0.9×1.4×(活载+吊车荷载)标准值计算的荷载效应;

⑤1.2×恒载标准值计算的荷载效应+1.4×吊车荷载标准值计算的荷载效应;

⑥1.2×恒载标准值计算的荷载效应+1.4×风荷载标准值计算的荷载效应。

在以上六种组合中,吊车荷载都要考虑表 18-2 规定的折减系数 ξ。当考虑地震作用及其组合时,按本篇第 21 章处理。

进行内力组合时,还应注意单厂结构荷载具有的特点:

---

❶ S 值尚有由恒载效应控制的组合,见《荷载规范》,本篇主要讨论有吊车单层工业厂房的结构设计,未作详列,请读者自思。

1. 恒载在任何一种内力组合下都存在。

2. 吊车竖向荷载有 D_{max} 分别作用在一跨厂房两个柱上的两种情况，每次只能选择其中一种情况参加内力组合。

3. 在选择吊车横向水平荷载时，该跨必然作用有吊车的相应竖向荷载；但选择吊车竖向荷载时，不一定存在着该吊车相应的横向水平荷载。

4. 吊车横向水平荷载，可能是任意一跨内由两台吊车引起的，存在着作用在该跨两个柱子上以及两个方向制动的两种情况，只能选其中一种参加组合；也可能是任意两跨内由本跨一台最大吨位吊车引起的，也存在着作用在本跨两个柱子上以及两个方向制动的两种情况。对每一跨来说，只能选择上述两种可能性中的一种；对整个排架结构来说，可选择任意两跨的各一种横向水平荷载参加内力组合。

5. 风荷载有向左、向右吹两种情况，只能选择其中一种参加内力组合。

18.4.3 内力组合项目

排架结构受力后，柱内同时产生弯矩 M、轴力 N 和剪力 V。对柱的截面配筋说来，一般 V 不起控制作用，除双肢柱外都不需要考虑 V。但对基础设计来说，Ⅲ—Ⅲ 截面的 M、N、V 影响都是不可忽视的。由于单厂结构柱都是对称配筋偏心受压构件，通常单肢柱选择以下四个项目作为可能的截面最不利内力组合：

1. $+M_{max}$ 及相应的 N、V。
2. $-M_{max}$ 及相应的 N、V。
3. N_{max} 及相应的 $+M_{max}$ 或 $-M_{max}$、V。
4. N_{min} 及相应的 $+M_{max}$ 或 $-M_{max}$、V。

以上四项内力组合有时还不能控制柱截面的配筋量。以大偏心受压截面为例，有时 N 值虽比原拟取值小些，但对应的 M 值却大些，这时截面配筋可能会更多。例如前述六种组合中，①肯定比④算得的轴力 N 为小，有时按①算得的截面配筋量却稍多。但在一般情况下，按上述四项进行内力组合，已能满足工程设计要求。

思 考 题

18.1 单层厂房排架结构的计算简图作了哪些基本假定？为什么认为这些假定是合理的？哪些情况下哪些假定不适用？

18.2 屋盖荷载、吊车竖向荷载、横（纵）向风荷载、有（无）墙梁时的墙体重力荷载各是通过什么途径传递到基础上去的？

18.3 试证明施加于斜屋面的积雪重力荷载与其相应水平投影面上的积雪重力荷载相同。

18.4 若例 18.1 所示双跨天窗架均自山墙内侧第二柱子处开始设置，试画出该厂房支承于屋架上弦的山墙柱（柱距 6m）在风荷载作用下的计算简图（注明柱高、支承情况、风载设计值）。

18.5 试说明四轮桥式吊车 P_{max}、P_{min} 和吊车桥架（包括卷扬机小车在内）、额定起重量重力荷载之间的关系，并根据表 18-3 推出 30/5t 四轮桥式吊车桥架总重力荷载。

18.6 区别吊车横向水平荷载和纵向水平荷载的异同（产生原因、承受结构、传力途径等）。

18.7 用图乘法证明 $c_0 = 3/\left[1 + \lambda^3\left(\dfrac{1}{n} - 1\right)\right]$，以及相应的 $c_1 \sim c_8$。

18.8 图 18-17（a）、（b）所示两种等截面柱排架结构，各柱截面的 EI 相同，在柱顶集中力 F 作用下，求各柱柱顶剪力值（用文字表示）。

18.9 内力组合表达式中可能出现几个系数，它们各自的物理意义是什么？

18.10 试分析荷载在单厂排架结构的内力组合中为什么要考虑荷载特点？由单项荷载产生的截面内力在计算对称配筋偏心受压柱的截面配筋时，为什么要考虑内力组合特点（即四项最不利组合）？以及三个控制截面在内力组合中有哪些差异？

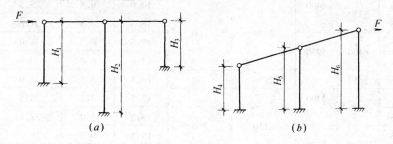

图 18-17

18.11 为什么在有吊车的单层工业厂房结构的排架柱的设计计算中，一般不需考虑由恒载控制的内力组合？请举例说明。在相应的柱基础设计计算中要不要考虑？

附 录 1

5～50/5t 一般用途电动桥式起重机基本参数和尺寸系列（ZQ 1—62）　　表 18-4

起重量	跨度	尺寸				中级工作制			小车总重
		宽度	轮距	轨顶以上高度	轨道中心至端部距离	最大轮压	最小轮压	起重机总重	
Q	L_k	B	K	H	B_1	P_{max}	P_{min}	G	g
(t)	(m)	(mm)	(mm)	(mm)	(mm)	(t)	(t)	(t)	(t)
5	16.5	4650	3500	1870	230	7.6	3.1	16.4	2.0（单闸） 2.1（双闸）
	19.5	5150	4000			8.5	3.5	19.0	
	22.5	5150	4000			9.0	4.2	21.4	
	25.5	6400	5250			10.0	4.7	24.4	
	28.5	6400	5250			10.5	6.3	28.5	
10	16.5	5550	4400	2140	230	11.5	2.5	18.0	3.8（单闸） 3.9（双闸）
	19.5	5550	4400			12.0	3.2	20.3	
	22.5	5550	4400			12.5	4.7	22.4	
	25.5	6400	5250	2190		13.5	5.0	27.0	
	28.5	6400	5250			14.0	6.6	31.5	

续表

起重量	跨度	尺寸				中级工作制			
		宽度	轮距	轨顶以上高度	轨道中心至端部距离	最大轮压	最小轮压	起重机总重	小车总重
Q	L_k	B	K	H	B_1	P_{max}	P_{min}	G	g
(t)	(m)	(mm)	(mm)	(mm)	(mm)	(t)	(t)	(t)	(t)
15	16.5	5650	4400	2050	230	16.5	3.4	24.1	5.3（单闸） 5.5（双闸）
	19.5	5550	4400	2140	260	17.0	4.8	25.5	
	22.5					18.5	5.8	31.6	
	25.5	6400	5250			19.5	6.0	38.0	
	28.5					21.0	6.8	40.0	
15/3	16.5	5650	4400	2050	230	16.5	3.5	25.0	6.9（单闸） 7.4（双闸）
	19.5	5550		2150	260	17.5	4.3	28.5	
	22.5					18.5	5.0	32.1	
	25.5	6400	5250			19.5	6.0	36.0	
	28.5					21.0	6.8	40.5	
20/5	16.5	5650	4400	2200	230	19.5	3.0	25.0	7.5（单闸） 7.8（双闸）
	19.5	5550		2300	260	20.0	3.5	28.0	
	22.5					21.5	4.5	32.0	
	25.5	6400	5250			23.0	5.3	30.5	
	28.5					24.0	6.5	41.0	
30/5	16.5	6050	4600	2600	260	27.0	5.0	34.0	11.7（单闸） 11.8（双闸）
	19.5	6150	4800		300	28.0	6.5	36.5	
	22.5					29.0	7.0	42.0	
	25.5	6650	5250			31.0	7.8	47.5	
	28.5					32.0	8.8	51.5	
50/5	16.5	6350	4800	2700	300	39.5	7.5	44.0	14.0（单闸） 14.5（双闸）
	19.5			2750		41.5	7.5	48.0	
	22.5					42.5	8.5	52.0	
	25.5	6800	5250			44.5	8.5	56.0	
	28.5					46.0	9.5	61.0	

注：1. 表列尺寸和重量均为该标准制造的最大限值；
  2. 起重机总重量根据带双闸小车和封闭式操纵室重量求得；
  3. 本表未包括重级工作制吊车；需要时可查（ZQ1—62）系列；
  4. 本表重量单位为吨（t），使用时要折算成法定重力计量单位千牛顿（kN）。理应将表中值乘以9.81；为简化计，近似以表中值乘以10.0。

附 录 2

单阶变截面柱在各种荷载作用下的柱顶反力系数（$c_1 \sim c_8$）表   表 18-5

序号	荷载情况	R_b	$c_0, c_1 \sim c_8$	附 注
0			$\delta = H^3/c_0 E I_1$ $c_0 = 3/\left[1 + \lambda^3\left(\dfrac{1}{n} - 1\right)\right]$	
1		$\dfrac{M}{H}c_1$	$c_1 = \dfrac{3}{2} \cdot \dfrac{1 - \lambda^2\left(1 - \dfrac{1}{n}\right)}{Z}$	
2		$\dfrac{M}{H}c_2$	$c_2 = \dfrac{3}{2} \cdot \dfrac{1 - \lambda^2}{Z}$	$n = I_u/I_l,\ \lambda = H_u/H,$ $1 - \lambda = H_l/H,$ $Z = 1 + \lambda^3\left(\dfrac{1}{n} - 1\right)$
3		$\dfrac{M}{H}c_3$	$c_3 = \dfrac{3}{2} \cdot \dfrac{1 + \lambda^2\left(\dfrac{1 - a^2}{n} - 1\right)}{Z}$	
4		$\dfrac{M}{H}c_4$	$c_4 = \dfrac{3}{2} \cdot \dfrac{2b(1 - \lambda) - b^2(1 - \lambda)^2}{Z}$	

43

续表

序号	荷载情况	R_b	c_0, $c_1 \sim c_8$	附 注
5	(f)	Tc_5	$c_5 = \dfrac{2 - 3a\lambda + \lambda^3 \left[\dfrac{(2+a)(1-a)^2}{n} - (2-3a) \right]}{2Z}$	
6	(g)	qHc_6	$c_6 = \dfrac{3\left[1 + \lambda^4 \left(\dfrac{1}{n} - 1 \right) \right]}{8Z}$	$n = I_u/I_l$, $\lambda = H_u/H$, $1 - \lambda = H_l/H$, $Z = 1 + \lambda^3 \left(\dfrac{1}{n} - 1 \right)$
7	(h)	qHc_7	$c_7 = \dfrac{8\lambda - 6\lambda^2 + \lambda^4 \left(\dfrac{3}{n} - 2 \right)}{8Z}$	
8	(i)	qHc_8	$c_8 = \dfrac{(1-\lambda)^3(3+\lambda)}{8Z}$	

第19章 钢筋混凝土柱和基础设计

单厂结构中柱的截面尺寸根据吊车起重量和轨顶标高按第17章表17-2估计,柱的各控制截面内力(M、N、V)由第18章排架结构内力分析得到,因此可由本书第一篇第8章所述按矩形或工形截面偏心受压构件验算已定截面尺寸是否合适并求得各控制截面的配筋量。本章主要讨论有关单厂结构排架柱的几个特有问题:单阶变截面柱的计算长度(与偏心距增大系数 η 有关)、柱的牛腿设计、柱的吊装验算以及柱下单独基础的设计。

19.1 钢筋混凝土柱的设计

19.1.1 柱的计算长度和柱截面配筋计算框图

在材料力学中,柱的计算长度按柱的支承情况为不动铰、固定端、自由端而异。单厂结构中柱的支承条件比上述几种情况要复杂得多:如柱上端为可动铰支承,它的位移与屋盖刚度、厂房跨度等因素有关;柱身为变截面且和吊车梁、连系梁、圈梁等纵向构件相连;上柱的下端不能视作固定端,该处有水平侧移和转角;下柱的上端同此而其下端支承又与地基的压缩性有关,只能说是接近固定端等等。在一般情况下,可按单厂结构中柱的实际情况,推算出它的计算长度的大致范围[1]。表19-1是《混凝土结构设计规范》(GB 50010—2002,简称《混凝土结构设计规范》,下同)规定的计算长度 l_0 值。

采用刚性屋盖的单层厂房排架柱的计算长度 l_0 表19-1

厂房类型	柱的类别	排架方向	垂直排架方向	
			有柱间支撑	无柱间支撑
无吊车厂房	单跨	1.50H	1.0H	1.2H
	两跨及多跨	1.25H	1.0H	1.2H
有吊车厂房	上柱	$2.0H_u$ *	$1.25H_u$	$1.5H_u$
	下柱	$1.0H_l$	$0.80H_l$	$1.0H_l$

注:1. 表中 H 为基础顶至柱顶总高度;H_u、H_l 分别为从装配式吊车梁底面或从现浇式吊车梁顶面算起的上柱高度,和从基础顶面算起至装配式吊车梁底面或现浇式吊车梁顶面的下柱高度;
2. 表中有吊车厂房排架柱的计算长度,当计算中不考虑吊车荷载时,可按无吊车厂房柱的计算长度采用;但上柱计算长度仍按有吊车厂房采用。
3. 表中*的值仅用于 $H_u/H_l \geq 0.3$ 情况,当 $H_u/H_l < 0.3$ 时,此值为 $2.5H_u$。

---

[1] 参阅《单层工业厂房结构设计》(第二版)附录4—1,罗福午主编,清华大学出版社,1990年。

算出 l_0 后即可按第 8 章相应公式算出柱截面偏心距增大系数 η 值，并根据截面内力设计值（M、N）、柱截面尺寸参数（b'、b'_f、h'_f、h、h_0、a'）、材料强度设计值（f_c、f_y），用图 19-1 所示框图算出上、下柱各控制截面所需要的钢筋面积 A_s 和 A'_s（$A_s = A'_s$）。关于排架柱截面配筋的构造要求原理，与第 8 章所述一致。各参数符号的意义也同第 8 章。

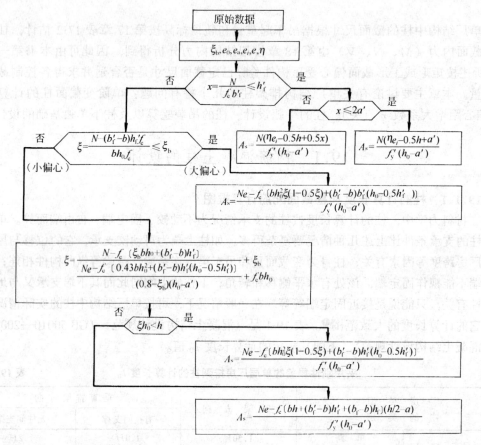

图 19-1 工形截面偏心受压柱（对称配筋）截面配筋计算框图
（用于混凝土强度等级不超过 C50 情况）

19.1.2 柱的牛腿设计

在柱支承吊车梁、连系梁（有时还包括屋架）的部位设置牛腿（图 19-2a 阴影部分，牛腿宽一般与柱宽等同，牛腿根部截面高度为 h，有效高度为 h_0）。牛腿体积小、负荷大、应力状态复杂，所以在设计柱时必须十分重视牛腿设计，保证它的承载力和抗裂要求。按照牛腿承受竖向荷载合力作用点至牛腿根部柱边缘的水平距离 a 的不同，分为两种情况：$a > h_0$ 时为长牛腿，按悬臂梁进行设计；$a \leqslant h_0$ 时为短牛腿，按本节讨论的方法

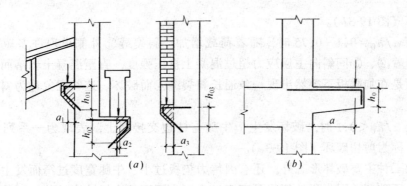

图 19-2
(a) 短牛腿；(b) 长牛腿

设计。

1. 牛腿的应力状态和破坏形态

从光弹性试验得到牛腿的主应力轨迹线如图 19-3 (a)。此轨迹线表明牛腿在顶面竖向力作用下，上表面的主拉应力沿长度方向的分布比较均匀，在 ab 连线附近不太宽的带状区域内主压应力分布也比较均匀，另外，上柱根部与牛腿交界线处存在着应力集中现象。

牛腿的加载试验进一步得到下列现象：在 20%～40%极限荷载时，在上柱根部与牛腿交界处出现自上而下的竖向裂缝①（图 19-3b、c、d），它一般很细，不会由此形成破坏裂缝；大约 40%～60%极限荷载时，在加载垫板内侧附近产生第一条斜裂缝②，其方向大体与主压应力轨迹线平行；继续加载，随 a/h_0 的不同，牛腿产生不同的几种破坏形态：

(1) 当 $1 > a/h_0 > 0.75$ 或纵筋配置偏少时，随着荷载增加，斜裂缝②不断向受压区延伸，同时纵筋拉应力不断增加以至屈服，直至受压区混凝土压碎而破坏。这种现象被称

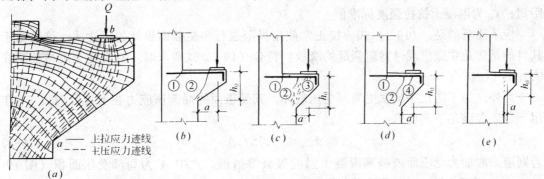

图 19-3 牛腿的应力状态和破坏形态
(a) 主应力轨迹线；(b) 弯压破坏；(c)、(d) 斜压破坏；(e) 剪切破坏

为弯压破坏（图 19-3b）。

（2）当 $a/h_0=0.1\sim0.75$ 时，随着荷载增加，斜裂缝②外侧出现许多短而细的斜裂缝③，意味着②、③间斜向主压应力超过混凝土抗压强度，直至混凝土剥落而破坏。有时不出现③而是在加载板下突然出现一条通长斜裂缝④而破坏。这些现象称为斜压破坏（图 19-3c、d）。

（3）当 $a/h_0<0.1$ 时，破坏发生于牛腿与柱边交接面上，表现为一系列大体平行的短斜裂缝，称为剪切破坏（图 19-3e）。

除以上三种主要破坏形态外，还有因传力垫板过小、牛腿宽度过窄而发生的出现在牛腿顶面的局压破坏，因牛腿外侧截面高度过小（牛腿下部边缘坡度过陡）以致由于存在竖向荷载和横向水平荷载的共同作用而产生的非根部受拉破坏等现象。

为了防止上述各种破坏现象的发生，牛腿应有足够的截面，配置足够的钢筋并要遵循一些构造要求。

2. 牛腿几何尺寸的确定

在外形上，牛腿应与柱等宽；牛腿外边缘高度 $h_1 \geqslant h/3$，且不应小于 200mm；牛腿外边缘与吊车梁外边缘的距离不宜小于 70mm；牛腿底边倾斜角 $\alpha \leqslant 45°$（均见图 19-4）。至于牛腿截面高度 h，则应以防止斜裂缝不致过宽为原则加以确定。根据试验，可采用下式加以计算：

$$F_{vk} \leqslant \beta\left(1-0.5\frac{F_{hk}}{F_{vk}}\right)\frac{f_{tk}bh_0}{0.5+a/h_0} \tag{19-1}$$

式中，F_{vk}、F_{hk} 分别为作用于牛腿顶部按荷载短期效应计算的竖向力和水平拉力，均按荷载标准值算得；β 为裂缝控制系数，对支承吊车梁的牛腿取 0.65，对其他牛腿取 0.8；a 的意义同前，但应考虑安装偏差 20mm，当竖向力作用点位于下柱截面以内时取 $a=0$；b 为牛腿宽度；h_0 为牛腿与下柱交接处垂直截面的有效高度：$h_0=h_1-a_s+c\tan\alpha$，当 $\alpha>45°$时取 $\alpha=45°$，c 为下柱边缘到牛腿外的水平长度，a_s 为纵向钢筋合力点至截面近边的距离；f_{tk} 为混凝土抗拉强度标准值。

应予注意的是，（19-1）式为按正常使用极限进行牛腿截面设计的表达式，这是由于其目的是防止牛腿出现过宽斜裂缝的缘故。符合（19-1）式要求时，斜裂缝宽度可控制在 0.1mm 以内。

此外，为了防止牛腿发生局部受压破坏，其受压面的局部压应力在上述竖向力 F_{vk} 作用下，还应满足下列要求：

$$F_{vk} \leqslant 0.75 f_c A \tag{19-2}$$

否则应采取加大受压面或提高混凝土强度等级等措施。式中 A 为局部受压面积（图 19-4）；f_c 为混凝土轴心抗压强度设计值。

3. 牛腿的配筋计算与构造

根据前述牛腿弯压和斜压两种破坏形态，在一般情况下，牛腿可近似看作是一个以顶

端纵筋为水平拉杆,以混凝土斜向压力带为压杆的三角形桁架(图19-5a)。因此,牛腿配筋与构造可分两步进行:

(1) 斜截面抗弯承载力计算以确定纵筋

当牛腿受有竖向力(设计值 F_v)和横向水平拉力(设计值 F_h)共同作用时,F_h 对纵筋截面重心产生拉力 F_h 和力矩 $F_h(h-h_0)$,如图19-5(b)所示。因此,纵筋的总面积应为

$$A_s \geqslant \frac{M}{0.85h_0 f_y} + \frac{F_h}{f_y} = \frac{F_v a + F_h(h-h_0)}{0.85h_0 f_y} + \frac{F_h}{f_y} \approx \frac{F_v a}{0.85h_0 f_y} + 1.2\frac{F_h}{f_y} \quad (19\text{-}3)$$

式中, M 为牛腿斜截面所受弯矩设计值; a 同前,当 $a<0.3h_0$ 时,取 $a=0.3h_0$; h、h_0 为牛腿根部截面的高度和有效高度,$h_0 \approx 0.95h$; $0.85h_0$ 为内力臂; f_y 为纵筋强度设计值。

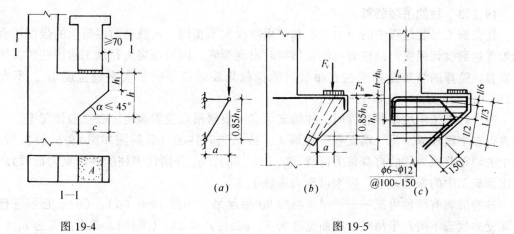

图 19-4

图 19-5
(a) 计算模型;(b) 牛腿受力状态;(c) 配筋构造要求

由于牛腿顶部边缘拉应力沿长度方向分布均匀,故纵筋不得兼作弯起筋,全部伸至牛腿外边缘,再沿斜边下弯并超越下柱边缘150mm(图19-5c)。纵筋宜采用HRB 335级或HRB 400级钢筋,应有足够的锚固长度 l_a($35d \sim 45d$,视混凝土强度等级和钢筋级别而异,见本书第6章),并伸过牛腿根部柱中心线,当上柱尺寸不足时,纵筋应伸至上柱对边并向下弯折,其包含弯弧段在内的水平投影长度不应小于 $0.4l_a$,竖直投影长度应为 $15d$。纵筋配筋率不应小于0.2%及 $0.45f_t/f_y$,不宜大于0.6%,直径不应小于12mm,根数不宜少于4根。

纵筋中承受水平拉力的那部分钢筋($1.2F_h/f_y$),也称锚筋,应焊在与吊车梁或其他承受水平拉力构件相连接的预埋件上;焊接的钢筋不应少于2根,直径不应小于12mm。

(2) 按照限制裂缝过宽的要求设置箍筋和弯筋

在牛腿设计中,可以认为若能符合(19-1)式限制斜截面裂缝宽度的条件,自然满足

了斜截面抗剪承载力的要求，可不再进行斜截面抗剪承载力计算，只需按下述构造要求设置水平箍筋和弯筋（图19-5c）：

箍筋直径——6~12mm；

箍筋间距——100~150mm；

箍筋面积——在牛腿上部$2/3h_0$范围内的水平箍筋总截面面积不应小于承受竖向力纵筋截面面积的1/2；

弯筋设置条件——$a/h_0 \geqslant 0.3$；

弯筋形式和直径——宜采用直径大于或等于12mm的HRB 335级或HRB 400级钢筋；

弯筋面积——设置在牛腿上部$l/6$~$l/2$之间的范围内，截面面积不少于承受竖向力的受拉纵筋截面面积的1/2，根数不少于2根。

19.1.3 柱的吊装验算

柱在施工吊装过程中的受力状态和使用阶段大不相同，而且这时混凝土的强度还有可能未曾达到设计强度，故柱有可能在吊装时出现裂缝，因而还需进行施工阶段柱的裂缝宽度验算。验算的结果是要求柱在吊装时的荷载短期效应下的最大裂缝宽度w_{max}不大于0.15~0.2mm。

在进行施工阶段吊装验算时，柱的支承点应根据吊点位置确定。在一般情况下，一端吊点设在牛腿根部，另一端支在下柱端头，故吊装时柱的计算简图如图19-6（c）所示。图中的均布荷载为柱的自身重力荷载（q_1、q_2、q_3、q_4分别代表柱的各段重力荷载），但考虑到施工中的振动影响，应乘以动力系数1.5。

柱的吊装有两种可能——平吊和翻转90°后起吊，如图19-6（a）、（b）。它们各自的截面受力状态不同：平吊时，截面宽度为h_u（上柱）和$2h_f$（下柱），截面高度为b_f（上、下柱相同）；翻转90°起吊时，截面宽度为b_f（上、下柱相同），截面高度为h_u（上柱）和h_l（下柱）。被验算的截面位置一般取下柱中部截面（即$+M_{max}$的F截面）和上柱根部截面（即$-M$最不利的D截面）。

裂缝宽度验算理应按《混凝土结构设计规范》有关公式进行，但验算方法比较冗繁。由于受弯构件的裂缝宽度一般与裂缝截面的受拉钢筋应力σ_s直接有关，为简化计，可采用限制受拉钢筋应力的办法来限制裂缝宽度，即

$$\sigma_s = M/0.87h_0A_s \leqslant \sigma_{ss} \tag{19-4}$$

式中，M为考虑动力荷载后按柱身自重力荷载算得的最不利截面的弯矩标准值；$0.87h_0$为截面内力臂；A_s为截面受拉一侧的纵筋截面面积；σ_{ss}为《混凝土结构设计规范》（GBJ 10—89)提出的钢筋混凝土受弯构件不需作裂缝宽度验算（这时$w_{max}=0.2$mm）的钢筋应力，该应力值与纵向受拉钢筋的直径d和有效配筋率ρ_{te}有关，$\rho_{te}=A_s/A_{te}$；A_{te}为有效受拉混凝土面积；$A_{te}=0.5bh+(b_f-b)h_f$。σ_{ss}可由图19-7查得。

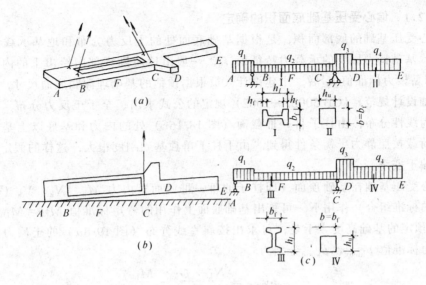

图 19-6 柱的吊装

(a）平吊；（b）翻转 90°起吊；（c）计算简图

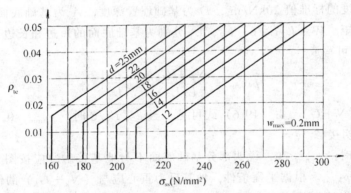

图 19-7 钢筋混凝土受弯构件不需作裂缝宽度验算的受拉钢筋应力 σ_{ss}（N/mm²）

19.2 钢筋混凝土柱下单独基础的设计

在本篇第 17 章 17.4 节中已讨论了柱下单独杯口基础的类型、部分外形尺寸的构造要求以及基础所承受的作用力。这种杯口基础在预制钢筋混凝土柱插入杯口后，要采用高标号混凝土将四周灌实，设计计算时可认为柱与基础整体连接。由于单层厂房排架结构中的基础在柱子Ⅲ—Ⅲ截面传来的内力（M、N、V）作用下，其底面土反力多属非均匀分布，称为偏心受压基础，故本节仅讨论偏心受压基础的设计计算，至于轴心受压基础的计算方法，请读者自思。

19.2.1 偏心受压基础底面积的确定

偏心受压基础的底部面积,是根据基础底面处的土反力分布和地基承载力特征值 f_a 确定的。基础持力层土的承载力特征值 f_a,一般由地质勘察部门给出土的内摩擦角标准值 φ_k 和黏聚力标准值 c_k 后,土建设计人员根据预估的基础埋深和底面尺寸,按照《建筑地基基础设计规范》(GB 50007—2002)规定的公式求出;至于土反力分布,则可假定基底反力为线性分布,由柱子Ⅲ—Ⅲ截面(图 18-16c)处的内力和基底以上基础和覆盖土的重力荷载按照静力平衡条件得到。由于柱下单独基础刚度很大,这样的假定既可使计算简化又偏于安全。

偏心受压基础在基础顶面(即柱子的Ⅲ—Ⅲ截面)内力 M_k、N_k、V_k(均为相应荷载效应的标准组合)作用下,可算出基础底面上作用的弯矩标准值 $M_{bk} = M_k \pm V_k H$,这里 H 为预定的基础高度。于是,可求出按斜直线分布(图 19-8a)的土反力标准值。其中土反力标准值 $p_{k\max}$、$p_{k\min}$ 分别为

$$p_{\substack{k\max \\ k\min}} = \frac{N_k + G_k}{A} \pm \frac{M_{bk}}{W} \tag{19-5}$$

式中,G 为基底以上混凝土和覆盖土的重力荷载标准值,$G_k = \gamma_\eta DA$,其中 γ_η 为混凝土和覆盖土平均重度的标准值 20kN/m^3,D 为基础埋置深度,A 为基础底面积;W 为基础底面的截面抵抗矩,$W = L_2 L_1^2/6$;L_2、L_1 分别为基础底面的短边和长边长度。

(19-5)式也可写成

$$p_{\substack{k\max \\ k\min}} = \frac{N_k + G_k}{L_1 L_2}\left(1 \pm \frac{6e}{L_1}\right) \tag{19-6}$$

式中,$e = M_b/(N+G)$。由(19-6)式可见,当 $e \leq L_1/6$ 时,$p_{k\min} \geq 0$,这时基础全部底面积和地基密切接触。

当 $e > L_1/6$ 时,$p_{k\min} < 0$,说明部分基础底面不与地基接触,应按图 19-8(b)所示土反力分布计算 $p_{k\max}$。根据平衡条件,地基反力重心应与 $(N_k + G_k)$ 的作用线重合,所以地基反力三角形底边长 $L' = 3a$,a 为 $(N_k + G_k)$ 合力作用点离基础土反力较大边缘的距离。

则

$$p_{k\max} = \frac{2(N_k + G_k)}{3L_2 a} \tag{19-7}$$

一般说来,偏心受压基础底面积按以下步骤确定:

1. 根据单层厂房所在场地的地质条件和工艺要求确定基础埋置深度 D;预估基础底面边长 L_1、L_2,取 $L_1/L_2 = 1.5$ 左右;并根据 D、L_2、φ_k 和 c_k 值确定 f_a 值。
2. 按照(19-5)或(19-6)式算出 $p_{k\max}$,应使

$$p_{k\max} \leq 1.2 f_a \tag{19-8}$$

如果不满足(19-8)式要求,要调整 L_1、L_2 值,再用(19-5)或(19-6)式验算。

3. 由于地基土的压缩性以及土反力的不均匀性,可能使基础发生倾斜,甚至可能影

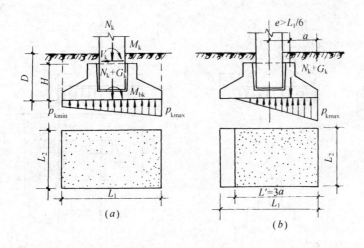

图 19-8
(a) $p_{kmin}>0$ 时；(b) $p_{kmin}<0$ 时

响厂房的正常使用。因此，对基础底面土压力分布宜作以下限制：

(1) 对 $f_a<180kN/m^2$、吊车起重量大于 75t 的单厂结构柱基，要求 $p_{kmin}/p_{kmax} \geqslant 0.25$；

(2) 对于承受一般吊车荷载的柱基，要求 $p_{kmin} \geqslant 0$，$(p_{kmax}+p_{kmin})/2 \leqslant f$；

(3) 对于仅有风荷载而无吊车荷载的柱基，要求 $L'/L_1 \geqslant 0.75$。

19.2.2 偏心受压基础高度验算和配筋计算

偏心受压基础在荷载下可能有两种破坏形式。

第一种破坏是基础在土反力产生的剪力作用下发生冲切破坏。这种破坏大约沿柱边 45°方向发生，破坏面为锥形斜截面，是该斜截面上的主拉应力超过混凝土抗拉强度的斜拉型破坏（图 19-9a）。为防止这种破坏，要求基础冲切面上由土反力产生的局部剪力值 $V_l \leqslant V_u$，V_u 为基础冲切破坏斜截面的抗剪承载力。设计时，应用这个条件验算基础高度。

第二种破坏是基础在土反力产生的弯矩作用下发生的弯曲破坏。这种破坏沿柱边发生，裂缝平行于柱边（图 19-11a）。为防止这种破坏，要求基础各竖向截面上由土反力产生的弯矩设计值 $M \leqslant M_u$，M_u 为基础弯曲破坏面的抗弯承载力。设计时，应用这个条件决定基底配筋。

应予注意的是，在基础高度验算和配筋计算时取用的土反力应该是由相应于荷载效应基本组合的内力设计值 M、N、V、M_b（$=M+VH$）算得的 p_n、p_{nmax}，而不是由 M_k、N_k、V_k、M_{bk} 算得的值。

1. 偏心受压基础高度验算

当基础在理论上的 45°锥形冲切破坏面以内时，为刚性基础，可不作基础高度验算

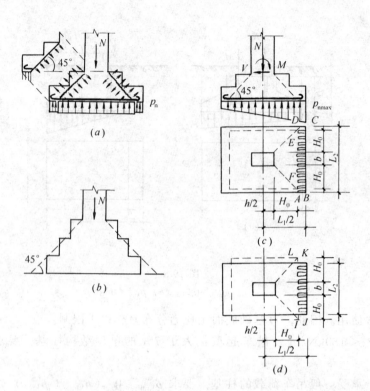

图 19-9 偏心受压基础冲切验算

(a) 冲切破坏锥体斜截面（虚线引出部分）；(b) 刚性基础时；
(c) $L_2 > (b + 2H_0)$ 时；(d) $(b + 2H_0) \geqslant L_2 \geqslant (b + H_0)$ 时

（图 19-9b）。其他情况应按前述 $V_l \leqslant V_u$ 条件验算：

当基础的短边宽度 $L_2 > (b + 2H_0)$（图 19-9c）时

$$V_l = p_{nmax} \times A_{ABCDEF}$$
$$= p_{nmax} \left[\left(\frac{L_1}{2} - \frac{h}{2} - H_0 \right) L_2 - \left(\frac{L_2}{2} - \frac{b}{2} - H_0 \right)^2 \right] \quad (19\text{-}9)$$

$$V_u = 0.7\beta_h f_t b_m H_0 ❶ = 0.7\beta_h f_t \frac{b + (b + 2H_0)}{2} H_0$$
$$= 0.7\beta_h f_t (b + H_0) H_0 \quad (19\text{-}10)$$

式中，p_{nmax} 为基础底面边缘最大净土反力设计值，$p_n = (N/A) \pm (M_b/W)$，这里轴向力 N 不包括基础底面以上的基础自重和覆盖土产生的重力荷载，M_b 为计算至基础底面的弯矩设计值；b 为柱截面宽度；H_0 为基础的有效高度；f_t 为混凝土抗拉强度设计值；β_h 为基础高度影响系数：当 $H \leqslant 800 \text{mm}$ 时，$\beta_h = 1.0$；当 $H \geqslant 2000 \text{mm}$ 时，取 $\beta_h =$

---

❶ V_u 应该等于 $0.7f_t$(冲切破坏面的斜面积)$\cos 45° = 0.7 f_t \mu_m H_0$，$\mu_m$ 为冲切破坏临界截面的周长。

0.9，其间按线性内插法取用。

当基础的短边宽度 $(b+2H_0) \geqslant L_2 \geqslant (b+H_0)$（图 19-9d）时

$$V_l = p_{nmax} \times A_{IJKL} = p_{nmax}\left[\left(\frac{L_1}{2} - \frac{h}{2} - H_0\right)L_2\right] \quad (19\text{-}11)$$

$$V_u \approx 0.7\beta_h f_t(b + H_0)H_0 \text{❶} \quad (19\text{-}12)$$

有关符号的意度同前。

应用 (19-9) ～ (19-12) 式时要注意：

(1) 以上各式仅适用于 $(L_1 - h) > (L_2 - b)$ 情况；

(2) 杯形基础尚应对杯底厚度进行冲切验算（图 19-10a）。此时基底土反力只需按排架结构自重产生的重力荷载及施工荷载算得；

(3) 当基础外形有突变时（如阶梯形基础），尚应验算变截面处的冲切承载力，如图 19-10(b) 所示，方法同前；

(4) 在按冲切承载力验算基础的总有效高度 H_0 和各变截面处的台阶有效高度后，应考虑按第 17 章 17.4 节的基础外形构造要求确定基础的实际高度和各种外形尺寸。

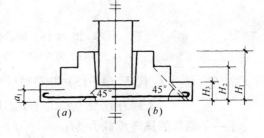

图 19-10

2. 偏心受压基础配筋计算

按前述 $M \leqslant M_u$ 条件计算（图 19-11）。

由图可见，偏心受压基础在轴向力 N（不包括基础自重及覆盖土产生的重力荷载）、M_b 和净土反力 $(p_{nmax} \sim p_{nmin})$ 作用下，在 x 和 y 两个方向上都发生弯曲，受力状态如倒置的变截面悬臂板。在抗弯承载力计算中可将基础底面分为四块，分别计算各块由相应土反力产生的最大弯矩；但由于偏心受压基础土反力的 p_{nmax} 既可能发生在右侧，也可能发生在左侧，故只需根据土反力 p_{nmax} 在一侧时 x、y 两个方向上产生的弯矩，算出相应两个方向上应配置的受拉钢筋就可以了。

(1) Ⅰ—Ⅰ 截面

由土反力产生的截面弯矩设计值为

$$M_{I(x)} \approx [(p_{nmax} + p_{nI})/2] \times (F_1 l_1 + 2F_2 l_2) \quad (19\text{-}13)$$

式中，p_{nI} 为 Ⅰ—Ⅰ 截面处相应于 p_{nmax} 的土反力值；F_1、F_2 为基础底面的部分面积；l_1、l_2 分别为 F_1、F_2 面积形心至 Ⅰ—Ⅰ 截面的距离。

$$F_1 = (L_1 - h)b/2, \quad F_2 = (L_1 - h)(L_2 - b)/8,$$
$$l_1 = (L_1 - h)/4, \quad l_2 = (L_1 - h)/3$$

---

❶ 当 $(b+2H_0) \geqslant L_2 \geqslant (b+H_0)$ 时，按 45°线求得的冲切破坏锥体底面有很小一部分落在基础底面范围以外（图 19-9d）。

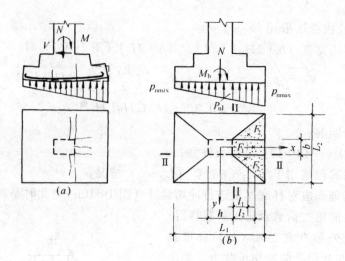

图 19-11 偏心受压基础抗弯计算
（a）弯曲破坏形态；（b）弯曲受力状态

将 F_1、F_2、l_1、l_2 代入（19-13）并整理后得

$$M_{\mathrm{I}(x)} = (p_{\mathrm{nmax}} + p_{\mathrm{nI}})(L_1 - h)^2(2L_2 + b)/48 \tag{19-14}$$

Ⅰ—Ⅰ 截面的抗弯承载力 $M_{\mathrm{Iu}} = A_{\mathrm{sI}} f_y (0.9H_0)$，其中 A_{sI} 为 Ⅰ—Ⅰ 截面所需受拉钢筋面积；f_y 为钢筋抗拉强度设计值；$0.9H_0$ 为内力臂；$H_0 = H - a$，a 为受拉钢筋重心至基础底面的距离，当基础下有混凝土垫层时，钢筋保护层厚度不小于 40mm，a 取 45～50mm，无混凝土垫层时，钢筋保护层厚度不小于 70mm，a 取 75～80mm。根据 $M_{\mathrm{I}(x)} \leqslant M_{\mathrm{Iu}}$ 的条件，

$$A_{\mathrm{sI}} \geqslant \frac{M_{\mathrm{I}(x)}}{0.9H_0 f_y} \tag{19-15}$$

(2) Ⅱ—Ⅱ 截面

类似（19-14）式，只需将 $(p_{\mathrm{nmax}} + p_{\mathrm{nI}})$ 换成 $(p_{\mathrm{nmax}} + p_{\mathrm{nmin}})$，将 L_1、L_2、h、b 分别换成 L_2、L_1、b、h 即可。故

$$M_{\mathrm{II}(y)} = (p_{\mathrm{nmax}} + p_{\mathrm{nmin}})(L_2 - b)^2(2L_1 + h)/48 \tag{19-16}$$

$$A_{\mathrm{sII}} \geqslant \frac{M_{\mathrm{II}(y)}}{0.9H_0 f_y} \tag{19-17}$$

式中 A_{sII} 为 Ⅱ—Ⅱ 截面所需受拉钢筋面积。

19.2.3 偏心受压基础的其他构造要求

偏心受压基础部分外形尺寸的要求，如柱插入杯口的深度 H_1、杯底厚度 a_1、杯壁厚度 t、锥形基础的边缘高度 a_2、阶梯形基础的阶高等，已在第 17 章 17.4 节中规定。此外，还应注意以下构造要求：

1. 基础混凝土的强度等级不应低于 C20；垫层的厚度不宜小于 70mm，垫层混凝土的强度等级应为 C10。基础底面的受拉钢筋一般采用 HPB 235 钢筋（φ 12 及 φ 12 以下），也可采用 HRB 335 钢筋。

2．基础底面受拉钢筋直径不宜小于 10mm，间距不宜小于 100mm，不宜大于 200mm；基础边长大于 2.5m 时，钢筋长度可用 $0.9l$（l 为边长 L_1 或 L_2），宜交错放置。

3．杯壁配筋要求：当柱为轴心受压或小偏心受压且 t/h_1（t 为杯壁厚度、h_1 为杯壁高度，见图 17-20a）$\geqslant 0.65$ 时，或柱为大偏心受压且 $t/h_1 \geqslant 0.75$ 时，杯壁内可不配筋；当柱为轴心受压或小偏心受压且 $0.5 \leqslant t/h_1 < 0.65$ 时，杯壁内按表 19-2 配置构造筋。此外，基础梁下的杯壁厚度还应满足基础梁支承宽度的要求。

杯壁配筋要求　　　　　　　　　　表 19-2

柱截面长边尺寸（mm）	$h<1000$	$1000 \leqslant h < 1500$	$1500 \leqslant h \leqslant 2000$
钢筋直径（mm）	8~10	10~12	12~16
示意图			

注：表中钢筋置于杯口顶部，每边两根。

思 考 题

19.1　吊车梁传给排架柱的荷载会不会使得排架柱产生平面外的内力？如果有，它由哪些荷载产生，这时柱应进行什么情况下的承载力验算？如果认为柱上荷载都作用在排架平面内，柱还要不要进行平面外承载力验算，怎样进行？

19.2　试作柱牛腿按抗裂性和承载力设计计算时的框图。

19.3　牛腿设计中确定牛腿外形尺寸和进行承载力验算时考虑了哪一些破坏形态？其他破坏形态如何防止？

19.4　牛腿的纵向受拉钢筋、水平箍筋和弯筋配置时应注意哪些问题？

19.5　柱吊装时的计算简图和验算截面是根据什么确定的？为什么说用 (19-4) 式对受拉钢筋应力所进行的验算，可以控制吊装时柱可能产生的裂缝宽度？若不满足 (19-4) 式要求时应怎样处理？柱吊装就位后，这些裂缝会怎样发展？

19.6　你认为直线形预制构件（梁或柱）起吊起根据什么原则来确定吊点？

19.7　在柱下单独基础设计中怎样选择控制内力组？分析图 18-16（c）所示Ⅲ—Ⅲ截面内力组合关系。

19.8　试作柱下单独基础设计计算时的框图。

19.9　试用图示、表格或文字小结带牛腿的柱子（上柱矩形截面，下柱工形截面）和柱下单独基础的配筋构造要求。

19.10　如果柱下单独基础都做成底面不配置受拉钢筋的刚性基础（参考《建筑地基基础设计规范》对刚性基础的要求），会给基础设计带来什么变化？

19.11　试根据前述偏心受压基础的设计计算方法，提出轴心受压柱下单独基础的设计计算方法。

设计实例　单层工业厂房钢筋混凝土排架结构设计计算

某工厂车间为24m双跨等高厂房，排架结构，6m柱距，每跨有工作制级别A4的30/5t及15/3t吊车各一台，轨顶标高不低于+9.000m，建筑平剖面图如图19-12。已知该厂房所在地区基本风压 $w = 0.35\text{kN/m}^2$，基本雪压 $s_0 = 0.30\text{kN/m}^2$，地基承载力特征值 $f_a = 220\text{kN/m}^2$（持力层为细砂），不要求抗震设防。试进行排架结构设计。

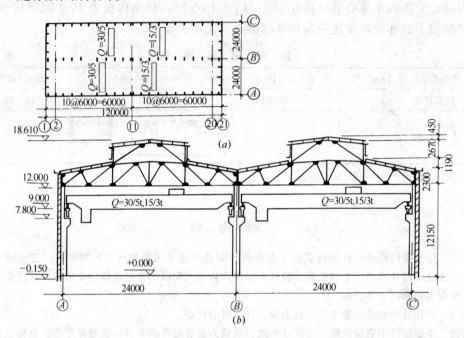

图 19-12
(a) 平面；(b) 剖面

以下为结构设计计算书
1. 经设计确定以下做法和相应荷载的标准值：

(1) 屋面为六层油毡防水层做法，下为20mm水泥砂浆找平层，80mm加气混凝土保温层，6m跨预应力混凝土大型屋面板。算得包括屋盖支撑（按 0.07kN/m^2 计）在内的屋面恒载为 2.74kN/m^2。

(2) 采用24m跨折线形预应力混凝土屋架，每榀重力荷载为109.0kN；采用9m跨矩形纵向天窗，每榀天窗架每侧传给屋架的竖向荷载为34.0kN。

(3) 采用专业标准（ZQ 1—62）规定的30/5t和15/3t吊车的基本参数和有关尺寸。

(4) 采用6m跨等截面预应力混凝土吊车梁（截面高度为1200mm），每根吊车梁的重力荷载为45.50kN；吊车轨道连接重力荷载0.81kN/m。

(5) 围护墙采用240mm厚双面清水自承重墙，钢窗（按 0.45kN/m^2 计），围护墙直接支承于基础梁；基础梁截面高度为450mm。

(6) 取室内外高差150mm；于是，基础顶面标高为 -0.700m（450+150+100=700mm）。

2. 选择柱截面尺寸,确定其有关参数

由表 17-2 查得边柱可采用上柱 $b_u h_u = 400\text{mm} \times 500\text{mm}$,下柱 $b_l h_{fl} b h = 100\text{mm} \times 162\text{mm} \times 400\text{mm} \times 800\text{mm}$;中柱可采用上柱 $b_u h_u = 400\text{mm} \times 600\text{mm}$,下柱 $b_l h_{fl} b h = 100\text{mm} \times 162\text{mm} \times 400\text{mm} \times 800\text{mm}$。

根据《厂房建筑统一化基本规则》(TJ 6—74)和(ZQ 1—62)对 30/5t 桥式吊车有关尺寸的规定,以及选定吊车梁端部截面高度和支承吊车梁牛腿外形尺寸的要求,确定边柱和中柱沿高度和牛腿部位的尺寸如图 19-13 所示。

边、中柱有关参数如表 19-3。

3. 荷载计算(有关符号及数据参见图 19-13,均为标准值)

(1) 屋面恒载

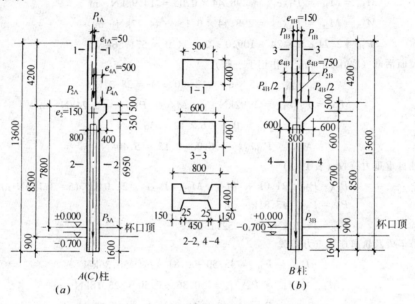

图 19-13
(a) 边柱;(b) 中柱

边、中柱参数 ($H = 12.70\text{m}$, $H_u = 4.20\text{m}$, $H_l = 8.50\text{m}$) 表 19-3

参 数	边 柱 (A、C)	中 柱 (B)
A_u (mm²)	2.0×10^5	2.4×10^5
I_u (mm²)	4.17×10^9	7.20×10^9
A_l (mm²)	1.775×10^5	1.775×10^5
I_l (mm⁴)	14.38×10^9	14.38×10^9
$\lambda = H_u/H$	$0.331 > 0.3$	$0.331 > 0.3$
$n = I_u/I_l$	0.290	0.501
$1/\delta_i$ ($i = a, b, c$) (N/mm)	$0.0193 E_c$	$0.0203 E_c$

续表

参 数	边 柱 （A、C）	中 柱 （B）
$\eta_i = \frac{1}{\delta_i} / \Sigma \frac{1}{\delta_i}$ $(i=a, b, c)$	0.328	0.344
自重重力荷载 （kN）（包括牛腿）	上柱 $P_{2A} = P_{2C} = 21.0$ 下柱 $P_{3A} = P_{3C} = 43.81$	上柱 $P_{2B} = 25.20$ 下柱 $P_{3B} = 52.13$

$$P_{1A} = P_{1C} = 2.74 \times 6 \times (12 + 0.77)❶ + 109.0/2 + 34.0 = 298.44\text{kN}$$

$$M_{1A} = M_{1C} = P_{1A}e_{1A} = 298.44 \times 0.05 = 14.92\text{kN} \cdot \text{m}$$

$$M_{2A} = M_{2C} = P_{1A}e_2 = 298.44 \times 0.15 = 44.77\text{kN} \cdot \text{m}$$

$$P_{1B} = 2.74 \times 6 \times 24 + 109.0 + 2 \times 34.0 = 571.56\text{kN}$$

(2) 屋面活载 （取 0.5kN/m^2，作用于一跨）

$$P_{1A} = 0.5 \times 6 \times (12 + 0.77) = 38.31\text{kN}$$

$$M_{1A} = P_{1A}e_{1A} = 1.92\text{kN} \cdot \text{m}, \quad M_{2A} = P_{1A}e_2 = 5.74\text{kN} \cdot \text{m}$$

$$P_{1B} = 0.5 \times 6 \times 12 = 36.0\text{kN}$$

$$M_{1B} = P_{1B}e_{1B} = 36.0 \times 0.15 = 5.40\text{kN} \cdot \text{m}$$

(3) 柱自重重力荷载 （表 19-3）

边柱： $P_{2A} = P_{2C} = 21.0\text{kN}, \quad M_{2A} = M_{2C} = P_{2A}e_2 = 21.0 \times 0.15 = 3.15\text{kN} \cdot \text{m},$
$P_{3A} = P_{3C} = 43.81\text{kN}$

中柱： $P_{2B} = 25.20\text{kN}, \quad P_{3B} = 52.13\text{kN}$

(4) 吊车梁及轨道连接重力荷载

$$P_{4A} = P_{4C} = 45.50 + 0.81 \times 6 = 50.36\text{kN}$$

$$M_{4A} = M_{4C} = P_{4A}e_{4A} = 50.36 \times 0.50 = 25.18\text{kN} \cdot \text{m}$$

$$P_{4B} = (P_{4B}/2) \times 2 = 50.36 \times 2 = 100.72\text{kN}$$

(5) 吊车荷载 （参见本篇第 18 章例 18-2）

已求得竖向荷载： $D_{\max}$ 在边柱， $P_{4A} = D_{\max} = 505.25\text{kN}, \quad M_{4A} = D_{\max}e_{4A} = 252.63\text{kN} \cdot \text{m}$

$$P_{4B} = D_{\min} = 126.50\text{kN}, \quad M_{4B} = D_{\min}e_{4B} = 94.88\text{kN} \cdot \text{m}$$

$D_{\min}$ 在边柱， $P_{4A} = D_{\min} = 126.50\text{kN}, \quad M_{4A} = D_{\min}e_{4A} = 63.25\text{kN} \cdot \text{m}$

$$P_{4B} = D_{\max} = 505.25\text{kN}, \quad M_{4B} = D_{\max}e_{4B} = 378.94\text{kN} \cdot \text{m}$$

已求得横向水平荷载：

一台 30/5t 一台 15/3t 吊车同时作用时， $T_{\max} = 17.30\text{kN}$。

一台 30/5t 吊车作用时， $T_{\max} = 12.54\text{kN}$。

(6) 风荷载 （参见本篇第 18 章例 18-1）

$$q_{1k} = 1.78\text{kN/m}, \quad q_{2k} = 0.89\text{kN/m}, \quad F_{wk} = 23.19\text{kN}$$

---

❶ 0.77 为外檐天沟板宽度。

荷载汇总表（所列均为标准值） 表 19-4

荷载类型	简 图	A（C）柱		B 柱	
		N (kN)	M (kN·m)	N (kN)	M (kN·m)
Σ 恒载		$P_{1A} = 298.44$ $P_{2A} = 21.0$① $P_{2A} + P_{4A}$ $= 71.36$② $P_{3A} = 43.81$	$M_{1A} = 14.92$ $M_{2A} + M_{4A}$ $= 22.74$	$P_{1B} = 571.56$ $P_{2B} = 25.20$① $P_{2B} + P_{4B}$ $= 125.92$② $P_{3B} = 52.13$	
屋面活载		$P_{1A} = 38.31$	$M_{1A} = 1.92$ $M_{2A} = 5.75$	$P_{1B} = 36.0$	$M_{1B} = 5.40$
吊车竖向荷载		D_{max} 在 A： $P_{4A} = 505.25$ D_{min} 在 A： $P_{4A} = 126.50$	$M_{4A} = 252.63$ $M_{4A} = 63.25$	D_{max} 在 A： $P_{4B} = 126.50$ D_{min} 在 A： $P_{4B} = 505.25$	$M_{4B} = 94.88$ $M_{4B} = 378.94$
吊车横向水平荷载		$T_{max} = 17.30$kN（一台 30/5，一台 15/3） $T_{max} = 12.54$kN（一台 30/5）			
风荷载		$F_w = 23.19$kN $q_1 = 1.78$kN/m，$q_2 = 0.89$kN/m			

注：①作用于上柱下截面；②作用于下柱上截面。

A 柱内力汇总表　　表 19-5

荷载类型		序号	简 图 $\{M: kN\cdot m;\ V: kN;\ N: kN\}$	I—I		II—II		III—III		
				M (kN·m)	N (kN)	M (kN·m)	N (kN)	M (kN·m)	N (kN)	V (kN)
恒载		1	14.92　298.44　7.23 319.44　15.51　369.80　0.14　6.04　413.60	15.51	319.44	−7.23	369.80	−6.04	413.61	0.14
屋面活载	AB 跨有	2a	1.92　38.31　3.95　1.79　0.03　4.19	1.79	38.31	−3.95	38.31	−4.19	38.31	−0.03
	BC 跨有	2b	1.35　0　0.32　4.08	1.35	0	1.35	0	4.08	0	0.32
吊车竖向荷载	AB 跨 D_{max} 在 A 柱	3a	170.48　82.15　505.25　4.22　19.56	−82.15	0	170.48	505.25	4.22	505.25	−19.56
	AB 跨 D_{min} 在 A 柱	3b	6.98　70.23　126.50　16.72　149.09	−70.23	0	−6.98	126.50	−149.09	126.50	−16.72
	BC 跨 D_{max} 在 B 柱	4a	44.56　0　10.61　134.75	44.56	0	44.56	0	134.75	0	10.61
	BC 跨 D_{min} 在 B 柱	4b	20.37　0　4.85　61.60	−20.37	0	−20.37	0	−61.60	0	−4.85

续表

荷载类型		序号	简 图 $\begin{array}{l}M:kN\cdot m\\V:kN\\N:kN\end{array}$	Ⅰ—Ⅰ		Ⅱ—Ⅱ		Ⅲ—Ⅲ		
				M (kN·m)	N (kN)	M (kN·m)	N (kN)	M (kN·m)	N (kN)	V (kN)
吊车横向水平荷载	一台 30/5t 一台 15/3t	作用在 AB 跨	5a	6.31 / 123.78 / 13.82	±6.31	0	±6.31	0	±123.78	0	±13.82
		作用在 BC 跨	5b	29.63 / 89.66 / 7.06	±29.63	0	±29.63	0	±89.66	0	±7.06
	一台 30/5t	作用在 AB 跨	6a	$(5) \times \dfrac{12.54}{17.30}$	±4.57	0	±4.57	0	±89.73	0	±10.02
		作用在 BC 跨	6b		±21.48	0	±21.48	0	±64.99	0	±5.12
风荷载	向右吹		7a	30.48 / 188.25 / 26.13	30.48	0	30.48	0	188.25	0	26.13
	向左吹		7b	39.56 / 18.85 / 167.66	−39.56	0	−39.52	0	−167.66	0	−18.85

(7) 荷载汇总表如表 19-4（均为标准值）

4. 排架内力计算

以吊车竖向荷载 D_{max} 在 A 柱时为例，求出边柱 A 的内力。按下述步骤进行：

(1) 先在 A、B 柱顶部各附加一个不动铰支座，求出柱顶反力 R_a、R_b。

查本篇第 18 章附录 2 表 18-5 求得柱顶反力系数 $c_{2a} = 1.227$，$c_{2b} = 1.289$，故❶

---

❶ 内力计算时的"+、−"号规定：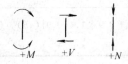

$$R_a = -\frac{M_{4A}c_{2a}}{H} = -\frac{252.63 \times 1.227}{12.70} = -24.41 \text{kN}(\leftarrow)$$

$$R_b = -\frac{-M_{4B}c_{2b}}{H} = -\frac{-94.88 \times 1.289}{12.70} = +9.63 \text{kN}(\rightarrow)$$

(2) 撤除附加不动铰并将 $(R_a + R_b)$ 以反方向作用于柱顶，分配给 A 柱顶的剪力为

$$-\eta_a(R_a + R_b) = -0.328(-24.41 + 9.63) = +4.85(\rightarrow)$$

(3) 叠加上两步的柱顶剪力 $V_a = -24.41 + 4.85 = -19.56 \text{kN}(\leftarrow)$，并以此求得 A 柱的内力图如表 19-5，D_{max} 在 A 柱的 $3a$ 栏。即 $M_{I-I} = -82.15 \text{kN} \cdot \text{m}$，$M_{II-II} = +170.48 \text{kN} \cdot \text{m}$，$M_{III-III} = +4.22 \text{kN} \cdot \text{m}$；$N_{I-I} = 0$，$N_{II-II} = N_{III-III} = 505.25 \text{kN}$；$V_{III-III} = -19.56 \text{kN}$。

在其他荷载作用下求边柱 A 内力的方法类似。将各分项荷载作用下算得的 A 柱内力汇总如表 19-5。

5. 排架内力组合

以 A 柱内力组合为例，列表进行内力组合，见表 19-6。表中所列组合方式栏意义如下：

A：$1.2 \times$ 恒载效应标准值 $+ 0.9 \times 1.4 \times$（活 + 吊车 + 风）荷载效应标准值

B：$1.2 \times$ 恒载效应标准值 $+ 0.9 \times 1.4 \times$（吊车 + 风）荷载效应标准值

A 柱内力组合表 表 19-6

截面	组合目的	组合方式	被组合内力项序号（见表 19-5）	M (kN·m)	N (kN)	V (kN)
I—I	$+M_{max}$，相应 N	A	$1.2(1) + 0.9 \times 0.4\{(2a) + (2b) + 0.9[(4a) + (5b)] + (7a)\}$	145.10	431.60	
	$-M_{max}$，相应 N	B	$1.2(1) + 0.9 \times 1.4\{0.8[(3a) + (4b)] + 0.9(5b) + (7b)\}$	-168.18	383.33	
	N_{max}，相应 $\pm M_{max}$	A	$1.2(1) + 0.9 \times 1.4\{(2a) + 0.8[(3a) + (4b)] + 0.9(5b) + (7b)\}$	-165.93	431.60	
	N_{min}，相应 $\pm M_{max}$	B	同 $-M_{max}$，相应 N			
II—II	$+M_{max}$，相应 N	A	$1.2(1) + 0.9 \times 1.4\{(2b) + 0.8[(3a) + (4a)] + 0.9(5b) + (7a)\}$	281.79	953.05	
	$-M_{max}$，相应 N	A	$1.2(1) + 0.9 \times 1.4\{(2a) + 0.8[(3b) + (4b)] + 0.9(5b) + (7a)\}$	-124.67	619.54	
	N_{max}，相应 $\pm M_{max}$	A	$1.2(1) + 0.9 \times 1.4\{(2a) + (2b) + 0.9(3a) + 0.9(5b) + (7a)\}$	253.38	1064.98	
	N_{min}，相应 $\pm M_{max}$	B	$1.2(1) + 0.9 \times 1.4\{0.9[(4b) + (5b)] + (7b)\}$	-115.17	443.76	

续表

截面	组合目的	组合方式	被组合内力项序号（见表19-5）	M (kN·m)	N (kN)	V (kN)
Ⅲ—Ⅲ	$+M_{max}$，相应 N、V	A	$1.2(1)+0.9\times1.4\{(2b)+0.8[(3a)+(4a)]+0.9[(6a)+(6b)]+(7a)\}$	550.63	1005.62	41.65
	$-M_{max}$，相应 N、V	A	$1.2(1)+0.9\times1.4\{(2a)+0.8[(3b)+(4b)]+0.9[(6a)+(6b)]+(7b)\}$	-611.61	672.11	-62.54
	N_{max}，相应 $\pm M_{max}$、V	A	$1.2(1)+0.9\times1.4\{(2a)+(2b)+0.9[(3a)+(5a)]+(7a)\}$	374.96	1117.56	26.61
		A	$1.2(1)+0.9\times1.4\{(2a)+0.9[(3b)+(5a)]+(7b)\}$	-359.36	1117.56	-61.47
	N_{min}，相应 $\pm M_{max}$、V	A	$1.2(1)+0.9\times1.4\{(2b)+0.9[(4a)+(5b)]+(7a)\}$	489.57	496.33	53.53
		B	$1.2(1)+0.9\times1.4\{0.9[(4b)+(5b)]+(7b)\}$	-390.02	496.33	-37.09

6. 柱的配筋计算（以 A 柱为例）

材料：混凝土 C30，$f_c=14.3\text{N/mm}^2$，$f_{tk}=2.01\text{N/mm}^2$，$f_t=1.43\text{N/mm}^2$

钢筋（HRB 335）$f_y=f'_y=300\text{N/mm}^2$

箍筋（HPB 235）$f_y=210\text{N/mm}^2$，$E_s=2.0\times10^5\text{N/mm}^2$（HRB 335），

柱截面参数：

上柱Ⅰ—Ⅰ截面：$b=400\text{mm}$，$h=500\text{mm}$，$A=2\times10^5\text{mm}^2$，

$a=a'=45\text{mm}$，$h_0=500-45=455\text{mm}$

下柱Ⅱ—Ⅱ、Ⅲ—Ⅲ截面：$b'_f=400\text{mm}$，$b=100\text{mm}$，$h'_f=162.5\text{mm}$

$h=800\text{mm}$，$A=bh+2(b'_f-b)h'_f=1.775\times10^5\text{mm}^2$，

$a=a'=45\text{mm}$，$h_0=800-45=755\text{mm}$

截面界限受压区高度 $\xi_b=\dfrac{\beta_1}{1+\dfrac{f_y}{E_s\varepsilon_{cu}}}=\dfrac{0.8}{1+\dfrac{300}{2.0\times10^5\times0.0033}}=0.550$

Ⅰ—Ⅰ截面 $N_b=f_c\xi_b bh_0=14.3\times0.550\times400\times455=1431.43\times10^3\text{N}=1431.43\text{kN}$

Ⅱ—Ⅱ、Ⅲ—Ⅲ截面 $N_b=f_c\xi_b bh_0+f_c(b'_f-b)h'_f$

$=14.3\times[(0.550\times100\times755)+(400-100)\times162.5]$

$=14.3\times90275=1290.93\times10^3\text{N}=1290.93\text{kN}$

由内力组合结果（表19-6）看，各组轴力 N 均小于 N_b，故各控制截面都为大偏心受压情况，均可用 N 小、M 大的内力组作为截面配筋计算的依据。

故 Ⅰ—Ⅰ截面以 $M=-168.18\text{kN·m}$，$N=383.33\text{kN}$ 计算配筋；

Ⅲ—Ⅲ截面以 $M=-611.61\text{kN·m}$，$N=672.11\text{kN}$ 计算配筋；

Ⅱ—Ⅱ截面配筋同Ⅲ—Ⅲ截面。

A柱截面配筋计算见表19-7。

A柱截面配筋计算表 表19-7

截面		Ⅰ—Ⅰ	Ⅲ—Ⅲ
内力	M (kN·m)	168.18	611.61
	N (kN)	383.33	672.11
$e_0 = M/N$ (mm)		438.73	909.98
e_a (mm)		20	800/30 = 26.67
$e_i = e_0 + e_a$ (mm)		458.73	936.65
$l_0 = 2H_u$; $l_0 = H_1$ (mm)		8400	8500
$\zeta_1 = 0.5 f_c A_c / N \leqslant 1.0$		1.0	1.0
$\zeta_2 = 1.15 - (0.01 l_0 / h) \leqslant 1.0$		0.982	1.0
$\eta = 1 + \dfrac{1}{1400 e_i / h_0}\left(\dfrac{l_0}{h}\right)^2 \zeta_1 \zeta_2$		1.196	1.065
$x = N / f_c b$ 或 $x = N / f_c b'_f$ (mm)		$67.02 < 2a' = 90$	$117.50 \begin{array}{l}>2a'\\<h'_f\end{array}$
当 $x \leqslant 2a'$ 时, $A_s = A'_s = \dfrac{N(\eta e_i - 0.5h + a')}{f'_y (h_0 - a')}$ (mm²)		1070.96	
当 $x > 2a'$、$x < h'_f$ 时, $A_s = A'_s = \dfrac{N(\eta e_i - 0.5h + 0.5x)}{f'_y (h_0 - a')}$ (mm²)			2070.86
$\rho_{min} A_c$ (mm²)(一侧纵向钢筋)		400.0	355.0
一侧被选受拉钢筋及其面积(mm²)		1⌀20, 2⌀22 (1074.2)	4⌀22 2⌀20 (2148)

A柱上柱及下柱截面配筋见图19-14(a)。

7. 牛腿设计计算(以A柱为例,图19-14)

$$F_{vk} = P_{4A(吊车梁及轨道)} + P_{4A(D_{max})} = 50.36 + 505.25 = 555.61 \text{kN}$$

$$F_v = 1.2 \times 50.36 + 1.4 \times 505.25 = 767.78 \text{kN}$$

$$F_{hk} = T_{max} = 17.30 \text{kN}$$

$$F_h = 1.4 \times 17.30 = 24.22 \text{kN}$$

牛腿截面及外形尺寸:$b = 400$mm, $h = 850$mm, $h_1 = 500$mm $> h/3$, $c = 400$mm, $\alpha = \arctan \dfrac{350}{400} = 41.19° < 45°$, $h_0 = h_1 - a_s + c\tan\alpha = 500 - 45 + 400\tan 41.19° = 805$mm, $a = 100 + 20 = 120$mm,均见图19-14(b)。

按 (19-1) 式验算,取 $\beta = 0.65$

$$\beta\left(1 - 0.5 \dfrac{F_{hk}}{F_{vk}}\right) \dfrac{f_{tk} b h_0}{0.5 + a/h_0} = 0.65\left(1 - 0.5 \dfrac{17.30}{555.61}\right) \dfrac{2.01 \times 400 \times 805}{0.5 + 120/805}$$

$$= 638.24 \times 10^3 \text{N} = 638.24 \text{kN} > F_{vk}, 满足要求$$

按 (19-3) 式计算纵向受拉钢筋（∵ $a=120\text{mm}<0.3h_0$，取 $a=0.3h_0=0.3\times805=241.5\text{mm}$）：

$$A_s \geqslant \frac{F_v a}{0.85 h_0 f_y} + 1.2\frac{F_h}{f_y} = \frac{767.78\times10^3\times241.5}{0.85\times805\times300} + 1.2\frac{24.22\times10^3}{300}$$

$$= 903.27 + 96.88 = 1000.15\text{mm}^2$$

选用 4 ⌀ 18，$A_s=1017\text{mm}^2$，另选 2 ⌀ 12 作为锚筋焊在牛腿顶面与吊车梁连接的钢板下。

验算纵筋配筋率 $\rho = 1017/400\times850 = 0.3\% > 0.2\%$，$> 0.45\dfrac{f_t}{f_y} = 0.45\times\dfrac{1.43}{300} = 0.21\%$，满足要求。

按 (19-2) 式验算牛腿顶面局部承压，近似取 $A=400\times420=168000\text{mm}^2$，

$0.75 f_c A = 0.75\times14.3\times168000 = 1801.80\times10^3\text{N} = 1801.80\text{kN} > F_{rk}$，满足要求。

按构造要求布置水平箍筋，取 ⌀ 8@100，上部 $2/3 h_0$（$=\dfrac{2}{3}\times805 = 536.67\text{mm}$）范围内水平箍筋总面积

$$2\times50.3\times\frac{536.67}{100} = 539.89\text{mm}^2 > A_s/2\ (=1017/2=508.5\text{mm}^2)，可以。$$

因为 $a/h_0 = 120/805 = 0.149 < 0.3$，可不设弯筋，见图 19-14 (c)。

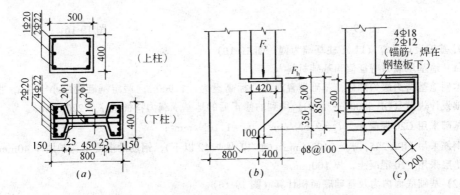

图 19-14 A 柱截面配筋和牛腿配筋

(a) 上柱、下柱截面配筋；(b) 牛腿外形尺寸；(c) 牛腿配筋

8. 柱的吊装验算（以 A 柱为例，图 19-15）

$q_1 = (1.775\times10^5/10^6)\times25 = 4.44\text{kN/m}$，$q_2 = (2.0\times10^5/10^6)\times25 = 5.0\text{kN/m}$

$q_3 = (0.85\times1.2 - 0.5\times0.4\times0.35)\times0.4\times25/0.85 = 11.18\text{kN/m}$

按伸臂梁算得 $M_D = -44.10\text{kN·m}$，$M_B = -65.99\text{kN·m}$。

按 (19-4) 式进行裂缝宽度验算：

D 截面：

$\sigma_s = M/0.87 h_0 A_s = 1.5❶\times44.10\times10^6/0.87\times455\times1074.2 = 155.57\text{N/mm}^2$

D 截面 $\rho_{te} = 1074.2/0.5\times400\times500 = 0.0107$

---

❶ 此为动力系数。建筑结构荷载规范(GB 50009—2001)规定搬运和装卸重物时的动力系数可采用 1.1～1.3，本例考虑到实际吊装过程中的最不利情况，取偏大值 1.5。

以 $\rho_{te}=0.0107$ 及 $d=22$mm 查图 19-7 得 $\sigma_{ss}=171$N/mm² $>\sigma_s$,满足要求。

B 截面：

$$\sigma_s = M/0.87h_0A_s = 1.5\times 65.99\times 10^6/0.87\times 755\times 2148 = 70.16\text{N/mm}^2$$

B 截面 $\rho_{te} = 2148/(0.5\times 100\times 800 + 300\times 162.5) = 0.024$

以 $\rho_{te}=0.024$ 及 $d=22$mm 查图 19-7 得 $\sigma_{ss}=190$N/mm² $>\sigma_s$,满足要求。

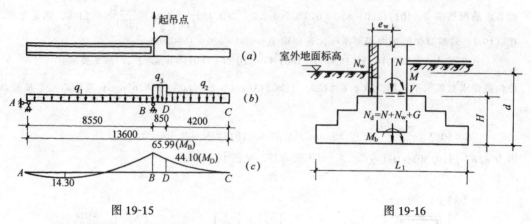

图 19-15   图 19-16

9．基础设计计算（以 A 柱基础为例，图 19-16）

(1) 地基承载力特征值和基础材料

本例地基持力层为细砂，基础埋置深度处标高设为 -1.900m，假定基础宽度小于 3m，由《建筑地基基础设计规范（GB 50007—2002）》得到的修正后的地基承载力特征值 $f_a=220$kN/m²。

基础采用 C20 混凝土，$f_c=9.6$N/mm²，$f_t=1.10$N/mm²；

钢筋采用 HPB 235，$f_y=210$N/mm²（Φ12 及 Φ12 以下），钢筋的混凝土保护层厚 40mm；

垫层采用 C10 混凝土，厚 100mm。

(2) 基础底面内力及基础底面积计算（图 19-16）

按表 19-6 取柱底Ⅲ—Ⅲ截面两组相应荷载效应基本组合时的内力设计值 $-M_{max}$ 相应 N、V 与 N_{max} 相应 $-M_{max}$、V 进行基础设计，见下述甲、乙两组的内力值。但因为基础底面积计算按 $p_{kmax}\leqslant 1.2f_a$ 的要求进行，故上述两组内力设计值均应改为相应荷载效应标准组合时的内力值，见下述甲、乙两组括弧内的内力值。

甲组 $\begin{cases} N = 672.11\text{kN} & (541.63\text{kN}) \\ M = -611.61\text{kN}\cdot\text{m}(-375.60\text{kN}\cdot\text{m}) \\ V = -62.54\text{kN} & (-37.99\text{kN}) \end{cases}$ 乙组 $\begin{cases} N = 1117.56\text{kN} & (895.15\text{kN}) \\ M = -359.36\text{kN}\cdot\text{m}(-217.17\text{kN}\cdot\text{m}) \\ V = -61.47\text{kN} & (-41.23\text{kN}) \end{cases}$

基础杯口以上墙体荷载标准值 $N_{wk}=295.0$kN，相应设计值为 $N_w=295\times 1.2=354.0$kN，它直接施加在基础顶面，对基础中心线的偏心距为 $e_w=h/2+240/2=800/2+120=520$mm $=0.52$m。

假设基础高度 $H=1.20$m，基础底面尺寸（$L_1\times L_2$）按以下步骤估计：

(a) 基础顶面轴向力最大标准值 $N+N_{wk}=895.15+295=1190.15$kN；基础底面至地面高度为 1.90m，则基础底面以上总轴向力标准值为 $1190.15+1.90\times 20.0\times A_0$（这里 20.0 为基础自重及其上土自重的平均重力密度，A_0 为基础底面积）。

(b) 按轴心受压状态估计 A_0：

$$1190.15 + 1.9 \times 20.0 \times A_0 \leqslant fA_0$$

$$A_0 = 1190.15/(f - 1.9 \times 20.0) = 1190.15/(220 - 38) = 6.54\text{m}^2$$

(c) 按 (1.1~1.4) A_0 估计偏心受压基础底面积 A，并求出基底截面抵抗矩 W 及基底以上基础及土自重标准值 G_k：

$$(1.1 \sim 1.4) \times 6.54 = 7.19 \sim 9.16\text{m}^2,\ 取\ A = L_1 L_2 = 3.80 \times 2.20 = 8.36\text{m}^2$$

$$W = 5.29\text{m}^3,\ G_k = 24 \times (3.80 \times 2.20 \times 1.20) + 17 \times [3.80 \times 2.20 \times$$

$$(1.90 - 1.20)] = 240.76 + 99.48 = 340.24\text{kN}$$

(d) 故按以上甲、乙两组分别作用了基底面的相应荷载效应标准组合的内力值为：

甲组 $\begin{cases} N_{dk} = 541.63 + 295.0 + 340.24 = 1176.87\text{kN} \\ M_{dk} = -375.60 - 37.99 \times 1.20 - 295.0 \times 0.52 = -574.59\text{kN·m} \end{cases}$

乙组 $\begin{cases} N_{dk} = 895.15 + 295.0 + 340.24 = 1530.39\text{kN} \\ M_{dk} = -217.17 - 41.23 \times 1.20 - 295.0 \times 0.52 = -420.05\text{kN·m} \end{cases}$

(e) 基础底面压力验算：

甲组 $\quad p_{k\ \substack{max \\ min}} = \dfrac{N_{dk}}{A} \pm \dfrac{|M_{dk}|}{W} = \dfrac{1176.87}{8.36} \pm \dfrac{574.59}{5.29} = 140.77 \pm 108.65 = \dfrac{249.42}{32.12}\text{kN/m}^2$

乙组 $\quad p_{k\ \substack{max \\ min}} = \dfrac{N_{dk}}{A} \pm \dfrac{|M_{dk}|}{W} = \dfrac{1530.39}{8.36} \pm \dfrac{420.05}{5.29} = 183.06 \pm 79.4 = \dfrac{262.46}{103.66}\text{kN/m}^2$

因 $1.2f_a = 264\text{kN/m}^2 > p_{k\ max}$，$p_{kmin} > 0$，$(p_{kmax} + p_{kmin})/2 < f_a$，

均满足本章 19.2.1 节条件，故上述假设的基础底面尺寸合理。

(3) 基础其他尺寸确定和基础高度验算（图 19-17）

按构造要求，假定基础尺寸如下：$H = 1200\text{mm}$，分三阶梯，每阶高度 400mm；$H_{0\text{I}1} = 1155\text{mm}$，$H_{0\text{II}1} = 1150\text{mm}$，柱插入深度 $H_1 = 900\text{mm}$，杯底厚度 $a_1 = 250\text{mm}$，杯壁最小厚度 $t = 400 - 25 = 375\text{mm}$，$H_2 = 400\text{mm}$，$t/H_2 = 375/400 = 0.94 > 0.75$，故杯壁内可不配筋；柱截面 $bh = 400\text{mm} \times 800\text{mm}$。

以上述甲、乙两组相应荷载效应基本组合求得的底面基底净反力验算基础高度：

甲组 $\begin{cases} N_d = 672.11 + 354.0 = 1026.11\text{kN} \\ M_d = -611.61 - 62.54 \times 1.2 - 354.0 \times 0.52 = -870.74\text{kN·m} \end{cases}$

$e = M_d/N_d = 870.74/1026.11 = 0.85\text{m}$，

基础底面 N_d 合力作用点至基础底面最大压力边缘的距离 $a = \dfrac{3.8}{2} - 0.85 = 1.05\text{m}$

$\because N_d = \dfrac{1}{2} p_{nmax} \times 3a \times L_2$

$\therefore p_{nmax} = \dfrac{2N_d}{3aL_2} = \dfrac{2 \times 1026.11}{3 \times 1.05 \times 2.2} = 296.14\text{kN/m}^2$，按比例关系求得

$p_{n\text{I}3} = 249.13\text{kN/m}^2$，$p_{n\text{I}2} = 202.13\text{kN/m}^2$，$p_{n\text{I}1} = 155.12\text{kN/m}^2$

乙组：$\begin{cases} N_d = 1117.56 + 354.0 = 1471.56\text{kN} \\ M_d = -359.36 - 61.47 \times 1.2 - 354.0 \times 0.52 = -617.20\text{kN·m} \end{cases}$

$p_{n\ \substack{max \\ min}} = \dfrac{N_d}{A} \pm \dfrac{|M_d|}{W} = \dfrac{1471.56}{8.36} \pm \dfrac{617.20}{5.29} = 176.02 \pm 116.68 = \dfrac{292.70}{59.34}\text{kN/m}^2$

$(p_{nmax} + p_{nmin})/2 = 176.02\text{kN/m}^2$

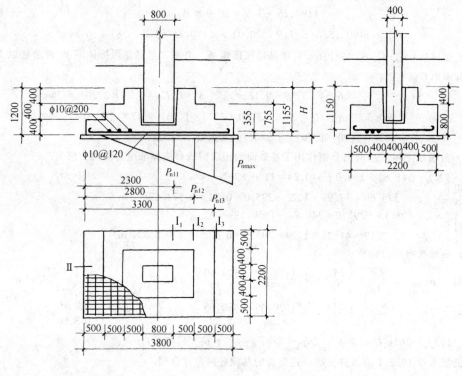

图 19-17

显然应以甲组基底净反力验算：

$$H_{0\mathrm{I}1} = 1200 - 45 = 1155\mathrm{mm}, \quad b + 2H_{0\mathrm{I}1} = 400 + 2 \times 1155 = 2710\mathrm{mm}$$

$$b + H_{0\mathrm{I}1} = 400 + 1155\mathrm{mm} = 1555\mathrm{mm},$$

属于 $(b + 2H_{0\mathrm{I}1}) > L_2 > (b + H_{0\mathrm{I}1})$ 情况，应用 (19-11)、(19-12) 式验算

$$V_l = p_{n\max}\left[\left(\frac{L_1}{2} - \frac{h}{2} - H_{0\mathrm{I}1}\right)L_2\right] = 296.14\left[\left(\frac{3.80}{2} - \frac{0.80}{2} - 1.155\right) \times 2.2\right]$$

$$= 224.77\mathrm{kN}$$

$$V_u = 0.7\beta_h f_t(b + H_{0\mathrm{I}1})H_{0\mathrm{I}1} = 0.7 \times 0.97 \times 1.1 \times (400 + 1155) \times 1155 = 1341.5 \times 10^3 \mathrm{N}$$

$$= 1341.5\mathrm{kN} \quad \gg V_l, \quad\quad 满足要求。$$

(β_h 算得为 0.97)

其他各台阶高度验算均满足要求，不另赘述。

(4) 基础底面配筋计算（图 19-17）

按 (19-14) ~ (19-17) 式并根据甲、乙两组基底净土反力进行计算，以表 19-8 格式表达。

表 19-8

截面	I 1	I 2	I 3	II
P (kN/m²)	$(P_{n\max} + P_{n\mathrm{I}1})_甲$ = 451.26	$(P_{n\max} + P_{n\mathrm{I}2})_甲$ = 498.27	$(P_{n\max} + P_{n\mathrm{I}3})_甲$ = 545.27	$(P_{n\max} + P_{n\min})_乙$ = 325.04

续表

截 面	Ⅰ1	Ⅰ2	Ⅰ3	Ⅱ
C^2 (m²)	$(L_1-h)^2 = (3.80-0.80)^2 = 9.0$	$(L_1-1.80)^2 = (3.80-1.80)^2 = 4.0$	$(L_1-2.80)^2 = (3.80-2.80)^2 = 1.0$	$(L_2-b)^2 = (2.20-0.40)^2 = 3.24$
E (m)	$(2L_2+b) = 2\times 2.20 + 0.40 = 4.80$	$(2L_2+1.30) = 2\times 2.20 + 1.30 = 5.70$	$(2L_2+2.20) = 2\times 2.20 + 2.20 = 6.60$	$(2L_1+h) = 2\times 3.80 + 0.80 = 8.40$
$M=\dfrac{1}{48}PC^2E$ (kN·m)	406.13	236.68	74.97	199.61
A_s (mm²)	$A_{sⅠ1}=\dfrac{406.13\times 10^6}{0.9\times 1155\times 210}=1860.46$	$A_{sⅠ2}=\dfrac{236.68\times 10^6}{0.9\times 755\times 210}=1658.64$	$A_{sⅠ3}=\dfrac{74.97\times 10^6}{0.9\times 355\times 210}=1117.37$	$A_{sⅡ}=\dfrac{199.61\times 10^6}{0.9\times 1150\times 210}=918.37$
实配受拉钢筋 (mm²)	18 ϕ 12，即 ϕ 12@ = 120 A_s = 2035.8			19 ϕ 10 即 ϕ 10@200 A_s = 1491.5

基底配筋情况见图 19-17。

10．关于排架柱裂缝宽度验算问题

按《混凝土结构设计规范（GB 50010—2002）》第 8.1.2 条注②，对 $e_0/h_0 \leqslant 0.55$ 的偏心受压构件，可不验算裂缝宽度。本例以 A 柱Ⅰ—Ⅰ截面按承载力计算配筋的一组内力（$M = -168.18$ kN·m，$N = 383.33$ kN）为例进行上柱截面的裂缝宽度验算：

（1）上述内力的荷载效应的标准组合为

$$M_k = -104.03 \text{kN·m}, \quad N_k = 319.44 \text{kN}$$

$$e_0 = M_k/N_k = 0.3256\text{m} = 325.6\text{mm} > 0.55h_0(= 0.55\times 455 = 250.25\text{mm})$$

故应进行裂缝宽度验算。

（2）应以 $w_{\max} = \alpha_{cr}\psi\dfrac{\sigma_{sk}}{E_s}\left(1.9c + 0.08\dfrac{d_{eq}}{\rho_{te}}\right)$ 式验算

$\alpha_{cr} = 2.1$，$E_s = 2.0\times 10^5 \text{N/mm}^2$，$f_{tk} = 2.01 \text{N/mm}^2$，$l_0/h = 16.80$，$A_s = 1074.2 \text{mm}^2$

$$\eta_s = 1 + \dfrac{1}{4000 e_0/h_0}\left(\dfrac{l_0}{h}\right)^2 = 1 + \dfrac{1}{4000\times 325.6/455}\times (16.80)^2 = 1.099$$

$$y_s = (h/2) - a = 250 - 45 = 205\text{mm}$$

$$e = \eta_s e_0 + y_s = 1.099\times 325.6 + 205 = 562.83\text{mm}$$

$$z = \left[0.87 - 0.12\left(\dfrac{h_0}{e}\right)^2\right]h_0 = \left[0.87 - 0.12\left(\dfrac{455}{562.83}\right)^2\right]\times 455 = 360.17\text{mm}$$

$$\sigma_{sk} = \dfrac{N_k(e-z)}{A_s z} = \dfrac{319.44\times 10^3 \times (562.83 - 360.17)}{1074.2\times 360.17} = 167.33 \text{N/mm}^2$$

$$\rho_{te} = A_s/0.5bh = 1074.2/0.5\times 400\times 500 = 0.01074$$

$$\psi = 1.1 - 0.65 \frac{f_{tk}}{\rho_{te}\sigma_{sk}} = 1.1 - 0.65 \times \frac{2.01}{0.01074 \times 167.33} = 0.373$$

$$d_{eq} = \frac{2 \times (22)^2 + 1 \times (20)^2}{2 \times 22 + 1 \times 20} = \frac{1368}{64} = 21.38 \text{mm}$$

$$c = 45 - 22/2 = 34 \text{mm}$$

$$\therefore w_{max} = 2.1 \times 0.373 \times \frac{167.33}{2.0 \times 10^5}\left(1.9 \times 34 + 0.08 \frac{21.38}{0.01074}\right)$$

$$= 0.000655 \times 223.86 = 0.147 \text{mm} < 0.3 \text{mm}, 满足要求。$$

同理，A 柱Ⅲ—Ⅲ截面也能满足裂缝宽度的要求。

根据验算结果并结合一般工程设计的实践经验，如果排架柱的截面尺寸按照表17-2选用，且截面一侧纵向受力筋选用3根或3根以上时，为简化计，可不必进行裂缝宽度验算。当然，这个结论尚待工程实践的进一步验证。

第20章 单厂结构其他主要结构构件的设计要点

20.1 吊车梁设计要点

吊车梁是单厂结构主要结构构件之一。它承受着吊车起重运输时产生的竖向和水平荷载;它对承载力、刚度和抗裂性的要求都比较高;同时它又是厂房的纵向构件,对传递作用在山墙上的风荷载、连接平面排架、加强厂房的纵向刚度以及保证单厂结构的空间作用起着重要影响。在一般情况下,吊车梁是简支梁,但却是一种受力复杂的简支梁。

20.1.1 吊车荷载特点和吊车梁在各种荷载作用下的验算项目

1. 吊车荷载是两组移动着的集中力:吊车的竖向轮压和横向水平制动力。为此要分别进行在这两组移动荷载作用下的正截面受弯和斜截面承载力计算(纵向水平制动力经由吊车梁传给柱间支撑,对吊车梁自身设计不起控制作用)。

2. 吊车荷载具有冲击和振动作用,为此在设计吊车梁时相应的荷载要乘以动力系数 μ,但这种冲击和振动作用在计算排架结构内力时不需要考虑。

3. 吊车荷载是重复荷载,为此要对吊车梁的相应截面进行疲劳强度验算。

4. 吊车的横向水平制动力和吊车轨道安装偏差引起的竖向力使吊车梁产生扭矩,为此要验算吊车梁的扭曲截面的承载力。

吊车梁的验算项目及其相应荷载如表20-1所示。

表 20-1

序号	验算项目		恒载	吊车台数	吊车荷载	附注
1	受弯承载力	竖向荷载下正截面受弯	g	2	μP_{max}	
2		横向水平荷载下正截面受弯	—	2	T	
3	正截面抗裂度	使用阶段	g	2	μP_{max}	
4		施工阶段 制作	—	—	—	①
5		施工阶段 运输	g	—	—	动力系数取1.5

续表

序号	验算项目		恒载	吊车台数	吊车荷载	附注
6	受弯剪扭	承载力 斜截面	g	2	μP_{max}	
7		承载力 扭曲截面	—	2	μP_{max} T	
8		斜截面抗裂度	g	2	μP_{max}	
9	疲劳强度	正截面	g	1	μP_{max}	
10		斜截面	g	1	μP_{max}	
11	裂缝宽度		g	2	P_{max}	
12	挠度		g	2	P_{max}	

注：1. g 为恒载，包括吊车梁及轨道连接的重力荷载；P_{max} 为吊车最大轮压；T 为吊车横向水平制动力；μ 为动力系数，见本节讨论。

2. ①当为预应力混凝土吊车梁时，要进行预应力混凝土构件制作时相应的验算。

表中的吊车台数表明对跨度≤12m 的吊车梁在设计计算时要考虑同时作用有相邻两台吊车的可能性；但值得注意的是，在验算疲劳强度时，则只需按一台吊车考虑且不考虑横向水平荷载，因为在使用期间两台吊车满载并行重复数达到百万次是不可能的。

吊车的动力系数 μ，主要是考虑吊车在工作时产生的动力作用（如车轮与轨道高低不平处的撞击，工件起吊翻身时引起的振动等）对吊车荷载的影响。其值为由动力作用引起吊车梁的应力、变位与静力作用引起相应应力、变位之比。对工作级别 A1～A5 的软钩吊车 $\mu=1.05$，对工作级别为 A6～A8 的硬钩吊车、特种（如磁力）吊车 $\mu=1.10$。

20.1.2 吊车梁的内力计算特点

1. 吊车梁指定截面的最大内力，梁的绝对最大弯矩和内力包络图

由于吊车梁承受的是两组移动集中力，要用影响线原理才能求出任一指定截面的最大内力。图 20-1（a）、（b）分别为吊车梁Ⅰ—Ⅰ截面的弯矩影响线和剪力影响线。将 P_1、P_2、P_3、P_4 分别作用在Ⅰ—Ⅰ截面上（图 20-1c）都可根据影响线求出相应内力值；取其最大者就是该截面在这两组移动荷载下的最大内力，相应于最大内力的荷载位置称该截面的荷载最不利位置。

设计吊车梁还必须知道该梁的绝对最大弯矩值。根据结构力学原理，当梁的中线平分 P_1～P_4 的合力 ΣP 与相邻一集中力的间距时，此集中力所在位置的截面就可能出现绝对最大弯矩。显然，吊车梁可能出现绝对最大弯矩的截面不在跨中而在跨中的左右两侧（图 20-2a、b）。

吊车梁的每一截面，根据移动荷载组的间距和荷载值，都可计算出它的最大内力。将各截面的最大内力连起来的图形称为内力包络图。弯矩包络图中的 M_{max} 为该吊车梁的绝

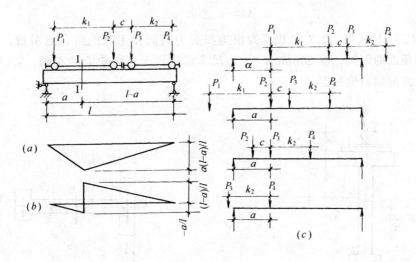

图 20-1

(a) I—I 截面弯矩影响线;(b) I—I 截面剪力影响线;(c) 几种可能的荷载不利位置

对最大弯矩。图 20-2 为两台吊车作用下吊车梁的弯矩包络图和剪力包络图,它们是设计吊车梁的主要依据。

2. 吊车梁扭曲面承载力验算中的扭矩问题

吊车梁按一般工形截面钢筋混凝土或预应力混凝土构件进行扭曲面承载力验算,其扭矩主要由吊车的横向水平制动力和吊车的竖向轮压产生。吊车每个轮子的横向水平制动力 T 作用在吊车轨顶,所产生的扭矩为 T 和

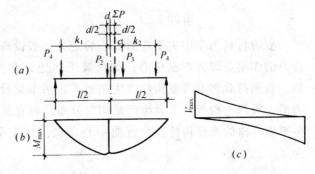

图 20-2

(a) 求绝对最大弯矩的移动荷载的位置;
(b) 弯矩包络图;(c) 剪力包络图

T 的作用线对吊车梁截面弯曲中心偏心距 e_2 的乘积;吊车竖向轮压 μP_{max} 也作用在轨顶,所产生的扭矩为 μP_{max} 和轨道安装偏差 e_1 的乘积(e_1 一般取 20mm)。两者相加,得到每个吊车轮子作用于吊车梁的扭矩 m_T(图 20-3),

$$\begin{cases} m_T = 0.7(\mu P_{max} e_1 + T e_2) & (20\text{-}1) \\ e_2 = y_a + h_a & (20\text{-}2) \end{cases}$$

在疲劳强度验算时,则不需考虑横向水平制动力的作用,即

$$m_T = 0.8 \mu P_{max} e_1 \qquad (20\text{-}3)$$

由 m_T 和吊车梁相应截面的剪力影响线(扭矩影响线与剪力影响线相同),可算得该截面需要承受的总扭矩 M_T,

$$M_T = \Sigma m_{Ti} y_i \tag{20-4}$$

(20-1)～(20-4)式中，0.7和0.8为扭矩和剪力共同作用时的组合值系数；h_a为轨道顶至吊车梁顶面的距离，取200mm；y_a为吊车梁顶面至弯曲中心的距离；y_i为各m_T对应剪力影响线的横向坐标值。

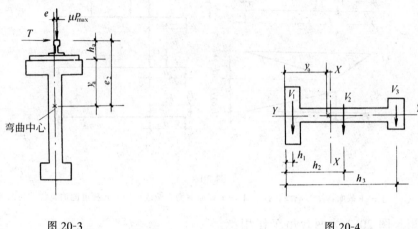

图 20-3　　　　　　　　　　　图 20-4

复习材料力学中关于弯曲中心的定义：假设薄壁构件产生平面弯曲，其截面上剪应力合力的作用点即为弯曲中心；如荷载平面通过弯曲中心，则薄壁构件只发生弯矩而无扭矩，否则荷载将对薄壁构件产生扭矩。在吊车梁设计中假定由横向水平制动力产生的剪应力沿上翼缘、腹板、下翼缘都是均匀分布，则在横向水平制动力作用下的吊车梁相应于产生平面弯曲的薄壁构件。按弯曲中心定义，吊车梁的弯曲中心离梁顶距离y_a（图 20-4）为

$$y_a = \frac{V_1 h_1 + V_2 h_2 + V_3 h_3}{V} \tag{20-5}$$

$$\because \quad V_i = V I_{yi} / I_y \text{❶} \tag{20-6}$$

$$\therefore \quad y_a = \frac{I_{y1} h_1 + I_{y2} h_2 + I_{y3} h_3}{I_y} = \frac{\Sigma I_{yi} h_i}{I_y} \tag{20-7}$$

式中 V 和 V_1、V_2、V_3 分别为工形截面的总剪力和上翼缘、腹板、下翼缘在各部分截面剪应力组或的分剪力；I_y 和 I_{y1}、I_{y2}、I_{y3} 分别为工形截面和各部分截面绕 $Y-Y$ 轴的惯性矩。

---

❶ 求工形截面梁的弯曲中心时，可将截面划分为三部分：1. 上翼缘；2. 腹板；3. 下翼缘。
$\because M = M_1 + M_2 + M_3$，且 $\frac{1}{\rho} = \frac{M}{EI_y} = \frac{M_1}{EI_{y1}} = \frac{M_2}{EI_{y2}} = \frac{M_3}{EI_{y3}}$；$\frac{dM}{dx} = V$，故 $V = V_1 + V_2 + V_3$，且 $\frac{V}{I_y} = \frac{V_1}{I_{y1}} = \frac{V_2}{I_{y2}} = \frac{V_3}{I_{y3}} \left(= \frac{V_i}{I_{yi}} \right)$。

3. 吊车梁竖向轮压产生的局部应力对斜截面抗裂度计算的影响。

吊车的竖向轮压使吊车梁产生竖向局部压应力 σ_y 并使竖向轮压附近截面剪应力 τ_p 发生渐变。《混凝土结构设计规范》规定,对预应力混凝土吊车梁,在竖向轮压作用点两侧各 $0.6h$ (b、h 为梁计算截面的宽度和高度)长度范围内上述 σ_y 和 τ_p 值分别按(20-8)、(20-9)式求得。σ_y 和 τ_p 值的分布如图 20-5 所示。

$$\sigma_{y,\max} = \frac{0.6(\mu P_{\max})_k}{bh} \tag{20-8}$$

$$\tau_p = \frac{\tau^l - \tau^r}{2} \tag{20-9}$$

$$\tau^l = \frac{V_k^l S_0}{bI_0}, \quad \tau^r = \frac{V_k^r S_0}{bI_0} \tag{20-10}$$

式中,$(\mu P_{\max})_k$ 为竖向最大轮压标准值;V_k^l、V_k^r 分别为 $(\mu P_{\max})_k$ 作用点左、右端剪力标准值;τ^l、τ^r 分别为 $(\mu P_{\max})_k$ 作用点左、右侧 $0.6h$ 处截面上相应算得的剪应力;I_0、S_0 分别为计算截面的换算截面惯性矩和计算纤维以上部分换算截面面积对换算截面重心的面积矩。

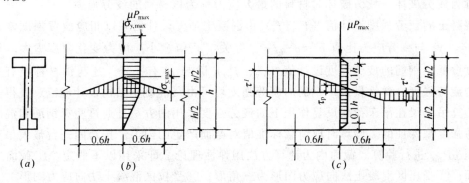

图 20-5 预应力混凝土吊车梁竖向轮压作用点附近应力分布
(a) 截面;(b) 竖向压应力 σ_y 分布;(c) 剪应力 τ 分布

在求得 σ_y 和 τ_p 并考虑预应力影响后,即可按下式验算斜截面的抗裂度:

$$\genfrac{}{}{0pt}{}{\sigma_{tp}}{\sigma_{cp}} = \frac{\sigma_x + \sigma_y}{2} \pm \sqrt{\left(\frac{\sigma_x - \sigma_y}{2}\right)^2 + \tau^2} \; \text{❶} \tag{20-11}$$

$$\sigma_{tp} \leqslant \begin{array}{l} 0.85 f_{tk}(\text{严格要求不出现裂缝时}) \\ 0.95 f_{tk}(\text{一般要求不出现裂缝时}) \end{array} \tag{20-12}$$

$$\sigma_{cp} \leqslant 0.6 f_{ck} \tag{20-13}$$

式中,σ_x 为由预应力和荷载标准值在计算纤维处产生的法向应力;σ_y 为按(20-8)式算

---

❶ σ_x、σ_y 当为拉应力时以正号代入,当为压应力时以负号代入。

得并按图 20-5（b）分布的竖向压应力；τ 为由荷载短期效应组合计算并按图 20-5（c）分布的剪应力，同时还要考虑由预应力弯起钢筋的预应力和扭矩产生的在计算纤维处的剪应力；σ_{tp}、σ_{cp} 分别为主拉应力和主压应力；f_{tk}、f_{ck} 分别为混凝土抗拉、抗压强度标准值。

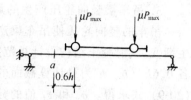

图 20-6 "退轮法"计算时荷载位置示意（a 为计算截面）

由（20-11）式可见，吊车竖向轮压产生的局部竖向压应力，对斜截面抗裂度来说，显然是一个有利的影响。为进一步简化，也可采用"退轮法"计算，即将竖向轮压作用在距离计算截面 $0.6h$（h 为吊车梁高度）的位置上，如图 20-6 所示，以此来考虑局部竖向压应力的有利影响。

4. 疲劳强度验算

当吊车施加于吊车梁时，梁内钢筋和混凝土的应力突然增加；吊车离开该梁，材料应力突然降低。若以厂房使用 50 年计，荷载反复可达数百万次。在这种反复应力变化情况下，尽管材料的最大应力 σ_{max} 始终低于一次受力时的极限应力，材料也会发生破坏。这一现象称为疲劳破坏，疲劳破坏时材料的最大应力称为该材料的疲劳强度。

混凝土的疲劳强度设计值（f_c^f、f_t^f）由混凝土强度设计值乘以相应疲劳强度修正系数 γ_p 确定。γ_p 与疲劳应力比值 $\rho^f = \sigma_{min}^f/\sigma_{max}^f$ 有关。ρ_c^f 值愈小，应力变化幅度愈大，材料疲劳强度愈低。钢筋的疲劳强度设计值（f_y^f、f_{py}^f）除与 ρ_s^f 有关外，还与钢材种类有关。混凝土的疲劳强度、弹性模量，钢筋的疲劳强度均可由《混凝土结构设计规范》查得。

验算吊车梁在吊车荷载反复作用下的疲劳强度采用的方法是通过验算钢筋和混凝土材料疲劳强度来保证的。验算时取荷载标准值对截面产生的内力，按跨间一台最大吊车的最大轮压 μP_{max} 进行验算。截面内力计算方法用弹性理论，即采用以下假定：①截面应变保持平面；②受压区混凝土法向应力图形为三角形；③受拉区混凝土法向应力图形为三角形（不允许出现裂缝时）或受拉区混凝土退出工作（允许出现裂缝时）；④计算中考虑混凝土和钢筋的共同工作，即采用换算截面。用弹性理论计算截面应力的方法参见《混凝土结构设计规范》中疲劳强度验算一节。

以预应力混凝土吊车梁为例，需取下述最不利部位验算疲劳强度：

（1）正截面在最大弯矩作用下的材料应力❶

（a）受拉区混凝土边缘纤维　　　$\sigma_{ct,max}^f \leqslant f_t^f$　　　　　　　　　　（20-14）

（b）受压区混凝土边缘纤维　　　$\sigma_{cc,max}^f \leqslant f_c^f$　　　　　　　　　　（20-15）

（c）受拉区纵向预应力钢筋的应力幅　$\Delta\sigma_p^f \leqslant \Delta f_{py}^f$ ❷　　　　　　（20-16）

（d）受拉区纵向非预应力钢筋的应力幅　$\Delta\sigma_s^f \leqslant \Delta f_y^f$　　　　　（20-17）

---

❶ 材料应力均以恒载标准值与疲劳验算时取用的吊车荷载标准值算得。

❷ 一般情况下，可仅算最外层预应力筋的应力。

式中，σ_{ct}^f 为受拉区或受压区边缘纤维混凝土最大拉应力；σ_{cc}^f 为受拉区或受压区边缘纤维混凝土最大压应力的绝对值；$\Delta\sigma_p^f$、$\Delta\sigma_s^f$ 分别为受拉区纵向预应力钢筋、纵向非预应力钢筋的应力幅；Δf_{py}^f、Δf_y^f 分别为预应力钢筋、非预应力钢筋的疲劳应力幅限值。它们均可采用《混凝土结构设计规范》相应公式算得和相应表格查出。

(2) 斜截面（截面重心及截面宽度剧烈改变处）混凝土的主拉应力❶，以（20-11）式的方法计算，

$$\sigma_{tp}^f = \frac{\sigma_x + \sigma_y}{2} + \sqrt{\frac{(\sigma_x - \sigma_y)^2}{2} + \tau^2} \leqslant f_t^f \tag{20-18}$$

式中，σ_{tp}^f 为预应力混凝土吊车梁斜截面疲劳验算纤维处的混凝土主拉应力。

5. 裂缝控制

在室内正常环境下，对需作疲劳验算的钢筋混凝土吊车梁，其最大裂缝宽度限值应取为 0.2mm。对需作疲劳验算的预应力混凝土吊车梁，应按一级裂缝控制等级进行验算（即严格要求不出现裂缝），即在荷载效应的标准组合下

$$\sigma_{ck} - \sigma_{pc} \leqslant 0 \tag{20-19}$$

式中，σ_{ck}、σ_{pc} 分别为荷载效应的标准组合下抗裂验算边缘的混凝土法向应力，扣除全部预应力损失后在抗裂验算边缘的混凝土预压应力。

6. 吊车梁的材料和主要构造要求（图 20-7）

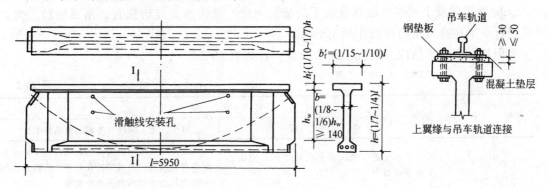

图 20-7 6m 后张法预应力混凝土等截面吊车梁举例

(1) 混凝土强度等级采用 C30～C50。预应力钢筋宜采用钢绞线、钢丝、热处理钢筋。非预应力受力筋宜采用 HRB 335 级钢筋。

(2) 吊车梁截面应设计成工形或 T 形；截面高度与吊车起重量有关。如为等高度预应力混凝土吊车梁，其截面高度一般取（1/7～1/4）梁的跨度；上翼缘宽度取（1/15～1/10）梁的跨度，厚度取（1/10～1/7）截面高度；腹板厚度宜取腹板高度的（1/8～1/6）。

---

❶ 材料应力均以恒载标准值与疲劳验算时取用的吊车荷载标准值算得。

下翼缘尺寸由布置预应力筋的构造决定。

（3）吊车梁上翼缘应预留与吊车轨道连接用的孔道，腹板上预留滑触线安装孔，有车挡的吊车梁应预留与车挡连接用的预埋件。

20.2 钢筋混凝土屋架设计要点

钢筋混凝土屋架作为屋盖结构的主要构件，承受着单层厂房屋盖的全部荷载并把它们传给柱；同时，作为排架结构中的横梁（链杆），连接两侧排架柱使它们能在各种荷载下共同工作。

一般情况下，钢筋混凝土屋架属于平面桁架，但它作为单厂结构构件有着自身的特点。

20.2.1 屋架荷载特点和验算项目

1. 施加于屋架的荷载有恒载与活载；虽然屋架可以假设为简支静定构件，但并不是它的所有构件都是在全跨恒载和活载作用下达到其最不利受力状态的。为此，要考虑荷载的不利组合问题。

2. 屋面板施加于屋架上弦时并不总是节点荷载。为此，屋架的上弦杆往往处于偏心受力状态。

3. 钢筋混凝土屋架一般在现场平放浇筑制作，就位前要经历扶直、吊装阶段。为此，要进行屋架在自身重力荷载作用下的验算。

钢筋混凝土或预应力混凝土屋架验算项目如表20-2。

表 20-2

序号	杆件		验 算 项 目	
			使 用 阶 段	制作、施工阶段（考虑动力系数1.5）
1	上弦		全部屋盖（恒+活）荷载作用下的偏心受压承载力	扶直阶段在屋架自身重力荷载作用下的正截面受弯承载力；吊装阶段在自身重力荷载作用下的正截面受拉承载力和抗裂度
2	下弦		全部屋盖（恒+活）荷载作用下的轴心受拉承载力和抗裂度	施加预应力过程中混凝土截面受压承载力和张拉端局部受压承压力（仅对预应力混凝土屋架需要作此项验算）
3	腹杆	压杆	在（恒+活）荷载组合后产生最不利内力作用下的轴心受压承载力	
4		拉杆	在（恒+活）荷载组合后产生最不利内力作用下的轴心受拉承载力和抗裂度	

20.2.2 屋架荷载组合和内力计算特点

施加于屋架的恒载有屋面构造层，屋面板、天窗架、屋架、屋盖支撑等的重力荷载。

施加于屋架的活载有屋面活荷载、雪荷载、积灰荷载、风荷载，有时可能还有悬挂吊车荷载等。这些荷载并不同时作用于屋架，在设计屋架时也不一定都要考虑，如：

屋面活荷载和雪荷载不同时考虑，设计时取两者中的大者；

屋面局部形成的雪堆或积灰堆，对屋架内力影响较小，设计时可不考虑；

风荷载一般为吸力，起减小屋架内力的作用，设计时不予考虑。

对于要考虑的荷载，它们既有可能作用于全跨，也有可能作用于半跨；而半跨荷载作用时则有可能使屋架腹杆得到最大内力，甚至使内力符号发生改变。因此设计屋架时要考虑图 20-8 所示的三种荷载组合情况：

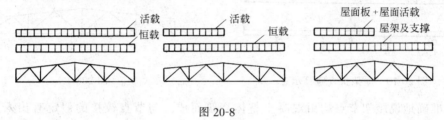

图 20-8

（1）全跨恒载＋全跨活载；

（2）全跨恒载＋半跨活载；

（3）屋架及屋盖支撑重力荷载＋半跨屋面板重力荷载＋半跨屋面活荷载（这是考虑屋面板从屋架一侧安装的情况）

屋架内力除按节点受力的平面桁架计算外，有以下四点应予注意：

1．由于屋面板施加于上弦的集中力不一定作用在节点上（图 20-9a），故屋架上弦应按连续梁计算。图 20-9（b）、（c）中的集中力由屋面板传来，均布荷载为上弦自身重力荷载，上弦各节点是连续梁的不动铰支座。在求得各支座的力❶后，将它们反向作用于各上弦节点，按铰接桁架计算屋架各杆内力。按连续梁求得的上弦各截面弯矩❶，以及按铰接桁架求得的各上弦杆的压力，即为上弦杆各截面的计算内力。

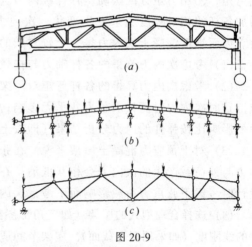

图 20-9
（a）屋架实际情况；（b）屋架上弦计算简图；
（c）节点受力下的桁架计算简图

2．要考虑屋架施工中扶直时的受力状态。扶直的做法是将屋架绕下弦转起，使下弦各节点不离地面，上弦以起吊点为支点。扶直验算实际上是验算上弦在屋架平面外由于上

---

❶ 按连续梁计算的上弦截面弯矩和支座反力，理应按力矩分配法求得，为简化计，也可近似按简支梁计算。

弦和一半腹杆重力荷载作用下的受弯承载力，如图 20-10 所示。对腹杆来说，由于其自身重力荷载引起的弯矩很小，通常不必验算。

3．要考虑屋架吊装时的受力状态（图 20-11）。这时屋架所受荷载虽不大，但受力情况与使用阶段不同。一般假定屋架重力荷载作用于下弦节点，屋架上弦受拉，故需对上弦进行轴心受拉承载力和抗裂度验算。

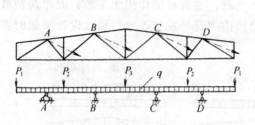

图 20-10 屋架扶直验算示意

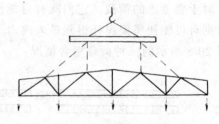

图 20-11

4．准确地说屋架节点均由混凝土整体浇筑而成，与节点铰接的假定有出入。因节点刚性作用而产生的内力称次内力。其计算步骤是：①按铰接屋架求各杆内力，称主内力；②分析屋架在主内力作用下的变形和各节点相对变位；③计算由此相对变位引起的各杆固端弯矩；④用力矩分配法确定各杆次内力。但是，由于钢筋混凝土是弹塑性材料，随荷载增加各杆的相对刚度关系发生变化，次内力会重新调整，按以上步骤难以准确求出次内力。因而钢筋混凝土次内力是一个较复杂的问题。目前对它的认识有以下几方面：

(1) 考虑次内力算得的各杆轴力与按铰接屋架算得的各杆轴力，大体上相差不大；

(2) 考虑次内力算得的各杆弯矩对屋架承载力影响的程度是：如屋架承载力决定于下弦，这时次内力对屋架承载力几乎无影响；如屋架承载力决定于上弦，次内力对屋架承载力的影响比按弹性的内力分析结果（即按上述步骤分析）要小；

(3) 对于预应力混凝土屋架来说，在张拉阶段因下弦压缩、屋架发生反拱而产生的次内力与外荷载产生的次内力会相互抵消；在使用阶段次内力将使下弦抗裂度降低，但如在设计时考虑下弦重力荷载影响而不考虑次内力影响，其误差不大。

(4) 选择合理型式的屋架（如三角形屋架次内力较大，梯形屋架则较小），尽量减小杆件的线刚度（如采用扁平截面），屋架节间适当放大等均能减小次内力，甚至可不予计算。

20.2.3 屋架杆件的布置

屋架演变自受弯构件，上下弦主要承受由荷载和支承反力产生的弯矩，腹杆主要承受由荷载和支承反力产生的剪力。

计算屋架弦杆内力时，其轴力 N 可由荷载和支承反力对矩心的力矩 M 和弦杆至矩心的力臂 r 相除的平衡方程得到（如图 20-12），即

$$N = \mp M/r \text{（压力为负，拉力为正）} \tag{20-20}$$

由于屋架在节点荷载和支承反力作用下的 M 图形接近抛物线，因而弦杆内力与屋架

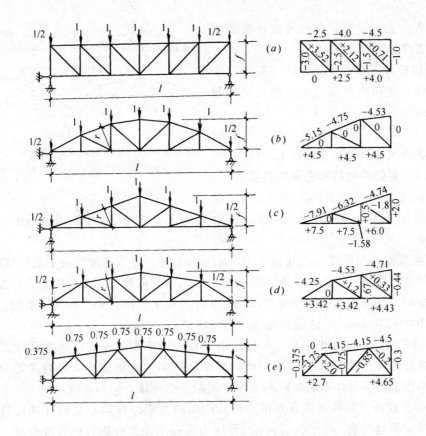

图 20-12 各种型式屋架比较（$f/l=1/6$）

(a) 平行弦屋架；(b) 拱形屋架；(c) 三角形屋架；(d) 折线形屋架；(e) 梯形屋架

型式的关系有以下特点：①平行弦屋架的高度不变，r 即屋架高度 f，所以弦杆轴力（$\mp M/f$）是中间大、两端小；②拱形屋架上弦轴线接近抛物线，r 的变化规律与 M 图相近，M/r 值的变化幅度小，弦杆轴力比较均匀；③三角形屋架的高度按直线变化，r 向两端减小得比抛物线快，M/r 值往两端渐增，弦杆轴力中间小、两端大；④折线形屋架是对三角形屋架的改进，用加大端节间上弦坡度和将上弦改成折线的办法以减小弦杆轴力；⑤梯形屋架由于其外形与 M 图形相近，故上弦杆内力比较均匀。由此可见，三角形屋架受力较不合理，拱形屋架较为合理，其他型式介于二者之间。

腹杆布置实际是划分上下弦节点的问题，它对屋架内力变化、材料用量、施工制造有较大影响。腹杆布置时需注意以下问题：

1. 适宜地选择弦杆节间长度——上弦为压弯构件，其弯矩大小受到节间长度的影响，故其节间不宜过长，一般取 1.5m 倍数，多取 3m。下弦为拉杆，节间可较长些，一般取 4～6m；如节间过长，自重产生的弯矩将影响其抗裂度。

2. 恰当地确定节点位置——尽量使屋架上较大的集中荷载如天窗架立柱、悬挂吊车等作用在节点上;同时节点的确定还要便于布置屋盖支撑。

3. 斜腹杆与下弦夹角适中——夹角过小会使斜腹杆长度和内力都加大,也会使相邻节间弦杆内力差加大。

图 20-13 给出了屋架的跨度和上弦节间相同情况下的几种腹杆布置,以示比较。

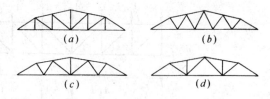

图 20-13

(a) 腹杆 9, 下弦节间 6; (b) 腹杆 8, 下弦节间 5;
(c) 腹杆 7, 下弦节间 4; (d) 腹杆 6, 下弦节间 3

20.2.4 屋架的材料和主要构造要求

1. 混凝土强度等级采用 C30～C50;预应力筋宜采用预应力钢铰线、钢丝、热处理钢筋,非预应力筋采用 HPB 235 级或 HRB 335 级。

2. 屋架高度 f 与跨度 L 之比以 $1/10～1/6$ 为合理;屋架宽度取决于上弦杆截面宽度,它在设计时要求满足:①上弦顶面安放屋面板、天窗架或檩条所必需的支承长度;②屋架扶直、起吊时的抗弯强度;③屋架平面外上弦杆的稳定。18～30m 跨度屋架的上弦截面宽度一般取 200～240mm,下弦截面宽度与上弦相同。

3. 屋架上弦杆一般为小偏心受压杆,由于正负弯矩相差不大,通常设计成对称配筋截面;上弦杆的计算长度 l_0 在屋架平面内取节间距离,在屋架平面外当屋盖为无檩体系时取 3m,当屋盖为有檩体系时取横向支撑与屋架上弦连接点间的距离。

4. 屋架下弦杆一般可忽略自身重力荷载产生的弯矩,按轴心受拉杆件计算;非预应力混凝土屋架裂缝宽度 $w_{max} \leqslant 0.2mm$,预应力混凝土屋架应进行抗裂度验算,即在室内正常环境下,一般要求不出现裂缝,具体是指

在荷载效应的标准组合下 $\sigma_{ck} - \sigma_{pc} \leqslant f_{tk}$ (20-21)

在荷载效应的准永久组合下 $\sigma_{cq} - \sigma_{pc} \leqslant 0$ (20-22)

式中 σ_{ck}、σ_{pc} 同 (20-19) 式,σ_{cq} 为荷载效应的准永久组合下验算边缘的混凝土法向应力。

5. 屋架腹杆为轴心受拉或轴心受压杆件。若按压杆计算,计算长度在屋架平面外取其实际长度,在屋架平面内当为端斜杆时取其实际长度,当为其他腹杆时取 0.8 倍实际长度。受拉腹杆需验算裂缝宽度,要求 $w_{max} \leqslant 0.2mm$。腹杆截面一般不小于 $100mm \times 100mm$。

6. 屋架是通过节点将各个杆件连成整体的,正确处理节点构造十分重要。其中尤为重要的是端节点:它除要配置与上下弦连接的受力纵向钢筋外,还要配置承担施加预应力时的预留孔洞、预埋钢板和承受端部局部压力的钢筋网、配置承受上下弦间剪力的斜向箍筋,以及支承在柱顶的预埋钢板及其锚固筋,如图 20-14 所示。端节点的凹角应做成圆弧形以减少应力集中。对于所有节点来说,沿其周边都必须布置

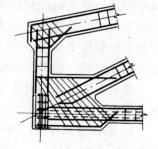

图 20-14 预应力混凝土屋架的端节点

钢筋，以避免因各种原因在节点上出现的裂缝并保证腹杆的锚固。

20.3 柱间支撑及预埋件设计要点

柱间支撑是单厂结构中用以承受山墙传来的风荷载、吊车梁传来的纵向水平制动力以及纵向水平地震作用的主要构件，对保证单厂结构的纵向刚度和空间整体性有重要影响，它一般由型钢或钢管构成。等截面柱的柱间支撑布置在柱截面形心轴线上。阶形柱的上柱柱间支撑布置在上柱截面形心轴线上，其上下节点分别在上柱柱顶和上柱根部附近；下柱柱间支撑布置在下柱截面翼缘部分的形心轴线上，其上下节点分别在牛腿顶面和基础顶面附近，如图20-15（a）所示。当下柱柱间支撑的下节点的位置离基础顶面较远时，在与柱间支撑相连的排架柱的计算中要考虑柱间支撑给予柱的附加弯矩。

柱间支撑沿单层厂房纵向的布置参见本篇第17章17.3.4节。

20.3.1 柱间支撑的内力计算

柱间支撑内力计算时取一个伸缩缝区段为计算单元。每个伸缩缝区段内由山墙传来的风荷载以集中力 F_w 的形式施加在上柱柱间支撑的上节点 A，由吊车梁传来的纵向水平制动力 T_1 施加在下柱柱间支撑的上节点 B 处（参见图20-15b）；纵向水平地震作用的主要部分传给 A 节点，还有一部分传给 B 节点。

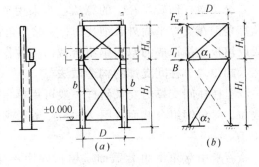

图 20-15
（a）上、下柱柱间支撑的位置；（b）计算简图

柱间支撑在这些荷载作用下的内力按铰接桁架计算。柱间支撑按其交叉斜杆长细比 λ 的不同分为柔性（$\lambda>200$）、半刚性（$60\leqslant\lambda\leqslant 200$）、和刚性（$\lambda<60$）交叉柱间支撑三种。只承受山墙风荷载和纵向水平制动力的柱间支撑多为柔性交叉柱间支撑，在内力分析时认为支撑的交叉斜杆只是在受拉时起作用，受压时不起作用，所以其计算简图如图20-15（b）所示。故上柱柱间支撑内力的设计值为：

$$N = F_w/\cos\alpha_1 \qquad (20-23)$$

下柱柱间支撑内力的设计值为：

当支撑为单片时 $\qquad N=0.85(F_w+T_1)/\cos\alpha_2 \qquad (20-24)$

当支撑为双片时，每片的内力为

$$N = 0.85(0.5F_w + T_1)/\cos\alpha_2 \qquad (20-25)$$

式中，0.85为组合值系数；α_1、α_2 为交叉斜杆与水平线的夹角，一般取 $25°\sim 60°$。

交叉斜杆按轴心受拉构件进行承载力验算，即

$$\sigma = N/A_n \leqslant f \qquad (20-26)$$

式中，A_n 为杆件的净截面面积；f 为钢材的强度设计值，Q235 钢 $f=215\text{N/mm}^2$；Q345 钢 $f=310\ \text{N/mm}^2$，均取厚度≤16mm 的值，＞16mm 时查《钢结构设计规范》（GB 50017—2003）。

除满足承载力要求外，还要满足极限长细比要求，见本篇第 17 章表 17-1 规定。对于每一支撑杆件来说，既可能在支撑平面内丧失稳定，也可能在支撑平面外丧失稳定。一般支撑杆件两个方向的计算长度 l_0 和回转半径 i 都不相同，因此两个方向的长细比都要验算。

交叉斜杆在支撑平面内的计算长度取节点中心至交叉点的距离；在支撑平面外的计算长度取法如下（设 l 为节点的中心距离，交叉点不作为节点）：

压杆——当相交的另一杆受拉且两杆均不中断时 $l_0=0.5l$；当相交的另一杆受拉，两杆中有一杆中断并以节点板连接时 $l_0=0.7l$；其他情况 $l_0=l$。

拉杆—— $l_0=l$。

交叉斜杆回转半径 i 的算法：当采用单角钢作交叉斜杆时，i 取其最小回转半径；当验算角钢在支撑平面外长细比时，i 取与角钢肢边平行的形心轴的回转半径；当采用槽钢或以填板连接而成的双角钢组合截面构件作交叉斜杆时，要根据相应截面来求回转半径。

20.3.2 柱间支撑的构造做法

上柱柱间支撑的交叉斜杆一般可用单角钢做成。下柱柱间支撑杆件较长，宜采用槽钢截面、双角钢组合截面（图 20-16a、b）或采用两片单角钢斜交叉杆其间以缀条连接（图 20-16c）。

若采用双角钢组合截面，填板间距不应超过 80i（拉杆，若压杆应为 40i），这里 i 为回转半径。当为图 20-16（a）所示截面时，i 取一角钢与填板平行的形心轴的回转半径；当为图 20-16（b）所示截面时，i 取一角钢的最小回转半径。若采用以缀条连接的两片单角钢，缀条间距不应超过 80i，这里 i 为角钢平行于缀条平面的形心轴的回转半径（图20-16c）。

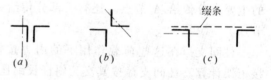

图 20-16 计算截面回转半径时的轴线示意

柱间支撑通过预埋件 M 与柱连接。M 由钢板和锚筋组成如图 20-17（d），在施工时预埋在柱的混凝土中。柱间支撑预埋件的钢板一般取 12mm 厚，100～120mm 宽，采用 Q235 钢；锚筋取 6～8 根，一般采用 HRB 335 钢筋。预埋件和支撑斜杆间用现场安装焊缝连接。

交叉斜杆与柱边的交点设置在上柱顶面以下、牛腿顶面以上和牛腿顶面以下以及室内地平标高以上约 150mm 处（图 20-17a）。节点板的尺寸根据焊缝需要而定，但外形力求简单整齐，节点板与杆件边线夹角≥15°～20°。此外为了安装时杆件与节点板的临时固定，需设安装螺栓，直径一般为 12mm，位置参见图 20-17（a）。

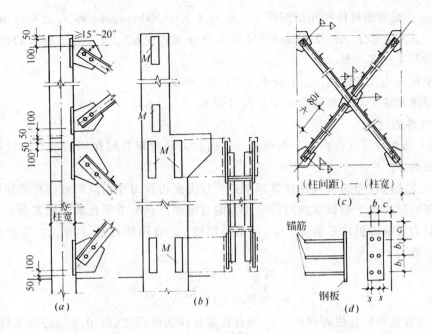

图 20-17

20.3.3 柱间支撑预埋件的构造要求

1. 预埋件的受力锚筋

受力锚筋应采用 HPB 235 级、HRB 335 级或 HRB 400 级钢筋,严禁采用冷加工钢筋。受力直锚筋不宜少于 4 根,且不宜多于 4 层;受剪预埋件的直锚筋可采用 2 根。受力直锚筋的截面面积按下述(本节5)计算方法求出,其直径 $8mm \leqslant d \leqslant 25mm$,其位置应位于构件外层主钢筋的内侧,其锚固长度不应小于按下式算得的锚固长度 l_a:

$$l_a = \alpha \frac{f_y}{f_t} d \tag{20-27}$$

式中,α 为钢筋的外形系数,光面钢筋取 0.16,带肋钢筋取 0.14;d 为钢筋直径;f_y、f_t 分别为钢筋和混凝土抗拉的强度设计值。

2. 预埋件的钢板

宜采用 Q235 级钢;其厚度宜大于锚筋直径的 0.6 倍,受拉和受弯预埋件的钢板厚度尚宜大于 $b/8$(b 为锚筋的间距)。

3. 直锚筋与锚板间应采用 T 形焊连接,当锚筋直径≤20mm 时优先采用压力埋弧焊,当锚筋直径>20mm 时宜采用穿孔塞焊,当采用手工焊时焊缝厚度不宜小于 6mm 及 $0.5d$(HPB 235 级钢筋)或 $0.6d$(HRB 335 级、HRB 400 级钢筋),d 为锚筋直径。

4. 预埋件的平面尺寸(图 20-17d)

受拉、受弯预埋件锚筋的间距 b、b_1 以及锚筋至构件边缘的边距 c、c_1 均不应小于

$3d$ 及 45mm；受剪预埋件的相应间距 b、b_1 应不大于 300mm，b_1 和 c_1 还不应小于 $6d$ 及 70mm，b、c 不应小于 $3d$ 及 45mm。柱间支撑预埋件受拉、弯、剪三种力的复合作用，故同时应满足上述各项要求。

锚筋至钢板边缘的距离 s，不应小于 $2d$ 及 20mm。

以上要求构成了对钢板的最小平面尺寸要求。

5．预埋件的计算

《混凝土结构设计规范》关于有剪力、法向拉力和弯矩共同作用的预埋件计算公式由以下原则得到：

（1）承受法向拉力的预埋件计算原则是：拉力先由拉力作用点附近的直锚筋承受，与此同时，部分拉力由于钢板弯曲而传给相邻的直锚筋，直至全部直锚筋屈服为止。因而直锚筋的承载力要乘以折减系数 α_b，α_b 与钢板厚度 t、直锚筋直径 d 有关。预埋件承受法向拉力的承载力 N_{u0} 为

$$N_{u0} = 0.8\alpha_b f_y A_s \tag{20-28}$$

$$\alpha_b = 0.6 + (0.25t/d) \tag{20-29}$$

式中，A_s 为直锚筋的总截面面积；f_y 为直锚筋抗拉强度设计值；0.8 为经验系数。

（2）直锚筋承受单向剪力的强度主要靠直锚筋根部混凝土的局部承压能力，故预埋件单向受剪承载力与混凝土抗压强度设计值 f_c、A_s、d、直锚筋锚固长度以及直锚筋至构件边缘距离有关。因此，在保证预埋件的构造要求前提下，其单向受剪承载力 V_{u0} 为

$$V_{u0} = \alpha_r \alpha_v f_y A_s \tag{20-30}$$

$$\alpha_v = (4.0 - 0.08d)\sqrt{f_c/f_y} \leqslant 0.7 \tag{20-31}$$

式中，α_v 为直锚筋的受剪影响系数；α_r 为直锚筋排数影响系数，两排时 $\alpha_r = 1.0$，三排时 $\alpha_r = 0.9$，四排时 $\alpha_r = 0.85$。

（3）预埋件承受单向弯矩时，各排直锚筋承担的作用力是不等的。为计算简便起见，在其承受单向弯矩 M_{u0} 的承载力计算中，拉力部分取该预埋件承受法向拉力锚筋可承受拉力的一半，即

$$M_{u0} = [(0.8\alpha_b f_y A_s)/2]\alpha_r z = 0.4\alpha_b \alpha_r z f_y A_s \tag{20-32}$$

式中 α_b、α_r、f_y、A_s 意义同前，z 为预埋件外排直锚筋中心线之间的距离。

（4）预埋件在受拉、受剪、受弯三种力的复合作用下，试验证实应同时满足下列两个条件：

$$\begin{cases} \dfrac{N}{N_{u0}} + \dfrac{V}{V_{u0}} + \dfrac{0.3M}{M_{u0}} \leqslant 1 \tag{20-33} \\[2mm] \dfrac{N}{N_{u0}} + \dfrac{M}{M_{u0}} \leqslant 1 \tag{20-34} \end{cases}$$

（5）将 (20-28)~(20-32) 式代入 (20-33)、(20-34) 式后，可得到下列计算预埋件直

锚筋总截面面积 A_s 的公式，并取其中的较大值：

$$\begin{cases} A_s \geq \dfrac{N}{0.8\alpha_b f_y} + \dfrac{V}{\alpha_r \alpha_v f_y} + \dfrac{M}{1.3\alpha_r \alpha_b f_y z} & (20\text{-}35) \\ A_s \geq \dfrac{N}{0.8\alpha_b f_y} + \dfrac{M}{0.4\alpha_r \alpha_b f_y z} & (20\text{-}36) \end{cases}$$

式中各符号的意义均同前述。

柱间支撑预埋件受力状态如图 20-18 所示。柱间支撑斜杆给予预埋件的作用力 F 可以分解为法向拉力 $N = F\cos\alpha$，剪力 $V = F\sin\alpha$，弯矩 $M = F\cos\alpha \times$（法向拉力作用点至直锚筋形心的距离）。在得到 N、V、M 后即可按（20-35）、（20-36）式求得直锚筋总截面面积 A_s。

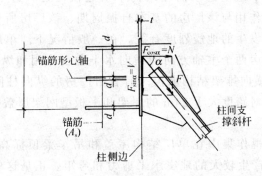

图 20-18

第 21 章 单层工业厂房结构的抗震设计

我国是一个多地震的国家，许多地区被定为抗震设防地区。在设计处于抗震设防地区的单厂结构时，需要按照国家规定的该地区地震设防烈度和该厂房的重要性进行抗震设计。

地震过程中，由于地基运动而在结构中引起惯性力。这个惯性力通常称为地震作用。单厂结构的地震作用与该厂房的基本自振周期、该厂房所承受的重力荷载、所在的建筑场地类别以及所发生的地震烈度有关。在一般情况下，单厂结构主要承受水平地震作用。它又分为沿厂房两个主轴方向的横向水平地震作用和纵向水平地震作用（图 21-1a）。前者由厂房的横向排架结构承担，后者由厂房的纵向柱间支撑、纵向柱列以及纵向围护墙承担。只有对跨度大于 24m 的屋架和平板型网架屋盖等大跨度结构，才考虑竖向地震作用。

水平地震作用可视作集中在单厂结构屋盖和吊车梁顶标高处的水平力（图 21-1b、c），它们使单厂结构产生较大的地震水平剪力和弯矩。正是这些地震内力使厂房发生震害。从已知的震害情况分析，未作抗震设防的单层钢筋混凝土厂房有以下弱点：

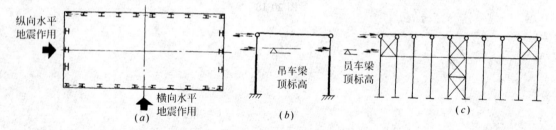

图 21-1
(a) 单厂结构的两个主轴；(b) 横向水平地震作用；(c) 纵向水平地震作用

（1）排架结构的横向抗震能力稍强，纵向抗震能力很弱。
（2）横向排架结构中，上柱根部和高低跨厂房中柱支承低跨屋架处为抗震薄弱部位。
（3）突出屋面的天窗结构所受的地震作用较大，其抗震能力很弱。
（4）支撑结构是承受纵向水平地震作用的重要构件，但如只按一般构造要求设置，往往因其杆件强度和刚度偏低而发生破坏。
（5）屋盖较重，产生的地震作用较大，而屋盖结构的整体性却显得不足；强烈地震时，往往局部区段先遭破坏或塌落。

(6) 预制构件间的连接构造单薄,强烈地震时往往因强度或延性不足而破坏。
(7) 围护墙与柱、屋盖结构拉结不牢,圈梁布置不尽合理且与柱拉结不牢。

这些弱点主要由于结构布置不当,构造措施不力,未经必要的抗震计算致使构件和连接件的强度、刚度不足而产生的。因此,在进行单厂结构的抗震设计时,要针对上述弱点进行结构布置、加强厂房整体性,改进连接构造,同时进行地震作用下的计算。

单厂结构抗震设计的目标和其他建筑结构一样,是"小震不坏、中震可修、大震不倒"。当遭受低于本地区抗震设防烈度的多遇地震影响时,一般不受损坏或不需修理可继续使用;当遭受相当于本地区抗震设防烈度的地震影响时,可以损坏,经一般修理或不需修理仍可继续使用;当遭受高于本地区抗震设防烈度预估的罕遇地震影响时,不致倒塌或发生危及生命的严重破坏。故单厂结构的抗震设计要求是,以本地区抗震设防烈度的地震参数求出由水平地震作用(一般竖向地震作用不控制)引起的结构内力,再根据此内力和其他荷载引起内力的组合进行构件的截面承载力设计,同时按本地区抗震设防要求(相应于中震)采取相应的抗震措施,故包括进行地震作用的验算和确定抗震构造措施两大部分。但对于8度Ⅲ、Ⅳ类场地(见本书21.2.2节)和9度时的高大的单层厂房,还需要进行在大震作用下的抗震变形验算。至于在设防烈度为6度的地区,则可不进行地震作用验算,仅需按照抗震设计基本要求制定的抗震构造措施进行抗震设计。

由此可见,在抗震设计中,使结构符合相应的抗震基本要求和抗震构造措施比进行地震作用计算更为重要。这是由于地震作用有很大的不确定性,地震计算模型也往往与实际结构受力情况有一定差距,使得地震作用计算难以有效地控制结构薄弱部位不发生损坏,而按照实践经验制定的抗震设计基本要求和构造措施却能在宏观上防止地震引起的各种损坏。尽管如此,地震作用计算毕竟是人们至今能够做到的建筑结构在地震作用下的定量分析,是各种建筑结构在地震中作到"小震不坏、中震可修、大震不倒"的重要保证。

21.1 按照抗震设计原则制定的主要抗震构造措施

21.1.1 单层厂房的体型和结构体系

1. 多跨厂房宜采用等高和等长体型,平、立面宜规则对称,避免凹凸曲折,厂房重心尽可能降低。

2. 当厂房体型复杂或有贴建房屋(如生活间、披屋等)时,宜采用防震缝将相邻刚度相差很大的厂房分开。防震缝两侧应布置结构用柱。防震缝宽度要求如下:

厂房纵横跨交接处、大柱网厂房或不设柱间支撑的厂房——100~150mm;
其他情况——50~90mm;
伸缩、沉降缝应同时符合防震缝的要求。与主厂房毗连的房屋不宜在厂房角部布置,而应沿主厂房的纵墙或山墙布置。

3. 两个主厂房之间的过渡跨至少应有一侧采用防震缝与主厂房脱开;厂房内的工作

平台宜与厂房的主体结构脱开。

4．厂房的抗震结构体系应具有明确的计算简图和合理的地震作用传递途径；还宜有多道抗震防线，避免因部分结构或构件破坏而导致整个体系丧失抗震能力或对重力的承载能力；同一结构单元宜采用同一类型的基础，同一结构单元不宜设置在性质截然不同的地基土上。

5．厂房的同一结构单元内不应采用不同的结构体系（如不应采用排架结构和横墙结构混合承重）；厂房端部应设屋架（或屋面梁，下同，即与厂房的排架结构做法一致），不应采用山墙承重。

6．厂房各柱列的侧移刚度宜均匀。

21.1.2 单厂结构的主要结构构件

抗震结构构件的设计原则是：①合理选择构件尺寸和配筋，避免剪切先于弯曲破坏、混凝土的压溃先于钢筋的屈服、以及钢筋锚固的失效先于构件的破坏；②合理设计构件间的连接构造，使得连接节点的承载力不低于其连接构件的承载力，预埋件的锚固承载力不低于连接件的承载力；③采用延性较好强度较高的结构材料；④装配式构件的连接应能保证结构的整体性。

1．大型屋面板——应与屋架焊牢，靠柱列的屋面板与屋架的连接焊缝不宜小于80mm，这是保证屋盖整体性的第一道防线；将垂直屋架方向相邻大型屋面板的顶面彼此焊牢，以及将大型屋面板端头底面的角钢预埋件与主筋焊牢（对6～7度抗震设防区，以上要求适当降低，见《建筑抗震设计规范》（GB 50011—2001），简称《抗震规范》，下同），这是保证屋盖整体性的第二道防线。

2．檩条——应与屋架焊牢，支承长度不小于70mm；顶脊檩采用双檩，并应在跨度1/3处相互拉结；檩上压型钢板、瓦楞铁、石棉瓦等屋面构件应与檩条有可靠拉结。

3．天窗架——突出屋面的天窗架宜用钢材做成；6～8度时也可采用矩形截面杆件的钢筋混凝土天窗架，但这时其两侧墙板与天窗立柱宜采用螺栓连接。天窗屋盖端壁板和侧板宜采用轻型板材。8度和9度时，天窗架宜从厂房单元第三柱间起设置。

4．屋架——一般情况下宜采用预应力混凝土或钢筋混凝土屋架，不宜采用三铰拱组合屋架。当单厂结构跨度大于24m，且位于8度设防Ⅲ、Ⅳ类场地土地区或位于9度设防地区时，宜采用钢屋架。抗震设防区预应力或钢筋混凝土屋架杆件截面及配筋要求参见《抗震规范》有关条文。（跨度不大于15m时，可采用钢筋混凝土屋面梁）。

5．柱——宜采用矩形、工形截面或斜腹杆双肢柱。其抗震构造措施有：①柱顶与屋架连接，8度时宜采用螺栓，9度时宜采用钢板铰（或螺栓），因为这种做法更符合排架分析时的力学模型，此外还应加强柱顶预埋件的锚固，见《抗震规范》有关条文；②柱间的纵向连系，对8度时跨度不小于18m的多跨厂房中柱和9度时多跨厂房各柱，宜在柱顶设置通长水平压杆以保证纵向柱列的整体连系；③山墙抗风柱应在柱顶处设置预埋钢板，使柱顶与端屋架上弦有可靠连接，其节点应具有传递纵向水平地震作用的足够的强度和变形能力；④柱头、上下柱根、牛腿、柱间支撑与柱连接节点附近以及可能形成短柱的部位，由于在地震作用下应力状态复杂，需要加密箍筋提高抗剪能力，具体加密要求参见《抗震规范》的规定。

21.1.3 单厂结构中的支撑系统

1．柱间支撑——一般情况下应在单厂结构单元的中部设置上、下柱间支撑，作为保证厂房纵向刚度、传递纵向水平地震作用的重要构件。当8、9度设防时，对有吊车的厂房尚宜在结构单元两端增设上柱柱间支撑，并在柱间支撑的开间柱顶处设置长细比$\lambda \leqslant 150$的水平受压系杆（图21-2）。柱间支撑的杆件宜采用型钢，杆件长细比受表21-1控制。其斜杆与水平面夹角$\leqslant 55°$。柱间支撑的构造细节详见《抗震规范》的规定。

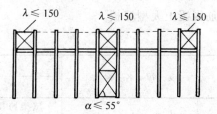

图21-2 （8、9度）柱间支撑布置示意

柱间支撑杆件长细比 λ 限值　　　表21-1

烈　　　度	6和7度Ⅰ、Ⅱ类场地	7度Ⅲ、Ⅳ类场地和8度Ⅰ、Ⅱ类场地	8度Ⅲ、Ⅳ类场地和9度Ⅰ、Ⅱ类场地	9度Ⅲ、Ⅳ类场地
上柱柱间支撑	250	250	200	150
下柱柱间支撑	200	200	150	150

2．屋盖支撑——其作用主要是保证并加强屋盖抗震时的整体性，使由屋盖引起的水平地震作用能迅速往下传递，所以屋盖支撑和柱间支撑应协调布置，使地震作用的传力路线短捷明确。抗震设计时屋盖支撑的构造做法与非抗震设计时相同，但设置的数量在某些情况下有所增加。以无檩屋盖的支撑布置为例，如表21-2所示。有檩屋盖等的支撑布置参见《抗震规范》条文。屋盖支撑的其他构造细节详见《抗震规范》的规定。

21.1.4 单厂结构中的围护墙

单厂结构中的外纵墙和山墙虽是围护墙，但历次大地震表明，若不对这些围护墙采取抗震设防措施，其受害较为严重；何况合乎抗震构造要求的外纵墙还能在一定程度上抵抗纵向水平地震作用。一般说来，单厂结构中围护墙的抗震构造要求有：

1．处理好围护墙体与排架结构、山墙柱的连接问题——若为砖墙，沿墙体每隔500mm与柱内伸出的2φ6钢筋拉结，钢筋伸入墙内不小于500mm，此外与屋架端部、

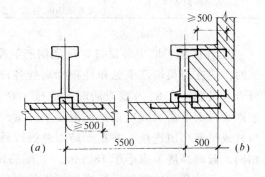

图21-3 围护墙与柱的连接
（a）外纵墙；（b）转角墙

屋面板和天沟板也应有可靠连接；厂房转角处的砖墙应沿两个主轴方向与柱拉结（图21-3）；墙体顶部应设整体现浇的钢筋混凝土压顶梁。若为轻质墙板或钢筋混凝土大型墙板，在8、9度时宜与厂房柱或屋架间采用柔性连接。若有可能，围护墙宜采用轻质墙板或钢筋混凝土大型墙板。

无檩屋盖的支撑布置 表21-2

支撑名称		烈度		
		6、7	8	9
屋架支撑	上弦横向支撑	屋架跨度<18m时，同非抗震设计；屋架跨度≥18m时，厂房单元端开间各设一道	厂房单元端开间及柱间支撑开间各设一道；天窗开洞范围内两端各设局部的支撑一道	
	上弦通长水平系杆	同非抗震设计	沿屋架跨度不大于15m设一道，装配整体式屋面可不设 围护墙在屋架上弦高度有现浇圈梁时，其端部处可不设	同左，但屋架跨度不大于15m改为不大于12m
	下弦横向支撑	同非抗震设计	同非抗震设计	同上弦横向支撑
	跨中竖向支撑		同非抗震设计	同上弦横向支撑
	两端竖向支撑 屋架端部高≤900mm		厂房单元端开间各设一道	厂房单元端开间及每隔48m各设一道
	两端竖向支撑 屋架端部高>900mm	厂房单元端开间各设一道	厂房单元端开间及柱间支撑开间各设一道	厂房单元端开间、柱间支撑开间及每隔30m各设一道
	上弦横向支撑	同非抗震设计	天窗跨度≥9m时，厂房单元天窗端开间及柱间支撑开间各设一道	厂房单元端开间及柱间支撑开间各设一道
	天窗两侧竖向支撑	厂房单元天窗端开间及每隔30m各设一道	厂房单元天窗端开间及每隔24m各设一道	厂房单元天窗端开间及每隔18m各设一道

2. 在砖围护墙中要设置好现浇钢筋混凝土圈梁——当采用端部高度大于900mm的屋架时，应在屋架端部上弦和柱顶标高处各设一道圈梁，当屋架端部高度不大于900mm时，可合并设置。在8、9度设防时，应按上密下稀的原则每隔4m左右在窗顶标高处增设一道圈梁。山墙沿屋面应设钢筋混凝土卧梁，并与屋架端部上弦标高处的圈梁连接。圈梁应与柱或屋架牢固连接，并在除防震缝处以外的平面上闭合成圈。圈梁的截面宽度宜与墙厚相同，截面高度不应小于180mm，其配筋在6~8度设防时不少于4ϕ12，9度时不少于4ϕ14，转角处的圈梁宜适当加粗纵筋直径并增设不少于3根且直径与纵筋相同的水平斜筋。圈梁配筋的细部要求见《抗震规范》。

21.2 横向水平地震作用下的抗震验算

在单厂结构横向水平地震作用下的抗震验算中，一般截取一个柱距的单片排架作为计算单元。在进行该单元的横向基本自振周期和横向水平地震作用及其沿高度的分布计算时，由于屋盖和吊物的重力荷载占厂房总重力荷载中的较大比例，可认为厂房的重力荷载分别集中在柱顶和吊车梁顶两个标高处（应注意：计算基本自振周期和计算水平地震作用时有所不同），并假定该单元结构体系中每个质点只有一个自由度。于是，单跨和等高多跨厂房可简化为单质点体系，多跨不等高厂房可简化为两或三质点体系（图21-4），并均可应用底部剪力法求得施加在单厂结构上的水平地震作用。

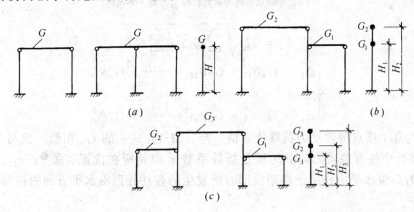

图 21-4
（a）单质点体系厂房；（b）两质点体系厂房；（c）三质点体系厂房

21.2.1 横向基本自振周期计算

1. 单跨和等高多跨厂房的横向基本自振周期 T_1 的计算公式为

$$T_1 = 2k \sqrt{G_{eq} \delta_{11}} \tag{21-1}$$

式中，G_{eq} 为质点等效重力荷载（即厂房总重力荷载）代表值❶，以 kN 计，$G_{eq} = （G_{屋盖} + 0.5G_{雪} + 0.5G_{积灰}）+ 0.5G_{吊车梁} + 0.25（G_{柱} + G_{纵墙}）$；$\delta_{11}$ 为单位水平力作用于横向排架顶部时按结构力学方法算得的该处沿水平方向的位移（图21-5a），以 m/kN 计；k 为考虑实际排架结构中纵墙以及屋架与柱连接的固结作用而引入的调整系数，其中由钢筋混凝土屋架与柱组成的排架结构在有纵墙时为 0.8，无纵墙时为 0.9。

2. 简化为 n 个质点体系不等高厂房的横向基本自振周期 T_1 的计算公式为

---

❶ G_{eq} 计算公式中的 G 指各种荷载的标准值，活载 $G_{雪}$、$G_{积灰}$ 前的系数 0.5 为组合值系数，其余系数为各种构件的质量折算至柱顶时的质量折算系数 ε，可用"动能等效原则"求出。

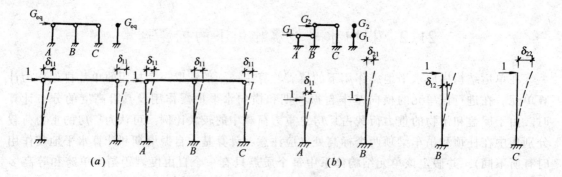

图 21-5
(a) 单跨或多跨等高时；(b) 多跨不等高时

$$T_1 = 2k \sqrt{\sum_{i=1}^{n} G_i \Delta_i^2 / \sum_{i=1}^{n} G_i \Delta_i} \tag{21-2}$$

$$\begin{cases} \Delta_1 = G_1 \delta_{11} + G_2 \delta_{12} + \cdots\cdots + G_n \delta_{1n} \\ \vdots \\ \Delta_n = G_1 \delta_{n1} + G_2 \delta_{n2} + \cdots\cdots + G_n \delta_{nn} \end{cases} \tag{21-3}$$

式中，G_i 为第 i 质点等效重力荷载代表值，与 (21-1) 式中的 G_{eq} 相似，但与不等高厂房高低跨交接处中柱有关重力荷载的质量折算系数 ε 和其所在位置有关❶；δ_{11}、δ_{12}、δ_{n1}、δ_{n2}、……为单位水平力作用于排架顶部时所发生的各柱柱顶沿水平方向的位移，如图 21-5(b) 所示。

21.2.2 横向水平地震作用及其沿高度分布

1. 抗震规范采用的标准加速度反应谱

求解地震作用的方法采用的是反应谱分析法。这种方法是对不同基本自振周期的单质点单自由度体系，在给定阻尼比 ζ 时求出任意给定的地震波下的最大反应，并以 ζ 为参数作出自振周期 T 与最大反应的关系曲线族，即反应谱。反应谱包括有最大加速度、最大相对速度以及最大相对位移反应谱。标准加速度反应谱是按照影响最大加速度谱曲线形状的主要因素，进行分类，并按每种分类进行统计处理得到的平均曲线。《建筑抗震设计规范》(GB 50011—2001) 以图 21-6 所示地震影响系数曲线形式给出的标准加速度反应谱，作为抗震设计的依据，它是根据国内外近 300 条强震观测记录资料按场地类别归属所得的平均反应谱，取阻尼比 ζ=0.05❷。图中纵坐标为与最大加速度相关的地震影响系数

---

❶ 不等高厂房中柱的下柱重力荷载集中到低跨柱顶，ε 为 0.25；中柱的上柱重力荷载、高跨封墙、位于高低跨柱顶之间的吊车梁重力荷载分别集中到高跨和低跨柱顶，其 ε 值各为 0.5；靠近低跨屋盖的吊车梁重力荷载集中到低跨柱顶，ε 为 1.0。

❷ 《建筑抗震设计规范》(GB 50011—2001) 明确："除有专门规定外，建筑结构的阻尼比应取 0.05"。若 ζ≠0.05，图 21-6 的有关数据见本规范 5.1.5 条。

α,横坐标为结构自振周期。

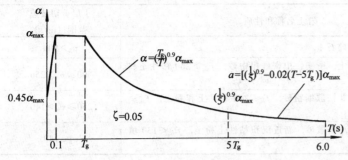

图 21-6 地震影响系数曲线

图 21-7 结构水平地震作用计算简图

2. 水平地震作用及其沿高度分布计算

单厂结构在横向水平地震作用下可视作图 21-7 所示多质点(或单质点)体系。当其质量和刚度沿高度分布比较均匀时,可假定地震时各质点的最大加速度反应与质点高度成比例,因此近似于单质点体系,可采用下述称为底部剪力法的简化方法进行:先算得总水平地震作用标准值 F_{Ek};各质点 i 处的水平地震作用标准值 F_i 按(21-5)式进行分配。

$$F_{Ek} = \alpha_1 G_{eq} \text{❶} \tag{21-4}$$

$$F_i = \frac{G_i H_i}{\sum_{j=1}^{n} G_j H_j} F_{Ek} \quad (i = 1, 2 \cdots\cdots n) \tag{21-5}$$

α_1 称为相应于结构基本自振周期 T_1 的水平地震影响系数,按图 21-6 所示曲线的相应公式计算

$$\alpha_1 = (T_g/T_1)^{0.9} \alpha_{max} \leqslant \alpha_{max} \tag{21-6}$$

式中,T_g 为特征周期,根据场地类别和设计地震分组按表 21-3 采用;场地类别划分按表 21-5(a)、(b)采用;α_{max} 为水平地震影响系数最大值,按表 21-4 采用。

特征周期 T_g(以 s 计) 表 21-3

设计地震分组	场地类别			
	Ⅰ	Ⅱ	Ⅲ	Ⅳ
第一组	0.25	0.35	0.45	0.65
第二组	0.30	0.40	0.55	0.75
第三组	0.35	0.45	0.65	0.90

注:我国主要城镇所属的设计地震分组可参见《建筑抗震设计规范》(GB 50011—2001)附录 A,与其抗震设防烈度和设计基本加速值有关。

α_{max} 值 表 21-4

烈度	设防烈度(多遇地震)	罕遇烈度(罕遇地震)
6	0.04	—
7	0.08 (0.12)	0.50 (0.72)
8	0.16 (0.24)	0.90 (1.2)
9	0.32	1.40

注:括号中数值分别用于设计基本加速度为 $0.15g$(7度)和 $0.3g$(8度)的地区。

---

❶ (21-4)式由 $F = m a_{max} = (\alpha_{max}/g) mg = \alpha G_{eq}$ 得到。m 为质点质量,g 为重力加速度,mg 为质点的重力荷载,α_{max} 为地震动时质点的最大加速度反应,$\alpha = \alpha_{max}/g$ 称地震影响系数。

土的类型划分和剪切波速范围　　　　　　　　　　　　　　　　表 21-5（a）

场地土类型	岩土名称和性质	土层剪切波速范围（m/s）
坚硬场地土	稳定岩石，密实碎石土	$v_s > 500$
中硬场地土	中密、稍密碎石土，密实、中密砾粗中砂，$f_{ak} > 200$ 粘性土和粉土，坚硬黄土	$500 \geqslant v_s > 250$
中软场地土	稍密砾粗中砂，非松散细粉砂，$f_k \leqslant 200$ 粘性土和粉土，$f_{ak} \geqslant 130$ 填土，可塑黄土	$250 \geqslant v_s > 140$
软弱场地土	淤泥、淤泥质土，松散砂，新近沉积粘性土粉土，$f_{ak} < 130$ 填土，流塑黄土	$v_s \leqslant 140$

注：f_{ak} 为由载荷试验等方法得到的地基承载力特征值（kPa）；v_s 为岩土剪切波速。

各类建筑场地的覆盖层厚度（m）　　　　　　　　　　　　　　　　表 21-5（b）

等效剪切波速（m/s）	场地类别			
	I	II	III	IV
$v_{se} > 500$	0			
$500 \geqslant v_{se} > 250$	<5	$\geqslant 5$		
$250 \geqslant v_{se} > 140$	<3	3~50	>50	
$v_{se} \leqslant 140$	<3	3~15	>15~80	>80

注：土层的等级剪切波速 $v_{se} = d_0/t$，$t = \sum_{i=1}^{n}(d_i/v_{si})$

式中　d_0 为计算深度（m）取覆盖层厚度和 20m 二者中的较小值；

　　　t 为剪切波在地面至计算深度间的传播时间；

　　　d_i 为计算深度范围内第 i 土层厚度（m），v_{si} 为相应该层土的剪切波速；

　　　n 为计算深度范围内土层的分层数。

G_i、G_j 分别为集中于自基础顶面算起计算高度 H_i、H_j 处的质点 i、j 的重力荷载代表值。G_{eq} 为结构等效总重力荷载。底部剪力法规定，G_{eq} 在单质点时取总重力荷载代表值 G_E；在多质点时，考虑到几个振型水平地震作用效应的组合，取总重力荷载代表值的 85%，即 $0.85G_E$（这里 $G_E = \sum_{j=1}^{n} G_j$）。

对于单跨和多跨等高单厂结构来说，G_j 为两类质点的重力荷载之和。一类为集中于屋盖标高处的等效重力荷载代表值：包括屋盖恒载标准值、屋面活载组合值（组合值系数见表 21-6）、70% 纵墙自重❶ 及折算柱自重（有吊车时取 10%、无吊车时取 50%）。另一

---

❶ 在横向水平地震作用计算中，对纵墙的折算等效重力荷载目前取法不一。常用方法为 50% 纵墙自重，本书建议取 70% 纵墙自重，与纵向抗震验算时等同。

类为集中于吊车梁顶面标高处的等效重力荷载代表值：包括吊车梁自重、表21-6所述吊车桥自重、吊重，以及40%柱自重。

组合值系数表　　　　　　　　　　　　　表21-6

荷载类别	组合值系数	附注
屋面雪载	0.50	作用于屋盖标高处（即柱顶）
屋面积灰荷载	0.50	作用于屋盖标高处（即柱顶）
吊车桥自重	1.0	单跨以一台计；多跨按分别在不同跨内的两台计，均作用于吊车梁顶面标高处
吊重	0（软钩） 0.3（硬钩）	作用于吊车梁顶面标高处
风载、屋面活载、吊车水平荷载	0	

对于多跨不等高单厂结构来说，G_j 也为两类质点的重力荷载之和。与多跨等高厂房不同的是，要注意高低跨相接处中柱上柱上各种荷载和靠近低跨屋盖的吊车梁重力荷载的分配。上柱重力荷载、高跨封墙和位于高低跨柱顶之间的吊车梁重力荷载分别各以50%集中到高跨和低跨屋盖标高处，靠近低跨屋盖的吊车梁重力荷载全部集中到低跨屋盖标高处。其余与多跨等高厂房类似。

21.2.3 排架在横向水平地震作用下的内力分析

1. 内力分析时的计算简图

按（21-5）式求得横向水平地震作用 F_i 后，就可将其当作静力荷载施加在质点 i 上，采用结构力学方法进行排架的内力分析，如图21-8所示。应予注意的是，吊车梁顶标高处有一质点，作用于该质点的横向水平地震作用平均分配给左右两柱。

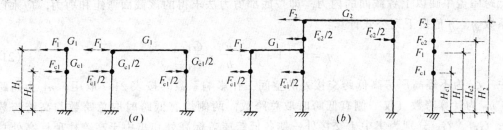

图 21-8　排架在横向水平地震作用下的计算简图
（a）单跨；（b）不等高两跨

2. 内力分析时的调整和修正

（1）考虑空间工作和扭转影响的调整

上述按结构力学一般方法的内力分析，是根据底部剪力法和平面排架计算简图进行的。实际上厂房是空间结构，山墙间距愈小，空间工作的作用愈大；此外，对一端有山墙一端开口的无檩体系结构单元,还要考虑因厂房刚度不对称带来的扭转问题。因此,抗震规范规定,钢筋混凝土屋盖排架柱(不包括高低跨交接处的柱)抗震计算时的弯矩和剪力,当符合下列条件时要乘以表 21-7 的调整系数 ζ_1:

钢筋混凝土无檩屋盖 ζ_1、ζ_2、θ 值表　　　　表 21-7

山墙		ζ_1、ζ_2 值,屋盖长度 (m)										θ 值		
		≤30	36	42	48	54	60	66	72	78	84	90	96	边柱	高低跨柱	其他中柱
两端山墙	等高厂房 ζ_1			0.75	0.75	0.75	0.8	0.8	0.8	0.85	0.85	0.85	0.9	2.0	2.5	3.0
	不等高厂房 ζ_1			0.85	0.85	0.85	0.9	0.9	0.9	0.95	0.95	0.95	1.0			
	ζ_2			0.7	0.76	0.82	0.88	0.94	1.0	1.06	1.06	1.06	1.06			
一端山墙	ζ_1	1.05	1.15	1.2	1.25	1.3	1.3	1.3	1.3	1.35	1.35	1.35	1.35	1.5	2.0	2.5
	ζ_2	1.25														

注:有檩屋盖的 ζ_1、ζ_2、θ 值见抗震规范。

(a) 7 度和 8 度;

(b) 厂房单元屋盖长度与总跨度比小于 8 或厂房总跨度大于 12m(屋盖长度指山墙到山墙的间距,仅一端有山墙时取所考虑排架至山墙的距离;高低跨相差较大的不等高厂房,总跨度不包括低跨);

(c) 山墙或到柱顶横墙的厚度 ≥240mm,开洞所占的水平截面积 ≤50% 总面积,并与屋盖结构有良好连接;

(d) 柱顶高度 ≤15m。

(2) 考虑高振型对高低跨交接处柱子内力的修正

由于地震时高低两个屋盖可能产生相反方向的运动,从而增大了高低跨交接处柱的支承低跨屋盖牛腿以上各截面的内力,即按底部剪力法求得的该截面弯矩和剪力,应乘以增大系数 η,η 值按下列公式计算:

$$\eta = \zeta_2 \left(1 + 1.7 \frac{n_h}{n_0} \cdot \frac{G_{EL}}{G_{Eh}}\right) \tag{21-7}$$

式中,ζ_2 为不等高厂房高低跨交接处的空间工作影响系数,按表 21-7 取用;n_h 为高跨跨数;n_0 为计算跨数(仅一侧有低跨时取总跨数,两侧均有低跨时取总跨数与高跨跨数之和);G_{EL}、G_{Eh} 分别为集中于交接处一侧各低跨屋盖标高处和集中于高跨柱顶标高处总重力荷载代表值。

(3) 考虑吊车桥架引起地震作用效应对所在柱内力的修正

由于地震时吊车桥架这一局部荷载在厂房整体振动中对所在柱的动力效应,使得在横向水平地震作用下位于吊车梁顶标高处的上柱截面弯矩和剪力要乘以表 21-7 列出的内力增大系数 θ。

(4) 考虑鞭梢效应对突出屋面天窗架结构内力的修正

当天窗架结构的刚度和质量比排架结构小得多时,在采用底部剪力法计算横向水平地震作用产生的内力时,要考虑鞭梢效应对天窗架结构内力增大的影响。《抗震规范》规定:有斜撑杆的三铰拱式钢筋混凝土和钢天窗架的横向抗震计算,可采用底部剪力法,跨度大于 9m 或 9 度设防时,天窗架的地震作用效应应乘以增大系数 1.5。

3. 内力组合

抗震验算时的内力组合,是指地震作用引起的内力和相应静力竖向荷载引起内力,在可能出现最不利情况下的组合。内力组合方法同一般排架结构的内力组合,但有以下特点:

(1) 横向水平地震作用是往复的;
(2) 内力组合时不考虑风荷载、屋面活荷载和吊车横向水平制动力;
(3) 在静力竖向荷载计算中所取吊车台数和所在跨,要与计算横向水平地震作用时所取的吊车台数和所在跨相应(参见表 21-6)。

两类荷载组合后的荷载效应(轴力 N、弯矩 M、剪力 V)S 按下式计算:

$$S = \gamma_G S_{GE} + \gamma_{Eh} S_{Ehk} \tag{21-8}$$

式中,γ_G、γ_{Eh} 分别为重力荷载分项系数(一般情况下取 1.2,当重力荷载效应对构件承载力有利时取 1.0)和地震作用的分项系数(仅考虑水平地震作用时取 1.3);S_{GE} 为重力荷载代表值的效应,当有吊车时,尚应包括悬吊物重力标准值的效应;S_{Ehk} 为水平地震作用标准值的效应,尚应乘以相应的增大系数或调整系数。

如将 γ_G、γ_E 及各项 S_{GE}、S_{Ehk} 代入 (21-8) 式中,则得一般情况下的 S 表达式为:

$$S = 1.2 S_{GE}(G_{屋盖}、0.5 G_{雪}、0.5 G_{积灰}、G_{吊车梁}、G_{吊车桥}、G_{吊重}) + 1.3 S_{Ehk} \tag{21-9}$$

在工程设计时,一般可在内力组合前分别将由各种重力荷载代表值产生的构件截面内力乘以 1.2,将由横向水平地震作用标准值产生的构件截面内力乘以 1.3,然后再进行组合,得到抗震验算时的构件截面内力设计值。

21.2.4 结构构件在横向水平地震作用下的承载力验算

结构构件的截面内力的设计值在按 (21-8) 式组合后,应采用下列表达式进行承载力验算:

$$S \leqslant R/\gamma_{RE} \tag{21-10}$$

式中,R 为按本书各章相应公式算得的构件截面承载力设计值;γ_{RE} 为截面承载力的抗震调整系数(偏压柱轴压比[1] <0.15 时 $\gamma_{RE} = 0.75$,$\geqslant 0.15$ 时 $\gamma_{RE} = 0.80$;受弯梁 $\gamma_{RE} = 0.75$;受剪、偏拉构件 $\gamma_{RE} = 0.85$;其他构件见《抗震规范》)。

在构件承载力验算中,不等高厂房支承低跨屋盖的柱牛腿有着重要的地位,其纵向受拉钢筋截面面积 A_s 应按下式确定:

---

[1] 柱的轴压比指柱考虑地震作用组合的轴向压力设计值 N,与柱的全截面面积 A 和混凝土轴心抗压强度设计值 f_c 乘积之比值。

$$A_s \geqslant \left(\frac{N_G a}{0.85 h_0 f_y} + 1.2 \frac{N_E}{f_y} \right) \gamma_{RE} \tag{21-11}$$

式中，N_G、N_E 分别为柱牛腿面上重力荷载代表值产生的压力设计值和地震组合的水平拉力设计值；a 为重力作用点至下柱近侧边缘的距离，当小于 $0.3h_0$ 时采用 $0.3h_0$；γ_{RE} 意义同前，取 1.0。

值得注意的是，由于地震动的不确定性和复杂性，前述横向水平地震作用实际上很可能并不是最大的作用。为此，对其可能超出部分就要用允许构件内部某些部位产生塑性变形以吸收和耗散能量的办法来补偿。因而在抗震设计中设法防止构件产生局部脆性破坏（如剪切破坏），强化某些部位的构造要求，就能使厂房结构在强震作用下具有较大的变形能力，防止厂房倒塌。其中对柱顶、吊车梁、牛腿、柱间支撑与柱连接处以及柱根区段的箍筋加密要求，对柱顶预埋锚板的要求，对承受水平拉力的锚筋要求等，均参见《抗震规范》和《混凝土结构设计规范》。

21.2.5 高大单厂排架结构上柱的变形验算

在历次大地震中，高大单厂结构钢筋混凝土阶形柱上柱的破坏比下柱严重得多。故抗震规范规定在 8 度 Ⅲ、Ⅳ 类场地和 9 度时，高大单层钢筋混凝土柱厂房（例如基本自振周期 $T_1 > 1.5s$）横向排架应进行高于本地区设防烈度预估的罕遇地震（即大震）作用下的弹塑性变形验算。

这时，横向水平地震作用标准值 F_{Ek}、F_i，仍按（21-4）、（21-5）式计算并考虑表 21-7 所列调整系数 ζ_1，只是将 α_{max} 值改为表 21-4 罕遇烈度栏下的值。

求得 F_i 后可按下列计算公式算出上柱的弹塑性位移 Δu_p 并验算其变形：

$$\Delta u_p = \eta_p \Delta u_e \tag{21-12}$$

$$\Delta u_p \leqslant [\theta_p] H_u \tag{21-13}$$

式中，Δu_p 为罕遇地震作用下按弹性分析算得的上柱侧移；η_p 为上柱弹塑性位移增大系数，按表 21-8 取用；H_u 为上柱高度；$[\theta_p]$ 为上柱弹塑性位移限值，取 1/30。

η_p 值 表 21-8

ζ_y	0.5	0.4	0.3
η_p	1.30	1.60	2.0

注：ζ_y 为柱截面按实际配筋面积、材料强度标准值和轴向力算得的正截面受弯承载力，和该截面按罕遇地震作用标准值算得的弹性地震弯矩的比值。

21.3 纵向水平地震作用下的抗震验算

单厂结构在纵向水平地震作用下的内力分析，严格说来，应视屋盖为一水平剪切梁，厂房的纵向柱列、柱间支撑和纵向围护墙为一由屋盖水平剪切梁连接的联合体形成的一多质点空间结构,按多质点空间体系进行。这是一项虽然精确但极繁琐的计算工作。但是,在实际工程设计中,对于单跨或等高多跨钢筋混凝土单厂结构,则习惯于采用下列总刚度法❶进行纵向抗震验算。

总刚度法假定整个屋盖为一刚性盘体,把所有纵向构件都连接起来(图21-9),近似地按单质点体系进行计算,并引进修正系数调整计算结果使之符合实际情况。这种方法可按经验公式确定纵向基本周期;在确定纵向水平地震作用在各柱列间的分配时,采用根据各柱列构件刚度按比例分配的形式,但要根据屋盖变形计算结果对各柱列构件刚度加以修正;在算得各柱列分配到的纵向水平地震作用后进行各构件的纵向抗震验算。

21.3.1 纵向基本自振周期

当柱顶标高不大于15m且平均跨度不大于30m时,单跨或等高多跨钢筋混凝土柱厂房的纵向基本自振周期 T_1 可分别按下式计算:

(1) 砖围护墙厂房

$$T_1 = 0.23 + 0.00025\psi_1 l \sqrt{H^3} \tag{21-14}$$

(2) 敞开、半敞开或墙板与柱柔性连接厂房

$$T_1 = \psi_2 \left(0.23 + 0.00025\psi_1 l \sqrt{H^3}\right) \tag{21-15}$$

$$\psi_2 = 2.6 - 0.002 l \sqrt{H^3} \geqslant 1.0 \tag{21-16}$$

式中, ψ_1 为屋盖类型系数,大型屋面板钢筋混凝土屋架取 $\psi_1 = 1.0$,钢屋架取 $\psi_1 = 0.85$; ψ_2 为围护墙影响系数; l、H 分别为厂房跨度(以 m 计,多跨时取各跨平均值)、基础顶面至柱顶高度(m)。

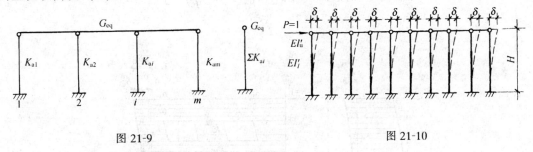

图 21-9　　　　　　　　　　图 21-10

21.3.2 单厂结构纵向各种构件的侧移刚度

1. 纵向柱列

纵向柱列由一系列排架柱组成(图21-10),其柔度 δ_c 为

$$\delta_c = H^3 / c_0 \Sigma E_c I'_l \mu \tag{21-17}$$

则纵向柱列的侧移刚度 K_c 为

---

❶ 钢筋混凝土无檩和有檩屋盖及有较完整支撑系统的轻型屋盖厂房可用此法。其他轻型屋盖厂房,按柱列分片独立进行计算。

$$K_c = c_0 \Sigma E_c I'_l \mu / H^3 \qquad (21\text{-}18)$$

式中，c_0 为单阶变截面柱柱顶位移系数，由第 18 章表 18-5 相应公式算得；$E_c I'_l$ 为下柱截面在纵向排架平面内的抗弯刚度；H 为柱高；μ 为屋盖、吊车梁对柱抗弯刚度的影响系数，无吊车梁时 μ 取 1.10，有吊车梁时取 $\mu = 1.30$。

2. 柱间支撑

单厂结构中常用斜杆长细比不大于 200 的柱间支撑。它们在单位水平力作用下的水平位移即柔度 δ_b（图 21-11）为

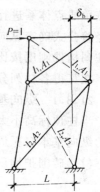

$$\delta_b = \frac{1}{L^2 E}\left[\Sigma \frac{1}{1+\varphi_i}\left(\frac{l_i^3}{A_i}\right)\right] \qquad (21\text{-}19)$$

则柱间支撑的侧移刚度 K_b 为

$$K_b = L^2 E / \left[\Sigma \frac{1}{1+\varphi_i}\left(\frac{l_i^3}{A_i}\right)\right] \qquad (21\text{-}20)$$

式中，L 为支撑水平杆长度；E 为支撑斜杆材料弹性模量；l_i、A_i 分别为第 i 斜杆的长度和截面面积；φ_i 为第 i 斜杆轴心受压稳定系数，按《钢结构设计规范》（GB 50017—2003）采用。

图 21-11

3. 贴砌砖围护墙

单厂结构中的贴砌砖围护墙多为底部可考虑为固定端的悬臂多肢墙。对于底部为固定端的悬臂单肢墙，在顶端单位水平力作用下的水平位移即柔度 δ_w（图 21-12）为

$$\delta_w = \frac{1}{\gamma_w}\left(\frac{H^3}{3EI} + \frac{\xi H}{BtG}\right) \approx \frac{1}{\gamma_w}\left[\frac{4\left(\frac{H}{B}\right)^3}{Et} + \frac{4\left(\frac{H}{B}\right)}{Et}\right] = \frac{4(\rho^3 + \rho)}{\gamma_w Et} \qquad (21\text{-}21a)$$

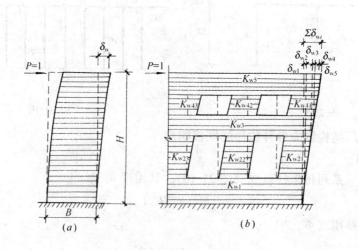

图 21-12

(a) 单肢围护墙；(b) 多肢围护墙

当有 n 个悬臂单肢墙并联时

$$\delta_\mathrm{w} = \cfrac{1}{\gamma_\mathrm{w} E t \sum\limits_{j=1}^{n} \cfrac{1}{4(\rho_j^3 + \rho_j)}} \quad (j = 1, 2, \cdots\cdots n) \tag{21-21b}$$

则贴砌围护墙的折减侧移刚度 K_w 为

$$K_\mathrm{w} = \gamma \cfrac{1}{\sum\limits_{i=1}^{m} \delta_{\mathrm{w}i}} \quad (i = 1, 2, \cdots\cdots m) \tag{21-22}$$

式中，H、B、t 分别为墙肢的高度、长度、厚度；ρ 为墙肢的高宽比，$\rho = H/B$；E、G 分别为墙肢砖砌体材料的弹性模量、剪切变形模量，$G = 0.3E$❶；ξ 为截面剪应力不均匀系数，取 1.2；γ_w 为砖墙开裂后的刚度折减系数，7、8、9 度时分别取 0.8、0.6、0.4；γ 为砖墙与柱非整体连接等因素引起的刚度折减系数，7、8、9 度时分别取 0.6、0.4、0.2❷。

21.3.3 柱列纵向水平地震作用

1. 对于无吊车厂房，作用于第 i 柱列柱顶标高处的纵向水平地震作用 F_i（标准值）为

$$F_i = \alpha_1 G_\mathrm{eq} \frac{K_{ai}}{\Sigma K_{ai}} \tag{21-23}$$

$$K_{ai} = \psi_3 \psi_4 K_i \tag{21-24}$$

（21-23）式中，α_1 为相应于厂房纵向基本自振周期 T_1 的水平地震影响系数，按（21-6）式算得；G_eq 为在厂房纵向抗震验算单元内全部纵向柱列的集中于柱顶标高处的总等效重力荷载代表值，

$$G_\mathrm{eq} = \Sigma G_i = 1.0 \text{屋盖恒载重} + 0.5 \text{雪重} + 0.5 \text{积灰重}$$
$$+ 0.7 \text{纵墙重} + 0.5 \text{横墙(山墙)重} + 0.5 \text{柱重} \tag{21-25}$$

（21-24）式中 K_i 为第 i 柱列柱顶总侧移刚度，包括第 i 列内柱子侧移刚度 K_c、上下柱间支撑侧移刚度 K_b 及纵向围护墙折减侧移刚度 K_w 的总和。

（21-23）、（21-24）式中的 K_{ai}，为第 i 柱列柱顶的调整侧移刚度。这里的调整系数分别为柱列侧移刚度的围护墙影响系数 ψ_3（按表 21-9 采用）和柱列侧移刚度的柱间支撑影响系数 ψ_4（按表 21-10 采用）。

2. 对于有吊车厂房，作用于第 i 柱列柱顶标高处的纵向水平地震作用 F_i（标准值）同（21-23）、（21-24）式，只是将（21-25）式中的 0.5 柱重改为 0.1 柱重。另外，在柱列

---

❶ 《砌体结构设计规范》（GB 50003—2001）指出砌体的剪变模量可按砌体弹性模量的 0.4 倍采用；本书沿用以往抗震设计经验，仍取 $G = 0.3E$。

❷ 《抗震规范》规定，在进行钢筋混凝土柱单层厂房纵向抗震验算时，贴砌砖围护墙侧移刚度的折减系数，可根据柱列侧移值的大小，采用 0.2~0.6。

ψ_3 值 表 21-9

围护墙类别和烈度		柱列和屋盖类别				
		边柱列	中柱列			
240mm 墙	370mm 墙		无檩屋盖		有檩屋盖	
			边跨无天窗	边跨有天窗	边跨无天窗	边跨有天窗
	7 度	0.85	1.7	1.8	1.8	1.9
7 度	8 度	0.85	1.5	1.6	1.6	1.7
8 度	9 度	0.85	1.3	1.4	1.4	1.5
9 度		0.85	1.2	1.3	1.3	1.4
无墙、石棉瓦或挂板		0.9	1.1	1.1	1.1	1.2

ψ_4 值 表 21-10

厂房单元内设置下柱支撑的柱间数	中柱列下柱支撑斜杆长细比					中柱列无支撑
	≤40	41~80	81~120	121~150	>150	
一柱间	0.9	0.95	1.0	1.1	1.25	1.4
二柱间			0.9	0.95	1.1	1.4

注：边柱列 $\psi_4 = 1.0$。

各吊车梁顶标高处还有纵向水平地震作用，其标准值 F_{ci} 为

$$F_{ci} = \alpha_1 G_{ci} \frac{H_{ci}}{H_i} \tag{21-26}$$

式中，α_1 同前，H_{ci}、H_i 分别为第 i 柱列吊车梁顶高度和柱顶高度。至于 G_{ci}，则为集中于第 i 柱顶吊车梁顶标高处的等效重力荷载代表值，

$$G_{ci} = 1.0(吊车梁重 + 吊车桥重❶) + 吊物重❶ + 0.4柱重 \tag{21-27}$$

F_i、F_{ci} 的位置见图 21-13。

21.3.4 单厂结构纵向构件的抗震验算

1. 钢筋混凝土柱

一般情况下，钢筋混凝土排架柱仅需进行横向水平地震作用下的抗震验算，不必进行纵向水平地震作用下的抗震验算。

2. 柱间支撑

根据求得的第 i 柱列纵向水平地震作用 F_i、F_{ci}，算出每片柱间支撑需承受的纵向水平地震剪力 V_b（标准值）。对于长细比不大于 200 的柱间支撑斜杆可仅按抗拉验算，但应

---

❶ 参见表 21-6 规定。

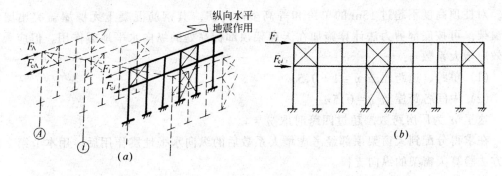

图 21-13
(a) 纵向水平地震作用的分配；(b) 第 i 列柱的纵向水平地震作用 F_i、F_{ci}

考虑压杆的卸载影响，其所承受拉力的标准值 N_{tk} 按下式确定，

$$N_{tk} = \frac{l_j}{(1+\psi_c\varphi_j)s_c} V_{bj} \tag{21-28}$$

式中，l_j 为 j 节间所计算支撑斜杆的全长；ψ_c 为压杆卸载系数，压杆长细比为60、100和200时，分别采用0.7、0.6和0.5；V_{bj} 为 j 节间支撑承受的地震剪力标准值；φ_j 为 j 节间支撑斜杆轴心受压稳定系数；s_c 为支撑所在柱间净距。

求得 N_{tk} 后按下式验算支撑斜杆强度，

$$\gamma_{Eh} N_{tk} \leqslant A_n f_y / \gamma_{RE} \tag{21-29}$$

式中，γ_{Eh} 为水平地震作用分项系数，取1.3；γ_{RE} 为承载力抗震调整系数，取 $\gamma_{RE}=0.8$；A_n 为支撑斜杆净截面面积；f_y 为钢材抗拉设计强度。

柱间支撑端节点预埋板锚筋的截面抗震验算，宜按下式进行，

$$N \leqslant \frac{0.8 f_y A_s}{\gamma_{RE}\left(\dfrac{\cos\theta}{0.8\alpha_b\psi} + \dfrac{\sin\theta}{\alpha_r\alpha_v}\right)} \tag{21-30}$$

式中，A_s 为锚筋总截面面积；γ_{RE} 同前，取1.0；N 为预埋板的斜向拉力，可采用按全截面屈服点强度计算的支撑斜杆轴向力的1.05倍；θ 为斜向拉力与其水平投影的夹角；α_b、α_r、α_v 见本篇第20章（20-29）式、（20-30）、（20-31）式；ψ 为偏心影响系数，按下式计算：

$$\psi = 1 / \left(1 + \frac{0.6 e_0}{\alpha_r s}\right) \tag{21-31}$$

这里，e_0 为斜向拉力对锚筋合力作用线的偏心距，应小于外排锚筋之间距离的20%；s 为外排锚筋间的距离。

3．贴砌砖围护墙

参见本书第6篇第34章34.3.3节，不另赘述。

4．突出屋面的天窗

对柱顶高度不超过15m的单跨和等高多跨厂房,其钢筋混凝土无檩屋盖突出屋面的天窗架,可按底部剪力法计算施加在天窗架顶部标高处的纵向水平地震作用。但应乘以下列效应增大系数 η:

(1) 单跨、边跨屋盖 $\eta = 1 + 0.5n$
(2) 中间各跨屋盖 $\eta = 0.5n$

这里 n 为厂房跨数,超过四跨时取 $n = 4$。

在求得分配到天窗架顶部经考虑增大系数后的纵向水平地震作用后,用本节第2部分的方法验算天窗架的纵向支撑。

【例21-1】 以本篇第19章实例为题,但不设突出屋面的天窗架,已知该厂房长120m,两端为山墙和山墙柱,60m处设置一伸缩缝兼作防震缝。该厂房座落的建筑场地属Ⅱ类,处于抗震设防烈度为7度地区,设计基本地震加速度值为$0.10g$(属设计地震第一组)。作用于厂房上的各种荷载列于表21-11中。试对该厂房进行抗震设计。

表21-11

作用于一个排架计算单元(6m)上的荷载(kN)						山 墙 (仅厂房一侧的端部有)	山 墙 柱 (仅山墙处有,厂房一侧有6根)
屋盖恒载	屋面雪载	柱自重	吊车梁及轨道连接	两台30/5t吊车桥架	围护纵墙		
1168.44	89.17	206.95	201.44	840.0	702.0	3792.35	584.26

注:中柱每个自重77.33kN,边柱每个自重64.81kN。

解

1. 已知排架柱各种计算参数

计算参数 ($C30$, $E_c = 3.00 \times 10^4 \text{N/mm}^2$) 表21-12

	截面尺寸 (mm)	排 架 平 面 内					排 架 平 面 外			
		I_u、I_l $(\text{mm})^4$	H_u、H_l (mm)	λ	n	$1/\delta$ (N/mm)	η	I'_u、I'_l (mm^4)	n	λ	c_0
边柱 A、C	上 400×500(矩) 下 400×800(工)	4.17×10^9 14.38×10^9	4200 8500	0.331	0.290	$0.0193E_c$	0.328	2.67×10^9 1.77×10^9	1.51	0.331	3.04
中柱 B	上 400×600(矩) 下 400×800(工)	7.20×10^9 14.38×10^9	4200 8500	0.331	0.501	$0.0203E_c$	0.344	3.20×10^9 1.77×10^9	1.81	0.331	3.05

2. 对厂房抗震结构体系、布置和构造措施的考虑,均应符合抗震设计要求,此处从略。

3. 横向水平地震作用下的验算

(1) 横向基本自振周期计算

$$G_{eq} = 1168.44 + 0.5 \times 89.17 + 0.5 \times 201.44 + 0.25 \times (206.95 + 702.0)$$
$$= 1585.98 \text{kN}$$
$$\delta_{11} = 1 / \left(\frac{1}{\delta_A} + \frac{1}{\delta_B} + \frac{1}{\delta_C} \right) = 1/(0.0193 + 0.0203 + 0.0193) E_c$$
$$= 0.000576 \text{mm/N} = 0.000576 \text{m/kN}$$
$$T_1 = 2k \sqrt{G_{eq} \delta_{11}} = 2 \times 0.8 \times \sqrt{1585.98 \times 0.000576} = 1.53\text{s}$$

(2) 横向水平地震作用计算（$T_g = 0.35$）
$$\alpha_1 = \left(\frac{T_g}{T_1} \right)^{0.9} \alpha_{max} = \left(\frac{0.35}{1.53} \right)^{0.9} \times 0.08 = 0.0212$$

集中于柱顶标高处重力荷载代表值（$H_2 = 12.70\text{m}$）
$$G_1 = 1168.44 + 0.5 \times 89.17 + 0.7 \times 702.0 + 0.1 \times 206.95 = 1725.12\text{kN}$$

集中于吊车梁顶标高处重力荷载代表值（$H_1 = 9.70\text{m}$）
$$G_{c1} = 201.44 + 840.0 + 0.4 \times 206.95 = 1124.22\text{kN}$$

查表 21-7，按一端山墙、屋盖长 60m 考虑，$\zeta_1 = 1.3$，
$$F_E = \alpha_1 (G_{c1} + G_1) \zeta_1 = 0.0212 \times (1124.22 + 1725.12) \times 1.3 = 78.53\text{kN}$$
$$F_{c1} = \frac{1124.22 \times 9.70}{(1124.22 \times 9.70) + (1725.12 \times 12.70)} \times 78.53 = 26.10\text{kN}$$
$$F_1 = \frac{1725.12 \times 12.70}{(1124.22 \times 9.70) + (1725.12 \times 12.70)} \times 78.53 = 52.43\text{kN}$$

F_1、F_{c1} 的相应作用点位置示于图 21-14（a）。

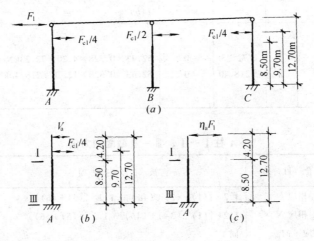

图 21-14

(3) 横向水平地震作用和相应竖向荷载作用下排架柱截面内力计算（以 A 柱为例，见表 21-13）

(4) 排架柱截面内力组合（以 A 柱为例，见表21-14）

(5) 排架柱截面配筋（以 A 柱为例，$f_c = 14.3\text{N/mm}^2$，$f_y = f'_y = 310\text{N/mm}^2$）。

A 柱 I-I、Ⅲ-Ⅲ 截面内力汇总　　　　　　　　　　　表 21-13

荷载类型	序号	截面	M (kN·m)	N (kN)	说明
恒载	1	I Ⅲ	15.51 -6.04	319.44 413.61	同表 19-5
屋面雪载	2	I Ⅲ	0.94 -0.03	11.49 11.49	表 19-5 中 2a、2b 两项相加后乘以 $0.5 \times 0.3/0.5 = 0.3$ 得到
吊车竖向荷载 AB 跨	D_{max} 在 A 柱	3a	I Ⅲ	-56.60 2.91	0 348.12	按一台 30/5t 吊车考虑、内力相应值乘以 $290 \times \left(1 + \dfrac{1.2}{6.0}\right)/505.25 = 0.689$ 得到
	D_{min} 在 A 柱	3b	I Ⅲ	-46.63 -99.0	0 84.0	按一台 30/5t 吊车考虑、内力相应值乘以 $70 \times \left(1 + \dfrac{1.2}{6.0}\right)/126.50 = 0.664$ 得到
吊车竖向荷载 BC 跨	D_{max} 在 B 柱	4a	I Ⅲ	30.70 92.84	0 0	同 3a 说明
	D_{min} 在 B 柱	4b	I Ⅲ	-13.53 -40.90	0 0	同 3b 说明
F_{cl}（I-I 截面内力要乘以 $\theta = 1.5$）	5	I Ⅲ	±20.20 ±80.36	0 0	$\left[V_a \times 4.20 + \dfrac{F_{cl}}{4} \times (9.70 - 8.50)\right] \times 1.5 = [1.34 \times 4.20 + 6.53 \times 1.20] \times 1.5 = 20.20\text{kN·m}$ $1.34 \times 12.70 + 6.53 \times 9.70 = 80.36\text{kN·m}$（均见图 21-14b）
F_l	6	I Ⅲ	±72.23 ±218.40	0 0	$52.43 \times 0.328 \times 4.20 = 72.23\text{kN·m}$ $52.43 \times 0.328 \times 12.70 = 218.40\text{kN·m}$（均见图 21-14c）

A 柱 I-I、Ⅲ-Ⅲ 截面内力值　　　　　　　　　　　表 21-14

截面	序号	组合目的	被组合内力项	M (kN·m)	N (kN)
I-I	1	$+M_{max}$ 相应 N	$1.2 \times [(1) + (2) + (4a)] + 1.3 \times [(5) + (6)]$	177.44	397.12
	2	$-M_{max}$ 相应 N	$1.2 \times [(1) + (3a) + (4b)] + 1.3 \times [(5) + (6)]$	-185.70	383.33
	3	N_{max} 相应 $+M_{max}$	同 1		
	4	N_{max} 相应 $-M_{max}$	$1.2 \times [(1) + (2) + (3a) + (4b)] + 1.3 \times [(5) + (6)]$	-184.57	397.12
	5	N_{min} 相应 $+M_{max}$	$1.2 \times [(1) + (4a)] + 1.3 \times [(5) + (6)]$	176.31	383.33
	6	N_{min} 相应 $-M_{max}$	同 2		

续表

截面	序号	组合目的	被组合内力项	M (kN·m)	N (kN)
Ⅲ—Ⅲ	1	$+M_{max}$ 相应 N	$1.2\times[(1)+(3a)+(4a)]+1.3\times[(5)+(6)]$	496.04	914.08
	2	$-M_{max}$ 相应 N	$1.2\times[(1)+(2)+(3b)+(4b)]+1.3\times[(5)+(6)]$	−563.55	610.92
	3	N_{max} 相应 $+M_{max}$	$1.2\times[(1)+(2)+(3a)+(4a)]+1.3\times[(5)+(6)]$	496.01	927.72
	4	N_{max} 相应 $-M_{max}$	$1.2\times[(1)+(2)+(3a)+(4b)]+1.3\times[(5)+(6)]$	−441.26	927.72
	5	N_{min} 相应 $+M_{max}$	$1.2\times[(1)+(4a)]+1.3\times[(5)+(6)]$	492.55	496.33
	6	N_{min} 相应 $-M_{max}$	$1.2\times[(1)+(4b)]+1.3\times[(5)+(6)]$	−444.72	496.33

由第 19 章实例知 A 柱上柱截面 $N_b=1431.43$kN，下柱截面 $N_b=1290.93$kN。由内力组合结果看，各组轴力均小于相应的 N_b 值，故都为大偏心受压情况，均可以轴力小、弯矩大的内力组进行配筋计算。

Ⅰ—Ⅰ 截面：

$$\begin{cases} M=-185.70 \text{kN·m} \\ N=383.33 \text{kN} \end{cases}$$

$$\text{轴压比} = \frac{383.33\times 10^3}{400\times 500\times 14.3} = 0.13 < 0.15$$

$$\gamma_{RE} = 0.75$$

Ⅲ—Ⅲ 截面：

$$\begin{cases} M=-563.55 \text{kN·m} \\ N=610.92 \text{kN} \end{cases}$$

$$\text{轴压比} = \frac{610.92\times 10^3}{1.775\times 10^5\times 14.3} = 0.24 > 0.15$$

$$\gamma_{RE} = 0.8$$

（a）Ⅰ—Ⅰ 截面配筋（$bh=400\text{mm}\times 500\text{mm}$, $h_0=455$mm, $a=a'=45$mm）

$$e_0 = M/N = 185.70/383.33 = 0.48444\text{m} = 484.44\text{mm} > 0.3h_0$$

$$e_a = 20\text{mm}$$

$$e_i = e_0 + e_a = 504.44\text{mm}$$

由表 19-7，$\zeta_1 = 1.0$，$\zeta_2 = 0.982$

$$\eta = 1 + \frac{1}{1400\times 504.44/455}\left(\frac{8400}{500}\right)^2\times 1\times 0.982 = 1.179$$

$$\eta e_i = 1.179\times 504.44 = 594.73\text{mm}$$

$$x = N/f_c b = 383.33\times 10^3/14.3\times 400 = 67.02\text{mm} < 2a'$$

按 (21-10) 式，$\therefore A'_s(=A_s) = \dfrac{N\gamma_{RE}(\eta e_i - 0.5h + a')}{f'_y(h_0 - a')}$

$= \dfrac{383330 \times 0.75 \times (594.73 - 250 + 45)}{310 \times (455 - 45)}$

$= 881.56 \text{mm}^2$

求得的 A'_s 与表 19-6 实际截面配筋相比 $881.56\text{mm}^2 < 1074.2\text{mm}^2$，故可不必因抗震设防需要增设截面钢筋。

（b）Ⅲ—Ⅲ 截面配筋（$bh = 400\text{mm} \times 800\text{mm}$，Ⅰ 形截面）

从略。计算结果也可不增设截面钢筋。

(6) 因本厂房处于 7 度地区，不必进行在预估罕遇地震作用下的排架上柱的抗震变形验算。

4. 纵向水平地震作用下的验算

(1) 纵向基本自振周期计算（$l = 24\text{m}$，$H = 12.7\text{m}$）

$T_1 = 0.23 + 0.00025\psi_1 l \sqrt{H^3} = 0.23 + 0.00025 \times 1 \times 14 \times \sqrt{(12.7)^3} = 0.50\text{s}$

(2) 纵向各种构件的侧移刚度

(a) 纵向柱列（$E_c = 3.00 \times 10^4 \text{N/mm}^2$）

$K_{cA} = K_{cC} = c_0 \Sigma E_c I'_l \mu / H^3$

$= 3.04 \times 11 \times 3.00 \times 10^4 \times 1.77 \times 10^9 \times 1.3/(12.7 \times 1000)^3$

$= 0.1127 \times 10^4 \text{N/mm}$

$K_{cB} = 3.05 \times 11 \times 3.00 \times 10^4 \times 1.77 \times 10^9 \times 1.3/(12.7 \times 1000)^3$

$= 0.1131 \times 10^4 \text{N/mm}$

(b) 柱间支撑（边、中列柱柱间支撑布置均如图 21-15（a），$E = 2.06 \times 10^5 \text{N/mm}^2$）

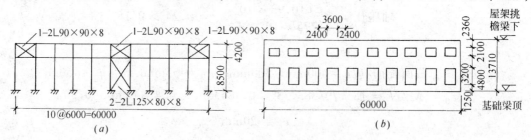

图 21-15

(a) 边、中列柱柱间支撑布置；(b) 围护墙立面

由图 21-15（a）知，每列柱的上柱柱间支撑为 3 个 2 L 90×90×8，下柱柱间支撑为 1 个 2-2 L 125×80×8，并查《钢结构设计规范》(GB 50017—2003) 得 $\varphi_u = 0.417$（$\lambda = 123.8$），$\varphi_l = 0.431$（$\lambda = 121.1$）。由 (21-20) 式得每列柱的 K_{bj} 为

柱间支撑计算参数 表21-15

支撑类型	斜杆截面（mm）	截面面积 A（mm²）	α	斜杆长度 l（mm）	平面内长细比 λ_1	平面外长细比 λ_1	简 图
上柱柱间支撑	2 L 90×90×8	2788.8	$\arctan\left(\dfrac{4200}{6000}\right)$ $=35°$	$(6000-400)/\cos35°$ $=6836.3$	$\dfrac{0.5\times6836.3}{27.6}$ $=123.8$	$\dfrac{6836.3}{40.9}$ $=167.1$	平面外／平面内
下柱柱间支撑	2 L 125×80×8	6395.6	$\arctan\left(\dfrac{8500}{6000}\right)$ $=54.8°$	$(6000-400)/\cos54.8°$ $=9714.9$	$\dfrac{0.5\times9714.9}{40.1}$ $=121.1$	不需验算	缀条／平面内

$$K_{bA} = K_{bB} = K_{bC} = L^2 E / \left[\frac{1}{1+\varphi_u}\left(\frac{l_u^3}{3\times A_u}\right) + \frac{1}{1+\varphi_l}\left(\frac{l_l^3}{A_l}\right)\right]$$

$$= (5600)^2 \times 2.06 \times 10^5 / \left[\frac{1}{1.417}\times\frac{6836.3^3}{3\times2788.8} + \frac{1}{1.431}\times\frac{9714.9^3}{6395.6}\right]$$

$$= 5.18 \times 10^4 \text{N/mm}$$

（c）贴砌砖围护墙❶ （采用烧结普通砖 MU10，M5，$t=240$mm，$E=1600f=2400$N/mm²，$\gamma_w=0.8$，$\gamma=0.6$，立面布置见图21-15b）

采用（21-21b）式对贴砌砖围护墙各墙段的柔度 δ_w 计算见表21-16。

贴砌砖围护墙各墙段柔度计算 表21-16

墙段名称	H（m）	B（m）	ρ	$\sum_{j=1}^{n}\dfrac{1}{4(\rho_j^3+\rho_j)}=c$	$\delta_{wi}=\dfrac{1}{c\gamma_w Et}$（mm/N）	$\sum_{j=1}^{5}\delta_{wi}$（mm/N）
窗下墙1	1.25	60	0.021	11.90	1.82×10^{-7}	
窗间墙2	4.8	2.4	2.0	近似以 $n=10$ 计，0.25	86.81×10^{-7}	
窗上墙3	3.2	60	0.053	4.70	4.62×10^{-7}	
窗间墙4	2.1	2.4	0.875	近似以 $n=10$ 计，1.62	13.41×10^{-7}	
窗上墙5	2.36	60	0.039	6.40	3.39×10^{-7}	110.05×10^{-7}

按（21-22）式，$K_{wA}=K_{wC}=\gamma/\sum_{i=1}^{5}\delta_w=0.6/110.05\times10^{-7}=5.45\times10^4$N/mm

(3) 各柱列柱顶总侧移刚度 K_i 及调整刚度 K_{ai}：

①A、C柱列

---

❶《建筑抗震设计规范》(GB 50011—2001) 规定：单层钢筋混凝土柱厂房的围护墙宜采用轻质墙板或钢筋混凝土大型墙板。本案例考虑到沿用原版实例数据，仍采用贴砌烧结普通砖围墙，理应按规范要求修改，请读者注意。

$$K_A = K_C = K_{cA} + K_{bA} + K_{wA}$$
$$= (0.1127 + 5.18 + 5.45) \times 10^4 = 10.74 \times 10^4 \text{N/mm}$$

按 (21-44) 式，$\psi_3 = 0.85$, $\psi_4 = 1.0$
$$K_{aA} = K_{aC} = \psi_3 \psi_4 K_A = 0.85 \times 1.0 \times 10.74 \times 10^4 = 9.13 \times 10^4 \text{N/mm}$$

② B 柱列：$\psi_3 = 1.5$, $\psi_4 = 1.1$
$$K_B = K_{cB} + K_{bB} = (0.1131 + 5.18) \times 10^4 = 5.29 \times 10^4 \text{N/mm}$$

按 (21-24) 式：$\psi_3 = 1.5$, $\psi_4 = 1.1$
$$K_{aB} = \psi_3 \psi_4 K_B = 1.5 \times 1.1 \times 5.29 \times 10^4 = 8.73 \times 10^4 \text{N/mm}$$

③ ΣK_{ai}:
$$\Sigma K_{ai} = K_{aA} + K_{aB} + K_{aC} = (9.13 + 8.73 + 9.13) \times 10^4 = 26.99 \times 10^4 \text{N/mm}$$

(4) 以中柱列为例求纵向水平地震作用（图 21-16）

G_{eq}（整个厂房计算单元总等效重力荷载代表值）$= 1168.44 \times 10 + 0.5 \times 89.17 \times 10 + 0.7 \times 702.0 \times 10 + 0.5 \times (3792.35 + 584.26) + 0.1 \times 206.95 \times 11 = 19460.2 \text{kN}$

G_{cB}（集中于中柱列吊车梁顶标高处的等效重力荷载代表值）
$= (201.44/2) \times 10 + (840.0/2) + 0.4 \times 77.33 \times 11 = 1767.45 \text{kN}$

$$\alpha_1 = \left(\frac{T_g}{T_1}\right)^{0.9} \alpha_{max} = \left(\frac{0.35}{0.50}\right)^{0.9} \times 0.08 = 0.058$$

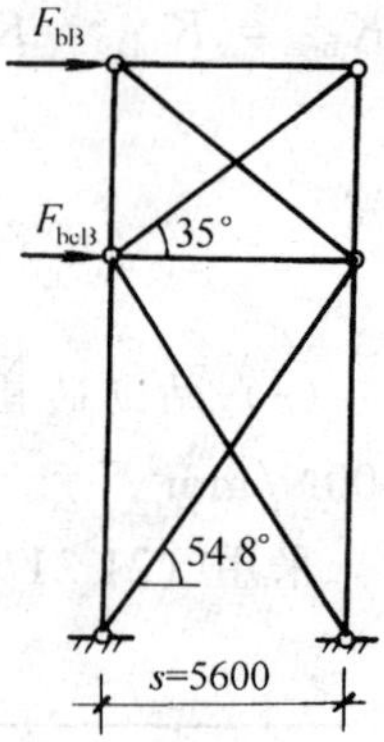

按 (21-23) 式，
$$F_B = \alpha_1 G_{eq} K_{aB} / \Sigma K_{ai}$$
$$= 0.058 \times 19460.2 \times 8.73 \times 10^4 / 26.99 \times 10^4 = 365.08 \text{kN}$$

图 21-16

按 (21-26) 式，
$$F_{cB} = \alpha_1 G_{cB} H_{cB} / H_B = 0.058 \times 1767.45 \times 9.70 / 12.70 = 78.30 \text{kN}$$

F_{bB}（中列柱柱顶标高处由柱间支撑承受的纵向水平地震作用标准值）
$$= F_B \times K_{bB} / K_B = 365.08 \times 5.18 \times 10^4 / 5.29 \times 10^4 = 357.49 \text{kN}$$

F_{bcB}（中列柱吊车梁顶标高处由柱间支撑承受的纵向水平地震作用标准值）
$$= F_{cB} K_{bB} / K_B = 78.30 \times 5.18 \times 10^4 / 5.29 \times 10^4 = 76.67 \text{kN}$$

(5) 中柱列柱间支撑验算（$\psi_c = 0.57$, $\gamma_{RE} = 0.8$, $\gamma_{Eh} = 1.3$, $s_c = 5600 \text{mm}$, $f_y = 215 \text{N/mm}^2$）

① 上柱柱间支撑（$l = 6836.3 \text{mm}$, $\varphi_u = 0.441$, $A_n = 3 \times 2788.8 = 8366.4 \text{mm}^2$）按 (21-28) 式，$N_{tk,u} = \dfrac{l}{(1 + \psi_c \varphi_u) s_c} F_{bB} = \dfrac{6836.3 \times 357.49}{(1 + 0.57 \times 0.417) \times 5600} = 352.60 \text{kN}$

按 (21-29) 式，$\dfrac{1}{\gamma_{Eh}} \cdot \dfrac{A_n f_y}{\gamma_{RE}} = \dfrac{8366.4 \times 215}{1.3 \times 0.8} = 1729.59 \times 10^3 \text{N} = 1729.59 \text{kN} > N_{tk,u}$，满足要求。

②下柱柱间支撑（$l=9714.9$mm，$\varphi_l=0.458$，$A_n=6395.6$mm^2）按（21-28）式，

$$N_{\text{tk},l}=\frac{l}{(1+\psi_c\varphi_l)s_c}(F_{bB}+F_{bcB})=\frac{9714.9\times(357.49+76.67)}{(1+0.57\times0.431)\times5600}$$
$$=604.64\text{kN}$$

按（21-29）式，$\dfrac{1}{\gamma_{Eh}}\cdot\dfrac{A_nf_y}{\gamma_{RE}}=\dfrac{6395.6\times215}{1.3\times0.8}=1322.17\times10^3\text{N}=1322.17\text{kN}>N_{\text{tk},l}$，满足要求。

（6）边柱列纵向构件验算从略。

思 考 题

21.1 试说明下列基本概念：

（1）在单厂结构设计中是怎样贯彻"小震不坏、中震可修、大震不倒"的设计目标的？

（2）说明地震作用的性质，它与其他荷载如使用活荷载、一般振动荷载、撞击荷载等的区别。地震作用受到哪些因素的直接影响？为什么在一般情况下单厂结构只需进行水平地震作用下的抗震验算？

（3）为什么说在目前建筑结构的抗震设计中，确保必需的抗震构造措施比进行抗震承载力和变形验算更为重要？

（4）试归纳常规传统的单厂结构体系震害的几个主要现象、产生原因及改进措施。

21.2 试解释下列问题：

（1）区别防震缝、沉降缝和温度伸缩缝的异同。确定防震缝宽度的依据？防震缝两侧应采取哪些构造措施？

（2）试分析支撑系统在抗震构造措施中的重要作用。试分析对大型屋面板、檩条、屋架、天窗架、柱等主要构件规定相应抗震构造措施的原因。

（3）说明圈梁、围护墙在抗震设计中的作用。围护墙与单厂主体结构间应有怎样的可靠连接？若连接不可靠，会产生什么后果？

（4）在单厂结构的抗震设计中，对选择建筑场地、确定地基持力土层以及基础设计有何要求？

（5）你认为从抗震设计考虑，适宜的单厂结构类型应该是什么？

21.3 试回答下列与抗震验算有关的问题：

（1）试述建筑物基本自振周期的概念。单厂结构的横、纵向基本自振周期大体在什么范围以内？

（2）为什么单厂结构一般可以采用底部剪力法计算水平地震作用？试述加速度反应谱的概念。

（3）区别在抗震验算中计算基本自振周期时所用的质量折算系数 ξ、计算等效重力荷载时所用的组合值系数、以及将墙柱等重力荷载折算至柱顶或吊车梁顶标高处的折算系数之间的不同。

（4）试用结构动力学原理说明突出部位水平地震作用增大系数、高低跨交接处柱内力增大系数、以及吊车桥架引起的柱内力增大系数的意义。

（5）为什么在承载力和变形验算中所取的 α_{max} 值有很大区别？

（6）试述抗震验算中水平地震作用分项系数 γ_{Eh}、承载力抗震调整系数 γ_{RE} 的概念。

（7）区别单厂结构在横向水平地震作用下以及在纵向水平地震作用下承载力验算方法和内容的异同。

第5篇 多层和高层建筑结构设计

第22章 多层和高层建筑结构体系与布置

22.1 概 述

多层和高层建筑是工业与民用建筑中最常见的房屋类型。量大面广的多层建筑，除了传统的多层混合结构外，多层钢筋混凝土结构已成为广泛普及的结构形式。近年来，各地都在推广多层钢结构住宅，它将使住宅的形式更加多样化。

我国的高层建筑，自20世纪50年代开始，一直是以钢筋混凝土结构为主，如1959年建成的民族饭店（12层、高47.4m），1964年建成的民航大楼（15层、高60.8m）等，70年代后，高层建筑迅速发展，大量建造的10～30层高层住宅及旅游饭店、办公楼，都是钢筋混凝土结构，图22-1（a）是在1992年建成的广州的广东国际大厦（63层，高200.18m），是当时国内的最高建筑。

90年代以后，随着我国经济建设的大发展，高层建筑的建造又进入一个新时期，不仅建造高度加大，建筑形式新颖，在结构体系和结构材料方面也有很大发展，钢材应用增加，类型更多，设计、制造、施工技术都达到了新的高度。

从数量上看，仍然以混凝土高层建筑为主，但是钢结构和混合结构都有迅猛发展。混合结构是指钢、钢筋混凝土、钢骨混凝土、钢管混凝土等构件组合而成的结构，它可以发挥各种材料的优点，建造受力性能更为合理，更加经济的高层建筑。目前我国最高的建筑是上海金茂大厦（88层，高420m），是钢筋混凝土-钢组成的混合结构，见图22-1（b）及图22-1（c）。

钢筋混凝土结构造价低，材料来源丰富，便于做成各种形状。特别是结构的刚度大，耐火性能好。但钢结构与钢筋混凝土结构相比，却具有自重轻、材料强度高、抗震性能好等优点。在钢材多的一些发达国家，高层建筑采用钢结构多，建造高度也大，不过由于钢筋混凝土的优点，近年来钢筋混凝土高层建筑也日益增多。在我国，则由于钢材产量增长，钢结构高层建筑逐渐增加，而结合我国国情，钢材与混凝土材料结合的结构型式发展更快，例如钢构件与混凝土构件构成的混合结构；又如，钢骨混凝土及钢管混凝土则是钢

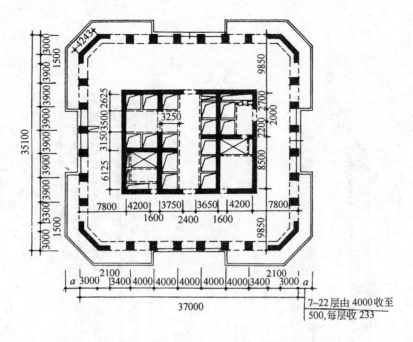

图 22-1（a） 广东国际大厦标准层平面（63层，高 200.18m）

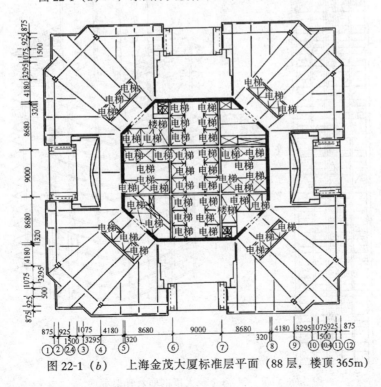

图 22-1（b） 上海金茂大厦标准层平面（88层，楼顶 365m）

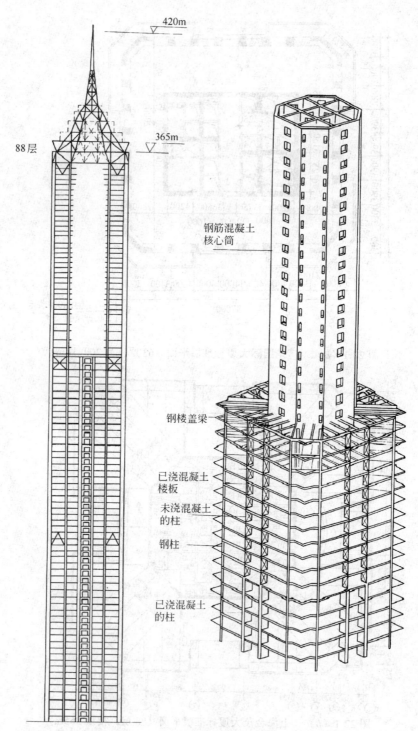

图 22-1（c） 上海金茂大厦剖面及骨架示意

材与混凝土材料做成的组合构件，在混合结构中也得到较多应用。

本教材主要介绍钢筋混凝土多层及高层建筑结构，又以后者为主。多层及高层建筑在结构体系、受力特点、布置方式及计算、构造方面均有共同之处。

22.2 多、高层建筑结构受力特点

多、高层建筑结构都是由多层水平楼盖和竖向的柱、墙等组成。楼盖主要承受竖向荷载，其设计方法已在本教材上册中介绍。而竖向的柱、墙等构件，则因为建筑高度的变化，其组成方式及受力变形特性——即结构体系将有明显的变化。

竖向结构不仅要抵抗楼盖、屋盖等传来的竖向荷载，还要抵抗风荷载及地震作用等水平荷载。把结构视为底部固定的悬臂构件，图22-2表示水平力在结构中产生的总效应。

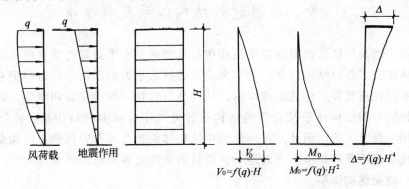

图22-2 水平荷载效应

水平荷载在悬臂柱中产生的内力及变形，除与荷载有关外，受高度的影响很大。随着高度的增加，侧向位移增加最快，弯矩次之。而竖向荷载产生的轴力仅与高度 H 成正比。因此，高度增大时，除竖向恒载外，水平荷载将成为产生内力及位移的主要荷载。

过大的侧向变形将使人产生不舒适感，影响正常使用，也会使装修材料、玻璃、填充墙等出现裂缝或损坏，使电梯轨道变形，还会使结构出现裂缝，使竖向荷载产生附加弯矩及附加侧移（称为 P-Δ 效应）等，甚至引起结构倒塌，因此要将水平荷载引起的侧移限制在一定范围内。所以高层建筑结构需要有较大的抗侧移刚度，而且，高度愈大需要的抗侧刚度也愈大。

在抗震设防区，多层和高层建筑都应当有较好的抗震性能，要有较好的塑性变形能力才能抵抗罕遇地震，做到大震不倒。抗震的多层和高层建筑都应设计成延性结构，因高层建筑中地震引起的变形更大，延性要求也更高。

简言之，多层和高层建筑结构都要满足承载力、刚度要求，在抗震设防区，还有延性要求。当高度加大时，结构要用更多的材料来抵抗水平荷载，在达到相当高度后，水平荷载（风荷载与地震作用）引起的侧向变形将成为高层建筑结构设计的控制因素，抗震结构

要求的延性也将成为结构设计的重点内容，因此，高层建筑结构体系的选择、结构截面设计、构造等各方面都要突出抗侧力及抗震要求。至于多层建筑，在水平荷载作用下的侧移通常不会太大，一般情况下可不计算侧移，但是在地震区，结构布置、构造及截面设计仍需要满足抗震的要求。

1979年，我国首次制定了《钢筋混凝土高层建筑设计与施工规定》（JZ 102—79），1991年修订成为《钢筋混凝土高层建筑结构设计与施工规程》（JGJ 3—91）；为适应更多、更复杂的高层建筑的建造，在总结我国设计和施工高层建筑丰富经验的基础上，2002年又颁布了新修订的规程《高层建筑混凝土结构技术规程》（JGJ 3—2002），成为我国现行的行业标准，它适用于10层以上的高层建筑，但是，10层以下的多层建筑也可以参考。

22.3 多、高层建筑结构体系及典型布置

框架、剪力墙及筒体是钢筋混凝土结构中抵抗竖向及水平荷载的基本单元，由它们以及它们的变体组成了各种结构体系。为了突出其抵抗水平力的作用，有时也把它们称为抗侧力结构体系。在近代高层建筑出现以后，结构体系就在不断地发展和演变。在不同的建筑物中，选择恰当的结构体系及合理的结构布置可以相对减少材料用量、使结构安全可靠，而且使用及施工方便。因此，正确地选用结构体系及合理布置抗侧力结构是结构设计的第一步，也是最重要的一步。下面逐一介绍目前常用的各种结构体系。

22.3.1 框架结构体系

梁、柱组成的框架作为建筑竖向承重结构，并同时抵抗水平荷载，被称为框架结构体系，见图22-3。

框架结构的优点是建筑平面布置灵活，可做成需要较大空间的会议室、餐厅、办公室及工作车间、实验室等，加隔墙后，也可做成小房间。采用轻质隔墙和外墙可减轻建筑物重量。梁和柱布置灵活，可以做成预制构件，也可以现浇，立面富于变化。住宅中很少使用框架体系，主要因为柱断面较大，常常突出于墙面外，影响家具布置。

框架结构侧向刚度较小，水平位移较大，因此建造高度不宜太高，一般不宜超过50m，否则设计的梁柱断面太大，占去很多使用空间，也不经济。在多层建筑中，框架体系是一种常用的结构体系。图22-4给出了一些典

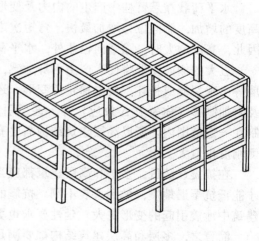

图22-3 框架结构

型平面布置的实例。

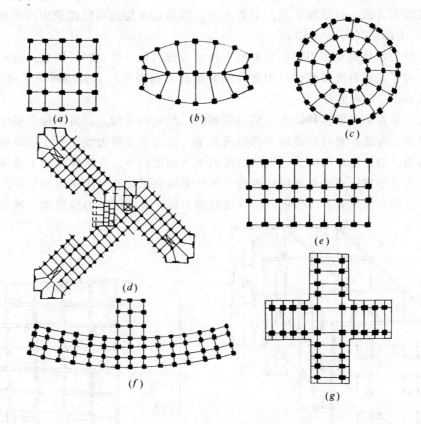

图 22-4 框架典型布置实例

通过合理设计，框架结构可以做成延性框架。延性框架的抗震性能好，可承受较大侧向变形，但是易引起非结构构件，如填充墙、装修等出现裂缝或破坏，造成经济损失，威胁人身安全。因此在地震区建造较高的框架结构时，必须选用重量轻而且变形性能好的隔墙材料及构造作法，在北京建成的长城饭店是高 18 层，局部 22 层的现浇框架结构（平面见图 22-4d），它是我国地震区最高的框架结构，采用延性框架设计方法，用轻钢龙骨石膏板作隔断，外墙为玻璃幕墙。

22.3.2 剪力墙结构体系

利用建筑物的墙体作为竖向承重和抗侧力的结构，称为剪力墙结构体系。通常，楼盖内无梁，楼板直接支承在墙上，墙体同时也是维护及房间分隔构件，见图 22-5。

剪力墙的间距受到楼板构件跨度的限制，一般为 3～8m，房间墙面及顶板底面平整，无需吊顶，层高较小，因而剪力墙结构适用于具有小房间的住宅、旅馆等建筑。剪力墙结构的承载力及刚度都很大，侧移变形小，经过合理设计，可做成抗震性能很好的延性剪力墙。无论在非地震或地震区，无论在多层及高层建筑中，它都得到广泛的应用。

121

现浇钢筋混凝土剪力墙结构成本较低，整体性好，用大模板、隧道模、桌模或滑升模板等先进施工方法，可缩短工期，节省人力，因而在多层及高层建筑中都可应用，建造层数低则4~5层，高则40~50层。

高层剪力墙结构要采用预制轻混凝土外墙板或其他轻质材料外墙板，也可用现浇混凝土外墙。为了减轻自重和充分利用剪力墙的承载力和刚度，剪力墙间距尽可能做大一些，例如做成6m左右或更大。

剪力墙体系的局限性和缺点也是很明显的，结构自重较大，且平面布局中较难设置大空间的房间。为此，有时将墙的下部做成框架，成为框支剪力墙，框支层空间加大，扩大了使用功能。但是全部用框支剪力墙的结构上下刚度突变，在地震作用下建筑物会遭受严重破坏。为在地震区建造有底层商店的公寓住宅或底层设置公用房间的旅馆，可用部分框支剪力墙、部分落地剪力墙做成底层（或底部多层）大空间剪力墙结构，见图22-6。

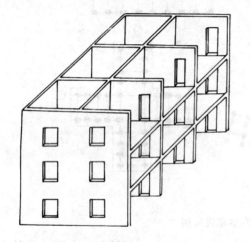

图 22-5 剪力墙结构　　　　　图 22-6 底层大空间剪力墙结构

剪力墙结构的平面也可做成多种多样，图22-7是已建成的一些剪力墙结构平面。

22.3.3 框架-剪力墙（框架-筒体）体系

框架-剪力墙体系是把框架和剪力墙结合在一起共同抵抗竖向和水平荷载的一种体系。它利用剪力墙的高抗侧刚度和承载力，弥补框架结构抗侧移刚度差、变形较大的弱点，同时因为它只在部分位置上有剪力墙，又保持了框架结构具有较大的灵活空间、立面易于变化等优点。框架-剪力墙结构的侧向位移较小，而且由于剪力墙与框架协同工作，改善了纯框架及纯剪力墙的变形性能，使得框架-剪力墙结构的层间变形减小而且上下均匀；此外框架-剪力墙结构的抗震性能也较好，因此框架-剪力墙结构是一种比较好的结构体系，在多层及高层公共及办公楼建筑中得到了广泛的应用。

根据框架-剪力墙结构中剪力墙布置方式的不同，可分为两种情况。其一，剪力墙是单片式的散乱布置方式，如图22-8（a）这种结构刚度比较小，建造高度一般在10~20

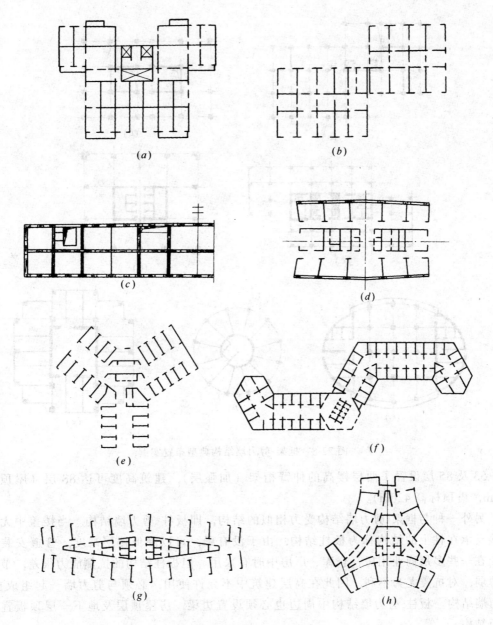

图 22-7 剪力墙结构布置实例

层；其二，把剪力墙连在一起做成井筒式，见图 22-8（c）～（g）井筒的刚度和承载力都大大提高，也增加了抗扭能力，可以建造高度更大的建筑物，达 30～40 层。后者被称为框架-筒体或框架-核心筒结构，框架-筒体结构也可布置成多种平面形式。

我国最高的金茂大厦就采用了框架-核心筒结构体系，其平面见图 22-1，在 24～26、

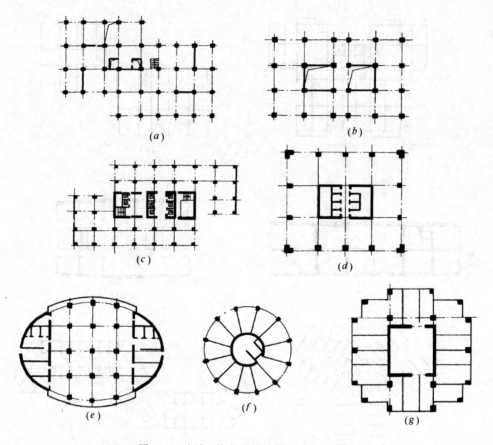

图 22-8 框架-剪力墙结构典型布置实例

51~53 及 85 层设置了两层楼高的伸臂桁架（加强层），建筑高度可达 88 层（屋顶标高 365m，塔顶标高 420m）。

另外一种与框架-剪力墙结构受力相似的结构，即板柱-剪力墙结构。当楼盖中无梁而直接支承在柱上的结构称为板柱结构，由于没有梁，可以降低楼层高度，管道安装较方便，在一些多层商业用房、仓库、厂房中时有采用。但板柱结构的抗侧能力很差，节点十分薄弱，对抗震尤为不利，因此在高层建筑中不允许使用，必须与剪力墙一起组成板柱-剪力墙结构。板柱-剪力墙结构中周边也必须设置边梁，房屋顶层及地下一层顶板宜采用梁板结构。

22.3.4 筒中筒结构体系

当建筑物超过 40~50 层时，就需要采用抗侧力刚度更大的结构体系——框筒或筒中筒结构。

众所周知，采用 I 形或筒形截面的梁要比单用矩形截面（只有腹板）的梁刚度大得多，因为远离中和轴的翼缘承担了较大的弯曲正应力。同理，由剪力墙做成的实腹筒体

(井筒)在水平荷载作用下的承载力和刚度要比单片墙大得多，其原因就是存在翼缘，其应力分布见图22-9(a)。

利用这种空间受力性能，把建筑物的外围墙体做成一个大筒体，它具有很大的抗侧刚度。由于需要开窗，在墙体上开洞形成了梁、柱，它的外形与框架相似，但梁的高度大（称为窗裙梁）、柱的间距小，形成密柱深梁框架，称为框筒。框筒和实腹筒的空间受力情况相似，因此，把与荷载方向垂直的框架称为翼缘框架，与荷载方向平行的框架称为腹板框架。在

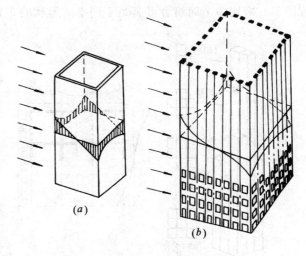

图 22-9 筒体结构
(a) 实腹筒；(b) 框筒

水平荷载作用下，翼缘框架柱主要承受轴力（拉力或压力）；腹板框架柱的一半受拉、另一半受压，见图22-9(b)在水平荷载作用下，水平楼板在框筒中起到刚性隔板作用，有如竹子中的竹节，它可增加框筒的整体性和抗侧、抗扭能力。

框筒可以作为抗侧力结构被单独使用，它可形成很大使用空间。为了减小楼板和梁在竖向荷载作用下的跨度，在框筒中部可设置一些柱子，见图22-10(a)这些柱子对抗侧力不起作用。在多数情况下，框筒与实腹内筒结合，形成筒中筒结构，见图22-10(b)内筒可布置电梯、楼梯、竖向管道等。内外筒之间不再设柱，楼板承受竖向荷载，起到刚性隔板和协同内外筒工作等作用。筒中筒结构有较大灵活空间，平面分区使用合理，受力也很合理，适用于高度很大的建筑物，我国广州国际大厦（图22-1a）和深圳国贸大厦（50层）都是采用筒中筒体系的钢筋混凝土结构。

框筒的平面形状宜接近正方形或圆形，只有在结构总高和总宽之比（H/B）大于3时，才能充分发挥框筒的作用。因此在胖而矮的结构中不宜采用这种体系。

22.3.5 束筒体系

成束筒是将多个框筒合并在一起形成的，相邻筒体具有共同的筒壁，如图22-11所示。它的抗侧刚度比筒中筒结构更大，可建造更高的高层建筑，图22-11(a)、(b)是9个框筒形成的束筒，这是原先世界上最高的美国芝加哥西尔斯大厦采用的结构体系，随着高度增加，筒的数目逐渐减少，最后减为两个筒，高度达到442m，该大厦为钢结构。由于框筒的平面必须接近正方形

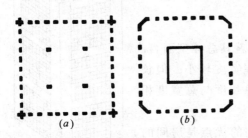

图 22-10 框筒及筒中筒结构
(a) 框筒结构；(b) 筒中筒结构

或圆形,采用多个筒组合可满足不同平面形状的布置要求,见图 22-11 (c)、(d)。

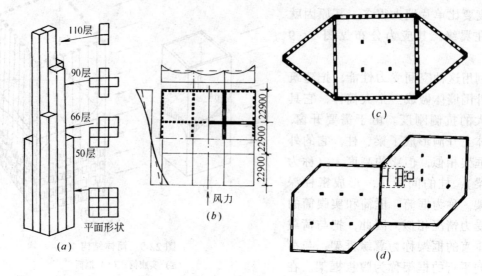

图 22-11 束筒结构
(a)、(b) 西尔斯大厦;(c)、(d) 典型布置实例

22.3.6 巨形框架体系

用一个以上筒体(实腹筒或框筒)分散布置,用刚度很大的水平构件(桁架或几层楼形成的水平梁)将筒体连系起来,形成巨形框架结构,见图 22-12。巨形框架梁上可承托小框架作成供使用的楼层,小框架不抵抗侧向力,只承受竖向荷载并将它传给巨形框架梁。巨形框架的抗侧刚度视筒体(巨形柱)及水平构件(巨形梁)的刚度而定。当结构不太高时,筒及巨形梁的截面不必太大,当结构高度很高时,筒及巨形梁的截面可加大。因此这种结构体系可用于 30 层左右的建筑,也可用于 150 层左右的超高层建筑。我国深圳的亚洲大酒店,就是采用这种多筒结构做成的 37 层大楼。

22.4 多、高层建筑结构的总体布置

22.4.1 平面形状及总体型

多层和高层建筑的平面及体型千变万化,但就其总体型而言,不外乎是板式及塔式两大类。板式建筑是指房屋宽度较小,但长度较大的建筑;塔式则是指建筑平面外轮廓的总长度与总宽度相接近的建筑。

多层和中高层建筑中板式是常见的形式,它的优点是房间的采光效果较好,房间利用率高。框架、剪力墙及框架-剪力墙结构

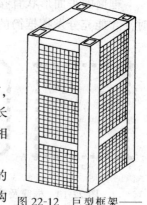

图 22-12 巨型框架——
多筒结构

体系均能适用。但是板式建筑短边方向的侧向刚度较小，对高度较大的高层建筑不利，高度愈大，愈要避免长宽比（L/B）很大的平板式平面，必要时可做成曲线或折线形的板式建筑，以增加短边方向的抗侧刚度，见图22-13（a）。

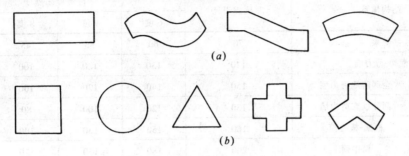

图 22-13 建筑物平面形状
（a）板式；（b）塔式

塔式建筑的平面形状很多，例如圆形、方形、长宽接近的矩形、三角形、Y形、十字形等。塔式平面在高层建筑中较为普遍，特别是高度较大的高层建筑几乎都是塔式的。除了剪力墙结构体系外，框架-筒体是应用较多的结构体系。

在房屋的竖向，可做成如图22-14所示的各种形状，上下相同或向上略微减小的体型是比较理想的。在初步设计时要控制房屋总高 H 与底面宽度 B 的比例，一般控制 H/B（B 为短边）在 5~6 以下。因为高层建筑中控制侧向位移是结构设计的主要矛盾。过于高柔的建筑对抵抗倾覆及稳定亦不利。

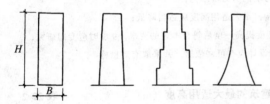

图 22-14 建筑物剖面形状

22.4.2 结构体系的适用高度

22.3节中介绍的各种结构体系，由于它们受力及变形性能的不同，承载力及抗侧刚度不同，各种体系的适用高度也不同。表 22-1、22-2 给出了现行《高层建筑混凝土结构技术规程》（JGJ 3—2002）（以下简称"高层规程"）规定的最大适用高度（房屋高度是指室外地面到主要屋面的高度）。应当注意以下几点：

1．规程给出的最大适用高度是指采用这本规程的各项设计方法和构造措施时的最大适用高度。两个表分别对应于 A 级和 B 级高度，B 级高度更大，要采用更高要求的结构设计措施。

2．对于每一种结构体系，非抗震设计允许的高度大一些，抗震设计时，随着抗震设防烈度的提高而适用高度降低。

3．在同一种情况下，比较各种体系的适用高度，其中框架及板柱-剪力墙适用高度最低,筒中筒结构适用高度最大。读者可结合各种体系的特点,了解其适用高度的差别。

A级高度钢筋混凝土高层建筑的最大适用高度(m) 表22-1

结构体系		非抗震设计	抗震设防烈度			
			6度	7度	8度	9度
框架		70	60	55	45	25
框架-剪力墙		140	130	120	100	50
剪力墙	全部落地剪力墙	150	140	120	100	60
	剖分框支剪力墙	130	120	100	80	不应采用
筒体	框架-核心筒	160	150	130	100	70
	筒中筒	200	180	150	120	80
板柱-剪力墙		70	40	35	30	不应采用

注:1.房屋高度指室外地面至主要屋面高度,不包括局部突出屋面的电梯机房、水箱、构架等高度;
2.表中框架不含异形柱框架结构;
3.部分框支剪力墙结构指地面以上有部分框支剪力墙的剪力墙结构;
4.平面和竖向均不规则的结构或Ⅳ类场地上的结构,最大适用高度应应当降低;
5.甲类建筑,6、7、8度时宜按本地区抗震设防烈度提高一度后符合本表的要求,9度时应专门研究;
6.9度抗震设防、房屋高度超过本表数值时,结构设计应有可靠依据,并采取有效措施。

B级高度钢筋混凝土高层建筑的最大适用高度(m) 表22-2

结构体系		非抗震设计	抗震设防烈度		
			6度	7度	8度
框架-剪力墙		170	160	140	120
剪力墙	全部落地剪力墙	180	170	150	130
	部分框支剪力墙	150	140	120	100
筒体	框架-核心筒	220	210	180	140
	筒中筒	300	280	230	170

注:1.房屋高度指室外地面至主要屋面高度,不包括局部突出屋面的电梯机房、水箱、构架等高度;
2.部分框支剪力墙结构指地面以上有部分框支剪力墙的剪力墙结构;
3.平面和竖向均不规则的建筑或位于Ⅳ类场地的建筑,表中数值应适当降低;
4.甲类建筑,6、7度时宜按本地区设防烈度提高一度后符合本表的要求,8度时应专门研究。

22.4.3 抗震结构的布置及防震缝

大量震害的经验教训说明,建筑物平面布置不对称、刚度不均匀、高低错层、局部凸出、凹进、或沿高度方向刚度突变等,都易造成震害。在抗震结构中,结构体型、布置及构造、连接的好坏比进行精确抗震计算更直接影响结构的安全。

平面简单、布置规则、对称是十分有利于抗震的。但是更重要的是抗侧力结构单元的布置必须合理，要使结构的刚度中心和质量中心尽量重合，以减少扭转。抗侧刚度较大的剪力墙（或筒体）在整个平面中要布置均匀而对称，或与质量偏心一致。见图22-15(a)。

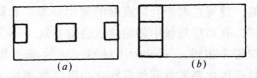

图 22-15　剪力墙（筒体）布置
(a) 好；(b) 不好

在Y形、工形等平面中，如果突出部分太长，对抗震是不利的。一方面，对于突出的一翼而言，其靠近结构中心的一端刚度大，远离中心的一端刚度较小，该翼在地震作用下将有扭转变形。另一方面，在凸凹拐角处易造成应力集中而加剧震害。通常可采取不同的措施处理：(a) 避免复杂平面或避免过长的突出翼；(b) 采取加强结构整体性的措施，并在翼缘远端设剪力墙或筒体；(c) 设置防震缝，将复杂平面分割为简单平面，见图22-16。

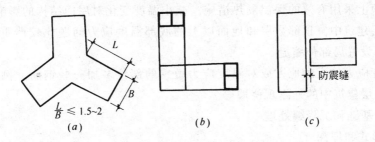

图 22-16　平面突出部分处理方法

在高层建筑中尽量不采用(c)项措施，而通常是把结构连成整体，加强其连接牢固性。因为分割后不仅使每个独立部分柔度加大，变形加大，而且震害表明，在地震作用下，经常由于缝两侧房屋碰撞而使房屋破坏。如果不得已而必须设缝，则要使缝有足够宽度，以避免结构在地震时碰撞，称为防震缝。在高层规程中可查到防震缝的最小宽度要求。

结构的竖向也要做到刚度均匀或逐渐减小，要避免剪力墙（筒体）等抗侧力单元有局部中断，形成上下刚度突变，或局部几层形成软弱层的现象。框支剪力墙的框支层刚度骤变，在地震作用下形成薄弱层，震害严重，因此在底部大空间剪力墙结构中强调要设置加强了底部承载力及刚度的落地剪力墙，以弥补框支层刚度的削弱。此外，在结构上部常常有缩小面积的突出部分，这种刚度突变在地震作用下会产生鞭梢效应，见图22-17。遇到这种情况时要采取相应的加强措施。

22.4.4　伸缩缝及减少温度收缩影响的措施

当房屋长度较大时，温度收缩会使结构产生裂缝。传统的做法是当房屋超过规定长度时，在上部结构中用伸缩缝断开成为长度不大的温度区段。在地震设防区，如果设伸缩缝，缝宽也要符合防震缝的宽度要求。和防震缝一样，在高层建筑中伸缩缝也会给建筑平面及构造处理带来困难，不仅多用材料，也给施工增加复杂性。因此要采取其他措施减小温度收缩应力，而尽量避免设伸缩缝的办法。在长度超过规范规定的温度区段长度的建筑物中，可采取以下措施：

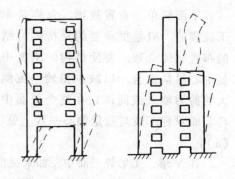

图 22-17 竖向刚度突变

1. 设后浇带。混凝土早期收缩占总收缩的大部分，施工时把结构分为 30~40m 长的区段，各区段之间留出 700~1000mm 宽的带，暂不浇混凝土，待大部分收缩完成后（宜在两个月后）再浇筑这部分混凝土，把结构连成整体，这就是后浇带。后浇带要选择受力较小的部位，并选择气温较低的时候浇筑后浇带的混凝土。

2. 在屋顶上采用有效的保温隔热措施，减小温度变化对屋面结构的影响。

3. 在高层建筑中，顶部数层和地面以上的底部温度应力问题比较严重，可在顶部数层和底部数层设置局部伸缩缝。

4. 在温度应力较大的地方或对温度应力敏感的部位多加一些钢筋，例如剪力墙的顶层和底层、高层建筑中的外露现浇墙等。

22.4.5 基础和沉降缝处理

1. 基础形式和埋深

基础承托房屋全部重量及外部作用力，并将它们传到地基；另一方面，它也是直接受到地震波作用，并将这一作用传到上部结构的第一道防线。基础的底面积大小、形式、埋深取决于上部结构形式、重量、作用力以及地基土的性质。

多层建筑基础埋深没有特殊要求，可按照地基承载力、土的沉陷性质及冻结深度等确定。单柱基础仅适用于层数不多、地基土较好的框架结构，当抗震要求较高，或土质不均匀，或埋置深度较大时，可在单柱基础间设置拉梁（图 22-18a）。一般情况下，多层建筑可采用交叉式条形基础（图 22-18b）。交叉式条形基础的整体性比单独柱基好，可增加上部框架的整体性，也可直接支承墙体传来的荷载。当基础的高度相对较小时，形成条形的弹性地基梁（图 22-18d），当基础的高度较大、上部荷载可直接扩散到全部基础底面上时，形成刚性基础（图 22-18e）。刚性基础可少用钢筋，计算设计简单，但埋深较大。因此采用弹性地基梁还是用刚性基础要根据基础埋置深度、土方工程及材料用量进行综合比较后确定。但应注意，在抗震结构中无配筋或少配筋的刚性基础不宜采用。

高层建筑的重量大、倾覆力矩也大，为了保证结构稳定、减少基础变形引起的上部结构倾斜，高层建筑应选择较好的地基土，基础埋深不能太小。在天然地基上，基础埋置深度可取建筑物高度的 $\frac{1}{15}$。如果采用桩基，那么由桩顶到地面的深度可取小于建筑物高度

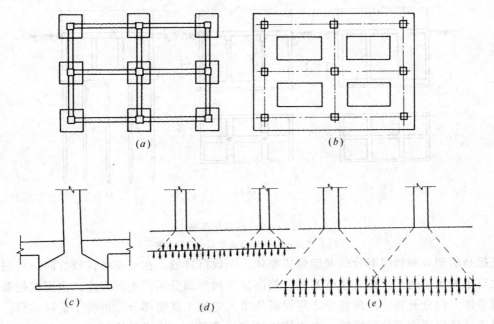

图 22-18 单独及条形基础

(a) 单独基础及拉梁；(b) 交叉条形基础；(c) 拉梁；(d) 弹性地基梁；(e) 刚性基础

的 $\frac{1}{18}$。在非地震区，埋置深度可适当减小。

高层建筑的基础要有较好的整体性，特别是当上部结构重量不均匀或土质不均匀时。箱形基础及筏形基础是高层建筑常用的基础形式，见图 22-19。

在高层建筑中利用较深的基础做成地下室，可充分利用地下空间。箱形基础要求有较多内墙，墙体水平截面总面积不小于基础面积的 1/10，对于基础平面长宽比大于 4 的箱形基础，其纵墙平截面面积不小于基础面积的 $\frac{1}{18}$；且基础高度不小于基础长度的 1/20，且不小于 3m，箱形基础的刚度和整体性都很好。当不需要地下室，或虽有地下室却很空旷，内墙数量少时，则只能做成筏基。筏基有平板式及梁板式两种。为了保证基础刚度和把上部结构重量均匀扩散到地基上，平板式筏基的底板都做得较厚。

当地基土土质较软，不足以承受上部结构重量时，应采用桩基。可以采用预制钢筋混凝土桩、挖孔灌注桩或钢管桩等，桩承台上仍可做成箱形或筏形基础。在地震设防区，用桩基使高层建筑直接支承在基岩上，可大大减轻建筑物的震害。

2. 沉降缝处理

在高层建筑的重量和相连的多层建筑（一般称为裙房）的重量相差十分悬殊时，可采用设置沉降缝的办法，沉降缝必须贯穿上部结构及基础部分，使各部分自由沉降。在地震区，如果做沉降缝，也要按照防震缝的宽度设置，以避免相邻建筑在地震时碰撞破坏。

但是沉降缝会使基础构造复杂，特别在有地下室时或地下水位较高的时候。因此，要

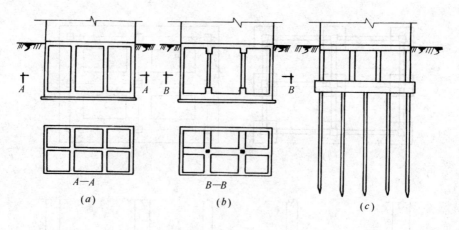

图 22-19 箱基与筏基
(a) 箱基；(b) 梁板式筏基；(c) 桩基

尽量把高层部分和裙房部分的基础做成整体，不设沉降缝。在地基条件较好时，可利用压缩性较小的天然地基，做成整体基础，使高层和裙房部分不产生沉降差；也可以把基础设计成整体，但分开施工，两部分之间设后浇带，先施工高层部分，再施工低层部分，待主体完工，已完成大部分沉降后，再浇筑连接部分混凝土，连成整体基础。这种设后浇带的基础必须是在不太长的时间内能够完成地基压缩的条件下才可进行，设计时要考虑连接前及连接后的不同状态，分别验算。当地基土压缩性较大时，必须用桩基，以减少主体与裙房间的沉降差。

思 考 题

22.1 请比较钢结构和钢筋混凝土结构的优缺点。

22.2 多层和高层建筑结构有哪几种主要体系？试述每种体系的优缺点、适用层数和应用范围。在多层和高层建筑中各种体系应用有无区别？

22.3 框架-筒体、框筒和筒中筒结构有什么区别？有什么共同点？

22.4 用简单方法（按悬臂梁）计算一个正方形平面结构在高度为 25m，50m，100m 时的基底剪力 V_0、基底弯矩 M_0 和顶点侧移 f 的数值，并加以比较（比较时均以 25m 高结构为 1）。该正方形筒体平面为 10m×10m，墙厚为 20cm，弹性模量 $E=30.0 kN/mm^2$，倒三角形分布荷载，最大 $q=50kN/m$。从该结构的简单比较可得到什么概念？高层、多层、低层对结构刚度和承载力要求有什么不同？

22.5 在抗震结构中为什么要求平面布置简单、规则、对称，竖向刚度均匀？怎样做到平面布置刚度均匀？沿竖向布置可能出现哪些刚度不均匀的情况？以底部大空间剪力墙结构布置为例说明如何避免竖向布置刚度不均匀？

22.6 防震缝、伸缩缝和沉降缝在什么情况下设置？各种缝的特点和要求是什么？在高层建筑中，特别是抗震结构中，怎么处理好这三种缝？

22.7 多层建筑和高层建筑对基础及埋深的要求有什么不同？可采用哪些基础形式？

22.8 拉梁和条形基础有什么区别？箱基和筏基有什么区别？

第23章 荷载及设计要求

23.1 竖向荷载

竖向荷载包括永久荷载及可变荷载。

多层和高层建筑的永久荷载计算方法与其他结构并无区别,主要是结构自重及各种建筑装修材料、饰面等的重量,简称恒载或静载。

多层和高层建筑的可变荷载主要是楼面及上人屋顶的使用荷载、屋面雪荷载等,简称活载。

计算由楼板传到梁上的活载时,要考虑梁的承荷面积,当梁的承荷面积较大时,梁的荷载要乘以楼面折减系数;计算墙及柱上的活荷载时,要按计算截面以上的层数多少,将墙或柱上的总荷载乘以楼层折减系数。下面均以住宅、宿舍、旅馆、办公楼、医院病房、托儿所等楼面活载为例给出系数,其余情况可查《建筑结构荷载规范》GB 50009—2001(以下简称《荷载规范》)。

当楼面梁的承荷面积超过 $25m^2$ 时,计算梁荷载时楼面活载折减系数为 0.9;

墙、柱和基础的活荷载楼层折减系数见下表:

活荷载楼层折减系数　　　　　　　　　　表 23-1

计算截面以上的层数	1	2~3	4~5	6~8	9~20	>20
计算截面以上活荷载总和的折减系数	1.0 (0.90)	0.85	0.70	0.65	0.60	0.55

注:当楼面梁的承荷面积大于 $25m^2$ 时,采用括号内数值。

在多层工业厂房中,一般设备、零件、管道或运输工具等都可折算成均布荷载计算,如有较大设备或悬挂吊车,则可按实际情况计算,当振动较大时,还要乘以动力系数以考虑不利的动力效应。

23.2 风荷载

23.2.1 单位面积上的风荷载值

作用在建筑物表面的单位面积上的风荷载标准值 w_k 可按下式计算:

$$w_k = \beta_z \mu_s \mu_z w_0 \tag{23-1}$$

式中　w_0——基本风压值（kN/m^2）;
　　　μ_z——风压高度变化系数；
　　　μ_s——风荷载体型系数；
　　　β_z——z 高度处的风振系数。

1. 基本风压值 w_0

基本风压值与风速大小有关，荷载规范给出了各城市、地区的基本风压值。多层建筑和一般高层建筑取重现期为 50 年的风压值计算，特别重要的高层建筑，要取重现期为 100 年的风压值计算。

2. 风压高度变化系数 μ_z

离地面的高度愈大，风速也愈大；愈是空旷的地面，风速也愈大。基本风压值是根据各地区空旷平坦地面上离地面 10m 处测出的 10 分钟平均最大风速计算得到的，因此在不同的地面上和不同的高度处，风压值要乘以 μ_z 系数，见表 23-2。表中 A、B、C、D 是指地面粗糙度，即地面状况分为四类。A 类指近海海面、海岛、湖岸及沙漠地区；B 类指田野、乡村、丛林、丘陵及房屋比较稀疏的乡镇和城市郊区；C 类指有密集建筑群的城市市区；D 类指有密集建筑群且房屋较高的城市市区。

风压高度变化系数 μ_z　　　　表 23-2

离地面或海平面高度 (m)	地面粗糙度类别			
	A	B	C	D
5	1.17	1.00	0.74	0.62
10	1.38	1.00	0.74	0.62
15	1.52	1.14	0.74	0.62
20	1.63	1.25	0.84	0.62
30	1.80	1.42	1.00	0.62
40	1.92	1.56	1.13	0.73
50	2.03	1.67	1.25	0.84
60	2.12	1.77	1.35	0.93
70	2.20	1.86	1.45	1.02
80	2.27	1.95	1.54	1.11
90	2.34	2.02	1.62	1.19
100	2.40	2.09	1.70	1.27
150	2.64	2.38	2.03	1.61
200	2.83	2.61	2.30	1.92
250	2.99	2.80	2.54	2.19
300	3.12	2.97	2.75	2.45
350	3.12	3.12	2.94	2.68
400	3.12	3.12	3.12	2.91
≥450	3.12	3.12	3.12	3.12

3. 风荷载体型系数 μ_s：

风对建筑物表面的作用力并不等于基本风压值。当风经过房屋时，在迎风面产生压力，在背风面产生吸力，在侧面可能产生吸力或压力，而且风对各个表面的作用力也不均匀。在计算时，采用各个表面的平均风作用力，该平均风作用力与基本风压值的比值称为风载体型系数。表 23-3 给出了各种常用形状平面的风载体型系数，正值为压力，负值为吸力，在计算时要将建筑物各个表面的风荷载分别计算，每个表面风荷载由基本风压值乘以这个表面的体型系数得到，乘以 μ_s 后都是垂直于各个表面的力。在荷载规范和高层规程中还可查到其他一些平面形状的体型系数。

多、高层建筑体型系数 μ_s 表 23-3

序号	名称	建筑体型及体型系数
1	矩形平面	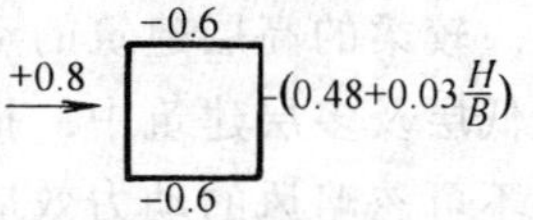 矩形：+0.8，−0.6，−0.6，$(0.48+0.03\frac{H}{B})$；H—建筑物总高，B—建筑物迎风面宽度
2	Y形平面	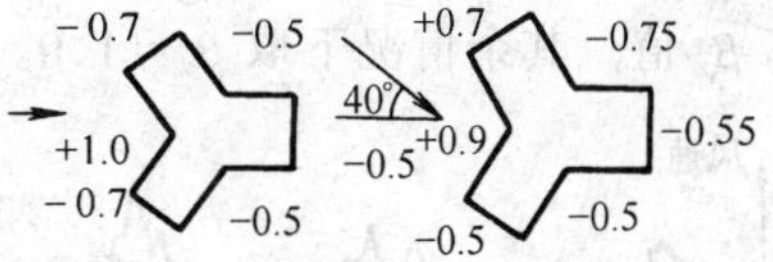 Y形：+1.0，−0.7，−0.7，−0.5，−0.5；40°方向：+0.9，+0.7，−0.75，−0.55，−0.5，−0.5
3	L形平面	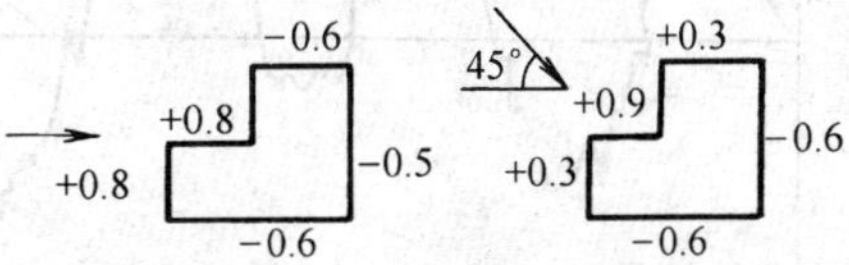 L形：+0.8，+0.8，−0.6，−0.5，−0.6；45°方向：+0.9，+0.3，+0.3，−0.6，−0.6，−0.6
4	M形平面	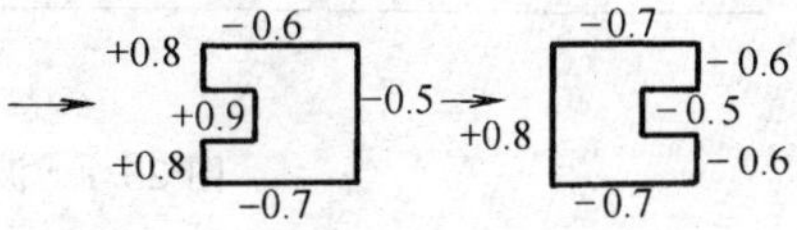 +0.8，+0.9，+0.8，−0.6，−0.5，−0.7；+0.8，−0.7，−0.6，−0.5，−0.6，−0.7
5	十字形平面	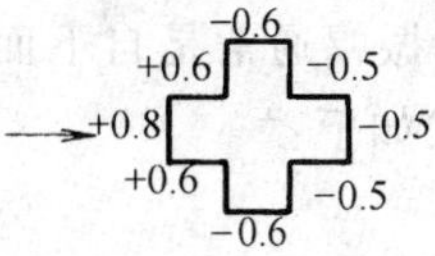 +0.8，+0.6，+0.6，−0.6，−0.6，−0.5，−0.5
6	六边形平面	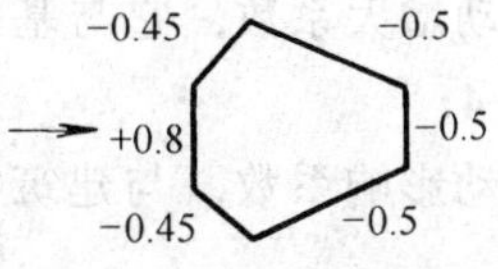 +0.8，−0.45，−0.45，−0.5，−0.5

序 号	名 称	建筑体型及体型系数
7	圆形平面	→+0.8 ○

4. 风振系数 β_z

由于风速、风向的不断变化，作用在建筑物表面上的风压（吸）力也在不停的变化，房屋会产生微小的振动，见图 23-1。这种波动风压在建筑物中引起的动力效应与建筑物的柔度有关，高度较大，较柔的高层建筑的动力效应较大。基本风压值是取上下波动着的风压的平均值。在一般低层及多层建筑中，把风作用近似看成稳定风压，按静力方法计算其效应。在高层建筑中不可忽略风的动力效应。为了简化，计算时仍用静力方法，但用风振系数 β_z 把基本风压适当加大。规范规定只在高度大于 30m，且高宽比大于 1.5 的房屋结构中计算 β_z 值，其余情况下取 $\beta_z = 1.0$。

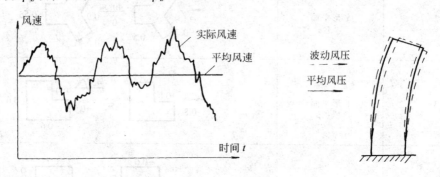

图 23-1 波动风速及风压

风振系数 β_z 的大小和结构自振特性有关。基本自振周期较长的结构（较柔），风振系数较大；悬臂杆的振幅通常是自下而上逐渐加大，因而风振系数 β_z 也是自下而上逐渐加大，β_z 值计算公式如下：

$$\beta_z = 1 + \frac{\xi \nu \varphi_z}{\mu_z} \tag{23-2}$$

式中　ξ——脉动增大系数，它与基本风压值 w_0 及结构基本自振周期 T_1 有关，可查表 23-4；

ν——脉动影响系数，与建筑物高宽比和地面粗糙度有关，可查表 23-5；

φ_z——基本振型的振型系数，可简化取 $\varphi_z = \dfrac{H_i}{H}$，$H_i$ 是第 i 层楼面离地面高度，H 为总高；

μ_z——风压高度变化系数，按表 23-2 取值。

钢筋混凝土结构脉动增大系数 ξ　　　　　　表 23-4

$w_0 T_1^2$ (kN·s²/m²)	0.01	0.02	0.04	0.06	0.08	0.10	0.20	0.40	0.60
ξ	1.11	1.14	1.17	1.19	1.21	1.23	1.28	1.34	1.38
$w_0 T_1^2$ (kN·s²/m²)	0.8	1.0	2.0	4.0	6.0	8.0	10.0	20.0	30.0
ξ	1.42	1.44	1.54	1.65	1.72	1.77	1.82	1.96	2.06

注：1. 计算 $w_0 T_1^2$ 值时，地面粗糙度为 B 类的地区，可直接用基本风压 w_0 计算，对于 A 类、C 类和 D 类地区，w_0 应分别乘以 1.38 和 0.62 和 0.32 后代入。

2. T_1 为结构基本周期，框架结构取 $T_1 = (0.08 \sim 0.1) N$，框架-剪力墙结构 $T_1 = (0.06 \sim 0.08) N$，剪力墙和筒中筒结构 $T_1 = 0.05N$，N 为结构层数。

高层结构脉动影响系数 ν　　　　　　表 23-5

H/B	粗糙度类别	房屋总高度 H (m)							
		≤30	50	100	150	200	250	300	350
≤0.5	A	0.44	0.42	0.33	0.27	0.24	0.21	0.19	0.17
	B	0.42	0.41	0.33	0.28	0.25	0.22	0.20	0.18
	C	0.40	0.40	0.34	0.29	0.27	0.23	0.22	0.20
	D	0.36	0.37	0.34	0.30	0.27	0.25	0.27	0.22
1.0	A	0.48	0.47	0.41	0.35	0.31	0.27	0.26	0.24
	B	0.46	0.46	0.42	0.36	0.36	0.29	0.27	0.26
	C	0.43	0.44	0.42	0.34	0.34	0.31	0.29	0.28
	D	0.39	0.42	0.42	0.36	0.36	0.33	0.32	0.31
2.0	A	0.50	0.51	0.46	0.42	0.38	0.35	0.33	0.31
	B	0.48	0.50	0.47	0.42	0.40	0.36	0.35	0.33
	C	0.45	0.49	0.48	0.44	0.42	0.38	0.38	0.36
	D	0.41	0.46	0.48	0.46	0.44	0.42	0.42	0.39
3.0	A	0.53	0.51	0.49	0.45	0.42	0.38	0.38	0.36
	B	0.51	0.50	0.49	0.45	0.43	0.40	0.40	0.38
	C	0.48	0.49	0.49	0.48	0.46	0.43	0.43	0.41
	D	0.43	0.46	0.49	0.49	0.48	0.46	0.46	0.45

续表

H/B	粗糙度类别	房屋总高度 H (m)							
		≤30	50	100	150	200	250	300	350
5.0	A	0.52	0.53	0.51	0.49	0.46	0.44	0.42	0.39
	B	0.50	0.53	0.52	0.50	0.48	0.45	0.44	0.42
	C	0.47	0.50	0.52	0.52	0.50	0.48	0.47	0.45
	D	0.43	0.48	0.52	0.53	0.53	0.52	0.51	0.50
8.0	A	0.53	0.54	0.53	0.51	0.48	0.46	0.43	0.42
	B	0.51	0.53	0.54	0.52	0.50	0.49	0.46	0.44
	C	0.48	0.51	0.54	0.53	0.52	0.52	0.50	0.48
	D	0.43	0.48	0.54	0.53	0.55	0.55	0.54	0.53

23.2.2 总体风荷载

总体风荷载是指某个方向的风在建筑物上产生风压力和吸力的合力。一般情况下，只需要分别计算在结构平面的两个主轴方向作用的总风荷载。某个方向风作用下的总体风荷载是建筑物各表面风压力（或吸力）在该方向分力的合成，它是沿高度变化的线荷载，在高度 z 处风载值按下式计算：

$$w = \beta_z \mu_z w_0 (\mu_{s1} B_1 \cos\alpha_1 + \mu_{s2} B_2 \cos\alpha_2 + \cdots + \mu_{sn} B_n \cos\alpha_n) \text{ (kN/m)} \quad (23-3)$$

式中 n——建筑物外围的表面数（每一个平面作为一个表面）；

$B_1 \cdots B_n$——分别为 n 个表面的宽度；

$\mu_{s1} \cdots \mu_{sn}$——分别为 n 个表面的体型系数；

$\alpha_1 \cdots \alpha_n$——分别为 n 个表面法线与风载作用方向的夹角；

其余符号同公式（23-1）。

公式（23-3）是计算合力，应注意力合成时的方向，不能简单由风载体型系数的正、负号代入公式，而要视各表面压力或吸力在主轴方向投影的正负确定是相加还是相减。见例 23-1。各分力的合力中心，即总风荷载的作用中心。

23.2.3 局部风荷载

总风荷载取各表面上的平均风压计算，但实际上风作用在建筑物表面的压力（吸力）是不均匀的，见图 23-2。在高层建筑较高的某些局部表面上，实际的风压力（吸力）可能很大，超过平均风压值，例如在迎风面的中部、背风面的边缘部位以及房屋侧面宽度为 1/6 墙面的角隅部分，在这些部位需要用局部风载验算围护结构（墙板或玻璃）的强度及连接强度。具体

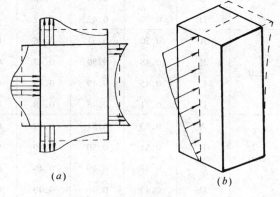

图 23-2 平均风压及总风荷载
—— 实际风压
--- 平均风压

的计算方法可查有关幕墙设计的规定。

对于高层建筑中较高部位的阳台、遮阳板、雨篷、檐口等凸出墙面的悬挑构件,验算向上的风漂浮力,当漂浮力超过自重时,会出现反向弯矩。单位面积上的漂浮力为

$$w_k = 2\beta_z \mu_z w_0 \tag{23-4}$$

【例 23-1】 计算具有图23-3平面的框架-剪力墙结构的总风荷载及其作用中心。已知该结构18层,$H = 58\text{m}$,基本风压值 $w_0 = 0.385\text{kN/m}^2$,B 类地区。

解

本建筑共5个表面,各面风载体型系数及风力作用方向见图23-4。$w_1 \sim w_5$ 在 x 方向分力及合力计算列于表23-6 (a),因为 $\Sigma w_i y_i = 0$,合力作用点在 x 轴上。

框架-剪力墙结构基本自振周期 $T_1 = 0.08N$,现 $N = 18$,所以 $T_1 = 1.44\text{s}$

$w_0 T_1^2 = 0.385 \times 1.44^2 = 0.8 \text{kN} \cdot \text{s}^2/\text{m}^2$

查表23-4,$\xi = 1.42$

B 类地区,$H/B = 2.9$,查表23-5,$\nu = 0.50$

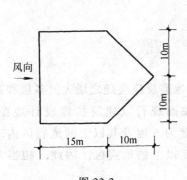

图 23-3

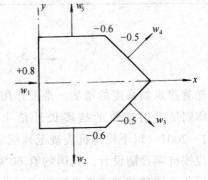

图 23-4

可得 z 高度处 $\quad \beta_z = 1 + \dfrac{1.42 \times 0.50}{\mu_z} \cdot \dfrac{H_i}{H}$

$$w_z = \beta_z \mu_z \cdot \Sigma w_i$$

表 23-6 (a)

序号	$B_i \mu_{si} w_0$	$\cos\alpha_i$	w_i (kN/m)	y_i (m)	$w_i y_i$
1	$20 \times 0.8 \times 0.385$(压)	1.0	+6.16	0	0
2	$15 \times 0.6 \times 0.385$(吸)	0	0	0	0
3	$14.1 \times 0.5 \times 0.385$(吸)	0.707	+1.92	-5	-9.6
4	$14.1 \times 0.5 \times 0.385$(吸)	0.707	+1.92	$+5$	$+9.6$
5	$15 \times 0.6 \times 0.385$(吸)	0	0	0	0
			$\Sigma w_i = 10.0$		$\Sigma w_i y_i = 0$

β_z、w_z 计算见下表。注意,图23-4平面在主轴 x 方向作用正、反风力时,所得总风荷载值不相等。本例计算是图中箭头所示方向的总风荷载。

表 23-6 (b)

楼层	H_i	$\dfrac{H_i}{H}$	μ_z	β_z	w_z (kN/m)	w_z分布图
18	58	1.0	1.75	1.40	24.5	
17	54	0.93	1.71	1.38	23.6	
16	51	0.88	1.68	1.37	23.0	
15	48	0.83	1.65	1.36	22.4	
14	45	0.78	1.61	1.34	21.5	
13	42	0.72	1.58	1.32	20.9	
12	39	0.67	1.55	1.31	20.3	
11	36	0.62	1.50	1.29	19.3	
10	33	0.57	1.46	1.27	18.5	
9	30	0.52	1.42	1.25	17.7	
8	27	0.46	1.37	1.23	16.8	
7	24	0.41	1.32	1.22	16.1	
6	21	0.36	1.27	1.20	15.2	
5	18	0.31	1.20	1.18	14.2	
4	15	0.26	1.13	1.16	13.1	
3	12	0.21	1.05	1.14	12.0	
2	9	0.16	1.0	1.11	11.1	
1	5	0.09	1.0	1.06	10.6	

23.3 地 震 作 用

随着建筑物高度的增加,地震作用使房屋产生的地震反应会随之增大,多层和高层建筑,特别是高层建筑的抗震设计是十分重要的。我国现行《建筑抗震设计规范》GB 50011—2001(以下简称抗震规范)规定,在地震烈度为6度及其以上的地震区内,建筑物都应按抗震设防设计,我国约有60%的面积为6度以上的地震区,因此,相当大数量的多层和高层建筑都需要进行抗震设计。

本节主要介绍地震作用的计算方法。抗震设计的目标是"小震不坏、中震可修、大震不倒"。小震、中震、大震是指地震相对强弱的三个水准,均是以概率统计为基础的。相应于某地区设防烈度的地震为该地区的中震,它是指50年内超越概率为10%～14%的地震,相应的小震是指该地区50年内超越概率为63.2%的地震,也称为多遇地震,大震则是该地区50年内超越概率为2%～3%的地震,也称为罕遇地震。

为达到上述三水准抗震设计目标,多、高层建筑采用两阶段抗震设计:第一阶段,在多遇地震作用下进行地震作用计算,按弹性方法分析内力及位移,通过截面配筋及构造设计,满足中等地震和大震作用下的目标。第二阶段,进行罕遇地震作用下结构弹塑性变形验算,校核有无薄弱层,只在少数特别高或特别不规则的结构中才要求验算。

地震作用方向是随机的,在多层及高层建筑设计时,一般情况下只需计算在结构平面两个主轴方向的水平地震作用,9度设防地区,还要计算竖向地震作用。质量和刚度分布明显不对称、不均匀的结构应计算双向水平地震共同作用下的扭转影响。

地震作用的计算方法主要是反应谱方法。用反应谱方法得到等效地震荷载后，按静力方法计算内力及位移。抗震规范规定在某些特别重要的或特别不规则、高度又较大的高层建筑中要采用直接动力法——时程分析方法进行补充计算。后者只在很少量的情况下才用到。

多层和高层钢筋混凝土结构设计用的反应谱与单层厂房、混合结构采用的反应谱是相同的。在本书第21章中，已给出了计算地震影响系数的曲线及有关系数，在此直接引用，不再重复。下面主要介绍多、高层建筑等效地震荷载的计算方法。

23.3.1 等效水平地震荷载计算

反应谱方法有两种计算方法：底部剪力反应谱方法及振型分解反应谱方法，它们可在不同情况下采用。

1. 底部剪力反应谱方法

高度不超过40m，刚度和质量沿高度分布均匀的多层及高层建筑，可采用底部剪力法。它先算出等效的总地震力（底部总剪力），再按照一定规律沿高度分布，分布形式见图23-5。

总等效地震力 $F_{Ek} = \alpha_1 G_{eq}$ (23-5)

第 i 个楼层处作用的等效地震力

$$F_i = \frac{G_i H_i}{\sum_{j=1}^{n} G_j H_j} F_{Ek} (1 - \delta_n)$$ (23-6)

顶点附加水平力 $\Delta F_n = \delta_n F_{Ek}$ (23-7)

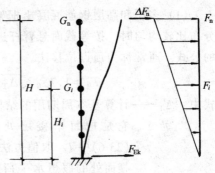

图23-5 等效地震力分布

式中 α_1——相应于结构基本自振周期 T_1 的地震影响系数，由图21-6反应谱曲线计算，取值不小于规范规定的楼层最小地震剪力系数值，见表23-10；

G_{eq}——结构等效总重力荷载代表值，$G_{eq} = 0.85 G_E$；

G_E——计算地震作用时的总重力荷载代表值，为各层重力荷载代表值的和；

G_i (G_j)——第 i (j) 层重力荷载代表值，取100%恒载，50%~80%活荷载，如有雪载，也取50%；

H_i (H_j)——第 i (j) 层楼板离地面高度；

δ_n——顶点附加水平力系数，当 $T_1 < 1.4 T_g$ 时，$\delta_n = 0$；当 $T_1 \geq 1.4 T_g$ 时，δ_n 按表23-7选用；当计算的 $\delta_n > 0.15$ 时，取 $\delta_n = 0.15$。T_g 为场地特征周期，按表21-3采用。

δ_n 计 算 公 式　　　　表23-7

T_g (s)	δ_n
≤0.35	$0.08 T_1 + 0.07$
0.35~0.55	$0.08 T_1 + 0.01$
≥0.55	$0.08 T_1 - 0.02$

突出屋面的屋顶间、女儿墙或烟囱等在地震作用下会产生鞭梢效应,要考虑鞭梢效应的影响。在采用底部剪力法计算时,把突出部分作为一个质点计算,得到 F_{n+1}。但附加顶部作用力 ΔF_n 仍作用在第 n 层屋面处。下部各层的地震剪力应把 F_{n+1} 计入,而在计算突出部分和与其相连的下一层结构的内力时,要用 $3F_{n+1}$ 计算,这是鞭梢效应在局部突出物上不利影响的近似考虑方法。

用底部剪力法计算等效地震力时,需要计算结构的基本自振周期 T_1。通常是采用半经验半理论公式或者用更简单的经验公式计算。

半经验半理论计算基本周期公式,是在理论公式基础上简化而得,大都是在刚度及质量沿高度分布比较均匀的情况下使用,而且不同的结构体系要选用不同的公式。

(1) 多层和高层钢筋混凝土框架、框架-剪力墙及剪力墙结构,当重量及刚度沿高度分布比较均匀时,按等截面悬臂杆进行理论计算,可得下述用顶点假想位移确定基本周期的公式,通常称为顶点位移法。

$$T_1 = 1.7\alpha_0 \sqrt{\Delta_T} \tag{23-8}$$

式中 Δ_T——计算基本周期用的结构顶点假想侧移。它是把每个楼层处的质量 G_i(与式(23-6)中 G_i 取值方法相同)视作在 i 层楼面处的假想水平荷载,(见图23-6),按弹性方法计算得到的结构顶点位移,必须以米作为位移单位;

α_0——基本周期缩短系数,按表23-8取值。

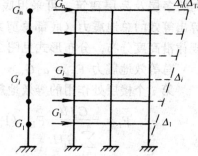

图23-6 假想侧移

α_0 系数 表23-8

结构体系	框架结构	框架-剪力墙结构	剪力墙结构
α_0	0.6~0.7	0.7~0.8	0.9~1.0

在计算结构的位移时,按照目前习惯的方法,是不计入填充墙刚度的(填充墙的重量则应计入楼层重量 G_i)。这样计算的结果是低估了结构的实际刚度,并且使计算的自振周期偏长。为此,在理论计算公式中用 α_0 系数将偏长的周期缩短。α_0 取值大小与结构体系有关,当结构中有剪力墙时,填充墙影响减小;在全部为剪力墙的剪力墙结构中,填充墙对结构刚度几乎无影响。

(2) 多层和高层钢筋混凝土框架结构(以剪切型变形为主),可用能量法进行理论推导得到的公式计算基本自振周期,通常称为能量法。

$$T_1 = 2\pi\alpha_0 \sqrt{\frac{\sum_{i=1}^{n} G_i \Delta_i^2}{g \sum_{i=1}^{n} G_i \Delta_i}} \tag{23-9}$$

式中　G_i——i 层结构重力荷载代表值，与式（23-6）中 G_i 取值方法相同；

　　　Δ_i——第 i 层楼层处假想侧移。把 G_i 视为作用在第 i 层的假想水平荷载（见图 23-6），按弹性方法计算得到的第 i 层楼面处的侧移；

　　　g——重力加速度，单位应与 G_i、Δ_i 相一致；

　　　n——楼层数；

　　　α_0——缩短系数，按表 23-8 取值。

计算基本周期的经验公式是通过对不同类型结构进行动力性能实测得到一定数量的实测周期值后分别进行回归得到的。实测的手段很多，目前常用而效果较好、简便易行的实测手段是脉动量测，它反映结构微小变形下的周期，与地震作用下相比，实测周期偏短，设计时不宜直接使用，通常要将实测得到的周期值加长。下面所给经验公式都是已包含了加长系数的周期，可直接用于设计。现有经验公式很多，而经验公式往往是针对某类具体结构，在应用时必须注意它的适用范围。如果选用得当，经验公式也可以给出较好的结果。特别是在初步设计或核对理论计算周期是否有大错误时十分有用。下面给出一组经验公式，可根据填充墙的多少分别采用较大值或较小值。

框架结构　　　　　　　　$T_1 = (0.08 \sim 0.1) N$ 　　　　　　　　　　(23-10)

框架-剪力墙结构　　　　　$T_1 = (0.06 \sim 0.08) N$ 　　　　　　　　　(23-11)

剪力墙结构（板式）

横墙间距较密时　　　$T_{1横} = 0.054 N$

（3m 左右）　　　　$T_{1纵} = 0.04 N$

　　　　　　　　　　　　　　　　　　　　　　　　　　　　　　　　(23-12)

横墙间距较疏时　　　$T_{1横} = 0.06 N$

（6m 左右）　　　　$T_{1纵} = 0.05 N$

式中　N——建筑物层数。

【例 23-2】　计算例 23-1 给出的建筑物的等效水平地震作用，建筑物要求 8 度抗震设防，位于 Ⅱ 类场地土上，设计地震分组为第二组。各层重量在表 23-9 给出。（说明：地震作用计算例题还可看例 24-2，其中有半经验半理论计算周期公式的应用以及顶部突出部分地震作用计算等内容）。

解

该 18 层框-剪结构基本自振周期按经验公式计算，$T_1 = 0.08N = 1.44\text{s}$

Ⅱ 类场地土，第二组，$T_g = 0.4\text{s}$

8 度设防，$\alpha_{\max} = 0.16$，钢筋混凝土结构，阻尼比取 0.05，因此

地震影响系数　　$\alpha_1 = \left(\dfrac{T_g}{T_1}\right)^{0.9} \cdot \alpha_{\max} = \left(\dfrac{0.4}{1.44}\right)^{0.9} \times 0.16 = 0.051$

建筑物总重量　　$G_E = 72300\text{kN}$

等效总重量　　　$G_{eq} = 0.85 \times 72300 = 64195.6\text{kN}$

总地震作用　　　$F_{Ek} = \alpha_1 G_{eq} = 0.051 \times 64195.6 = 3134\text{kN}$

顶部集中力　　　　$\Delta F_n = (0.08T_1 + 0.01)F_{Ek} = 0.125 \times 3134 = 392 \text{kN}$

各层地震作用　　$F_i = \dfrac{G_i H_i}{\Sigma G_i H_i} \cdot F_{Ek}(1-\delta_n) = \dfrac{G_i H_i}{\Sigma G_i H_i} \cdot 2742 \text{kN}$

F_i 计算见表 23-9。

表 23-9

层数	H_i (m)	G_i (kN)	$G_i H_i$ 10^4 (kN·m)	$\dfrac{G_i H_i}{\Sigma G_i H_j}$	F_i (kN)	F_i 分布图
18	58	2800	16.3	0.738	202.4	
17	54	4000	21.6	0.0978	268.2	
16	51	4000	20.4	0.0923	253.1	
15	48	4000	19.2	0.0869	238.3	
14	45	4000	18.0	0.0815	223.5	
13	42	4000	16.8	0.0760	208.4	
12	39	4000	15.6	0.0706	193.6	
11	36	4000	14.4	0.0652	178.8	
10	33	4000	13.2	0.0598	164.0	
9	30	4000	12.0	0.0543	148.9	
8	27	4000	10.8	0.0489	134.1	
7	24	4000	9.6	0.0435	119.3	
6	21	4000	8.4	0.0380	104.2	
5	18	4000	7.2	0.0326	89.4	
4	15	4000	6.0	0.0272	74.6	
3	12	4000	4.8	0.0217	59.5	
2	9	4500	4.1	0.0186	51.1	
1	5	5000	2.5	0.0113	31.0	
Σ		72300	220.9		2742.0	

2. 振型分解反应谱方法

当建筑物高度超过 40m，或刚度与质量沿高度分布很不均匀时，要用振型分解反应谱方法计算水平地震作用下的等效地震荷载及内力、位移。

多自由度体系，可以按振型分解方法得到多个振型。通常 n 层结构可看成 n 个自由度，有 n 个振型和 n 个相应周期，如图 23-7（b）所示。

式（23-13）是计算第 j 个振型，第 i 层水平等效地震力的公式：

$$F_{ji} = \alpha_j \gamma_j X_{ji} G_i \tag{23-13}$$

式中　α_j——相应于第 j 振型周期 T_j 的地震影响系数，由图 21-6 所给反应谱曲线计算；

　　　X_{ji}——j 振型 i 质点的振幅系数；

　　　γ_j——j 振型参与系数，由式（23-14）计算：

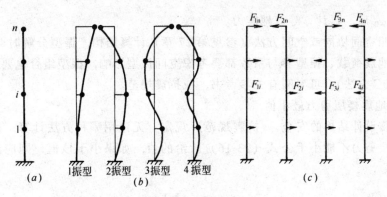

图 23-7 振型及等效地震力

$$\gamma_j = \frac{\sum_{i=1}^{n} X_{ji} G_i}{\sum_{i=1}^{n} X_{ji}^2 G_i} \tag{23-14}$$

G_i——第 i 层重力荷载代表值，与底部剪力法的 G_i 取值方法相同。

求得各振型的等效地震力后（图 23-7c），要分别计算各振型等效地震力作用下的内力与位移，然后通过振型组合方法计算设计时需要用的各杆件内力、各层位移以及各层剪力等。

振型组合用下述公式，这种组合方法称为平方和的平方根方法（简称 SRSS 方法）。

$$S_{Ek} = \sqrt{\sum_{j=1}^{m} S_j^2} \tag{23-15}$$

式中 S_j——由 j 振型等效地震力计算得到的物理量，可以是某截面的弯矩、剪力、轴力或是某个楼层的剪力、位移等；

S_{Ek}——组合以后的结果，是某个截面的组合弯矩、剪力、轴力或组合位移等；

m——组合的振型数。高振型参与的量较小，因此一般取前 3 个振型就可得到工程上足够精确的值，基本自振周期大于 1.5s，或房屋高宽比大于 5 时，振型数应适当增加。当刚度和质量沿高度分布很不均匀时，可取 5～6 个振型。

振型组合公式是通过概率分析得到的，它代表在地震作用下，出现概率较大的不利内力及位移。

用振型分解方法计算地震作用时，需要求出结构自振特性中的高振型周期及振幅。可以采用刚度法、柔度法或子空间迭代等理论计算方法。对于多层及高层建筑，通常都要借助计算机计算。

应当注意的是，在用理论方法计算周期时，计算简图中也未考虑填充墙等非结构构件的作用，计算出的周期都偏长，这样得到的地震力是偏小的。因此，虽然用了精确方法计算周期值，也要乘以缩短系数 α_0，α_0 取值也采用表 23-8 所给之值，在计算程序中应该先

将周期乘上 α_0 后,再计算等效地震力。

如果按照空间协同或空间方法(参见第 27 章)计算结构,振型分解时会有空间振型,这时的等效地震荷载、振型参与系数都要考虑空间振型影响,振型组合也要用完全平方法(简称 CQC 方法),可参阅有关参考书,或抗震规范。

3. 水平地震楼层剪力最小值

为了抗震设计结构的安全,《抗震规范》规定:无论用哪种方法计算,得到的地震作用下结构楼层剪力不能小于公式(23-16)所给的值,如果小于该值,则应加大到公式所给的值。

第 i 楼层剪力
$$V_{Eki} \geq \lambda \sum_{j=i}^{n} G_j \tag{23-16}$$

式中　λ —— 系数,按表 23-10 取值;

　　　G_j —— 第 j 层重力荷载代表值;

　　　n —— 结构计算总层数。

楼层最小地震剪力系数 λ　　　　　　　　　表 23-10

类别	7 度	8 度	9 度
扭转效应明显或基本周期小于 3.5s 的结构	0.016 (0.024)	0.032 (0.048)	0.064
基本周期大于 5.0s 的结构	0.012 (0.018)	0.024 (0.032)	0.040

注:括号中的数值分别用于设计基本地震加速度为 $0.15g$(7.5 度)和 $0.3g$(8.5 度)地区。

23.3.2　罕遇地震作用下水平地震作用计算

在罕遇地震作用下,需要用直接动力法计算地震作用,某些情况下,也可以用反应谱方法计算等效地震力。

当采用反应谱法计算等效地震力时,计算方法与常遇地震作用计算方法一样,可用底部剪力法或振型分解法,但是反应谱曲线中的 α_{max} 值改为与罕遇地震相应的地震影响系数,见表 23-11,表中同时给出了罕遇地震作用与常遇地震作用时 α_{max} 的比值,在不同设防烈度下比值不相同。

罕遇地震作用下水平地震影响系数最大值　　　　表 23-11

设防烈度	7	8	9
罕遇地震作用 α_{max}	0.50 (0.72)	0.90 (1.20)	1.4
与常遇地震 α_{max} 的比值	6.25 (6.0)	5.63 (5.0)	4.38

注:括号中数值分别用于设计基本加速度为 $0.15g$ 和 $0.3g$ 的地区

在罕遇地震作用下的直接动力方法需采用弹塑性时程分析方法。读者可参阅有关参考书,本教材不作介绍。

23.3.3 竖向地震作用计算

在9度地震设防区，应考虑竖向地震的不利影响，竖向地震会改变墙、柱等构件的轴向力。在跨度很大的梁中，由竖向地震增加的梁弯矩和剪力也不容忽视。

对墙、柱等竖向构件，竖向地震作用可以用下述方法计算：

基底总轴力标准值

$$F_{Evk} = \alpha_{vmax} \cdot G_{eq} \tag{23-17}$$

第 i 层竖向地震力

$$F_{vi} = \frac{G_i H_i}{\sum_{j=1}^{n} G_j H_j} F_{Evk} \tag{23-18}$$

第 i 层竖向总轴力

$$N_{vi} = \sum_{j=i}^{n} F_{vj} \tag{23-19}$$

式中　α_{vmax}——竖向地震影响系数，取水平地震作用影响系数 α_{max}（常遇地震）的0.65倍；

G_{eq}——结构等效重力荷载，取 $G_{eq} = 0.75 G_E$，G_E 为结构总重力荷载代表值。

式中，G_i（G_j）、H_i（H_j）的意义与等效水平地震荷载计算中的相同。

在求得第 i 层竖向总轴力后，按各墙、柱所受的重力荷载值大小，将 N_{vi} 分配到各墙、柱上。竖向地震引起的轴力可能为拉，也可能为压，组合时应取不利值。

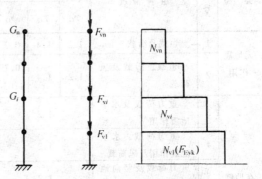

图 23-8　竖向等效地震力

23.4　荷载效应组合

在多层及高层建筑结构设计时，由多种荷载作用引起的内力及位移也要进行荷载效应组合，用组合内力及位移进行设计。在非抗震设防区的结构以及抗震设防结构但不计算地震作用时，为无地震组合；需要计算地震作用的抗震设防结构则要进行有地震作用组合。它们的组合项目分别列出如下：

无地震作用组合

$$S = \gamma_0 \left(\gamma_G S_{Gk} + \psi_Q \gamma_Q S_{Qk} + \psi_w \gamma_w S_{wk} \right) \tag{23-20}$$

有地震作用组合

$$S_E = \gamma_G S_{GE} + \gamma_{Eh} S_{Ehk} + \gamma_{Ev} S_{Evk} + \psi_w \gamma_w S_{wk} \tag{23-21}$$

式中　　　　γ_0——重要性系数，按建筑物重要性分别取 1.1、1.0 或 0.9；

S_{Gk}、S_{Qk}——分别为永久荷载、楼面活荷载、等标准值产生的荷载效应；

S_{wk}——风荷载标准值产生的荷载效应；

S_{GE}——抗震计算时重力荷载代表值产生的荷载效应；

S_{Ehk}、S_{Evk}——分别为水平地震作用及竖向地震作用产生的荷载效应；

γ_G、γ_Q、γ_w、γ_{Eh}、γ_{Ev}——与上述各种荷载相应的分项系数；

ψ_Q、ψ_w——分别为楼面活荷载组合数和风荷载与其他荷载组合时的组合系数。

表 23-12 给出了各种情况下多层及高层建筑需要考虑的组合项目。在进行内力效应组合时，公式中的各个 γ 及 ψ 系数，应根据不同情况分别采用表 23-12 中给出的相应值，在进行位移效应组合时，各种情况中的分项系数 γ 均取 1.0。

荷载效应组合系数　　　　　　　　　　表 23-12

类型	编号	组合情况	竖向荷载			水平地震作用	竖向地震作用	风荷载		说　明
			γ_G	γ_Q	ψ_Q	γ_{Eh}	γ_{Ev}	γ_w	ψ_w	
无地震作用	1	恒载及活载	1.2	1.4	0.7	0	0	0	0	
	2	恒载、活载及风荷载	1.2	1.4	0.7 1.0*	0	0	1.4	1.0 0.6*	多层建筑用带*号的组合系数
有地震作用	3	重力荷载及水平地震作用	1.2			1.3	0	0	0	
	4	重力荷载、水平地震作用及风荷载	1.2			1.3	0	1.4	0.2	60m 以上高层建筑考虑
	5	重力荷载及竖向地震作用	1.2			0	1.3	0	0	9 度抗震设计时考虑
	6	重力荷载、水平及竖向地震作用	1.2			1.3	0.5	0	0	9 度抗震设计时考虑
	7	重力荷载，水平及竖向地震作用，风荷载	1.2			1.3	0.5	1.4	0.2	60m 以上高层建筑 9 度抗震设防时考虑

在未乘分项系数之前（或取系数为 1.0 时），称为标准值，在乘分项系数并组合后，称为内力设计值。

23.5　结构设计要求

多层及高层建筑设计应满足下列各项设计要求，其中第 1～3 项是在非抗震设计和抗震第一阶段设计时的要求，第 4 项则是抗震结构在第二阶段的验算要求。

1. 承载力要求

所有结构构件都必须满足承载力极限状态的要求，其表达式为：

无地震作用组合： $$S \leqslant R \tag{23-22}$$

有地震作用组合： $$S_E \leqslant \frac{R_E}{\gamma_{RE}} \tag{23-23}$$

S 是经过无地震作用荷载效应组合后的构件内力，R 是无地震作用下构件的承载能力。

S_E 是有地震作用时经过荷载组合后的构件内力，R_E 是地震作用下构件的承载力。通过试验可知，在反复荷载作用下，承载能力要降低，因此，在有地震作用组合时，要用 R_E 进行承载力验算。

式（23-23）中 γ_{RE} 是承载力抗震调整系数，考虑到地震作用是一种偶然作用，作用时间很短，材料性能也与静力作用下不同，通过可靠度分析，用 γ_{RE} 对抗震设计中的承载力作必要的调整。规范给出的 γ_{RE} 值如表 23-13。由表可见，γ_{RE} 都小于 1，因此承载力增大了。

构件承载力抗震调整系数 γ_{RE}　　　表 23-13

类别	正截面抗弯承载能力受弯、偏压			偏拉及斜截面抗剪	
	梁	柱		剪力墙	各类构件
		轴压比<0.15	≥0.15		
γ_{RE}	0.75	0.75	0.80	0.85	0.85

2. 侧移变形限制

高层建筑中侧移过大会影响使用，因此侧移变形限制是使用状态的要求。我国规范规定在正常使用状态下要满足下述要求：

$$\frac{\delta}{h} \leqslant \left[\frac{\delta}{h}\right] \tag{23-24}$$

式中　δ、h——分别是结构在水平荷载作用下的最大层间位移及该层层高，δ/h 也称为层间位移角，见图 23-9。

$[\delta/h]$ 是层间位移角的限制值。表 23-14 给出了高层钢筋混凝土结构的位移限制值。

设计时，都要先检查位移是否满足要求，不满足时修改构件截面，满足后再进行承载力计算及配筋设计。

楼层间最大位移与层高之比的限值　　　表 23-14

结构类型	δ/h 限值
框架	1/550
框架-剪力墙、框架-核心筒、板柱-剪力墙	1/800
筒中筒、剪力墙	1/1000
框支层	1/1000
高度≥250m 的高层建筑	1/500

高度在 150~250m 之间的高层建筑，可按上表中的值线性插入。

3. 抗震构造措施

在中等地震（即设防烈度的地震）作用下，允许结构某些部位进入屈服状态，形成塑性铰，这时结构进入弹塑性状态。在这个阶段结构刚度降低，地震惯性力不会很大，但结构变形加大，结构是通过塑性变形耗散地震能量的。具有上述性能的结构称为延性结构。抗震结构都应设计成延性结构，主要通过设计具有足够延性的构件来实现。

如把构件塑性变形与屈服变形的比值定义为延性比，则在抗震结构中构件应满足

$$\mu \leqslant [\mu] \tag{23-25}$$

μ 是结构在地震作用下构件变形的延性比，即构件在地震作用下（图 23-10 中以 P 代表）可能达到的变形 Δ_p 与屈服变形 Δ_y 之比值；$[\mu]$ 是构件可能提供的延性比，即构件的极限变形 Δ_u（超过 Δ_u 就认为构件破坏）与屈服变形 Δ_y 的比值。后者代表了构件的塑性变形能力，见图 23-10。

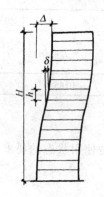

图 23-9 结构侧移及层间变形

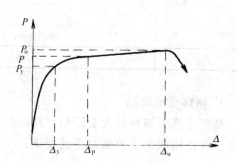

图 23-10 延性结构

由于地震作用的不确定性，计算参数也难于确定，在地震作用下构件达到的 μ 值很难通过计算得到。$[\mu]$ 值则和截面内力性质、构件材料、配筋方式及配筋数量等诸多因素有关，也是不易定量计算的。因此在工程设计中并不用式（23-25）验算延性要求，而是以结构的抗震等级代替延性要求。不同抗震等级的结构构件有不同的配筋构造要求。换句话说，在抗震结构中，结构和构件的延性要求（实现中震可修和大震不倒）是通过抗震构造措施来实现的。

抗震构造要求分为四个等级，一级要求最高，构件设计时构造要求最为严格，延性也最好、二、三级次之，四级要求较低。一般说来，抗震设防烈度高，建筑物高度大，可能出现较大变形的结构，抗震等级就比较高。多层及高层建筑的抗震等级要求见表 23-15。

多层及高层建筑结构抗震等级 表23-15

结构类型			烈 度					
			6度		7度		8度		9度
框架	高度（m）		≤30	>30	≤30	>30	≤30	>30	≤25
	框架		四	三	三	二	二	一	一
框架-剪力墙	高度（m）		≤60	>60	≤60	>60	≤60	>60	≤50
	框架		四	三	三	二	二	一	一
	剪力墙		三		二		一		一
剪力墙	高度（m）		≤80	>80	≤80	>80	≤80	>80	≤60
	剪力墙		四	三	三	二	二	一	一
框支剪力墙	非底部加强部位剪力墙		四	三	三	二	二		不应采用
	底部加强部位剪力墙		三	二	二	二	一		
	框支框架		二		二	一	一		
筒体	框架-核心筒	框架	三		二		一		一
		核心筒	二		二		一		一
	筒中筒	内筒	三		二		一		一
		外筒	三		二		一		一
板柱-剪力墙	板柱的柱		三		二		一		不应采用
	剪力墙		二		二		二		

注：1. 接近或等于高度分界时，应结合房屋不规则程度及场地、地基条件适当确定抗震等级；
    2. 底部带转换层的筒体结构，其框支框架的抗震等级应按表中框支剪力墙结构的规定采用；
    3. 板柱-剪力墙结构中框架的抗震等级应与表中"板柱的柱"相同。

抗震规范还规定，对于比较重要的高层建筑，要通过提高其抗震措施应考虑的烈度来提高其抗震等级，达到提高结构延性的目的；反之在Ⅰ类场地土上又可通过降低其抗震措施应考虑的烈度来降低抗震构造要求。表23-16是选择抗震措施等级时应考虑的烈度。

确定抗震措施等级的地震烈度 表23-16

建筑类别		丙类				乙类			
设防烈度		6	7	8	9	6	7	8	9
选择抗震等级时应考虑的烈度	Ⅰ类场地	6	6	7	8	6	7	8	9
	Ⅱ～Ⅳ类场地	6	7	8	9	7	8	9	9

4. 罕遇地震作用下的变形限制

在罕遇地震作用下，结构不能倒塌（大震不倒），除了采取抗震构造措施外，在某些情况下还要进行罕遇地震作用下的变形验算，这是属于第二阶段抗震验算，即在结构构件截面设计、构造设计均已完成之后，计算其弹塑性层间变形，如果弹塑性层间变形过大，则要修改截面或修改配筋。

凡进行第二阶段在罕遇地震作用下弹塑性变形的结构，其最大层间位移角 θ_p（即结薄弱层的层间变形 δ/h）限制值见表23-17。

弹塑性位移限制角　　　　　　　　　　　　　　　表23-17

结 构 类 型	$[\theta_p]$
框架结构	1/50
框架-剪力墙结构、框架核心筒板柱-剪力墙	1/100
剪力墙结构、筒中筒结构	1/120
框支层	1/120

思 考 题

23.1　计算总风荷载和局部风载的目的是什么？二者计算有何异同？

23.2　风振系数的物理意义是什么？与哪些因素有关，为什么在高而柔的结构中才需要计算？

23.3　哪些情况下的多、高层建筑需要抗震设防？抗震计算的内容是什么？除作抗震计算外，抗震结构怎样达到抗震设防目的？

23.4　什么是三水准抗震目标？什么是两阶段抗震设计？二者的关系是什么？

23.5　底部剪力反应谱方法与振型分解反应谱方法有什么异同？每种方法的计算步骤是什么？

23.6　公式（23-8）、（23-9）中的 Δ_T、Δ_i 是什么？怎样求得？用时要注意什么？

23.7　什么情况下需要用 α_0 系数修正周期？为什么各种结构的 α_0 值不相同？

23.8　为什么计算等效地震荷载时要用重力荷载代表值？为什么重力荷载代表值中恒载取全部，活载要打折扣？在计算有地震作用组合中，竖向荷载如何计算？

23.9　为什么内力组合时各种荷载内力都取大于1.0的分项系数，而位移组合时分项系数均取1.0？请与公式（23-22～24）联系起来考虑。

23.10　公式（23-25）中 μ 与 $[\mu]$ 的含义有何不同？为什么抗震结构的延性要求不通过计算延性比实现？怎样选择结构的抗震等级，抗震结构的设防烈度和抗震措施应考虑的烈度有什么不同？

23.11　计算图23-11所示平面的建筑物沿高度分布的总风荷载，并算出各层楼板标高处的风作用力（集中力）及各层剪力。本建筑物为剪力墙结构，层高3m，共20层。由荷载规范上查得的地区标准风压为

$$w_0 = 0.4 \text{kN/m}^2$$

23.12　如果某建筑物平面与图23-11相同，而其层数、层高、总高及各层重量均与［例23-2］建筑物相同，其他条件（设防要求、场地等）也都相同，请问本建筑物与［例23-2］的建筑物的等效水平地震荷载相同吗？为什么？

请按上述条件计算本建筑物的地震作用。

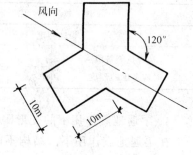

图23-11

第24章 框架结构

24.1 布置、梁柱尺寸及计算简图

24.1.1 布置

框架结构布置首先是确定柱网。柱网即柱的排列方式,它必须满足建筑平面及使用要求,同时也要使结构合理。

从结构上看,柱网应规则、整齐,且每个楼层的柱网尺寸应相同,要能形成由板-次梁-框架梁-框架柱-基础组成的传力体系,且使之直接而明确(有时可以不设次梁)。例如在需要中间走道的建筑中,柱网布置可如图 24-1(a),在需要较大空间时,柱网布置可如图 24-1(b),柱的间距以 3~8m 较为合理,特殊需要时可再缩小或扩大。

在具有正交轴线柱网的框架结构中,通常可形成很明确的两个方向的框架。矩形平面的长向被称为纵向,短向称为横向。图 24-1(a)中的柱网布置有七榀横向框架和四榀纵向框架;图 24-1(b)为正方形,不分纵向和横向,每个方向都有四榀框架。

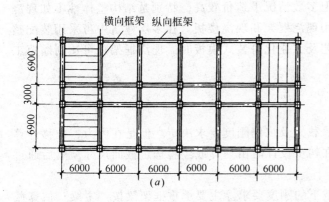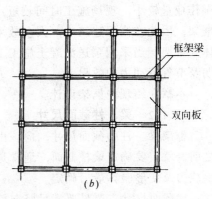

图 24-1 框架柱网布置

就承受竖向荷载而言,由于楼板布置方式不同,有主要承重框架和非主要承重框架之分。如图 24-1(a)左半部分所示,楼板(或次梁)支承在横向框架上,横向框架成为主要承重框架,纵向框架为非主要承重框架;图 24-1(a)右半部则相反,纵向框架成为主要承重框架,横向框架为非主要承重框架(在一个结构中应当布置成统一的承重体系,图

24-1（a）是为说明问题而分为两种布置的）。如果采用双向板，如图 24-1（b）所示，则双向框架都是承重框架。

就承受水平荷载而言，两个方向的框架分别抵抗与框架方向平行的水平荷载。由图 24-2 可见，在非地震区，矩形平面建筑纵向的受风面积小，纵向框架的抗侧刚度要求较低，在多层框架结构中，纵向框架的梁柱连接可以做成铰结，但是在高层建筑中，或是在地震区的多层建筑中，两向框架的梁柱连接都必须做成刚结。由于无论是纵向还是横向，建筑物质量是相同的，地震作用也相近，因而抗震结构中，两个方向的框架的总抗侧刚度应当相近。

因此，在确定框架的组成及梁柱截面尺寸时，要综合考虑上述各因素，既要考虑楼板的合理跨度及布置，又要考虑抗侧刚度的要求。例如在矩形平面结构中，每榀横向框架柱子数目少，将横向框架布置成主要承重框架有利于提高横向框架的抗侧刚度。

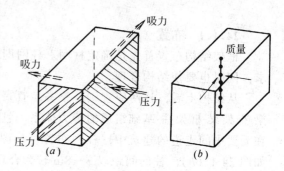

图 24-2　水平作用力

从施工方式划分，框架结构有装配整体式、现浇及半装配半现浇等类型。装配整体式框架是用预制构件（梁、柱）在现场吊装、拼接而成的，拼装时通过现浇混凝土将节点做成整体刚接。这种框架工业化程度高，现场湿作业量较小，现场施工时间较短，但多数情况下造价较高，特别是结构整体性不如现浇框架，因此在高层建筑中，大多数采用现浇框架和现浇楼板。在多层建筑中可采用装配整体式框架，当采用泵送混凝土施工工艺及工业化拼装式模板时，现浇框架也可达到缩短工期及节省劳动力的效果。

本章介绍现浇框架设计。

24.1.2　梁、柱截面尺寸

框架梁、柱的截面尺寸，应该由承载力及抗侧刚度要求决定。但是在内力、位移计算之前，就需要确定梁柱截面，通常是在初步设计时由估算或经验选定截面尺寸，然后通过承载力及变形验算最后确定。

梁截面尺寸主要是要满足竖向荷载下的刚度要求。主要承重框架梁按"主梁"估算截面，一般取梁高 h_b 为 $\left(\frac{1}{10} \sim \frac{1}{18}\right) l_b$，$l_b$ 为主梁计算跨度，同时 h_b 也不宜大于净跨的 $\frac{1}{4}$；主梁截面宽度 b_b 不宜小于 $h_b/4$。非主要承重框架的梁可按"次梁"要求选择截面尺寸，一般取梁高 h_b 为 $\left(\frac{1}{12} \sim \frac{1}{20}\right) l_b$。当满足上述要求时一般可不验算挠度。

增大梁截面高度可有效地提高框架抗侧刚度，但是增加梁高必然增加楼层层高，在高层建筑中它将使建筑物总高度增加，因而是不经济的；事实上，常常会因为楼层高度及使用净空要求而限制梁高。此外，在抗震结构中，梁截面过大也不利于抗震延性框架的实现。在梁高度受到限制时，可增加梁截面的宽度形成宽梁或扁梁以提高抗侧刚度，这时，需要计算竖向荷载下挠度或具有足够的经验以确保梁的刚度要求得到满足。

柱截面尺寸可根据柱子可能承受的竖向荷载估算。在初步设计时，一般根据柱支承的楼板面积及填充墙数量，由单位楼板面积重量（包括自重及使用荷载）及填充墙材料重量计算一根柱的最大竖向轴力设计值 N_v，在考虑水平荷载的影响后，由下式估算柱子截面面积 A_c。

在非抗震设计时

$$\left. \begin{array}{l} N = (1.05 \sim 1.10) N_v \\ A_c \geqslant \dfrac{N}{f_c} \end{array} \right\} \tag{24-1}$$

在抗震设计时

$$\left. \begin{array}{l} N = (1.1 \sim 1.2) N_v \\ 一级抗震 \quad A_c \geqslant \dfrac{N}{0.65 f_c} \\ 二级抗震 \quad A_c \geqslant \dfrac{N}{0.75 f_c} \\ 三级抗震 \quad A_c \geqslant \dfrac{N}{0.85 f_c} \end{array} \right\} \tag{24-2}$$

式中，f_c 是柱混凝土的轴心抗压强度设计值。

框架柱截面可做成方形、圆形或矩形。一般情况下，柱的长边与主要承重框架方向一致。

根据经验，框架柱截面不能太小，非抗震设计时，矩形柱截面边长 $h_c \leqslant 250\text{mm}$，抗震设计时 $h_c \leqslant 300\text{mm}$，圆柱截面直径 $\leqslant 350\text{mm}$，而且柱净高与截面长边 h_c 之比宜大于 4。

24.1.3 框架计算简图

一般情况下，实际结构都是处于空间受力状态，水平荷载可能从任意一个方向作用在结构上。在设计结构时必须简化以便于计算。当横向、纵向的各榀框架布置较规则，它们各自的刚度和荷载分布都比较均匀时，可以将结构简化成一系列的平面框架进行内力及位移分析，这里作了两点假定：

1. 一榀框架可以抵抗本身平面内的水平荷载，而在平面外的刚度很小，可以忽略。因此整个框架结构可划分成若干个平面框架，共同抵抗与平面框架平行的水平荷载，垂直于该方向的结构不参加受力。

2. 各个平面框架之间通过楼板联系。楼板在其自身平面内刚度很大，可视为刚性无限大的平板，但在平面外的刚度很小，可以忽略。例如在具有正交柱网布置的图 24-3

(a)所示框架结构中，y 向可划分为 6 片框架，共同抵抗 y 向水平力，它们由无限刚性的楼板联系在一起，当 y 向水平力作用下结构无扭转时，各片结构在每层楼板处侧移都相等，见图 24-3(b)；当结构有扭转时，楼板只作刚体转动，因而各片结构的侧移呈直线关系，如图 24-3(c)。同理，图 24-3(a)结构在 x 方向可划分为三片框架（每片有五跨梁柱），共同抵抗 x 方向水平力。

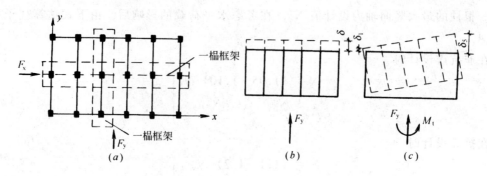

图 24-3 平面框架简化示意

因此，需要在 x 和 y 方向（它们是矩形平面的主轴方向）分别计算水平荷载 F_x 和 F_y，并分别进行内力及位移计算。

24.2 在竖向荷载作用下框架内力的近似计算
——分层计算法

将框架结构划分为平面框架后，按照楼板的支承方式计算由楼盖传到框架上的荷载，即按照框架的承荷面积计算竖向荷载。图 24-4(a)所示为框架上的可能出现的竖向荷载形式，可能是均布荷载，或者是三角形或梯形分布荷载，如有次梁，则还有集中荷载。在柱上作用的集中力是另一方向的梁传来的荷载，当这个集中力作用在柱截面重心轴上时，只产生柱轴力。

多层多跨框架在一般竖向荷载作用下侧移是很小的，可按照无侧移框架的计算方法进行内力分析。由影响线理论及精确分析可知，各层荷载对其他层杆件的内力影响不大。因此，可将多层框架简化为多个单层框架，并且用力矩分配法求解杆件内力，这种分层计算法是一种近似的内力计算法。如图 24-4(a)所示的三层框架分成如图 24-4(b)所示的三个单层框架分别计算。分层计算所得的梁弯矩即为最终弯矩；每一根柱都同时属于上、下两层，必须将上、下两层所得的同一根柱子的内力叠加，才能得到该柱的最终内力。

用力矩分配法计算各单层框架内力的要点如下，具体计算见例 24-1。

(1) 框架分层后，各层柱高及梁跨度均与原结构相同，把柱的远端假定为固端。

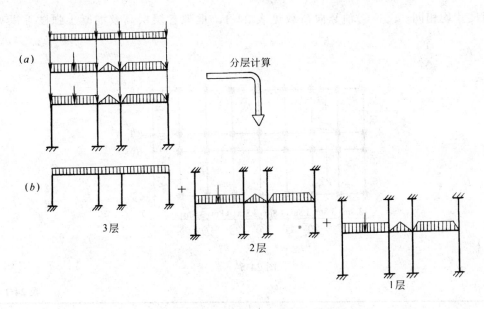

图 24-4 竖向荷载下分层计算简图

(2) 各层梁上竖向荷载与原结构相同,计算竖向荷载在梁端的固端弯矩。

(3) 计算梁柱线刚度及弯矩分配系数。

梁柱的线刚度分别为 $i_b = EI_b/l$ 和 $i_c = EI_c/h$,I_b、I_c 分别为梁、柱截面惯性矩,l、h 分别为梁跨度与层高。

计算梁截面的惯性矩时,应考虑楼板的影响,现浇楼板的有效作用宽度可取楼板厚度的 6 倍(梁每侧),设计时也可按下式近似计算有现浇楼板的梁截面惯性矩:

$$\left. \begin{array}{ll} 一侧有楼板 & I_b = 1.5 I_r \\ 两侧有楼板 & I_b = 2.0 I_r \end{array} \right\} \quad (24-3)$$

式中,I_r 为由矩形截面计算得到的截面惯性矩。

除底层柱外,其他各层柱端并非固定端,分层计算时假定它为固端,因而除底层柱以外的其他柱子的线刚度乘以 0.9 修正系数(底层柱不修正),在计算每个节点周围各杆件的刚度分配系数时,用修正以后的柱线刚度计算。

(4) 计算传递系数。

底层柱和各层梁的传递系数都取 1/2;而上层各柱对柱远端的传递,由于将非固端假定为固端,传递系数改用 1/3。

(5) 分别用力矩分配法计算得到各层内力后,将上下两层分别计算得到的同一根柱的内力叠加。这样得到的结点上的弯矩可能不平衡,但误差不会很大。如果要求更精确一些,可将结点不平衡弯矩再进行一次分配。

【例 24-1】 某七层办公楼为框架结构,其柱网布置及梁柱尺寸见图 24-5。各层梁、柱截面尺寸均相同。②～⑦轴竖向荷载见表24-1。框架各层层高及混凝土强度等级见表24-2。

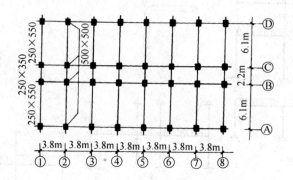

图 24-5

表 24-1

楼层及位置		恒 载			使用荷载		地震时重力荷载代表值
		楼板传来 (kN/m)	隔断砖墙 (kN/m)	梁上均布 (kN/m)	均布 (kN/m)	梁上均布 (kN/m)	恒载+0.5×活载 (kN/m)
屋顶	房间	4.92×3.8		18.7	2.8×3.8	10.6	24
	屋顶	4.92×3.8		18.7	0.5×3.8	1.9	19.7
6层	房间	5.02×3.8	16.66	35.8	2.8×3.8	10.6	41.4
	走道	5.02×3.8		19.1	2.8×3.8	10.6	24.4
1～5层	房间	5.02×3.8	13.36	32.5	1.4×3.8	5.3	35.2
	走道	5.02×3.8		19.1	1.4×3.8	5.3	21.8

表 24-2

层数	层高 (m)	梁				柱				
		混凝土等级	E_c (10^4MPa)	I_b (mm^4)	i_b (N·mm)	混凝土等级	E_c (10^4MPa)	I_c (mm^4)	i_c(N·mm)	
									修正前	修正后
7	3.6	C20	2.55	边梁 5.2×10^9 中间梁 1.34×10^9	2.17×10^{10}	C25	2.8	5.21×10^9	4.05×10^{10}	3.65×10^{10}
6～4	3.1					C25	2.8		4.71×10^{10}	4.24×10^{10}
3～2	3.1					C30	3.0		5.04×10^{10}	4.54×10^{10}
1	6.0				1.55×10^{10}	C30	3.0		2.61×10^{10}	2.61×10^{10}

本例题计算该结构②～⑦轴框架在恒载作用下的内力。使用荷载及考虑地震时的重力荷载作用下内力计算方法相同。

竖向荷载表中房间的恒载为 $4.92kN/m^2$（7层）及 $5.02kN/m^2$（1～6层），使用荷载为 $2.8kN/m^2$（6～7层），及 $1.4kN/m^2$（1～5层），屋面使用荷载为 $0.5kN/m^2$。框架梁承受3.8m宽楼板传来的荷载和梁上隔断砖墙荷载。屋顶层以上在③～⑥轴及Ⓐ～Ⓒ轴之间有局部突出的一层楼，该部分为房间。所以表内所列屋顶层也有房间的使用荷载，它代表③～⑥轴间Ⓐ～Ⓒ梁承受的楼面荷载，其余部分的梁都按屋面荷载计算。

解

梁、柱线刚度计算见表24-2。恒载数值及固端弯矩分别示于图24-6（a）、（b）。由于对称，取计算简图如图24-6（c）。图中柱线刚度已经过修正。固端弯矩值边跨为 $\dfrac{ql^2}{12}$，中跨两端分别取 $\dfrac{ql^2}{3}$ 及 $\dfrac{ql^2}{6}$。

用分层法计算内力，见图24-7。

最后弯矩图，剪力图及柱轴力见图24-8。为了简化计算（结果误差不大），梁剪力值取 $\dfrac{ql_0}{2}$，l_0 为净跨。

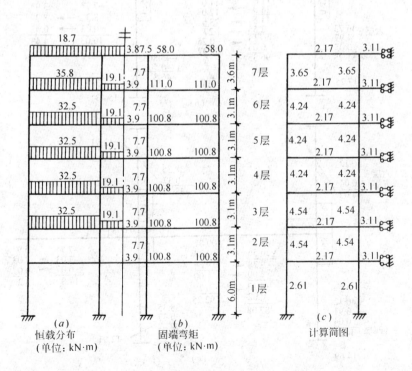

图24-6

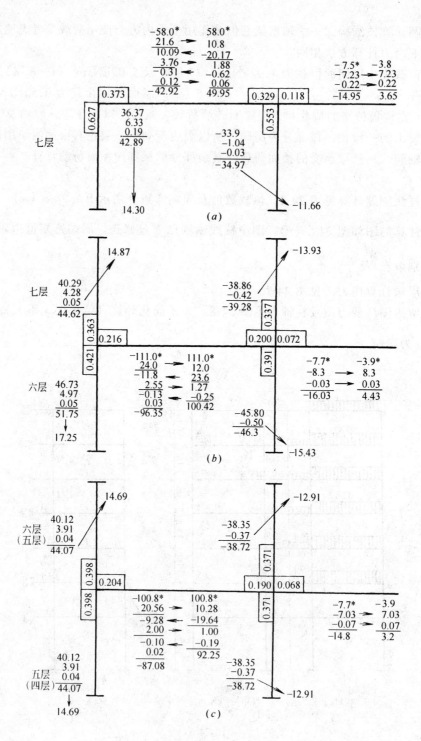

图 24-7（一）

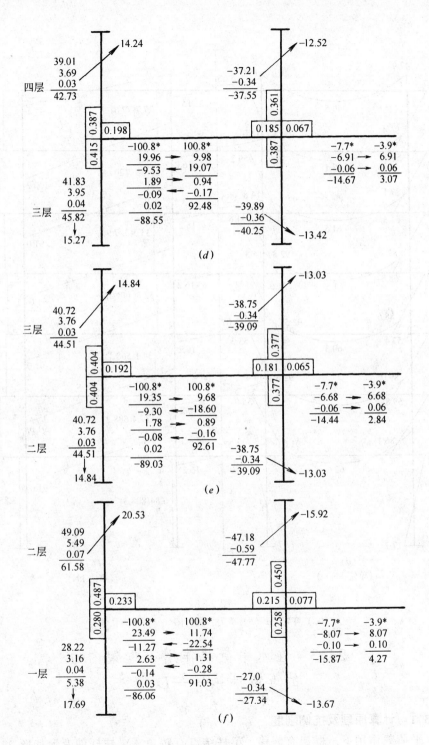

图 24-7 (二)

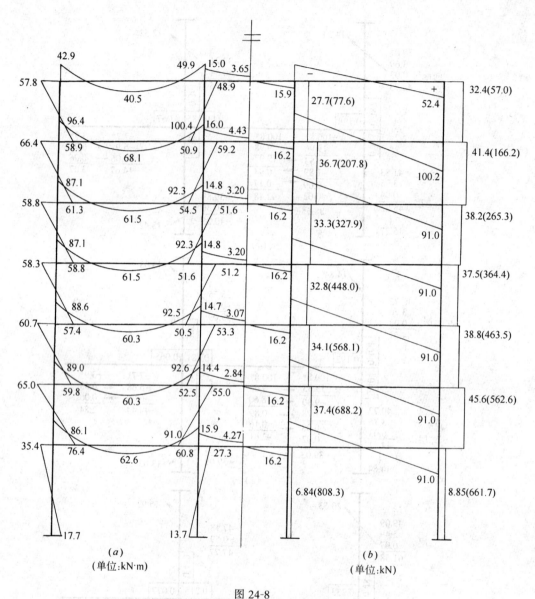

(a) (b)
(单位:kN·m) (单位:kN)

图 24-8
(a) 弯矩图；(b) 剪力、轴力图 ( ) 中为柱轴力

24.3 在水平荷载作用下框架内力的近似计算——D 值法

24.3.1 计算原理及抗侧刚度

在水平荷载作用下，框架有侧移，梁柱结点有转角，梁柱杆件变形如图 24-9（a）所

示，梁柱杆件的弯矩图如图 24-9（b）所示。通常在柱中都有反弯点，高层框架的底部几层可能没有反弯点。近似计算方法是利用柱的抗侧刚度求出柱的剪力分配，并确定反弯点位置，然后梁柱的内力便可迎刃而解。

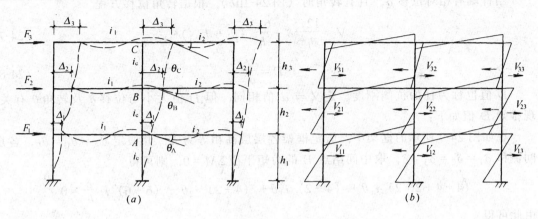

图 24-9 水平荷载下框架变形及弯矩图

柱内反弯点的位置以及柱的抗侧刚度都与梁柱的刚度比有关，或者说与柱端的支承条件有关。图 24-10 给出了几种不同支承条件下的变形和内力情况。

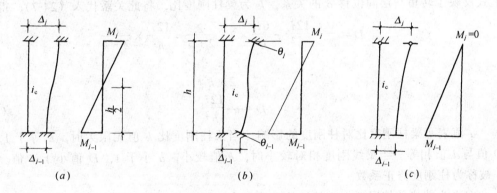

图 24-10 支承情况与弯矩图

当杆端有相对位移 δ 但无转角时，（图 24-10a），$\delta = \Delta_j - \Delta_{j-1}$，$\theta = 0$，根据转角位移方程可得：

$$V = \frac{12 i_c}{h^2} \delta \tag{24-4}$$

式中，i_c 为柱线刚度，h 为柱高。

令

$$d = \frac{12 i_c}{h^2} \tag{24-5}$$

则
$$d = \frac{V}{\delta} \tag{24-6}$$

d 称为柱的抗侧刚度，即单位侧移下的剪力。这种情况下反弯点在柱的中点。

当杆端有相对位移 δ，且有转角时（图 24-10b），根据转角位移方程

$$V = \frac{12i_c}{h^2}\delta - \frac{6i_c}{h}(\theta_j + \theta_{j-1}) \tag{24-7}$$

令
$$D = \frac{V}{\delta} \tag{24-8}$$

D 值也称为柱的抗侧刚度，定义与 d 值相同，但 D 值大小与位移 δ 及转角 θ 有关。现推导 D 值如下：

在如图 24-9 所示的框架中，假定框架各层层高相等为 h，并假定 $\theta_A = \theta_B = \theta_C$，各层间侧移 $\delta_1 = \delta_2 = \delta_3 = \delta$，取中间结点 B 的力矩平衡 $\Sigma M = 0$，则可得

$$(4+4+2+2)i_c\theta + (4+2)i_1\theta + (4+2)i_2\theta - (6+6)i_c\frac{\delta}{h} = 0$$

由此可得

$$\theta = \frac{2}{2 + \frac{i_1 + i_2}{i_c}} \times \frac{\delta}{h} = \frac{2}{2+k} \times \frac{\delta}{h}$$

上式反映了转角与层间位移 δ 的关系，k 为梁柱刚度比，将此关系代入 (24-7)，得到

$$D = \frac{V}{\delta} = \frac{12i_c}{h^2} - \frac{6i_c}{h^2} \times 2 \times \frac{2}{2+k} = \frac{12i_c}{h^2} \times \frac{k}{2+k}$$

令
$$\alpha = \frac{k}{2+k} \tag{24-9}$$

则
$$D = \alpha \cdot \frac{12i_c}{h^2} \tag{24-10}$$

α 值表示梁柱刚度比对柱刚度的影响，当梁柱刚度比 k 值无限大时，α 等于 1，所得 D 值与 d 值相等。当梁线刚度相对较小时，k 值较小，α 小于 1，D 值小于 d 值。因此，α 被称为柱刚度修正系数。

在更为普遍的情况下，中间柱的上下左右四根梁的线刚度不相等，这时取线刚度比值的平均值为 k，即

$$k = \frac{i_1 + i_2 + i_3 + i_4}{2i_c}$$

边柱情况下，令 $i_1 = i_3 = 0$，可得 $k = \frac{i_2 + i_4}{2i_c}$

对于框架的底层柱，由于底端为固结支座，无转角，推导思路类似，过程从略，所得底层柱的 k 值及 α 值不同于上层柱。现将 k 及 α 的计算公式归纳于表 24-3 中。

表 24-3

楼层	简图	k	α
一般柱		$k = \dfrac{i_1 + i_2 + i_3 + i_4}{2i_c}$	$\alpha = \dfrac{k}{2+k}$
底层柱		$k = \dfrac{i_1 + i_2}{i_c}$	$\alpha = \dfrac{0.5+k}{2+k}$

上述 d 值及 D 值是在不同条件下的柱抗侧刚度，可利用它们求得框架在水平荷载作用下柱的剪力。

用 d 值求解框架内力被称为反弯点法，因为该方法认为柱的反弯点都在中点。反弯点法假定梁刚度无限大，在实际工程中只有 $i_b/i_c > 3$ 时，才可用反弯点法计算。

用 D 值法求解框架内力时，称为 D 值法，又称为改进反弯点法。反弯点位置不一定在柱中点。D 值法较为精确，也具有更普遍的意义。

24.3.2　D 值法

1. 剪力分配

在利用抗侧刚度作剪力分配时，作了以下两个假定：

(1) 忽略在水平荷载作用下柱的轴向变形及剪切变形，柱的剪力只与弯曲变形产生的水平位移有关；

(2) 梁的轴向变形很小，可以忽略，因而同一楼层处柱端位移相等。

假定在同一楼层中各柱端的侧移相等，则同层柱的相对位移 δ 都相等，由此可得到第 j 层各个柱子的剪力如下：

$$\left. \begin{array}{l} V_{1j} = D_{1j}\delta_j \\ V_{2j} = D_{2j}\delta_j \\ \vdots \\ V_{ij} = D_{ij}\delta_j \\ \vdots \end{array} \right\} \tag{24-11}$$

式中 i 为柱编号，V_{ij}，D_{ij} 分别为第 j 层第 i 根柱子的剪力及抗侧刚度，假定有 m 根柱，总剪力为 V_{pj}，

因为
$$V_{1j} + V_{2j} + \cdots\cdots + V_{mj} = V_{pj} \tag{24-12}$$

所以
$$\delta_j (D_{1j} + D_{2j} + \cdots\cdots + D_{ij}) = V_{pj}$$

$$\delta_j = \dfrac{V_{pj}}{\sum_{i=1}^{m} D_{ij}} \tag{24-13}$$

将 δ_j 代入式 (24-11)，可得

$$V_{1j} = \frac{D_{1j}}{\sum_{i=1}^{m} D_{ij}} V_{pj}$$

$$V_{2j} = \frac{D_{2j}}{\sum_{i=1}^{m} D_{ij}} V_{pj}$$

$$\vdots$$

$$V_{ij} = \frac{D_{ij}}{\sum_{i=1}^{m} D_{ij}} V_{pj}$$

$$\vdots$$

$$V_{mj} = \frac{D_{mj}}{\sum_{i=1}^{m} D_{ij}} V_{pj} \tag{24-14}$$

式 (24-14) 即柱的剪力分配公式。

由上面推导过程可见，公式 (24-14) 不限于一榀框架中各柱的剪力分配，而可适用于整个框架结构，这时式 (24-14) 中的 V_{pj} 为该框架结构第 j 层的总剪力，m 为该框架结构 j 层所有柱的总数。在采用 D 值法时，将总剪力直接分配到柱往往更为方便而直接，不必经过先分配到每榀框架，再分配到柱这个过程。

2. 反弯点高度比 y

反弯点到柱底距离与柱高度的比值称为反弯点高度比，令反弯点到柱底距离为 yh。

在 D 值法中确定柱反弯点位置时，要考虑影响柱上下结点转角的各种因素，即柱上下端的约束条件。由图 24-10 可见当两端约束相同时，$\theta_j = \theta_{j-1}$，反弯点在中点，当两端约束不相同时，$\theta_j \neq \theta_{j-1}$，反弯点则移向转角较大的一端，也就是移向约束刚度较小的一端，其极端情况见图 24-10 (c)，图中一端铰结，约束刚度为 0，即反弯点与该端重合。

影响柱两端约束刚度的主要因素是：

(1) 结构总层数与该层所在位置；
(2) 梁柱线刚度比；
(3) 荷载形式；
(4) 上层与下层梁刚度比；
(5) 上、下层层高变化。

在 D 值法中，用下式计算反弯点高度比 y

$$y = y_n + y_1 + y_2 + y_3 \tag{24-15}$$

式中，y_n 称为标准反弯点高度比，它是在假定各层层高相等、各层梁线刚度相等的情况下通过理论推导得到的。y_1、y_2、y_3 则是考虑上、下梁刚度不同和上、下层层高有变化时反弯点位置变化的修正值。

①标准反弯点高度比

为使用方便,已把标准反弯点高度比的值制成表格。在均布水平荷载下的 y_n 列于表 24-4,在倒三角形分布荷载下的 y_n 列于表 24-5。根据该框架总层数 n 及该层所在楼层 j 以及梁柱线刚度比 k 值(k 值计算见表 24-3),可从表中查得标准反弯点高度比 y_n。

均布水平荷载下各层标准反弯点高度比 y_n 表 24-4

n	j \ k	0.1	0.2	0.3	0.4	0.5	0.6	0.7	0.8	0.9	1.0	2.0	3.0	4.0	5.0
1	1	0.80	0.75	0.70	0.65	0.65	0.60	0.60	0.60	0.60	0.55	0.55	0.55	0.55	0.55
2	2	0.45	0.40	0.35	0.35	0.35	0.35	0.40	0.40	0.40	0.40	0.45	0.45	0.45	0.45
2	1	0.95	0.80	0.75	0.70	0.65	0.65	0.65	0.60	0.60	0.60	0.55	0.55	0.55	0.50
3	3	0.15	0.20	0.20	0.25	0.30	0.30	0.30	0.35	0.35	0.35	0.40	0.45	0.45	0.45
3	2	0.55	0.50	0.45	0.45	0.45	0.45	0.45	0.45	0.45	0.45	0.45	0.50	0.50	0.50
3	1	1.00	0.85	0.80	0.75	0.70	0.70	0.65	0.65	0.65	0.60	0.55	0.55	0.55	0.55
4	4	-0.05	0.05	0.15	0.20	0.25	0.30	0.30	0.35	0.35	0.35	0.40	0.45	0.45	0.45
4	3	0.25	0.30	0.30	0.35	0.35	0.40	0.40	0.40	0.40	0.45	0.45	0.50	0.50	0.50
4	2	0.65	0.55	0.50	0.50	0.45	0.45	0.45	0.45	0.45	0.45	0.50	0.50	0.50	0.50
4	1	1.10	0.90	0.80	0.75	0.70	0.70	0.65	0.65	0.65	0.60	0.55	0.55	0.55	0.55
5	5	-0.20	0.00	0.15	0.20	0.25	0.30	0.30	0.30	0.35	0.35	0.40	0.45	0.45	0.45
5	4	0.10	0.20	0.25	0.30	0.35	0.35	0.40	0.40	0.40	0.40	0.45	0.45	0.50	0.50
5	3	0.40	0.40	0.40	0.40	0.40	0.45	0.45	0.45	0.45	0.45	0.50	0.50	0.50	0.50
5	2	0.65	0.55	0.50	0.50	0.50	0.50	0.50	0.50	0.50	0.50	0.50	0.50	0.50	0.50
5	1	1.20	0.95	0.80	0.75	0.75	0.70	0.70	0.65	0.65	0.65	0.55	0.55	0.55	0.55
6	6	-0.30	0.00	0.10	0.20	0.25	0.25	0.30	0.30	0.35	0.35	0.40	0.45	0.45	0.45
6	5	0.00	0.20	0.25	0.30	0.35	0.35	0.40	0.40	0.40	0.40	0.45	0.45	0.50	0.50
6	4	0.20	0.30	0.35	0.35	0.40	0.40	0.40	0.45	0.45	0.45	0.45	0.50	0.50	0.50
6	3	0.40	0.40	0.40	0.45	0.45	0.45	0.45	0.45	0.45	0.45	0.50	0.50	0.50	0.50
6	2	0.70	0.60	0.55	0.50	0.50	0.50	0.50	0.50	0.50	0.50	0.50	0.50	0.50	0.50
6	1	1.20	0.95	0.85	0.80	0.75	0.70	0.70	0.65	0.65	0.65	0.55	0.55	0.55	0.55
7	7	-0.35	-0.05	0.10	0.20	0.20	0.25	0.30	0.30	0.35	0.35	0.40	0.45	0.45	0.45
7	6	-0.10	0.15	0.25	0.30	0.35	0.35	0.35	0.40	0.40	0.40	0.45	0.45	0.50	0.50
7	5	0.10	0.25	0.30	0.35	0.40	0.40	0.40	0.45	0.45	0.45	0.50	0.50	0.50	0.50
7	4	0.30	0.35	0.40	0.40	0.40	0.45	0.45	0.45	0.45	0.45	0.50	0.50	0.50	0.50
7	3	0.50	0.45	0.45	0.45	0.45	0.45	0.45	0.45	0.45	0.45	0.50	0.50	0.50	0.50
7	2	0.75	0.60	0.55	0.50	0.50	0.50	0.50	0.50	0.50	0.50	0.50	0.50	0.50	0.50
7	1	1.20	0.95	0.85	0.80	0.75	0.70	0.70	0.65	0.65	0.65	0.55	0.55	0.55	0.55
8	8	-0.35	-0.15	0.10	0.10	0.25	0.25	0.30	0.30	0.35	0.35	0.40	0.45	0.45	0.45
8	7	-0.10	0.15	0.25	0.30	0.35	0.35	0.40	0.40	0.40	0.40	0.45	0.45	0.50	0.50
8	6	0.05	0.25	0.30	0.35	0.40	0.40	0.40	0.45	0.45	0.45	0.45	0.50	0.50	0.50
8	5	0.20	0.30	0.35	0.40	0.40	0.45	0.45	0.45	0.45	0.45	0.50	0.50	0.50	0.50
8	4	0.35	0.40	0.40	0.45	0.45	0.45	0.45	0.45	0.45	0.45	0.50	0.50	0.50	0.50
8	3	0.50	0.45	0.45	0.45	0.45	0.45	0.45	0.50	0.50	0.50	0.50	0.50	0.50	0.50
8	2	0.75	0.60	0.55	0.55	0.50	0.50	0.50	0.50	0.50	0.50	0.50	0.50	0.50	0.50
8	1	1.20	1.00	0.85	0.80	0.75	0.70	0.70	0.65	0.65	0.65	0.55	0.55	0.55	0.55

续表

n	j \ k	0.1	0.2	0.3	0.4	0.5	0.6	0.7	0.8	0.9	1.0	2.0	3.0	4.0	5.0
9	9	-0.40	-0.05	0.10	0.20	0.25	0.25	0.30	0.30	0.35	0.35	0.35	0.45	0.45	0.45
	8	-0.15	0.15	0.25	0.30	0.35	0.35	0.35	0.40	0.40	0.40	0.45	0.45	0.50	0.50
	7	0.05	0.25	0.30	0.35	0.40	0.40	0.40	0.45	0.45	0.45	0.45	0.50	0.50	0.50
	6	0.15	0.30	0.35	0.40	0.40	0.45	0.45	0.45	0.45	0.45	0.50	0.50	0.50	0.50
	5	0.25	0.35	0.40	0.40	0.45	0.45	0.45	0.45	0.45	0.45	0.50	0.50	0.50	0.50
	4	0.40	0.40	0.40	0.45	0.45	0.45	0.45	0.45	0.45	0.45	0.50	0.50	0.50	0.50
	3	0.55	0.45	0.45	0.45	0.45	0.45	0.45	0.45	0.50	0.50	0.50	0.50	0.50	0.50
	2	0.80	0.65	0.55	0.55	0.50	0.50	0.50	0.50	0.50	0.50	0.50	0.50	0.50	0.50
	1	1.20	1.00	0.85	0.80	0.75	0.70	0.70	0.65	0.65	0.65	0.55	0.55	0.55	0.55
10	10	-0.40	-0.05	0.10	0.20	0.25	0.30	0.30	0.30	0.30	0.35	0.40	0.45	0.45	0.45
	9	-0.15	0.15	0.25	0.30	0.35	0.35	0.40	0.40	0.40	0.40	0.45	0.45	0.50	0.50
	8	-0.00	0.25	0.30	0.35	0.40	0.40	0.40	0.45	0.45	0.45	0.45	0.50	0.50	0.50
	7	-0.10	0.30	0.35	0.40	0.40	0.40	0.45	0.45	0.45	0.45	0.50	0.50	0.50	0.50
	6	0.20	0.35	0.40	0.40	0.45	0.45	0.45	0.45	0.45	0.45	0.50	0.50	0.50	0.50
	5	0.30	0.40	0.40	0.45	0.45	0.45	0.45	0.45	0.45	0.45	0.50	0.50	0.50	0.50
	4	0.40	0.40	0.45	0.45	0.45	0.45	0.45	0.45	0.45	0.45	0.50	0.50	0.50	0.50
	3	0.55	0.50	0.45	0.45	0.45	0.50	0.50	0.50	0.50	0.50	0.50	0.50	0.50	0.50
	2	0.80	0.65	0.55	0.55	0.55	0.50	0.50	0.50	0.50	0.50	0.50	0.50	0.50	0.50
	1	1.30	1.00	0.85	0.80	0.75	0.70	0.70	0.65	0.65	0.65	0.60	0.55	0.55	0.55
11	11	-0.40	0.05	0.10	0.20	0.25	0.30	0.30	0.30	0.35	0.35	0.40	0.45	0.45	0.45
	10	-0.15	0.15	0.25	0.30	0.35	0.35	0.40	0.40	0.40	0.40	0.45	0.45	0.50	0.50
	9	0.00	0.25	0.30	0.35	0.40	0.40	0.40	0.45	0.45	0.45	0.45	0.50	0.50	0.50
	8	0.10	0.30	0.35	0.40	0.40	0.45	0.45	0.45	0.45	0.45	0.50	0.50	0.50	0.50
	7	0.20	0.35	0.40	0.45	0.45	0.45	0.45	0.45	0.45	0.45	0.50	0.50	0.50	0.50
	6	0.25	0.35	0.40	0.45	0.45	0.45	0.45	0.45	0.45	0.45	0.50	0.50	0.50	0.50
	5	0.35	0.40	0.40	0.45	0.45	0.45	0.45	0.45	0.45	0.45	0.50	0.50	0.50	0.50
	4	0.40	0.45	0.45	0.45	0.45	0.45	0.45	0.50	0.50	0.50	0.50	0.50	0.50	0.50
	3	0.55	0.50	0.50	0.50	0.50	0.50	0.50	0.50	0.50	0.50	0.50	0.50	0.50	0.50
	2	0.80	0.65	0.60	0.55	0.55	0.50	0.50	0.50	0.50	0.50	0.50	0.50	0.50	0.50
	1	1.30	1.00	0.85	0.80	0.75	0.70	0.70	0.65	0.65	0.65	0.60	0.55	0.55	0.55
12以上	自上1	-0.40	-0.05	0.10	0.20	0.25	0.30	0.30	0.30	0.35	0.35	0.40	0.45	0.45	0.45
	2	-0.15	0.15	0.25	0.30	0.35	0.35	0.40	0.40	0.40	0.40	0.45	0.45	0.50	0.50
	3	0.00	0.25	0.30	0.35	0.40	0.40	0.40	0.45	0.45	0.45	0.45	0.50	0.50	0.50
	4	0.10	0.30	0.35	0.40	0.40	0.45	0.45	0.45	0.45	0.45	0.50	0.50	0.50	0.50
	5	0.20	0.35	0.40	0.40	0.45	0.45	0.45	0.45	0.45	0.45	0.50	0.50	0.50	0.50
	6	0.25	0.35	0.40	0.45	0.45	0.45	0.45	0.45	0.45	0.45	0.50	0.50	0.50	0.50
	7	0.30	0.40	0.40	0.45	0.45	0.45	0.45	0.45	0.50	0.50	0.50	0.50	0.50	0.50
	8	0.35	0.40	0.45	0.45	0.45	0.45	0.45	0.50	0.50	0.50	0.50	0.50	0.50	0.50
	中间	0.40	0.40	0.45	0.45	0.45	0.45	0.50	0.50	0.50	0.50	0.50	0.50	0.50	0.50
	4	0.45	0.45	0.45	0.45	0.50	0.50	0.50	0.50	0.50	0.50	0.50	0.50	0.50	0.50
	3	0.60	0.50	0.50	0.50	0.50	0.50	0.50	0.50	0.50	0.50	0.50	0.50	0.50	0.50
	2	0.80	0.65	0.60	0.55	0.55	0.50	0.50	0.50	0.50	0.50	0.50	0.50	0.50	0.50
	自下1	1.30	1.00	0.85	0.80	0.75	0.70	0.70	0.65	0.65	0.55	0.55	0.55	0.55	0.55

倒三角形分布水平荷载下各层柱标准反弯点高度比 y_n 表 24-5

n	j\k	0.1	0.2	0.3	0.4	0.5	0.6	0.7	0.8	0.9	1.0	2.0	3.0	4.0	5.0
1	1	0.80	0.75	0.70	0.65	0.65	0.60	0.60	0.60	0.60	0.55	0.55	0.55	0.55	0.55
2	2	0.50	0.45	0.40	0.40	0.40	0.40	0.40	0.40	0.40	0.45	0.45	0.45	0.45	0.50
	1	1.00	0.85	0.75	0.70	0.70	0.65	0.65	0.65	0.60	0.60	0.55	0.55	0.55	0.55
3	3	0.25	0.25	0.25	0.30	0.30	0.35	0.35	0.35	0.40	0.40	0.45	0.45	0.45	0.50
	2	0.60	0.50	0.50	0.50	0.50	0.45	0.45	0.45	0.45	0.45	0.50	0.50	0.50	0.50
	1	1.15	0.90	0.80	0.75	0.75	0.70	0.70	0.65	0.65	0.65	0.60	0.55	0.55	0.55
4	4	0.10	0.15	0.20	0.25	0.30	0.30	0.35	0.35	0.35	0.40	0.45	0.45	0.45	0.45
	3	0.35	0.35	0.35	0.40	0.40	0.40	0.40	0.45	0.45	0.45	0.50	0.50	0.50	0.50
	2	0.70	0.60	0.55	0.50	0.50	0.50	0.50	0.50	0.50	0.50	0.50	0.50	0.50	0.50
	1	1.20	0.95	0.85	0.80	0.75	0.70	0.70	0.70	0.65	0.65	0.55	0.55	0.55	0.50
5	5	−0.05	0.10	0.20	0.25	0.30	0.30	0.35	0.35	0.35	0.35	0.40	0.45	0.45	0.45
	4	0.20	0.25	0.35	0.35	0.40	0.40	0.40	0.40	0.40	0.45	0.45	0.50	0.50	0.50
	3	0.45	0.40	0.45	0.45	0.45	0.45	0.45	0.45	0.45	0.45	0.50	0.50	0.50	0.50
	2	0.75	0.60	0.55	0.55	0.50	0.50	0.50	0.60	0.50	0.50	0.50	0.50	0.50	0.50
	1	1.30	1.00	0.85	0.80	0.75	0.70	0.70	0.65	0.65	0.65	0.65	0.55	0.55	0.55
6	6	−0.15	0.05	0.15	0.20	0.25	0.30	0.30	0.35	0.35	0.35	0.40	0.45	0.45	0.45
	5	0.10	0.25	0.30	0.35	0.35	0.40	0.40	0.40	0.45	0.45	0.45	0.50	0.50	0.50
	4	0.30	0.35	0.40	0.40	0.45	0.45	0.45	0.45	0.45	0.45	0.50	0.50	0.50	0.50
	3	0.50	0.45	0.45	0.45	0.45	0.45	0.45	0.45	0.45	0.50	0.50	0.50	0.50	0.50
	2	0.80	0.65	0.55	0.55	0.55	0.55	0.50	0.50	0.50	0.50	0.50	0.50	0.50	0.50
	1	1.30	1.00	0.85	0.80	0.75	0.70	0.70	0.65	0.65	0.65	0.60	0.55	0.55	0.55
7	7	−0.20	0.05	0.15	0.20	0.25	0.30	0.30	0.35	0.35	0.35	0.45	0.45	0.45	0.45
	6	0.05	0.20	0.30	0.35	0.35	0.40	0.40	0.40	0.40	0.45	0.45	0.50	0.50	0.50
	5	0.20	0.30	0.35	0.40	0.40	0.45	0.45	0.45	0.45	0.45	0.50	0.50	0.50	0.50
	4	0.35	0.40	0.40	0.45	0.45	0.45	0.45	0.45	0.45	0.45	0.50	0.50	0.50	0.50
	3	0.55	0.50	0.50	0.50	0.50	0.50	0.50	0.50	0.50	0.50	0.50	0.50	0.50	0.50
	2	0.80	0.65	0.60	0.55	0.55	0.55	0.50	0.50	0.50	0.50	0.50	0.50	0.50	0.50
	1	1.30	1.00	0.90	0.80	0.75	0.70	0.70	0.70	0.65	0.65	0.60	0.55	0.55	0.55
8	8	−0.20	0.05	0.15	0.20	0.25	0.30	0.30	0.35	0.35	0.35	0.45	0.45	0.45	0.45
	7	0.00	0.20	0.30	0.35	0.35	0.40	0.40	0.40	0.40	0.45	0.45	0.50	0.50	0.50
	6	0.15	0.30	0.35	0.40	0.40	0.45	0.45	0.45	0.45	0.45	0.50	0.50	0.50	0.50
	5	0.30	0.45	0.40	0.45	0.45	0.45	0.45	0.45	0.45	0.50	0.50	0.50	0.50	0.50
	4	0.40	0.45	0.45	0.45	0.45	0.45	0.45	0.50	0.50	0.50	0.50	0.50	0.50	0.50
	3	0.60	0.50	0.50	0.50	0.50	0.50	0.50	0.50	0.50	0.50	0.50	0.50	0.50	0.50
	2	0.85	0.65	0.60	0.55	0.55	0.55	0.50	0.50	0.50	0.50	0.50	0.50	0.50	0.50
	1	1.30	1.00	0.90	0.80	0.75	0.70	0.70	0.70	0.65	0.60	0.55	0.55	0.55	0.55

续表

n	k j	0.1	0.2	0.3	0.4	0.5	0.6	0.7	0.8	0.9	1.0	2.0	3.0	4.0	5.0
9	9	−0.25	0.00	0.15	0.20	0.25	0.30	0.30	0.35	0.35	0.40	0.45	0.45	0.45	0.45
	8	0.00	0.20	0.30	0.35	0.35	0.40	0.40	0.40	0.40	0.45	0.45	0.50	0.50	0.50
	7	0.15	0.30	0.35	0.40	0.40	0.45	0.45	0.45	0.45	0.45	0.50	0.50	0.50	0.50
	6	0.25	0.35	0.40	0.40	0.45	0.45	0.45	0.45	0.45	0.50	0.50	0.50	0.50	0.50
	5	0.35	0.40	0.45	0.45	0.45	0.45	0.45	0.45	0.50	0.50	0.50	0.50	0.50	0.50
	4	0.45	0.45	0.45	0.45	0.45	0.50	0.50	0.50	0.50	0.50	0.50	0.50	0.50	0.50
	3	0.65	0.50	0.50	0.50	0.50	0.50	0.50	0.50	0.50	0.50	0.50	0.50	0.50	0.50
	2	0.80	0.65	0.65	0.55	0.55	0.55	0.55	0.50	0.50	0.50	0.50	0.50	0.50	0.50
	1	1.35	1.00	1.00	0.80	0.75	0.75	0.70	0.70	0.65	0.65	0.60	0.55	0.55	0.55
10	10	−0.25	0.00	0.15	0.20	0.25	0.30	0.30	0.35	0.35	0.40	0.45	0.45	0.45	0.45
	9	−0.05	0.20	0.30	0.35	0.35	0.40	0.40	0.40	0.40	0.45	0.45	0.50	0.50	0.50
	8	0.10	0.30	0.35	0.40	0.40	0.40	0.45	0.45	0.45	0.45	0.50	0.50	0.50	0.50
	7	0.20	0.35	0.40	0.40	0.45	0.45	0.45	0.45	0.45	0.50	0.50	0.50	0.50	0.50
	6	0.30	0.40	0.40	0.45	0.45	0.45	0.45	0.45	0.45	0.50	0.50	0.50	0.50	0.50
	5	0.40	0.45	0.45	0.45	0.45	0.45	0.45	0.50	0.50	0.50	0.50	0.50	0.50	0.50
	4	0.50	0.45	0.45	0.45	0.50	0.50	0.50	0.50	0.50	0.50	0.50	0.50	0.50	0.50
	3	0.60	0.55	0.50	0.50	0.50	0.50	0.50	0.50	0.50	0.50	0.50	0.50	0.50	0.50
	2	0.85	0.65	0.60	0.55	0.55	0.55	0.55	0.50	0.50	0.50	0.50	0.50	0.50	0.50
	1	1.35	1.00	0.90	0.80	0.75	0.75	0.70	0.70	0.65	0.65	0.60	0.55	0.55	0.55
11	11	−0.25	0.00	0.15	0.20	0.25	0.30	0.30	0.30	0.35	0.35	0.45	0.45	0.45	0.45
	10	−0.05	0.20	0.25	0.30	0.35	0.40	0.40	0.40	0.40	0.45	0.45	0.50	0.50	0.50
	9	0.10	0.30	0.35	0.40	0.40	0.40	0.45	0.45	0.45	0.45	0.50	0.50	0.50	0.50
	8	0.20	0.35	0.40	0.40	0.45	0.45	0.45	0.45	0.45	0.45	0.50	0.50	0.50	0.50
	7	0.25	0.40	0.40	0.45	0.45	0.45	0.45	0.45	0.45	0.50	0.50	0.50	0.50	0.50
	6	0.35	0.40	0.45	0.45	0.45	0.45	0.45	0.50	0.50	0.50	0.50	0.50	0.50	0.50
	5	0.40	0.44	0.45	0.45	0.45	0.50	0.50	0.50	0.50	0.50	0.50	0.50	0.50	0.50
	4	0.50	0.50	0.50	0.50	0.50	0.50	0.50	0.50	0.50	0.50	0.50	0.50	0.50	0.50
	3	0.65	0.55	0.50	0.50	0.50	0.50	0.50	0.50	0.50	0.50	0.50	0.50	0.50	0.50
	2	0.85	0.65	0.60	0.55	0.55	0.55	0.55	0.50	0.50	0.50	0.50	0.50	0.50	0.50
	1	1.35	1.00	0.90	0.80	0.75	0.75	0.70	0.70	0.65	0.65	0.60	0.55	0.55	0.55
12以上	自上 1	−0.30	0.00	0.15	0.20	0.25	0.30	0.30	0.30	0.35	0.35	0.40	0.45	0.45	0.45
	2	−0.10	0.20	0.25	0.30	0.35	0.40	0.40	0.40	0.40	0.40	0.45	0.45	0.45	0.50
	3	0.05	0.25	0.35	0.40	0.40	0.40	0.45	0.45	0.45	0.45	0.45	0.50	0.50	0.50
	4	0.15	0.30	0.40	0.40	0.45	0.45	0.45	0.45	0.45	0.45	0.45	0.50	0.50	0.50
	5	0.25	0.30	0.40	0.45	0.45	0.45	0.45	0.45	0.45	0.45	0.50	0.50	0.50	0.50
	6	0.30	0.40	0.40	0.45	0.45	0.45	0.45	0.50	0.50	0.50	0.50	0.50	0.50	0.50
	7	0.35	0.40	0.40	0.45	0.45	0.45	0.50	0.50	0.50	0.50	0.50	0.50	0.50	0.50
	8	0.35	0.45	0.45	0.45	0.50	0.50	0.50	0.50	0.50	0.50	0.50	0.50	0.50	0.50
	中间	0.45	0.45	0.45	0.50	0.50	0.50	0.50	0.50	0.50	0.50	0.50	0.50	0.50	0.50
	4	0.55	0.50	0.50	0.50	0.50	0.50	0.50	0.50	0.50	0.50	0.50	0.50	0.50	0.50
	3	0.65	0.55	0.50	0.50	0.50	0.50	0.50	0.50	0.50	0.50	0.50	0.50	0.50	0.50
	2	0.70	0.70	0.60	0.55	0.55	0.55	0.55	0.50	0.50	0.50	0.50	0.50	0.50	0.50
	自下 1	1.35	1.05	0.90	0.80	0.75	0.70	0.70	0.70	0.65	0.65	0.60	0.55	0.55	0.55

②上下梁刚度变化时的反弯点高度比修正值 y_1

当某柱的上梁与下梁刚度不等，则柱上、下结点转角不同，反弯点位置有变化，修正值为 y_1，见图 24-11。

当 $i_1+i_2<i_3+i_4$ 时，令 $\alpha_1=(i_1+i_2)/(i_3+i_4)$

根据 α_1 和 k 值从表 24-6 中查出 y_1，这时反弯点应向上移，y_1 取正值。

当 $i_3+i_4<i_1+i_2$ 时，令 $\alpha_1=(i_3+i_4)/(i_1+i_2)$

仍由 α_1 和 k 值从表 24-6 中查出 y_1，这时反弯点应向下移，y_1 取负值。

对于底层，不考虑 y_1 修正值。

③上下层高度变化时反弯点高度比修正值 y_2 和 y_3。

层高有变化时，反弯点也会移动，见图 24-12。

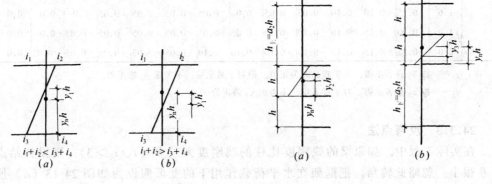

图 24-11 　　　　　　　　　　　　　　　图 24-12

上下梁相对刚度变化时修正值 y_1　　　　　　　　　　　　　　表 24-6

α_1 \ k	0.1	0.2	0.3	0.4	0.5	0.6	0.7	0.8	0.9	1.0	2.0	3.0	4.0	5.0
0.4	0.55	0.40	0.30	0.25	0.20	0.20	0.20	0.15	0.15	0.15	0.05	0.05	0.05	0.05
0.5	0.45	0.30	0.20	0.20	0.15	0.15	0.15	0.10	0.10	0.10	0.05	0.05	0.05	0.05
0.6	0.30	0.20	0.15	0.15	0.10	0.10	0.10	0.10	0.05	0.05	0.05	0.05	0.00	0.00
0.7	0.20	0.15	0.10	0.10	0.10	0.10	0.05	0.05	0.05	0.05	0.05	0.00	0.00	0.00
0.8	0.15	0.10	0.05	0.05	0.05	0.05	0.05	0.05	0.05	0.05	0.00	0.00	0.00	0.00
0.9	0.05	0.05	0.05	0.05	0.00	0.00	0.00	0.00	0.00	0.00	0.00	0.00	0.00	0.00

注：对于底层柱不考虑 α_1 值，所以不作此项修正。

令上层层高和本层层高之比 $h_上/h=\alpha_2$，由表 24-7 可查得修正值 y_2。当 $\alpha_2>1$ 时，y_2 为正值，反弯点向上移。当 $\alpha_2<1$ 时，α_2 为负值，反弯点向下移。

同理，令下层层高和本层层高之比 $h_下/h=\alpha_3$，由表 24-7 可查得修正值 y_3。

上下层柱高度变化时的修正值 y_2 和 y_3 表 24-7

α_2	k / d_3	0.1	0.2	0.3	0.4	0.5	0.6	0.7	0.8	0.9	1.0	2.0	3.0	4.0	5.0
2.0		0.25	0.15	0.15	0.10	0.10	0.10	0.10	0.10	0.05	0.05	0.05	0.05	0.0	0.0
1.8		0.20	0.15	0.10	0.10	0.10	0.05	0.05	0.05	0.05	0.05	0.05	0.0	0.0	0.0
1.6	0.4	0.15	0.10	0.10	0.05	0.05	0.05	0.05	0.05	0.05	0.05	0.00	0.0	0.0	0.0
1.4	0.6	0.10	0.10	0.05	0.05	0.05	0.05	0.05	0.05	0.05	0.05	0.0	0.0	0.0	0.0
1.2	0.8	0.05	0.05	0.05	0.0	0.0	0.0	0.0	0.0	0.0	0.0	0.0	0.0	0.0	0.0
1.0	1.0	0.0	0.0	0.0	0.0	0.0	0.0	0.0	0.0	0.0	0.0	0.0	0.0	0.0	0.0
0.8	1.2	-0.05	-0.05	-0.05	0.0	0.0	0.0	0.0	0.0	0.0	0.0	0.0	0.0	0.0	0.0
0.6	1.4	-0.10	-0.05	-0.05	-0.05	-0.05	-0.05	-0.05	-0.05	-0.05	-0.05	0.0	0.0	0.0	0.0
	1.6	-0.15	-0.10	-0.10	-0.05	-0.05	-0.05	-0.05	-0.05	-0.05	-0.05	0.0	0.0	0.0	0.0
	1.8	-0.20	-0.15	-0.10	-0.10	-0.10	-0.05	-0.05	-0.05	-0.05	-0.05	0.0	0.0	0.0	0.0
	2.0	-0.25	-0.15	-0.15	-0.10	-0.10	-0.10	-0.10	-0.05	-0.05	-0.05	-0.05	0.0	0.0	0.0

注：y_2——按 α_2 查表求得，上层较高时为正值，但对于最上层，不考虑 y_2 修正值。

y_3——按 α_3 查表求得，对于最下层，不考虑 y_3 修正值。

24.3.3 反弯点法

在实际工程中，如果梁的线刚度比柱的线刚度大很多（$i_b/i_c > 3$），则梁柱结点的转角 θ 很小。忽略此转角，把框架在水平荷载作用下的变形假设为如图 24-13（a）所示情况，这时可按 d 值分配剪力，称为反弯点法。框架柱剪力分配公式与式（24-14）相同，用 d_{ij} 取代 D_{ij} 即可。

用反弯点法计算时，可近似认为除底层柱外，上层各柱的反弯点均在柱中点。由于底层柱的底端为固结，柱上端约束刚度较小，因此反弯点向上移，可取离柱底 2/3 柱高度处为反弯点，见图 24-13（b）。

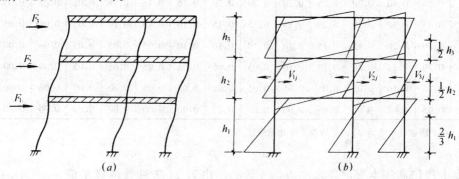

图 24-13 反弯点法示意

24.3.4 框架内力计算

用 D 值法（或者用反弯点法）求得各柱剪力并确定了反弯点位置之后，梁柱内力可以很容易求得。

1. 由各柱剪力 V_{ij} 及反弯点位置 y_{ij}，计算柱端弯矩。

j 层 i 柱上端弯距
j 层 i 柱下端弯矩

$$\left.\begin{array}{l} M_{ij}^{t}=V_{ij}(1-y_{ij})h_{j} \\ M_{ij}^{b}=V_{ij}y_{ij}h_{j} \end{array}\right\} \quad (24\text{-}16)$$

2. 根据结点平衡计算梁端弯矩之和，再按左右梁的线刚度将弯矩分配到梁端（图 24-14）。

$$\left.\begin{array}{l} M_{b}^{l}=(M_{ij}^{t}+M_{i,j+1}^{b})\dfrac{i_{b}^{l}}{i_{b}^{l}+i_{b}^{r}} \\ M_{b}^{r}=(M_{ij}^{t}+M_{i,j+1}^{b})\dfrac{i_{b}^{r}}{i_{b}^{l}+i_{b}^{r}} \end{array}\right\} \quad (24\text{-}17)$$

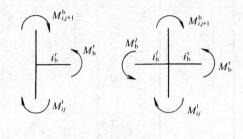

图 24-14

3. 根据梁两端弯矩计算梁剪力 V_b；
4. 根据梁剪力计算柱轴力 N_c。

【例 24-2】 计算例 24-1 所给七层框架办公楼的地震作用及④轴框架（局部八层）在地震作用下的内力。

设该办公楼位于 8 度设防区，Ⅰ类场地土、设计地震分组为第二组。

该办公楼的平面柱网尺寸及梁、柱截面尺寸、混凝土等级见例 24-1。④轴框架的剖面图及全建筑的楼层总重量见图 24-15（③～⑥轴之间屋顶有突出部分，其梁、柱截面均与下部结构相同）。

解

1. 用顶点位移法计算结构横向周期

用 D 值法计算结构假想位移，计算过程见表 24-8。将各层重量作为假想水平荷载得到的层剪力列于表 24-8 中 V_j 栏。图 24-15 中列出的梁柱线刚度为例 24-1 计算结果（见表 24-2），单位为 $10^{10}\text{N}\cdot\text{mm}$。

取 7 层屋顶处的假想位移计算结构基本周期，$\Delta_T=0.757\text{m}$。因砖填充墙数量较多，取 $\alpha_0=0.65$。

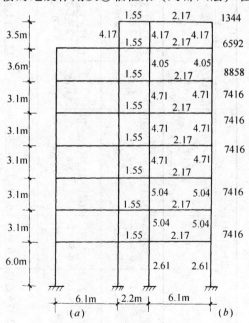

图 24-15

(a) 线刚度（单位：$10^{10}\text{N}\cdot\text{mm}$）;
(b) 层重量（单位：kN）

表 24-8

层数	边柱(16根) $i_c = EI/h$ ($\times 10^{10}$ N·mm)	边柱(16根) k	边柱(16根) α	边柱(16根) $D = \alpha \cdot 12i_c/h^2$ ($\times 10^3$ N/mm)	中柱(16根) $i_c = EI/h$ ($\times 10^{10}$ N·mm)	中柱(16根) k	中柱(16根) α	中柱(16根) $D = \alpha \cdot 12i_c/h^2$ ($\times 10^7$ N/mm)	ΣD_{ij} ($\times 10^3$ N/mm)	V_j (10^3 N)	δ_j (mm)	$\Delta_j = \Sigma \delta_j$ (mm)
8	4.17	$\dfrac{2.17+2.17}{2\times 4.17}=0.52$	$\dfrac{0.52}{0.52+2}=0.21$	$\dfrac{0.21\times 12\times 4.17\times 10}{3.5^2}=8.58$	4.17	$\dfrac{(2.17+1.55)\times 2}{2\times 4.17}=0.89(0.63)$	$\dfrac{0.89}{2+0.89}=0.31(0.24)$	$\dfrac{0.31\times 12\times 4.17\times 10}{3.5^2}=12.66(9.81)$	93.0	1344	14.45	771.5
7	4.05	$\dfrac{2.17+2.17}{2\times 4.05}=0.54$	$\dfrac{0.54}{0.54+2}=0.21$	$\dfrac{0.21\times 12\times 4.05\times 10}{3.6^2}=7.88$	4.05	$\dfrac{(2.17+1.55)\times 2}{2\times 4.05}=0.92$	$\dfrac{0.92}{2+0.92}=0.32$	$\dfrac{0.32\times 12\times 4.05\times 10}{3.6^2}=12.00$	318.08	7936	25.0	757.1
6 5	4.70	$\dfrac{2.17+2.17}{2\times 4.70}=0.46$	$\dfrac{0.46}{0.46+2}=0.19$	$\dfrac{0.19\times 12\times 4.70\times 10}{3.1^2}=11.15$	4.70	$\dfrac{(2.17+1.55)\times 2}{2\times 4.70}=0.79$	$\dfrac{0.79}{2+0.79}=0.28$	$\dfrac{0.28\times 12\times 4.70\times 10}{3.1^2}=16.43$	441.28	16794 24210	38.1 54.9	732.1 694.0
4										31626	71.7	639.1
3 2	5.04	$\dfrac{2.17+2.17}{2\times 5.04}=0.43$	$\dfrac{0.43}{0.43+2}=0.18$	$\dfrac{0.18\times 12\times 5.04\times 10}{3.1^2}=11.33$	5.04	$\dfrac{(2.17+1.55)\times 2}{2\times 5.04}=0.74$	$\dfrac{0.74}{2+0.7}=0.27$	$\dfrac{0.27\times 12\times 5.04\times 10}{3.1^2}=16.99$	453.12	39042 46458	86.2 102.5	567.4 481.2
1	2.61	$\dfrac{2.17}{2.61}=0.83$	$\dfrac{0.5+0.83}{2+0.83}=0.47$	$\dfrac{0.47\times 12\times 2.60\times 10}{6.0^2}=4.07$	2.60	$\dfrac{2.17+1.55}{2.60}=1.43$	$\dfrac{0.5+1.43}{2+1.43}=0.56$	$\dfrac{0.56\times 12\times 2.60\times 10}{6.0^2}=4.85$	142.72	54050	378.7	378.7

注：8层左、右、中柱各3根，（ ）中为左边柱的 D 值。

$k = \dfrac{2.17+1.55\times 2}{2\times 4.17} = 0.63$

$\alpha = \dfrac{0.63}{2+0.63} = 0.24$

$D = 0.24\times \dfrac{12\times 4.17}{3.5^2}\times 10 = 9.81$

$$T_1 = 1.7\alpha_0 \sqrt{\Delta_T} = 1.7 \times 0.65 \times \sqrt{0.757} = 0.96s$$

2. 用反应谱底部剪力法计算横向各层等效地震力

8°设防，Ⅰ类场地，设计地震第二组，$T_g = 0.3s$

$$T_1 = 0.96s > T_g，结构阻尼比取 0.05$$

$$\alpha = \alpha_{max}(T_g/T_1)^{0.9} = 0.16\left(\frac{0.3}{0.96}\right)^{0.9} = 0.056$$

自重　　$G_E = \sum_{j=1}^{N} G_j = 7592 + 7416 \times 4 + 8858 + 6592 + 1344 = 54050 \text{kN}$

底部总剪力　　$F_{Ek} = \alpha G_{eq} = 0.056 \times 0.85 \times 54050 = 2573 \text{kN}$

Ⅰ类场地，　　$T_1 > 1.4 T_g = 1.4 \times 0.3 = 0.42s$，且 $T_g < 0.35s$，

$$\delta_n = 0.08 T_1 + 0.07 = 0.08 \times 0.96 + 0.07 = 0.147$$

$$\Delta F_n = F_{Ek} \cdot \delta_n = 2573 \times 0.147 = 377.7$$

按式（23-6）计算楼层剪力 V_j，计算过程见表 24-9。

3. 剪力分配

由于鞭梢效应，屋顶突出部分剪力乘以放大系数 3.0，但该放大部分剪力不向下传，因此按表 24-10 列出的层剪力分配到各柱。

4. 计算柱反弯点高度

y_n 查表 24-5，y_1 查表 24-6，y_2 查表 24-7，计算过程见表 24-11。

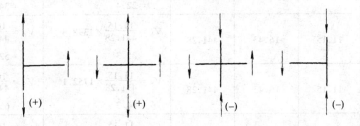

图 24-16

5. 内力计算结果示于图 24-17

顶部突出小框架的内力按剪力增大 3 倍后计算，7 层梁弯矩剪力是考虑了该项增大后由节点平衡求得的。但是在计算柱轴力时突出小框架增大的力不向下传，下面各层轴力值是由未放大的剪力及轴力计算的。

计算时注意梁剪力的方向及柱轴力的方向，在本例中柱节点处的剪力与轴力关系如图 24-16。

表 24-9

层数	层高 (m)	H_j (m)	G_j (kN)	H_jG_j (kN·m)	$F_j = \dfrac{H_jG_j}{\sum_{j=1}^{n} H_jG_j} F_{Ek}(1-\delta_n)$ (kN)	等效地震力示意图	层剪力 (kN)
8	3.5	28.6	1344	38438	99.5	→99.5	99.5
7	3.6	25.1	6592	165459	428.4	377.7→ 428.4→	905.6
6	3.1	21.5	8858	190447	493.2	493.2→	1398.8
5	3.1	18.4	7416	136454	353.3	353.3→	1752.1
4	3.1	15.3	7416	113465	293.8	293.8→	2045.9
3	3.1	12.2	7416	90475	234.3	234.3→	2280.2
2	3.1	9.1	7416	67486	174.8	174.8→	2455.0
1	6.0	6.0	7592	45552	117.9	117.9→	2573.0
				$\sum = 847776$			

表 24-10

层数	层剪力 (kN)	边柱 D 值 (10^3N/mm)	中柱 D 值 (10^3N/mm)	$\sum D$ (10^3N/mm)	每根边柱剪力 (kN)	每根中柱剪力 (kN)
8	298.5	8.58	12.66 (9.81)	93.0	$V_8 = \dfrac{8.58}{93.0} \times 298.5 = 26.6$	$V_8 = \dfrac{12.66\,(9.81)}{93.0} \times 298.5 = 40.6\,(31.5)$
7	905.6	7.88	12.00	318.08	$V_7 = \dfrac{7.88}{318.08} \times 905.6 = 22.4$	$V_7 = \dfrac{12.0}{318.08} \times 905.6 = 34.2$
6	1398.8	11.15	16.43	441.28	$V_6 = \dfrac{11.15}{441.28} \times 1398.8 = 35.3$	$V_6 = \dfrac{16.43}{441.28} \times 1398.8 = 52.1$
5	1752.1	11.15	16.43	441.28	$V_5 = \dfrac{11.15}{411.28} \times 1752.1 = 44.3$	$V_5 = \dfrac{16.43}{441.28} \times 1752.1 = 65.2$
4	2045.9	11.15	16.43	441.28	$V_4 = \dfrac{11.15}{441.28} \times 2045.9 = 51.7$	$V_4 = \dfrac{16.43}{441.28} \times 2045.9 = 76.2$
3	2280.2	11.33	16.99	453.12	$V_3 = \dfrac{11.33}{453.12} \times 2280.2 = 57.0$	$V_3 = \dfrac{16.99}{453.12} \times 2280.2 = 85.5$
2	2455.0	11.33	16.99	453.12	$V_2 = \dfrac{11.33}{453.12} \times 2455.0 = 61.4$	$V_2 = \dfrac{16.99}{453.12} \times 2455.0 = 92.1$
1	2573.0	4.07	4.85	142.72	$V_1 = \dfrac{4.07}{142.72} \times 2573.0 = 73.4$	$V_1 = \dfrac{4.85}{142.72} \times 2573.0 = 87.4$

注：（ ）中为左边柱的剪力。

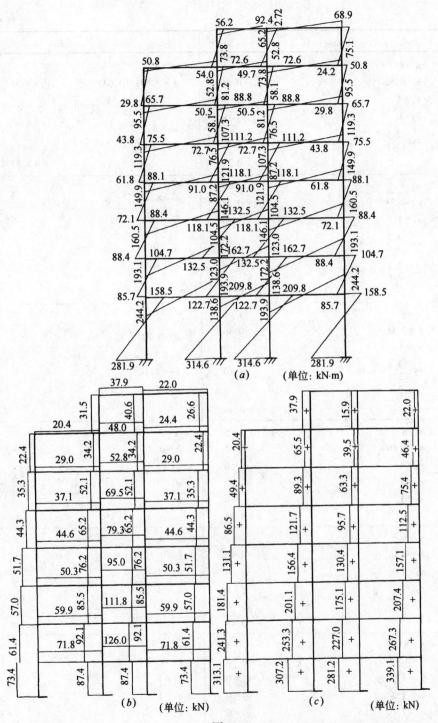

图 24-17
(a) 弯矩图;(b) 剪力图;(c) 轴力图

表 24-11

层数	边柱		中柱	
8	$n=8$ $k=0.52$ $\alpha_1=1$ $\alpha_2=0$ $\alpha_3=\dfrac{3.6}{3.5}=1.03$	$j=8$ $y_n=0.26$ $y_1=0$ $y_2=0$ $y_3=0$ $y=0.26$	$n=8$ $k=0.891\ (0.63)$ $\alpha_1=1\left(\dfrac{1.55}{2.17+1.55}=0.42\right)$ $\alpha_2=0$ $\alpha_3=1.03$	$j=8$ $y_n=0.35\ (0.30)$ $y_1=0\ (0.19)$* $y_2=0$ $y_3=0$ $y=0.35\ (0.49)$
7	$n=8$ $k=0.54$ $\alpha_1=1$ $\alpha_2=\dfrac{3.5}{3.6}=0.97$ $\alpha_3=\dfrac{3.1}{3.6}=0.86$	$j=7$ $y_n=0.37$ $y_1=0$ $y_2=0$ $y_3=0$ $y=0.37$	$n=8$ $k=0.92$ $\alpha_1=1$ $\alpha_2=0.97$ $\alpha_3=0.86$	$j=7$ $y_n=0.41$ $y_1=0$ $y_2=0$ $y_3=0$ $y=0.41$
6	$n=8$ $k=0.46$ $\alpha_1=1$ $\alpha_2=\dfrac{3.6}{3.1}=1.16$ $\alpha_3=1$	$j=6$ $y_n=0.40$ $y_1=0$ $y_2=0$ $y_3=0$ $y=0.40$	$n=8$ $k=0.79$ $\alpha_1=1$ $\alpha_2=1.16$ $\alpha_3=1$	$j=6$ $y_n=0.45$ $y_1=0$ $y_2=0$ $y_3=0$ $y=0.45$
5	$n=8$ $k=0.46$ $\alpha_1=1$ $\alpha_2=1$ $\alpha_3=1$	$j=5$ $y_n=0.45$ $y_1=0$ $y_2=0$ $y_3=0$ $y=0.45$	$n=8$ $k=0.79$ $\alpha_1=1$ $\alpha_2=1$ $\alpha_3=1$	$j=5$ $y_n=0.45$ $y_1=0$ $y_2=0$ $y_3=0$ $y=0.45$
4	$n=8$ $k=0.46$ $\alpha_1=1$ $\alpha_2=1$ $\alpha_3=1$	$j=4$ $y_n=0.45$ $y_1=0$ $y_2=0$ $y_3=0$ $y=0.45$	$n=8$ $k=0.79$ $\alpha_1=1$ $\alpha_2=1$ $\alpha_3=1$	$j=4$ $y_n=0.50$ $y_1=0$ $y_2=0$ $y_3=0$ $y=0.50$
3	$n=8$ $k=0.43$ $\alpha_1=1$ $\alpha_2=1$ $\alpha_3=1$	$j=3$ $y_n=0.50$ $y_1=0$ $y_2=0$ $y_3=0$ $y=0.50$	$n=8$ $k=0.74$ $\alpha_1=1$ $\alpha_2=1$ $\alpha_3=1$	$j=3$ $y_n=0.50$ $y_1=0$ $y_2=0$ $y_3=0$ $y=0.50$

续表

层数	边柱		中柱	
2	$n=8$ $k=0.43$ $\alpha_1=1$ $\alpha_2=1$ $\alpha_3=\dfrac{6.0}{3.1}=1.94$	$j=2$ $y_n=0.55$ $y_1=0$ $y_2=0$ $y_3=-0.10$ $y=0.55-0.1=0.45$	$n=8$ $k=0.74$ $\alpha_1=1$ $\alpha_2=1.16$ $\alpha_3=1.94$	$j=2$ $y_n=0.50$ $y_1=0$ $y_2=0$ $y_3=-0.07$ $y=0.50-0.07=0.43$
1	$n=8$ $k=0.83$ $\alpha_1=1$ $\alpha_2=\dfrac{3.1}{6.0}=0.52$	$j=1$ $y_n=0.69$ $y_1=0$ $y_2=-0.05$ $y=0.69-0.05=0.64$	$n=8$ $k=1.43$ $\alpha_1=1$ $\alpha_2=0.52$	$j=1$ $y_n=0.63$ $y_1=0$ $y_2=-0.03$ $y=0.63-0.03=0.60$

注：（ ）中为左边柱的反弯点高度比。

24.4 在水平荷载作用下框架侧移近似计算

用近似方法计算框架在水平荷载作用下的侧移时，可由下面两部分叠加而成。第一部分由梁柱杆件弯曲变形引起，第二部分由柱轴向变形引起。

24.4.1 梁、柱弯曲变形引起的侧移

忽略梁、柱杆件的剪切变形及轴向变形，则可由 D 值法计算这一部分侧移。由 D 值定义可得在层剪力 V_{pj} 作用下，j 层框架的层间变形由下式计算

$$\delta_j^M = \frac{V_{pj}}{\sum_{i=1}^{m} D_{ij}} \tag{24-18}$$

第 j 层楼板标高处的侧移为

$$\Delta_j^M = \sum_{j=1}^{j} \delta_j^M \tag{24-19}$$

顶层侧移为

$$\Delta_n^M = \sum_{j=1}^{n} \delta_j^M \tag{24-20}$$

通常，水平荷载下的层剪力由下向上逐层减小，框架柱的截面尺寸虽也由下向上逐渐减小，但减小不多，各层柱的 $\sum D$ 值相差不多，由式（24-18）可知，一般情况下都是底层层间位移 δ_1^M 最大，向上逐渐减小，各楼层处的位移分布如图 24-18（a）所示。这种分布形式与一个悬臂杆的剪切变形曲线类似，因此称为剪切型侧移曲线。

24.4.2 柱轴向变形引起侧移

在水平荷载作用下柱承受拉力或压力会引起柱轴向变形，一侧柱伸长、另一侧柱缩短

会造成侧移。在 D 值法计算中忽略了柱轴向变形。柱轴向变形对内力影响较少,但对侧移则影响较大,特别是当层数逐渐增多时,忽略柱轴向变形将使侧移计算数值偏小。

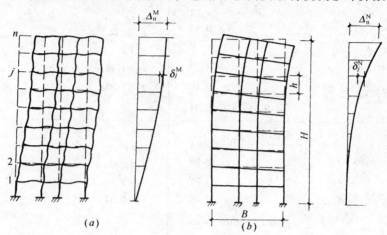

图 24-18 框架侧移
(a) 剪切型变形;(b) 弯曲型变形

柱轴向变形在底层最小,底层的侧移也最小,当层数增加时,轴向变形积累,拉伸压缩的差值增大,因而愈到上层侧移也愈大,由柱轴向变形引起的侧移分布如图 24-18 (b) 所示。这种分布型式与一个悬臂杆的弯曲变形曲线类似,因此称为弯曲型侧移曲线。

用近似方法计算柱轴向变形产生的侧移,需要作一些假定。假定水平荷载作用下只在边柱中产生轴力及轴向变形,并假定柱轴力为连续函数,柱截面也由底到顶连续变化。

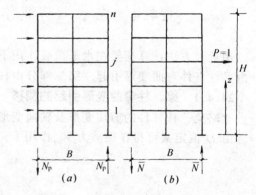

图 24-19

可由单位荷载法求出柱侧移。由图 24-19 (b) 所示,在 j 层作用单位水平力 $P=1$,j 层水平位移为

$$\Delta_j^N = 2\int_0^{H_j} \frac{\overline{N}N_p}{EA} dz \tag{24-21}$$

式中 $\overline{N}$ 为单位水平力作用下边柱内力

$$\overline{N} = \pm (H-z)/B \tag{24-22}$$

N_p 为水平荷载引起边柱内力,设水平荷载引起的总倾覆力矩为 $M(z)$,则

$$N_p = \pm M(z)/B \tag{24-23}$$

A 为边柱截面面积,假定沿 z 轴柱面积呈直线变化,令 $r = A_n/A_1$,A_n 及 A_1 分别

为顶层柱及底层柱截面面积，则 z 高度处柱面积是

$$A(z) = \left[1 - \frac{(1-r)z}{H}\right]A_1 \tag{24-24}$$

$M(z)$ 与外荷载有关，在不同荷载形式下式（24-21）积分得到的结果不同，可统一用下式表达。第 j 层楼板处侧移为

$$\Delta_j^N = \frac{V_0 H^3}{EA_1 B^2} F_N \tag{24-25}$$

第 j 层的层间变形

$$\delta_j^N = \Delta_j^N - \Delta_{j-1}^N \tag{24-26}$$

式中　V_0——底部总剪力；
　　　H——框架总高；
　　　E——混凝土弹性模量；
　　　B——框架边柱之间距离；
　　　A_1——框架底层柱截面面积；
　　　F_N——根据不同荷载形式计算的位移系数，可由图 24-20 中查得，图中 $r = A_n/A_1$，H_j 为第 j 层楼板离地面高度。

24.4.3　框架侧移

框架侧移由上述两部分侧移叠加而成

楼层侧移　　　　　　　$\Delta_j = \Delta_j^M + \Delta_j^N$ 　　　　　　　(24-27)

层间变形　　　　　　　$\delta_j = \delta_j^M + \delta_j^N$ 　　　　　　　(24-28)

在框架结构中，通常是以梁、柱弯曲变形产生的剪切型侧移为主，在多层建筑中，柱轴向变形产生的侧移 Δ^N 占的比例很小，可以忽略不计。但在高层建筑中，需要计算 Δ^N，否则位移计算的误差过大。

【例 24-3】　计算例 24-1 七层办公楼结构在地震作用下的侧移值。

利用例 24-2 中计算的该结构的等效地震力及 D 值，计算层间位移及顶层侧移。各层 V_{pj} 值及 ΣD_j 取自表 24-10。

解

1. 梁、柱弯曲变形产生的侧移计算如表 24-12。由式（24-18）知

$$\delta_j^M = \frac{V_{pj}}{\Sigma D_{ij}}$$

2. 柱轴向变形产生的侧移计算

由式（24-25）计算这部分侧移。当用总剪力 V_0 计算时，使用 8 根边柱的总截面面积。

近似按倒三角形荷载计算，混凝土弹性模量取统一值 $E_c = 2.8 \times 10^4 \text{MPa}$，$B = 14.4\text{m}$，柱等截面，$r = 1$，$\Delta_j^N$、$\delta_j^N$ 以及总变形计算见表 24-13。

$$\Delta_j^N = \frac{V_0 H^3}{EA_1 B^2} F_N = \frac{2573 \times 10^3 \times (25.1 \times 10^3)^3}{2.8 \times 10^4 \times 8 \times 500 \times 500 \times (14.4 \times 10^3)^2} F_N$$
$$= 3.50 F_N \text{ (mm)}$$

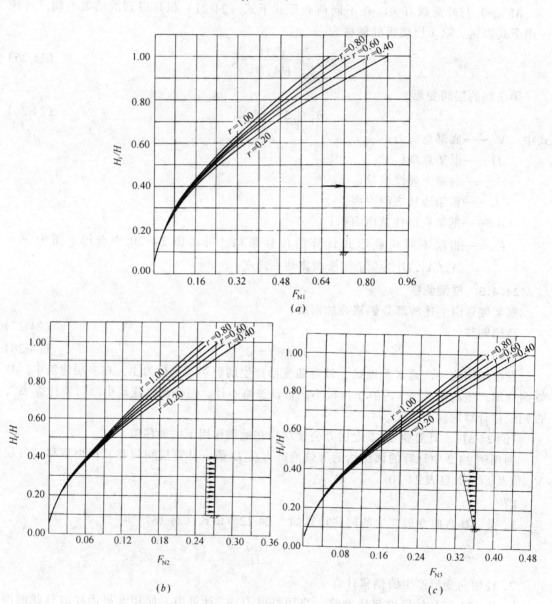

图 24-20 F_N 曲线

(a) 顶部集中力作用；(b) 均布荷载作用；(c) 倒三角形分布荷载作用

表 24-12

层数	ΣD_{ij} ($\times 10^3$N/mm)	V_{pj} (kN)	δ_j^M (mm)	Δ_j^M (mm)	侧移图 (mm)
7	318.08	905.6	2.85	43.1	43.1
6	441.28	1398.8	3.17	40.2	40.2
5		1752.1	3.97	37.0	37.0
4		2045.9	4.64	33.1	33.1
3	453.12	2280.2	5.03	28.4	28.4
2		2445.0	5.40	23.4	23.4
1	142.72	2573.0	18.0	18.0	18.0

表 24-13

层数	H_i	H_i/H	F_N	Δ_j^N (mm)	δ_j^N (mm)	Δ_j (mm) $\Delta_j^N+\Delta_j^M$	Δ_j^N/Δ (%)	δ_j (mm) $\delta_j^N+\delta_j^M$	δ_j^N/δ_j (%)
7	25.1	1.0	0.366	1.28	0.259	44.4	2.9	3.11	9.4
6	21.5	0.856	0.292	1.02	0.210	41.2	2.5	3.38	6.5
5	18.4	0.733	0.232	0.81	0.203	37.8	2.2	4.17	5.1
4	15.3	0.61	0.174	0.61	0.189	33.7	1.8	4.83	3.9
3	12.2	0.486	0.120	0.42	0.168	28.8	1.5	5.20	3.3
2	9.1	0.362	0.072	0.25	0.120	23.7	1.1	5.52	2.3
1	6.0	0.239	0.036	0.13	0.13	18.1	0.7	18.13	0.7

3. 讨论

（1）梁、柱弯曲变形产生的层间变形在第一层最大，向上逐渐减小，结构侧移呈剪切型变形曲线。由柱轴向变形产生的层间变形则在顶层最大，向下逐渐减小，因此这部分侧移呈弯曲型曲线。由于第一部分变形为主要成分，总变形曲线仍然呈剪切型。

（2）在这个七层框架结构中，柱轴向变形产生的侧移所占比例很小，可以忽略。

（3）由规范要求的变形限制值检验本框架结构，底层层间变形最大。

$$\left(\frac{\delta}{h}\right)_{max} = \frac{18.0}{6.0\times 10^3} = \frac{1}{333} > \frac{1}{550}$$

由结果可见，底层层间变形不满足规范要求，因此，底层柱截面应加大，以减小其层间变形（底层层高较大）。

4. 修改底截面柱

底层柱截面改为 60×60，计算结果为：边柱 $D=6.75\times10^3\text{N/mm}$，中柱 $D=7.92\times10^3\text{N/mm}$，因此

$$\Sigma D = 8\times2\,(6.75+7.92)\,10^3 = 234.7\times10^3\text{N/mm}$$

剪力分配：

边柱 $\qquad V_1 = \dfrac{6.75}{234.7}\times2573 = 74.0\text{kN}$

中柱 $\qquad V_1 = \dfrac{7.92}{234.7}\times2573 = 86.8\text{kN}$

位移： $\qquad \delta_1^M = \dfrac{2573\times10^3}{234.7\times10^3} = 10.96\text{mm}$

$\left(\dfrac{\delta}{h}\right)_{\max} = \dfrac{10.96}{6\times10^3} = \dfrac{1}{547} \approx \dfrac{1}{550}$ 满足要求。

24.5 荷载效应组合

本节介绍框架结构荷载效应组合的具体方法和步骤，荷载组合的情况及分项系数、组合系数已在第 23 章 23.4 节中介绍。

在荷载效应组合计算之前，必须先确定在哪些部位、组合哪些内力，即选择控制截面及最不利内力类型。

24.5.1 控制截面及最不利内力

内力组合的目的是求出构件控制截面的最不利内力，用以设计构件。控制截面又称设计截面，最不利内力也称为内力设计值。

梁控制截面通常是梁端及跨中截面，梁端控制截面是指柱边处，见图 24-21，应将柱轴线处梁的弯矩换算到柱边的弯矩值。设计梁截面的不利内力类型列于表 24-14 中。

柱控制截面在柱上端及下端，是指梁底边及顶边处的柱截面，见图 24-21，因此也要将柱轴线处的弯矩换算到控制截面处的弯矩后再进行组合。由于柱可能为大偏压破坏，也可能为小偏压破坏，因此组合的不利内力类型有若干组，再从中选出最不利内力设计截面。

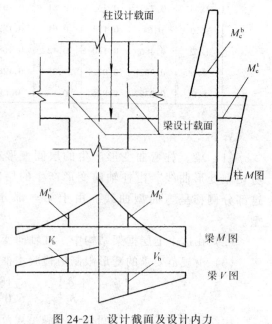

图 24-21 设计截面及设计内力

最不利内力类型　　　　　　　　　　　　　　　表 24-14

构件	梁		柱
控制截面	梁端	跨中	柱端
最不利内力	M_{max} M_{min} $\|V\|_{max}$	M_{max} M_{min}	$\|M\|_{max}$，相应的 N N_{max}，相应的 M N_{min}，相应的 M e_{0max}，相应的 M，N $\|V\|_{max}$

24.5.2 不利荷载布置及内力塑性调幅

在按照平面假设进行计算的结构中，分别按两个主轴方向（或与平面结构相平行的方向）计算竖向荷载及水平荷载作用下的内力，并分别组合。在分项进行内力计算时，注意下列要求：

1. 活荷载不利布置

恒载是由构件、装修等材料重量构成的，只可能有一种作用方式，可称为"满跨满布"，见图 24-22（a），即各跨梁都有恒载。但是活荷载（使用荷载）却不同，它有时作用，有时不作用。因此针对各个截面的最不利内力，活荷载会有不同的最不利布置，例如图 24-22（b）~（e）所示不同荷载布置会使不同截面获得最大弯矩或最大剪力（图中用粗线标明的截面）。

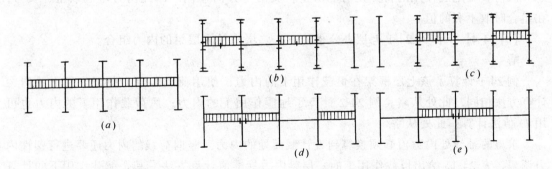

图 24-22　竖向荷载布置方式

按照最不利布置荷载计算内力，计算工作量很大。在多层及高层建筑中，一般情况下的使用荷载都相对较小，为了节省计算工作量，允许不按上述不利布置考虑，与恒载相同，也只计算满跨满布一种布置情况。

但是，如果设计某些使用荷载很大的多层工业厂房或公共建筑（当活荷载超过 $4.0kN/m^2$ 时），例如印刷车间或图书馆，则应该考虑活载的不利布置，否则有可能引起结构不安全。

2. 无地震组合及地震组合

由公式（23-20）可见，无地震组合时，恒载与活载要分别计算内力，因为各自的内力所乘分项系数不同。

由公式（23-21）可见，地震组合时，恒载及部分活载合成重力荷载代表值，作为一项荷载乘以重力荷载的分项系数。

3. 竖向荷载作用下框架梁内力塑性调幅

为了减少支座处梁负钢筋过分拥挤，也为了在抗震结构中设计在梁端出现塑性铰的强柱弱梁延性框架，允许在框架梁中进行塑性调幅，降低在竖向荷载下支座处弯矩，并相应调整跨中弯矩。

现浇框架的支座弯矩调幅系数不超过 $0.8 \sim 0.9$，装配整体式框架则不超过 $0.7 \sim 0.8$。相应地增大跨中弯矩（可乘 $1.1 \sim 1.2$ 放大系数），使跨中弯矩满足下列关系：

$$\left. \begin{array}{l} \dfrac{1}{2}(M_b^r + M_b^l) + M_b^0 \geqslant M \\ M_b^0 \geqslant \dfrac{1}{2} M \end{array} \right\} \tag{24-29}$$

式中 M_b^r、M_b^l、M_b^0——分别为调整后的梁右端、左端、跨中弯矩；

M——在本跨荷载作用下按简支梁计算的跨中弯矩。

竖向荷载下的弯矩应先作调幅，再与风荷载或水平地震作用下的弯矩进行组合。

4. 风荷载及地震作用下内力

风荷载和地震作用的特点是可能从正、反两个方向作用，因此内力可冠以正、负号，在组合时取不利的值。

【例 24-4】 作例 24-1 七层办公楼的一、二层柱及一层梁的内力组合。

解

例 24-1 计算了该七层框架在恒载作用下的内力；使用荷载和重力荷载作用下的内力计算方法相同，此处从略。例 24-2 计算了地震作用下的内力；风荷载作用下的内力也可用 D 值法计算，此处从略。

求得的轴线处内力值必须换算到设计截面处的内力，竖向荷载的内力还要进行塑性内力调幅。表 24-15 给出恒载作用下的一层梁内力标准值计算方法，其余荷载作用下的计算从略，在本例表 24-16 及表 24-17 中直接给出数值。

检查一层梁塑性调幅后的内力值

边跨 $\quad \dfrac{50.62 + 54.62}{2} + 75.1 > \dfrac{q l_0^2}{8} = 127.4 \text{kN·m}$

中跨 $\quad 9.46 - 2.56 = \dfrac{q l_0^2}{8} = 6.90 \text{kN·m} \quad$ 满足式（24-29）要求。

恒载作用下梁内力换算及调幅　　　　表 24-15

	边支座	边跨中	中支座左	中支座右	中跨中
竖向荷载弯矩图	M_1 250	M_{b1} M_2 5600	M_{b3} 250	M_3 M_4 M_{b4} 850	M_5
由图 24-8 得一层梁内力 轴线弯矩 M_i 柱边剪力 V_b	-86.1 91.0	62.6	-91.0 91.0	-15.9 16.2	-4.27
柱边弯矩 M_{bi} $\left(M_{bi}=M_i-V_b\cdot\dfrac{b_c}{2}\right)$	-63.3	—	-68.3	-11.8	—
塑性调幅后 M_{bi} （端弯矩×0.8、跨中弯矩×1.2）	-50.6	75.1	-54.6	-9.46	-2.56

一层梁内力组合　　　　表 24-16

荷载类型		编号	AB（CD 跨）				BC 跨		
			M_{b1} (kN·m)	M_{b2} (kN·m)	M_{b3} (kN·m)	V_{b1} (kN)	M_{b4} (kN·m)	M_{b5} (kN·m)	V_{b2} (kN)
恒载		①	-50.6 (-60.7)	75.1 (90.1)	-54.6 (-65.5)	91.0 (109.2)	-9.5 (-11.4)	-2.56 (-3.07)	16.2 (19.4)
活荷载		②	-8.19 (-11.47)	12.15 (17.01)	-9.05 (-12.67)	14.8 (20.7)	-1.83 (-2.56)	0.2 (0.28)	4.5 (6.3)
重力荷载 代表值		③	-55.5 (-66.5)	80.4 (96.4)	-59.9 (-71.9)	98.6 (118.3)	-10.4 (-12.5)	2.75 (3.3)	18.5 (22.2)
风荷载		④	±31.8 (±26.7)	±3.6 (±3.0)	±24.7 (±20.7)	±10.1 (±8.5)	±15.0 (±12.6)	0	±17.7 (±14.8)
地震作用		⑤	±226.3 (±294.1)	±25.3 (±32.9)	±175.6 (±228.3)	±71.8 (±93.3)	±106.9 (±138.5)	0 0	±126.0 (±163.4)
组合 内力	1	①+②+④	-98.9 -45.8	+110.1	-98.9 -57.5	138.4	-26.5 -1.4	-3.35	40.5
	2	③+⑤	-360.6 +227.6	+129.3	-300.2 +156.4	211.6	-151.4 +126.4	+3.3	+185.6

注：括弧中数值为乘分项系数及组合系数后的内力值，分项系数及组合系数值见表 23-12。

柱 内 力 组 合　　　　　表 24-17

		一层 A 柱（D 柱）				二层 A 柱（D 柱）			
		$M_上$ (kN·m)	$M_下$ (kN·m)	N (kN)	V (kN)	$M_上$ (kN·m)	$M_下$ (kN·m)	N (kN)	V (kN)
重力荷载代表值	①	31.9 (38.3)	17.2 (20.6)	736.3 769.4 $\begin{pmatrix}883.6\\955.7\end{pmatrix}$	8.6 (10.3)	55.7 (66.8)	63.1 (75.7)	628.9 689.0 $\begin{pmatrix}754.7\\826.8\end{pmatrix}$	46.6 (55.9)
地震作用	②	±138.3 (±179.8)	±281.9 (±366.5)	313.1 339.1 $\begin{pmatrix}407.0\\440.8\end{pmatrix}$	73.4 (95.4)	87.2 (113.3)	68.9 (89.5)	241.3 267.3 $\begin{pmatrix}313.7\\347.5\end{pmatrix}$	±61.4 ±79.8
组　合	②+①	218.1	387.1	1290.6 1396.5	105.7	180.1	165.2	1068.4 1174.3	135.7

		一层 B 柱（C 柱）				二层 B 柱（C 柱）			
		$M_上$ (kN·m)	$M_下$ (kN·m)	N (kN)	V (kN)	$M_上$ (kN·m)	$M_下$ (kN·m)	N (kN)	V (kN)
重力荷载代表值	①	27.4 (32.9)	14.9 (17.9)	931.1 991.2 $\begin{pmatrix}1117.3\\1189.4\end{pmatrix}$	7.5 (9.0)	48.7 (58.4)	55.0 (66.0)	799.7 859.8 $\begin{pmatrix}959.6\\1031.8\end{pmatrix}$	40.7 (48.8)
地震作用	②	±158.8 (±241.5)	±314.6 (±409.0)	307.2 281.2 $\begin{pmatrix}399.4\\365.6\end{pmatrix}$	±87.4 (±113.6)	±137.1 (±178.2)	±96.8 (±125.8)	253.3 227.0 $\begin{pmatrix}329.3\\295.1\end{pmatrix}$	±92.1 (±119.7)
组　合	①+②	274.4	426.9	1516.7 1555.0	122.6	236.6	191.8	1288.9 1326.9	168.5

注：（　）中值是乘以分项系数后的内力值。轴力项中上一行为 A、D 柱，下一行为 B、C 柱。

一层梁内力组合结果见表 24-16，其中组合了两种情况：第 1 组为无地震组合，第 2 组为有地震组合，由组合结果可见，在本例中梁的各个截面配筋均由第 2 组内力确定。因此，在本例中组合柱内力时，不再作第一种组合。柱内力组合见表 24-17。

24.6　延性框架及框架构件设计

框架构件设计包括梁、柱及节点的配筋设计。要根据荷载效应组合所得内力及构件正截面抗弯、斜截面抗剪承载力要求计算构件的配筋数量。对钢筋混凝土构件还有各种配筋构造要求。配筋计算及构造都属于构件设计范畴。

非抗震及抗震结构在结构设计上有许多不同之处,其根本区别在于非抗震结构在外荷载作用下结构处于弹性状态或仅有微小裂缝,构件设计主要是满足承载力要求,而抗震结构在设防地震作用(中震)下,部分构件进入塑性变形状态,为了有足够的变形能力(维持承载力)以及在强震下结构不倒塌,抗震结构要设计成延性结构,即其构件应有足够的延性。

通过大量震害调查、试验和理论分析,实现延性框架设计的要点如下:

(1) 强柱弱梁框架

延性结构在中震下就会出现塑性铰,应控制塑性铰出现的部位,使结构具有良好的通过塑性铰耗散能量的能力,同时还要有足够的刚度和承载能力以抵抗地震。在设计延性框架时,要控制塑性铰,使之在梁端出现(不允许在跨中出塑性铰),尽量避免或减少柱子中的塑性铰,这一概念称为强柱弱梁。这样的框架称为强柱弱梁框架。由图 24-23(a) 可见,如梁端出现塑性铰,则数量多但结构不至形成机构;由 24-23(b) 可见,如果在同一层柱上下端出现塑性铰,该层结构将不稳定而倒塌,抗震结构应绝对避免这种薄弱层。柱是压弯构件,轴力大,其延性不如受弯构件;而且作为结构的主要承重构件,柱子破损不易修复,也容易导致结构倒塌,将引起严重后果,因此,延性框架应设计成强柱弱梁结构。

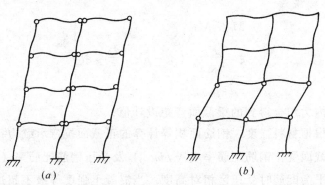

图 24-23 框架塑性铰部位
(a) 梁端塑性铰;(b) 柱端塑性铰

(2) 强剪弱弯构件

必须保证梁、柱构件具有足够的延性,其要害是防止构件过早出现剪切破坏,即要求按强剪弱弯设计构件,并采取措施使构件中塑性铰出现后还有足够大的塑性变形能力。

(3) 强节点、强锚固

必须保证各构件的连接部位不过早破坏,这样才能充分发挥构件塑性铰的延性作用。连接部位是指节点区,支座连接和钢筋锚固等。因此,延性框架中应设计强节点、强锚固。

下面将分别叙述梁、柱、节点的配筋设计方法，鉴于在本教材上册中对于梁、柱等基本构件的一般计算及构造要求都有详尽的讲解，本章仅给出多高层框架中梁、柱的设计要点，着重介绍抗震设计的计算要求和构造措施。如果需要，读者在学习本章时，可参考上册中钢筋混凝土基本构件有关章节或现行《混凝土结构设计规范》（GB 50010—2002）的有关条文。

24.6.1 框架梁设计

框架梁的截面高度 h_b 可按 $\left(\dfrac{1}{10} \sim \dfrac{1}{18}\right) l_b$ 确定，l_b 为梁计算跨度，梁净跨与截面高度之比一般不小于 4，截面的高宽比一般不大于 4。

在需要时可采用扁梁（截面宽度大于高度），除了验算抗弯、抗剪承载力外，还要验算扁梁的挠度及裂缝，以满足梁刚度要求。

在抗震结构中，要设计强柱弱梁的延性框架，主要由梁构件的延性实现框架的延性，要设计具有良好延性的框架梁。

1．梁的正截面抗弯配筋

梁弯曲破坏的三种形态中，少筋梁及超筋梁都属于脆性破坏，只有适筋梁是具有延性的（图 24-24a）。

在非抗震的普通框架中，梁应设计成适筋梁，抗弯配筋数量不得超过平衡配筋，因此设计截面配筋时，要求

$$\left.\begin{aligned} & M_b \leqslant M_R \\ & \xi = \dfrac{x}{h_{b0}} = (\rho_s - \rho'_s)\dfrac{f_y}{f_c} \leqslant \xi_b \\ & \rho_s \geqslant \rho_{s\min} \end{aligned}\right\} \tag{24-30}$$

式中　M_b——内力组合得到的梁截面弯矩设计值；

　　　M_R——根据材料强度、钢筋面积等计算的正截面抗弯承载力；

　　ρ_s、ρ'_s——截面受拉钢筋配筋率（A_s/bh_{b0}）及受压钢筋配筋率（A'_s/bh_{b0}）；

　　　ξ_b——平衡配筋时受压区相对高度，当混凝土强度等级不超过 C50 时：

$$\xi_b = \dfrac{0.8}{1 + f_y/0.0033 E_s} \tag{24-31}$$

　　f_y、E_s——钢筋受拉强度设计值及弹性模量；

　　$\rho_{s\min}$——受拉钢筋最小配筋率；

在抗震结构中，框架梁配筋计算要区分下列两种情况，分别采用不同的承载力验算公式；

$$\left.\begin{aligned} &\text{无地震作用组合} & M_b \leqslant M_R \\ &\text{有地震作用组合} & M_b \leqslant \dfrac{1}{\gamma_{RE}} M_R \end{aligned}\right\} \tag{24-32}$$

式中 γ_{RE} 为抗弯梁承载力抗震调整系数,见表 23-13。

由试验证明,在适筋梁范围内,梁的延性与混凝土受压区相对高度有密切关系。图 24-24（a）表示：$\xi = x/h_{b0}$ 愈大的梁,在破坏前的塑性变形区段愈短。定义 $\mu = \varphi_u/\varphi_y$ 为曲率延性比,图 24-24（b）是由试验得到的 μ-ξ 关系。由式（24-30）可见,受拉钢筋配筋愈多,x/h_{b0} 愈大。配有受压钢筋 A'_s 时受压区相对高度比不配时减小,混凝土强度提高时 x/h_{b0} 也减小。

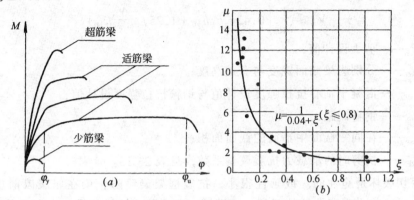

图 24-24 梁的延性比
(a) M—φ 关系；(b) μ-ξ 关系

为了获得足够的塑性铰变形能力,在抗震框架梁设计时,不仅要求设计适筋梁,而且要求把可能出现塑性铰的部位——梁端部截面设计成混凝土受压区相对高度较小的适筋截面,并且必须配置受压钢筋 A'_s,形成双筋配筋截面。

因此,抗震框架梁的端截面受弯钢筋配筋率均应满足下列要求：

$$\left.\begin{array}{ll}\text{一级抗震} & \xi \leqslant 0.25 \quad \rho'_s/\rho_s \geqslant 0.5 \\ \text{二、三级抗震} & \xi \leqslant 0.35 \quad \rho'_s/\rho_s \geqslant 0.3 \\ \text{四级抗震} & \xi \leqslant \xi_b \end{array}\right\} \qquad (24\text{-}33)$$

各种抗震等级下的跨中截面都只要求不出现超筋,即 $\xi \leqslant \xi_b$。

框架梁的纵向受拉钢筋还不应小于最小配筋百分率,各种情况下的最小配筋率列于表 24-18；也不能大于最大配筋百分率 2.5%。

梁纵向钢筋最小配筋百分率 $\rho_{\min}$（%）　　　　　表 24-18

设计截面		支座（取较大值）	跨中（取较大值）
抗震等级	一级	0.40 和 $80f_t/f_y$	0.30 和 $65f_t/f_y$
	二级	0.30 和 $65f_t/f_y$	0.25 和 $55f_t/f_y$
	三、四级	0.25 和 $55f_t/f_y$	0.20 和 $45f_t/f_y$
非抗震		0.20 和 $45f_t/f_y$	0.20 和 $45f_t/f_y$

2. 梁的斜截面抗剪配筋

非抗震或抗震结构中的无地震作用组合情况均按下式验算抗剪承载力并配置箍筋。

$$V_b \leqslant 0.7 f_t b_b h_{b0} + 1.25 f_{yv} \frac{A_{sv}}{s} h_{b0} \tag{24-34}$$

在反复荷载作用下，钢筋混凝土的斜截面抗剪承载力有所降低，因此在有地震作用组合时，要求

$$V_b \leqslant \frac{1}{\gamma_{RE}} \left(0.42 f_t b_b h_{b0} + 1.25 f_{yv} \frac{A_{sv}}{s} h_{b0} \right) \tag{24-35}$$

式中 V_b——剪力设计值；

b_b、h_{b0}——分别为梁截面宽度与有效高度；

f_t、f_{yv}——混凝土轴心抗拉强度设计值与钢箍抗拉强度设计值；

s——钢箍间距；

A_{sv}——在同一截面中箍筋的截面面积；

γ_{RE}——抗剪时的承载力抗震调整系数，见表 23-13。

梁的剪切破坏是脆性的，或延性很小，抗震框架梁要防止梁在屈服以前出现剪切破坏，因此在梁可能出现塑性铰的部位——端部，要求截面的抗剪承载力大于其抗弯承载力——即强剪弱弯。当梁端达到屈服弯矩时，由梁的平衡条件可计算出相应的剪力（见图24-25）。据此，一、二、三级抗震设计时，塑性铰区的设计剪力由下式计算，四级抗震时，取地震作用下组合的剪力设计值。

$$\left. \begin{aligned} \text{一级抗震时} \quad & V_b = 1.3 \frac{(M_b^l + M_b^r)}{l_n} + V_{Gb} \\ \text{二级抗震时} \quad & V_b = 1.2 \frac{(M_b^l + M_b^r)}{l_n} + V_{Gb} \\ \text{三级抗震时} \quad & V_b = 1.1 \frac{(M_b^l + M_b^r)}{l_n} + V_{Gb} \end{aligned} \right\} \tag{24-36}$$

式中 M_b^l、M_b^r——内力组合得到的框架梁左、右端的弯矩设计值。

V_{Gb}——竖向荷载作用下按简支梁计算得到的剪力。

公式（24-36）是简化计算，采用弯矩设计值及增大系数反算剪力设计值，在要求更高的 9 度设防结构以及一级抗震的纯框架结构中，要采用实际受弯配筋得到的受弯承载力反算剪力设计值，计算公式可参见有关规范和规程。图 24-25 中的 M_{bu}^l 和 M_{bu}^r 是指按实际配筋计算的受弯承载力。

在塑性铰区范围以外，梁的设计剪力取

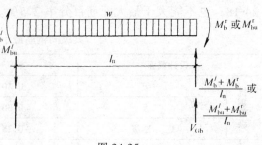

图 24-25

内力组合得到的计算剪力。

3．配筋构造要求

梁端部塑性铰区长度内，由式（24-36）得到的剪力计算箍筋，所需箍筋往往比梁中部箍筋多，间距密，一般称为箍筋加密区。通过试验可知，箍筋加密区长度不得小于 $2h_b$（一级抗震）或 $1.5h_b$（二、三级抗震），同时也不得小于 500mm。

塑性铰区，不仅有竖向裂缝，也有斜裂缝。在地震作用下反复受剪受弯，会产生交叉斜裂缝，竖向裂缝可能贯通，混凝土骨料的咬合作用会渐渐丧失，主要依靠箍筋和纵筋的销键作用传递剪力，见图 24-26，这是十分不利的。因此在加密区配筋还要注意：（1）不能用弯起钢筋抗剪；（2）箍筋数量不能太少，钢箍的最小直径和最大间距都有一定要求，见表 24-19；（3）钢箍必须做成封闭箍，并加 135°弯钩，见图 24-27；（4）保证施工质量，钢箍与纵向钢筋应贴紧，混凝土应密实；（5）做好纵向钢筋的锚固。

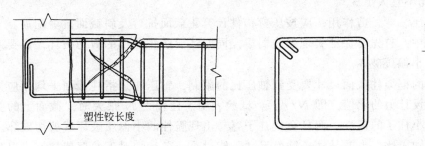

图 24-26　塑性铰区裂缝　　　　图 24-27　钢箍弯钩

在非加密区，钢筋配置最小要求见表 24-19。箍筋间距不大于加密区箍筋间距的 2 倍。非抗震结构中，当梁的剪力设计值大于 $0.7f_t b_b h_{b0}$ 时，框架梁沿全长配箍率不得小于 $0.24f_t/f_{yv}$。

4．梁最小截面尺寸

如果梁截面尺寸太小，则截面的剪应力将提高，此时仅用增加配箍的方法不能有效地限制斜裂缝过早出现及防止混凝土碎裂。因此，要用下式校核剪压比，不满足时可加大截面尺寸或提高混凝土等级。

无地震作用组合时

有地震作用组合时

　　跨高比大于 2.5 的梁

　　跨高比不大于 2.5 的梁

$$\left. \begin{array}{l} V_b \leqslant 0.25\beta_c f_c b_b h_0 \\ \\ V_b \leqslant \dfrac{1}{\gamma_{RE}}(0.2\beta_c f_c b_b h_{b0}) \\ \\ V_b \leqslant \dfrac{1}{\gamma_{RE}}(0.15\beta_c f_c b_b h_{b0}) \end{array} \right\} \quad (24\text{-}37)$$

式中，V_b 为剪力设计值，一、二、三级抗震时由式（24-36）计算，β_c 为混凝土强度影响系数，当混凝土强度等级不大于 C50 时取 1.0，当等于 C80 时取 0.8，当在 C50 和 C80 之间时，可按线性内插取值。

框架梁钢箍构造要求　　　　　　表 24-19

抗震等级	梁端箍筋加密区		非加密区
	箍筋最大间距（取最小值）	箍筋最小直径	最小面积配箍率 ρ_{sv}
一	$h_b/4$, $6d$, 100mm	Φ10	$0.30 f_t/f_{yv}$
二	$h_b/4$, $8d$, 100mm	Φ8	$0.28 f_t/f_{yv}$
三	$h_b/4$, $8d$, 150mm	Φ8	$0.26 f_t/f_{yv}$
四	$h_b/4$, $8d$, 150mm	Φ6	$0.26 f_t/f_{yv}$

注：d 为纵筋直径，h_b 为梁高。

24.6.2 框架柱设计

框架柱截面可用正方形、矩形或圆形。正方形或矩形截面边长一般不小于 250mm（非抗震设计）或 300mm（抗震设计），圆形截面直径不小于 350mm，柱剪跨比最好大于 2，柱截面高宽比不宜大于 3。

框架柱承受压、弯、剪作用，应按压弯构件计算正截面抗弯及斜截面抗剪配筋。

在延性框架中，首先要保证实现强柱弱梁，同时还要防止脆性的剪切破坏，还要避免几乎没有延性的小偏压破坏。

抗震结构中的框架柱截面尺寸要受到轴压比的限制，轴压比是指柱截面平均压应力与混凝土抗压强度设计值的比值，即 N/Af_c。试验表明，柱轴力 N 很大时，截面上的受压区将加大，会减小柱子的延性，而且会使柱子容易出现脆性的小偏压破坏或剪切破坏。因此要限制柱子的轴压比，也就是柱子截面尺寸不能过小。各种情况下的框架柱，当混凝土强度等级不超过 C60 时，轴压比限制值见表 24-20。

柱轴压比限值　　　　　　表 24-20

各结构类型中的柱	抗震等级		
	一	二	三
框架	0.70	0.80	0.90
框架-剪力墙、框架-核心筒 筒中筒、板柱-剪力墙	0.75	0.85	0.95
部分框支剪力墙的剪力墙结构	0.60	0.70	—

在Ⅳ类场地上较高的高层建筑，以及当混凝土强度等级超过 C60 时，轴压比限制值还要降低。

1. 柱正截面抗弯配筋及最小配筋率

在对称配筋的矩形截面柱中，计算公式如下：

无地震作用组合时

$$\left. \begin{array}{l} x = \dfrac{N}{f_c b_c} \\ Ne \leqslant \alpha_1 f_c b_c x \left(h_{c0} - \dfrac{x}{2} \right) + f_y A'_s (h_{c0} - \alpha') \end{array} \right\} \quad (24\text{-}38)$$

有地震作用组合时

$$\left. \begin{array}{l} x = \dfrac{\gamma_{RE} N}{f_c b_c} \\ Ne \leqslant \dfrac{1}{\gamma_{RE}} \left[\alpha_1 f_c b_c x \left(h_{c0} - \dfrac{x}{2} \right) + f_y A'_s (h_{c0} - a') \right] \end{array} \right\} \quad (24\text{-}39)$$

$$\left. \begin{array}{l} e = \eta e_0 + \dfrac{h_c}{2} - a \\ e_0 = \dfrac{M}{N} \end{array} \right\} \quad (24\text{-}40)$$

式中 α_1——矩形应力图形系数,按混凝土结构设计规范取值;

η——偏压构件考虑挠曲影响的轴向力偏心距增大系数,按混凝土结构设计规范规定计算。

上式中 M、N 分别为柱端弯矩及轴力设计值。在无地震作用组合时,取最不利内力组合值。在抗震设计时,N 取最不利内力组合值,M 则要取最不利内力组合值及下述各种情况下弯矩设计值中的较大值:

(1) 按照强柱弱梁设计要求,柱端弯矩设计值应满足

$$\left. \begin{array}{ll} \text{一级抗震} & \Sigma M_c \geqslant 1.4 \Sigma M_b \\ \text{二级抗震} & \Sigma M_c \geqslant 1.2 \Sigma M_b \\ \text{三级抗震} & \Sigma M_c \geqslant 1.1 \Sigma M_b \end{array} \right\} \quad (24\text{-}41)$$

式中 ΣM_c——同一节点上、下柱截面弯矩设计值之和;

ΣM_b——同一节点左、右梁端截面弯矩设计值之和,在图 24-28 中应选两个实线弯矩或两个虚线弯矩相加,应取二者中的较大值;

在 9 度抗震设防的结构中,以及一级抗震的纯框架结构中,ΣM_b 应改用 ΣM_{bu},图 24-28 中的 M_{bu}^l 和 M_{bu}^r 都应采用梁实际配筋计算得到的梁受弯承载力。计算公式参见有关规范和规程。

顶层柱、轴压比小于 0.15 的柱,以及三、四级抗震等级的框架柱可不作此项要求。

(2) 为避免框架柱底截面过早出现塑性铰,抗震框架柱底层下端截面的弯矩设计值应乘以 1.5 (一级)或 1.25 (二级)和 1.15 (三级)的增大系数。

(3) 在地震作用下角柱受力十分不利,因此要求一、二、三级抗震等级框架的角柱弯矩、剪力设计值在上述增大值基础上再乘以不小于 1.1 的增大系数。角柱要按双向偏心受压构件计算。

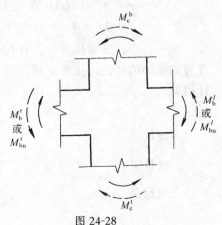

图 24-28

柱截面抗弯配筋需要量，除按上述 M、N 设计值作承载力计算外，还要满足最小配筋率要求。非抗震设计时，纵向钢筋单边配筋率不应小于 0.2%；抗震设计时，全部纵向钢筋配筋率不应小于表 24-21 所给的值，同时还应满足单边配筋率不小于 0.2% 的要求。

框架柱全部纵向钢筋的最小配筋率（%）　　　　表 24-21

柱类型	抗震等级				非抗震
	一级	二级	三级	四级	
中柱、边柱	1.0	0.8	0.7	0.6	0.6
角柱	1.2	1.0	0.9	0.8	0.6
框支柱	1.2	1.0	—	—	0.8

非抗震设计时，框架柱纵向钢筋间距不大于 350mm，抗震设计时间距不宜大于 200mm。为保证混凝土浇注质量，在任何情况下纵筋净距均不应小于 50mm。

2．斜截面抗剪计算及配箍

框架柱抗剪计算，也分为有地震组合及无地震组合两种情况。

无地震作用组合时

$$V_c \leqslant \frac{1.75}{\lambda+1} f_t b_c h_{c0} + f_{yv} \frac{A_{sv}}{s} h_{c0} + 0.07N \tag{24-42}$$

有地震作用组合时

$$V_c \leqslant \frac{1}{\gamma_{RE}} \left(\frac{1.05}{\lambda+1} f_t b_c h_{c0} + f_{yv} \frac{A_{sv}}{s} h_{c0} + 0.056N \right) \tag{24-43}$$

式中　V_c——柱剪力设计值；

　　　b_c、h_{c0}——分别为柱截面宽度及有效高度；

　　　λ——柱的剪跨比，$\lambda = \dfrac{M_c}{V_c h_c}$，当 $\lambda < 1$ 时取 $\lambda = 1$，当 $\lambda > 3$ 时取 $\lambda = 3$；

　　　N——与剪力设计值相应的柱轴向压力。当 $N > 0.3 f_c b_c h_{c0}$ 时，取 $N = 0.3 f_c b_c h_{c0}$。其余符号同前。

在一、二、三级抗震时，柱构件也要保证强剪弱弯，在可能出现塑性铰或可能过早出现剪切破坏的部位，抗剪承载力应该大于柱抗弯承载力。因此根据柱的内力平衡，剪力设计值取

$$\left. \begin{array}{ll} \text{一级抗震} & V_c = 1.4 \dfrac{(M_c^t + M_c^b)}{H_n} \\ \text{二级抗震} & V_c = 1.2 \dfrac{(M_c^t + M_c^b)}{H_n} \\ \text{三级抗震} & V_c = 1.1 \dfrac{(M_c^t + M_c^b)}{H_n} \end{array} \right\} \tag{24-44}$$

式中 M_c^t、M_c^b——分别为由内力组合得到的最不利柱上、下端弯矩设计值；

H_n——柱净高。

在9度抗震设防的结构以及一级抗震的纯框架结构中，框架柱的剪力设计值也要采用实际配筋及钢筋强度标准值计算出截面受弯承载力 M_{cu}^t 及 M_{cu}^b 后反算得到。计算公式参见有关规范和规程。

在剪跨比较大（$M/Vh \geqslant 2$）的柱子中，当抗前承载力足够时，会在柱端部出现塑性铰，成为有延性的柱。当柱子剪跨比较小时（$M/Vh < 2$），多数会出现剪切破坏，如果配有足够的箍筋，则可能出现有少许延性的剪压破坏。因此，抗剪配筋要求与剪跨比有关。

$M/Vh \geqslant 2$ 时为长柱，按强剪弱弯要求计算的箍筋（由式（24-44）计算剪力设计值）只需配在柱端塑性铰区，称为箍筋加密区。非加密区的钢箍按内力组合得到的最大剪力 V_{cmax} 计算。

当 $M/Vh < 2$ 时为短柱，按强剪弱弯要求计算的箍筋应在全高中配置，即柱全高都是箍筋加密区。

由于剪跨比很小的柱，如 $M/Vh \leqslant 1.5$ 时，多数会出现脆性的剪切斜拉破坏，抗震性能不好。设计框架时应尽量避免这种极短柱，否则应采取措施，慎重设计。

为了抗剪安全，柱截面也不能太小，用限制剪压比的方式保证柱的截面尺寸。

无地震作用组合
$$V_c \leqslant 0.25\beta_c f_c b_c h_{c0} \tag{24-45}$$

有地震作用组合

$$\left. \begin{array}{l} \text{跨高比大于 2 的柱：} \quad V_c \leqslant \dfrac{1}{\gamma_{RE}}(0.2\beta_c f_c b_c h_{c0}) \\ \text{跨高比不大于 2 的柱：} \quad V_c \leqslant \dfrac{1}{\gamma_{RE}}(0.15\beta_c f_c b_c h_{c0}) \end{array} \right\} \tag{24-46}$$

在一、二、三级抗震框架中，上式中 V_c 也要按照式（24-44）计算。

3. 轴压比及配箍

轴压比是影响钢筋混凝土柱破坏状态和延性的另一个重要参数。在压弯构件中，轴压比加大意味着截面上名义压区高度 x 增大。当压区高度加大时，压弯构件会从大偏压破坏状态向小偏压破坏状态过渡，小偏压破坏的柱构件延性很小或者没有延性。在短柱中，轴压比较大时，柱会从剪压破坏变成脆性的剪拉破坏。因此，在抗震设计中，希望延性框架中柱子的轴压比较小，最大不能超过表 24-20 所给的限制值，主要措施是加大柱断面及提高混凝土等级。但是在高层建筑中，底下几层柱子往往都有很大的轴力，要把轴压比限制在很低水平是有困难的。为此，国内外对改进柱的抗震性能作了大量试验研究。试验表明，配置箍筋是提高柱子延性的很有效的措施。其根本原因在于箍筋约束了混凝土的横向变形，提高了混凝土的极限变形能力，从而提高了延性。

一般说来，箍筋用量愈多，间距愈密，对混凝土的约束作用就愈大。箍筋的多少可以用体积配箍率表示（注意在涉及抗剪作用时，箍筋数量是用面积配箍率表示的）。在柱端箍筋加密区，箍筋的体积配箍率需满足下式要求：

$$\rho_v \geq \lambda_v \frac{f_c}{f_{yv}} \tag{24-47}$$

式中，f_c 和 f_{yv} 分别是混凝土轴心抗压强度设计值（低于 C35 时按 C35 计算））和箍筋抗拉强度设计值（超过 360N/mm² 时，取 360N/mm² 计算）。

λ_v 称为配箍特征值，是无量钢的系数，按表 24-22 选用。

柱端箍筋加密区最小配箍特征值 λ_v　　　　表 24-22

抗震等级	箍筋形式	柱轴压比								
		≤0.30	0.40	0.50	0.60	0.70	0.80	0.90	1.00	1.05
一	普通箍、复合箍	0.10	0.11	0.13	0.15	0.17	0.20	0.23	—	—
	螺旋箍、复合或连续复合螺旋箍	0.08	0.09	0.11	0.13	0.15	0.18	0.21	—	—
二	普通箍、复合箍	0.08	0.09	0.11	0.13	0.15	0.17	0.19	0.22	0.24
	螺旋箍、复合或连续复合螺旋箍	0.06	0.07	0.09	0.11	0.13	0.15	0.17	0.20	0.22
三	普通箍、复合箍	0.06	0.07	0.09	0.11	0.13	0.15	0.17	0.20	0.22
	螺旋箍、复合或连续复合螺旋箍	0.05	0.06	0.07	0.09	0.11	0.13	0.15	0.18	0.20

注：普通箍指单个矩形箍或单个圆形箍；螺旋箍指单个连续螺旋箍筋；复合箍指由矩形、多边形、圆形箍或拉筋组成的箍筋；复合螺旋箍指由螺旋箍与矩形、多边形、圆形箍或拉筋组成的箍筋；连续复合螺旋箍指全部螺旋箍由同一根钢筋加工而成的箍筋。

由（24-47）式计算得到的体积配箍率，一般不应小于 0.8%（一级）、0.6%（二级）、0.4%（三、四级）。

体积配箍率由一个箍筋的钢筋体积在其间距内混凝土中所占的比例计算，公式如下：

$$\rho_v = \frac{\Sigma a_k l_k}{l_1 l_2 s} \tag{24-48}$$

式中　a_k——钢箍单肢面积；

　　　l_k——具有 a_k 截面钢箍单肢长度。式中"Σ"表示箍筋各肢体积的总和，箍筋重叠部分只计算一次；

　　　l_1, l_2——钢箍包围的混凝土核芯面积的两个边长；

　　　s——箍筋间距。

在体积配箍率相等的情况下，箍筋形式不同，对混凝土核芯的约束作用也不相同。目前常用的箍筋形式见图 24-29。其中普通矩形箍的约束效果较差，复式箍和螺旋箍的效果较好，连续复合螺旋箍是指全部箍筋由一根钢筋连续缠绕而成，其约束效果最好。图

24-30示意了箍筋的受力情况，圆形箍受力均匀，对混凝土有均匀的侧压力，矩形箍只能在四个转角区域对混凝土产生有效的侧压力。在直段上，钢箍可能外鼓，约束效果不大。复式箍使箍筋的无支长度减小，在每一个箍筋相交点处都有纵筋，纵筋和箍筋构成了网格式骨架，大大增加了箍筋的约束效果。因此，在非抗震框架中或一些不重要的柱子，可以采用普通矩形箍，在抗震结构中，宜采用约束性能较好的箍筋形式。

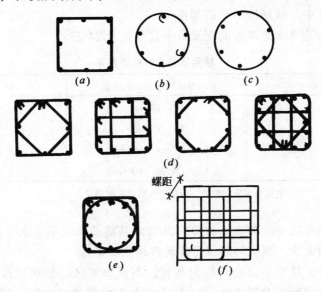

图 24-29 箍筋形式

（a）普通矩形箍；（b）单个圆形箍；（c）螺旋箍；（d）复式箍；（e）复合螺旋箍；（f）连续复合螺旋箍

图 24-30 箍筋约束作用示意

连续复合螺旋箍与螺旋箍约束作用很好，但加工复杂，一般很少采用。在高轴压比下，复式箍是较好的箍筋形式，在抗震结构中应用日益增多。在复式箍中，要求箍筋的无支长度（或称肢距）不大于200mm（一级抗震），250mm（二、三级抗震），300mm（四级抗震）纵筋至少每隔一根置于箍筋拐点，而纵筋间距不宜大于200mm。为了浇灌混凝土方便，纵筋间距也不宜小于50mm。复式箍中如采用拉筋，则拉筋必须同时勾住主筋及箍筋。柱箍筋弯钩也必须做成135°见图24-27。

4. 钢箍构造要求

抗震设计时，柱内箍筋应满足抗剪承载力要求，也要满足在一定轴压比下体积配箍率的要求，同时还要满足不超过最大允许间距和最小直径的构造要求。

在长柱中，柱端箍筋加密区长度取柱净高的 1/6、柱截面长边尺寸、500mm 三者中的较大值。

在短柱及角柱中，箍筋应沿全高加密。

加密区箍筋构造要求的最大间距及最小直径见表 24-23。

柱箍筋加密区构造要求　　　　　　表 24-23

抗震等级	箍筋最大间距（取最小值）	箍筋最小直径
一	$6d$，100mm	$\phi 10$，$d/4$
二	$8d$，100mm	$\phi 8$，$d/4$
三	$8d$，150mm（100mm）	$\phi 8$，$d/4$
四	$8d$，150mm（100mm）	$\phi 6$（$\phi 8$），$d/4$

注：d 为纵筋直径，（ ）中数值用于柱根处，指框架柱底部嵌固部位。

非加密区箍筋不应小于加密区箍筋的 50%，其箍筋间距不应大于加密区箍筋的 2 倍。如果非加密区箍筋太少，则破坏部位可能转移到非加密区。

非抗震设计时，柱箍筋沿全高均匀布置，不设加密区。箍筋应按抗剪承载力要求配置，构造要求箍筋间距不大于 400mm，且不应大于构件截面的短边尺寸和纵向受力钢筋直径的 15 倍，箍筋直径不应小于最大纵向钢筋直径的 1/4，且不应小于 6mm。箍筋末端也应做成 135°弯钩，弯钩末端平直段长度不小于 $10d$。

24.6.3 节点区设计

1. 梁柱节点区钢筋

在设计延性框架时，应使梁柱相交的节点区不过早破坏。由震害调查可知，梁柱节点区的破坏，大都由于节点区无箍筋或少箍筋引起。在剪压作用下节点区混凝土出现斜裂缝，在地震作用下，节点区就会出现交叉裂缝，然后挤压破碎。图 24-31（a）是节点区出现斜裂缝的受力示意图。保证节点区不发生过早剪切破坏的主要措施是在节点区配置箍筋，见图 24-31（b），同时，在施工阶段保证节点区混凝土密实性也是十分重要的。

梁柱节点区的剪力大小与梁端、柱端内力有关。抗震设计时应当要求在梁端出现塑性铰以后，节点区仍不出现剪切破坏。因此节点区剪力设计值可由梁端达到屈服时平衡条件计算。在设计时，除 9 度设防结构及一级抗震的纯框架梁柱节点以外，一、二级抗震的梁柱节点核芯区剪力设计值 V_j 可以用节点左、右两边梁的设计弯矩计算，公式如下：

$$V_j = \frac{\eta_{jb}\Sigma M_b}{h_{b0}-a'_s}\left(1-\frac{h_{b0}-a'_s}{H_c-h_b}\right) \tag{24-49}$$

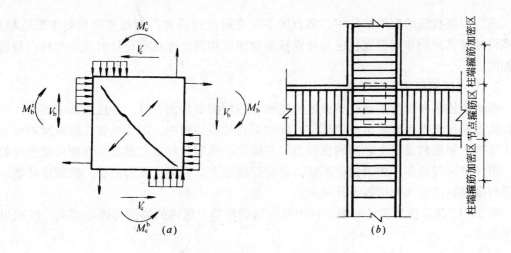

图 24-31 节点区受力简图及配筋

式中 h_b、h_{b0}、a'_s——分别为梁的截面高度、截面有效高度及受压钢筋合力点至受压边缘距离;

H_c——柱的计算高度,可取上、下柱反弯点之间的距离;

η_{jb}——节点剪力增大系数,一级取 1.35,二级取 1.2;

ΣM_b——节点左右梁端反时针或顺时针方向组合的弯矩设计值之和,取二者中的较大值。

梁、柱截面尺寸及混凝土等级为已知,在求出 V_j 值后,由式(24-50)即可求出所需的箍筋数量,节点区箍筋不能小于柱端部箍筋加密区配置的箍筋数量。

$$V_j \leqslant \frac{1}{\gamma_{RE}} \left(1.1 \eta_j f_t b_j h_j + 0.05 \eta_j N \frac{b_j}{b_c} + f_{yv} A_{svj} \frac{h_{b0} - a'_s}{s} \right) \quad (24\text{-}50)$$

式中 N——对应于组合剪力设计值的上柱组合轴向力设计值。当 N 为轴向压力时,不应大于 $0.5 f_c b_c h_c$;当 N 为拉力时,应取为零;

η_j——正交梁的约束影响系数,当现浇楼板中节点四面有梁,且梁与柱中线重合,梁宽不小于柱宽的 1/2,次梁高度不小于主梁高度的 3/4 时,$\eta_j = 1.5$,其他情况取 $\eta_j = 1.0$;

b_j、h_j——分别为节点区截面有效宽度及高度,一般情况下取柱截面宽及高;

A_{svj}——节点区在同一截面中箍筋面积总和;

s——节点区箍筋间距。

此外,为使节点区剪应力不过高,不过早出现斜裂缝,节点区还要求用下式验算:

$$V_j \leqslant \frac{1}{\gamma_{RE}} (0.30 \beta_c \eta_j f_c b_j h_j) \quad (24\text{-}51)$$

如不满足上式,则要加大柱截面或提高节点核芯区的混凝土等级。

三、四级抗震的框架结构中，节点区不需进行抗剪验算，而是按构造要求配置箍筋，抗震设计时其间距和钢箍直径应与柱端箍筋加密区相同，非抗震设计时也应与柱内箍筋配置相同。

2. 节点区钢筋锚固与搭接

框架梁柱纵向受弯钢筋在节点区的锚固与搭接需要仔细设计，并注意施工质量，它们往往是容易被忽视而酿成事故的部位。特别是在抗震结构中，因为地震在短时间内反复作用于结构，钢筋和混凝土之间的粘结力容易退化，梁端和柱端又都是塑性铰可能出现的部位，塑性铰区裂缝多，如果锚固不好，会使裂缝加大，混凝土更易碎裂，抗震设计要求的锚固与搭接长度要比非抗震设计时大。

图 24-32 是非抗震设计时梁、柱内纵向钢筋在节点区内的锚固与搭接要求，注意以下几个要点：

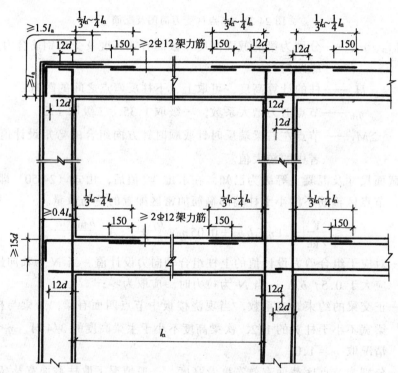

图 24-32 非抗震设计时框架梁、柱纵向钢筋在节点区的锚固要求

注：l_a——受拉钢筋锚固长度，按混凝土结构设计规范的有关规定采用。

(1) 顶层中节点的柱内钢筋以及端节点的柱内侧钢筋应伸向柱顶，当从梁底边计算的直线锚固长度不小于 l_a 时，可不必水平弯折，否则应有水平弯折段，竖直段的长度不小

于 $0.5l_a$，弯折后的水平长度不小于 $12d$。

（2）顶层端节点的柱外侧纵向钢筋可与梁上部纵向钢筋搭接，搭接长度不应小于 $1.5l_a$；在梁宽范围以外的柱纵筋则可伸入现浇板内，其伸入长度与伸入梁内的长度相同。

（3）各层梁上部纵向钢筋一般都贯通节点区，在边节点处，上部纵向钢筋伸入节点的锚固长度，直线锚固时不小于 l_a，且伸过柱中心线长度不宜小于 $5d$；当柱截面较小时，梁上部纵向钢筋锚固长度的水平段长度不小于 $0.4l_a$，弯折后的竖直段不小于 $15d$。

（4）梁下部纵向钢筋的锚固分为两种情况：当计算未充分利用钢筋的抗拉强度时，伸入节点区的锚固长度只需 $12d$；当计算充分利用钢筋抗拉强度时，可以用直线方式锚固，其长度不小于 l_a，也可采用弯折方式锚固，其水平段长度不小于 $0.4l_a$，弯折后的竖直段不小于 $15d$。

图 24-33 是抗震设计时梁、柱内纵向钢筋在节点区内的锚固要求。从图中可见，大部分锚固方式与非抗震设计相同，只需要将图中 l_a 换成 l_{aE}，l_{aE} 是抗震的要求，其长度与抗震等级有关：

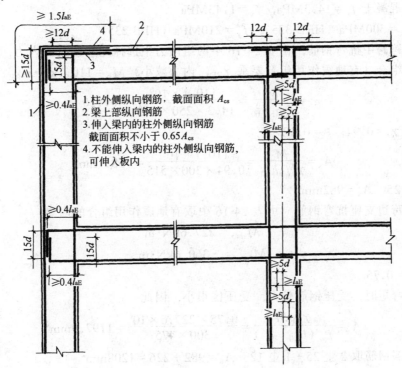

图 24-33 抗震设计时框架梁、柱纵向钢筋在节点区的锚固要求

注：l_{aE}——抗震设计时受拉钢筋锚固长度，按建筑抗震设计规范规定采用。

一、二级抗震 $l_{aE} = 1.15 l_a$

三级抗震 $l_{aE} = 1.05 l_a$

四级抗震 $l_{aE} = l_a$

l_a 是钢筋混凝土结构中的锚固基本长度，见钢筋混凝土基本构件教材或规范。

【例 24-5】 设计例 24-1 中七层办公楼的底层柱及一层梁。该框架位于 8 度抗震设防区，Ⅱ类场地上，丙类建筑，总高度 25.1m。

解 由表 23-16 查得确定抗震措施等级的地震烈度为 8 度。由表 23-15 查得该框架结构应为二级抗震。梁、柱均用 C30 混凝土浇注。

1. 一层梁截面设计

截面尺寸：边跨 $b_b = 250$mm，$h_b = 550$mm，$h_{b0} = 515$mm，跨高比 $\dfrac{5600}{550} = 10.1$

中跨 $b_b = 250$mm，$h_b = 350$mm，$h_{b0} = 310$mm，跨高比 $\dfrac{1700}{350} = 4.8$

材料：混凝土 $f_c = 14.3$MPa，$f_t = 1.43$MPa

钢筋 $f_y = 300$MPa（HRB 335），$f_y = 210$MPa（HPB 235）

(1) 边跨跨中抗弯钢筋，由表 24-16 中两组内力中选择配筋较大的内力，经比较应取无地震作用组合（有地震作用组合要乘 γ_{RE}，内力减小） $M_b = 110.1$kN·m。

$$\alpha_s = \frac{M}{f_c b_b h_{b0}^2} = \frac{110.1 \times 10^6}{14.3 \times 250 \times 515^2} = 0.116$$

查表得 $\gamma_s = 0.94$，$\xi = 0.12$

所以

$$A_s = \frac{M}{\gamma_s f_y h_{b0}} = \frac{110.1 \times 10^6}{0.94 \times 300 \times 515} = 758.1 \text{mm}^2$$

选 2 ⌽ 25 $A_s = 982 \text{mm}^2$

(2) 边跨边支座抗弯钢筋 由表 24-16 中取有地震作用组合的内力

$$M_{max} = 227.6 \text{kN·m}$$
$$M_{min} = -360.6 \text{kN·m}$$

取 $\gamma_{RE} = 0.75$

抵抗正弯矩时，受压钢筋较大，受压区很小，因此

$$A_s = \frac{\gamma_{RE} M}{f_y (h_{b0} - a')} = \frac{0.75 \times 227.6 \times 10^6}{300 \times 475} = 1197.9 \text{mm}^2$$

支座下部钢筋取 2 ⌽ 25 + 1 ⌽ 12 $A_s = 982 + 226 = 1208 \text{mm}^2$

抵抗负弯矩，按双筋截面计算，已知 $A'_s = 1208 \text{mm}^2$

$$\alpha_s = \frac{\gamma_{RE} M - f_y A'_s (h_{b0} - a')}{f_c b_b h_{b0}^2} = \frac{0.75 \times 360.6 \times 10^6 - 300 \times 1208 \times 475}{14.3 \times 250 \times 515^2}$$

$$= \frac{270.5 - 172.1}{948.2} = 0.098$$

查表 $\gamma_s = 0.947$，$\xi = 0.11$

所以 $A_s = \dfrac{\xi f_c b_b h_b}{f_y} + A'_s = \dfrac{0.11 \times 14.3 \times 250 \times 515}{300} + 1208 = 1880 \text{mm}^2$

选 4 ⌽ 25，$A_s = 1964 \text{mm}^2$

验算是否满足二级抗震要求：

$$\left.\begin{array}{l} \xi = 0.11 \leqslant 0.30 \\ \dfrac{A'_s}{A_s} = \dfrac{1208}{1964} = 0.615 > 0.3 \end{array}\right\} \text{满足要求}$$

(3) 边跨中支座抗弯钢筋由表 24-16 取有地震作用组合的内力

$$M_{\max} = 156.4 \text{kN} \cdot \text{m}$$
$$M_{\min} = -300.2 \text{kN} \cdot \text{m}$$

取下部钢筋 2 ⌽ 25　$A_s = 982 \text{mm}^2$

上部钢筋 4 ⌽ 25　$A_s = 1964 \text{mm}^2$

抵抗正弯矩

$$M_R = A_f f_y (h_{b0} - a') = 982 \times 300 \times 475$$
$$= 139.9 \text{kN} \cdot \text{m} > 0.75 \times 156.4 \text{kN} \cdot \text{m} \quad \text{满足要求}$$

抵抗负弯矩

$$\xi = \dfrac{(A_s - A'_s) f_y}{f_c b_b h_{b0}} = \dfrac{982 \times 300}{14.3 \times 250 \times 515} = 0.16$$

查表 $\alpha_s = 0.147$

$$M_R = \alpha_s f_c b_b h_{b0}^2 + (A_s - A'_s) f_y (h_{b0} - a')$$
$$= 0.147 \times 14.3 \times 250 \times 515^2 + 982 \times 300 \times 475$$
$$= 279.3 \text{kN} \cdot \text{m} > 0.75 \times 300.2 \text{kN} \cdot \text{m} \quad \text{满足要求}$$

(4) 中跨支座抗弯钢筋由表 24-16 取有地震作用组合

$$M_{\max} = 126.4 \text{kN} \cdot \text{m}$$
$$M_{\min} = -151.4 \text{kN} \cdot \text{m}$$

抵抗正弯矩，下部钢筋需要

$$A_s = \dfrac{\gamma_{RE} M}{f_y (h_{b0} - a')} = \dfrac{0.75 \times 126.4 \times 10^6}{300 \times 280} = 1130 \text{mm}^2$$

选 2 ⌽ 25　$A_s = 982 \text{mm}^2$

抵抗负弯矩，上部钢筋需要

$$\alpha_s = \dfrac{\gamma_{RE} M - A'_s f_y (h_{b0} - a')}{f_c b_b h_{b0}^2}$$

$$= \dfrac{0.75 \times 151.4 \times 10^6 - 982 \times 300 \times 280}{14.3 \times 250 \times 310^2} = 0.09$$

查表

$$\gamma_s = 0.953, \quad \xi = 0.095$$

$$A_s = \frac{\xi f_c b_b h_{b0}}{f_y} + A'_s$$

$$= \frac{0.095 \times 14.3 \times 250 \times 310}{300} + 982 = 1330 \text{mm}^2$$

选 2 ⊕ 25 + 2 ⊕ 16 $A_s = 982 + 402 = 1384 \text{mm}^2$

(5) 中跨跨中抗弯钢筋

因为跨中弯矩很小，用 2 ⊕ 25 直通即可。

(6) 边跨抗剪及钢箍配置

由表 24-16 得有地震作用组合剪力

边跨 $V_{bmax} = 211.6 \text{kN}$

取 $\gamma_{RE} = 0.85$

按二级抗震要求，由式（24-36）计算剪力设计值

$$V_b = 1.2 \frac{M_b^l + M_b^r}{l_n} + V_{Gb}$$

$$= 1.2 \times \frac{227.6 + 300.2}{5.55} + 1.2 \times 35.2 \times \frac{5.55}{2}$$

$$= (114.1 + 117.2) \times 10^3 = 231.3 \text{kN}$$

按式（24-37）验算截面尺寸，满足要求：

$$\frac{1}{\gamma_{RE}}(0.2\beta_c f_c b_b h_{b0}) = \frac{1}{0.85} \times 0.2 \times 1 \times 14.3 \times 250 \times 515 = 433.2 \text{kN} > 231.3 \text{kN}$$

箍筋加密区长度：$1.5h_b = 825 \text{mm}$，取 900mm。

钢箍数量 $\dfrac{A_{sv}}{s} = \dfrac{\gamma_{RE} V_b - 0.42 f_t b_b h_{b0}}{1.25 f_{yv} h_{b0}}$

$$= \frac{0.85 \times 231.3 \times 10^3 - 0.42 \times 1.43 \times 250 \times 515}{1.25 \times 210 \times 515} = 0.882$$

由表 24-19 钢箍构造要求知最小配双肢箍 Φ 8-100

则 $\dfrac{A_{sv}}{s} = \dfrac{101}{100} = 1.01 > 0.882$ 满足受剪承载力要求

边跨非加密区钢筋，由表 24-19 得最小配箍率为 $0.28 f_t / f_{yv} = 0.28 \times 1.43 / 210 = 0.19\%$

由组合剪力计算

$$\frac{A_{sv}}{s} = \frac{\gamma_{RE} V - 0.42 f_t b_b h_{b0}}{1.25 f_{yv} h_{b0}}$$

$$= \frac{0.85 \times 211.6 \times 10^3 - 0.42 \times 1.43 \times 250 \times 515}{1.25 \times 210 \times 515} = 0.758$$

用双肢箍 Φ 8，$A_{sv} = 101 \text{mm}^2$

可得间距 $s = \dfrac{101}{0.758} = 133.2 \text{mm}$，选 2 Φ 8 - 130

配箍率 $\dfrac{A_{sv}}{bs} = \dfrac{101}{250 \times 130} = 0.31\% > 0.19\%$ 满足构造要求

(7) 中跨抗剪及钢箍配置

由表 24-16，$V_{max} = 185.6$kN

取 $\gamma_{RE} = 0.85$

中跨 $V_b = 1.2 \times \dfrac{126.4 + 151.4}{1.65} + 1.2 \times 21.8 \times \dfrac{1.65}{2}$

$\qquad = (202.0 + 21.6) \times 10^3 = 223.6$kN

按式 (24-37) 验算截面尺寸，

$$\dfrac{1}{\gamma_{RE}}(0.2\beta_c b_b h_{b0}) = \dfrac{1}{0.85} \times 0.2 \times 1 \times 14.3 \times 250 \times 310$$

$$= 260.8\text{kN} > 223.6\text{kN} \text{ 满足要求}。$$

中跨加密区长度 $1.5 \times 350 = 525$mm，非加密区长度很短，取全长配置钢箍与加密区相同。

$$\dfrac{A_{sv}}{s} = \dfrac{0.85 \times 223.6 \times 10^3 - 0.42 \times 1.43 \times 250 \times 310}{1.25 \times 210 \times 310} = 1.76$$

选 $\phi 10 - 90$

$\dfrac{A_{sv}}{s} = \dfrac{157}{90} = 1.74 \approx 1.76$ 满足受剪承载力要求。同时，也满足构造要求。

2. 一层 B 轴柱设计

截面尺寸 $b_c = 600$mm, $h_c = 600$mm, $h_{c0} = 560$mm

柱净高 $H_{c0} = 6000 - 550 = 5450$mm

材料混凝土 $f_c = 14.5$MPa, $f_t = 1.43$MPa

钢筋 $f_y = 300$MPa (HRB 335), $f_y = 210$MPa (HPB 235)

组合内力

一层柱　　$M_c^t = 274.4$kN·m　　　二层柱　　$M_c^t = 236.6$kN·m

　　　　　$M_c^b = 426.9$kN·m　　　　　　　　$M_c^b = 191.8$kN·m

　　　　　$N = 1516.7$ (1555.0) kN　　　　$N = 1288.9$ (1326.9) kN

　　　　　$V = 122.6$kN　　　　　　　　　　$V = 168.5$kN

(1) 轴压比检验

$$\dfrac{N_{max}}{f_c b_c h_c} = \dfrac{1555.0 \times 10^3}{14.3 \times 600 \times 600} = 0.302 < 0.8 \text{ 满足表 24-20 要求}$$

(2) 柱底截面抗弯配筋

对柱底及柱顶截面分别进行配筋。二级抗震时柱底截面弯矩应乘以 1.25 增大系数

$$M_c^b = 1.25 \times 426.9 = 533.6 \text{kN·m}$$

$$N = 1516.7 \text{kN}$$

柱计算长度 $l_0 = 1.0H_{c0} = 5450\text{mm}$，计算 η：

$$\frac{l_0}{h} = \frac{5450}{600} = 9.08 < 15 \text{ 取 } \zeta_2 = 1.0$$

$$\zeta_1 = \frac{0.5f_c A}{N} = \frac{0.5 \times 14.3 \times 600 \times 600}{1516.7 \times 10^3} = 1.69 > 1.0 \text{ 取 } \zeta_1 = 1.0$$

$$e_1 = \frac{M}{N} = \frac{533.6}{1516.7} = 0.351\text{mm}$$

由混凝土结构设计规范规定

$$\therefore e_1 = e_0 + e_a = 0.351 + 0.02 = 0.371\text{mm}$$

$$\eta = 1 + \frac{1}{1400\dfrac{e_1}{h_{c0}}}\left(\frac{l_0}{h_c}\right)^2 \zeta_1 \zeta_2 = 1 + \frac{1}{1400\dfrac{0.371}{0.56}} \times \left(\frac{5.45}{0.6}\right)^2 = 1.09$$

对称配筋 $A_s = A'_s$，$\gamma_{RE} = 0.8$

$$\xi_b = \frac{0.8}{1+\dfrac{f_y}{0.0033E_s}} = \frac{0.8}{1+\dfrac{300}{0.0033 \times 2 \times 10^5}} = 0.552$$

$$\frac{x}{h_{c0}} = \frac{\gamma_{RE} N}{f_c b_c h_{c0}} = \frac{0.8 \times 1516.7 \times 10^3}{14.3 \times 600 \times 560} = 0.252 < \xi_b$$

按大偏压计算

$$e = \eta e_1 + \frac{h_c}{2} - a = 1.09 \times 371 + \frac{600}{2} - 40 = 664.4\text{mm}$$

$$A_s = A'_s = \frac{\gamma_{RE} Ne - f_c b h_{c0}^2 \left(1 - \dfrac{x}{2h_{c0}}\right)\dfrac{x}{h_{c0}}}{f_y(h_{c0} - a')}$$

$$= \frac{0.8 \times 1516.7 \times 10^3 \times 664.4 - 14.3 \times 600 \times 560^2 \times 0.252\left(1 - \dfrac{0.252}{2}\right)}{300(560-40)}$$

$$= \frac{(806.2 - 592.6)10^6}{0.156 \times 10^6} = 1370\text{mm}^2$$

底截面每边配 4 Φ 22，$A_s = 1520\text{mm}^2$

每边配筋率 $\dfrac{1520}{600 \times 560} = 0.45\% > 0.2\%$，满足要求。

四边总配筋 12 Φ 22，总配筋率 $\dfrac{12 \times 380}{600 \times 560} = 1.36\%$ 满足表 24-21 对二级抗震要求。

(3) 柱顶截面抗弯配筋

柱顶截面配筋设计应满足强柱弱梁要求，

$$1.2\Sigma M_b = 1.2(300.2 + 126.4) = 511.9\text{kN·mm}$$

$$\Sigma M_c = 274.4 + 191.8 = 466.2\text{kN·m}$$

不满足式（24-41）要求，因此增大柱顶弯矩设计值。

取
$$M_c^t = 274.4 \times \frac{511.9}{466.2} = 301.8 \text{kN·m}$$
$$N = 1516.7 \text{kN}$$
$$e_0 = \frac{301.8}{1516.7} = 0.199 \text{m}$$

同底截面，取 $\eta = 1.09$，$\frac{x}{h_{c0}} = 0.252$

按大偏压设计
$$e = 1.09 \times 199 + \frac{600}{2} - 40 = 476.9 \text{mm}$$

$$A_s = A'_s = \frac{0.8 \times 1516.7 \times 10^3 \times 476.9 - 14.3 \times 600 \times 560^2 \times 0.252\left(1 - \frac{0.252}{2}\right)}{300(560 - 40)}$$

$$= \frac{(578.6 - 592.6) \times 10^6}{0.156 \times 10^6} < 0$$

按构造要求配筋

每边配 4 Φ 22，总配 12 Φ 22。

(4) 钢箍 $\gamma_{RE} = 0.85$

箍筋加密区长度 $\frac{H_{c0}}{6} = 908 \text{mm}$，取 900mm

由式（24-44）计算剪力设计值
$$V_c = 1.2 \frac{M_c^t + M_c^b}{H_{c0}} = \frac{1.2(533.6 + 301.8)}{5.45} = 183.9 \text{kN}$$

由式（24-45）检查截面尺寸
$$\frac{1}{\gamma_{RE}}(0.2\beta_c f_c b_c h_{c0}) = \frac{0.2}{0.85} \times 1 \times 14.3 \times 600 \times 560 = 1130 \text{kN} \text{ 满足要求。}$$

由抗剪承载力计算箍筋

剪跨比 $\lambda = \frac{M}{Vh_c} = \frac{426.9}{122.6 \times 0.6} = 5.8$

取 $\lambda = 3$

N 取 $0.3 f_c b_c h_{c0} = 0.3 \times 14.3 \times 600 \times 560 = 1440 \text{kN}$

$$\frac{A_{sv}}{s} = \frac{\gamma_{RE} V_c - \frac{1.05}{\lambda + 1} f_t b_c h_{c0} - 0.056 N}{f_{yv} h_{c0}}$$

$$= \frac{0.8 \times 183.9 \times 10^3 - \frac{1.05}{3+1} \times 1.43 \times 600 \times 560 - 0.056 \times 1440 \times 10^3}{210 \times 560} < 0$$

箍筋按轴压比及构造要求确定。

由表 24-22，查得在轴压比为 0.302 时，普通箍筋的配箍特征值为 0.08，因此体积配箍率

$$\rho_v = \lambda_v \frac{f_c}{f_{yv}} = 0.08 \frac{14.3}{210} = 0.54\%$$

二级抗震，体积配箍率不得小于 0.6%。

按构造要求，箍筋最少配置 Φ8-100，现选四肢箍，无支长度为 173mm，符合构造要求。

$$\therefore \rho_v = \frac{50.3 \times 8 \times 540}{540 \times 540 \times 100} = 0.75\% > 6\%$$

满足轴压比体积配箍率要求。

非加密区剪力设计值 $V_c = 122.6$kN，可判断只需要构造配筋，取加密区箍筋的 50%，即 Φ8-200，四肢箍。

3．节点区配筋

节点区剪力设计值按式（24-49）计算，ΣM_b 由表 24-16 中 B 支座两侧的 M 求和（选最不利的值），η_{jb} 取 1.2。

$$V_j = \eta_{jb}\left(\frac{M_b^l + M_b^r}{h_{b0} - a'}\right)\left(1 - \frac{h_{b0} - a'}{H_c - h_b}\right)$$

$$= 1.2\left(\frac{300.2 + 126.4}{0.475}\right)\left(1 - \frac{0.475}{5.45}\right) = 983.8\text{kN}$$

由式（24-50）计算节点箍筋

$$\gamma_{RE} = 0.85, \ b_j = 600, \ h_j = 600, \ \eta_j = 1.5$$

上层传来轴力 $N = 1236.9$kN

$$\frac{A_{svj}}{s} = \frac{\gamma_{RE}V_j - 1.1\eta_j f_t b_j h_j - 0.05\eta_j N \frac{b_j}{b_c}}{f_{yv}(h_{b0} - a'_s)}$$

$$= \frac{0.85 \times 983.8 \times 10^3 - 1.1 \times 1.5 \times 1.43 \times 600 \times 600 - 0.05 \times 1.5 \times 1236.9 \times 10^3}{210(560 - 40)}$$

$$= \frac{836.2 - 849.4 - 92.8}{109.2} < 0$$

按构造要求配箍，与柱端箍筋加密区相同，取四肢箍，Φ8-100。

节点区截面尺寸验算

$$\frac{1}{\gamma_{RE}}(0.3\beta_c \eta_j f_c b_j h_j) = \frac{0.3}{0.85} \times 1.5 \times 14.3 \times 600 \times 600 = 2730\text{kN} > V_j \quad \text{满足要求。}$$

梁、柱、节点配筋见图 24-34。

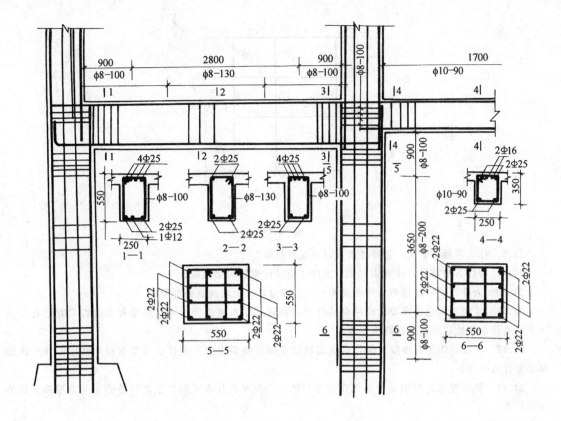

图 24-34

思 考 题

24.1 怎样区分主要承重与非主要承重框架？什么是抗侧力框架，承重框架和抗侧力框架有什么关系？

24.2 框架结构简化为平面框架时作了什么假定？在分层计算法和 D 值法中用了这种假定吗？

24.3 分别画出一榀三跨四层框架在竖向荷载（满跨满布）和水平荷载作用下的弯矩图形、剪力图形和轴力图形。

24.4 D 值和 d 值的物理意义是什么？有什么区别？二者在基本假定上有何相同与不同之处？分别在什么情况下使用？

24.5 影响水平荷载作用下柱反弯点位置的主要因素是什么？框架顶层、中部各层和底层的反弯点位置变化有什么规律？为什么？

24.6 梁、柱杆件的轴向变形、弯曲变形、剪切变形对框架在水平荷载作用下侧移变形有何影响？什么是弯曲型变形曲线，什么是剪切型变形曲线？框架的侧移变形主要是什么型的？在多层和高层框架中相同吗？

24.7 用 D 值法计算下图框架内力及侧移。梁、柱线刚度均在图 24-35 中给出。

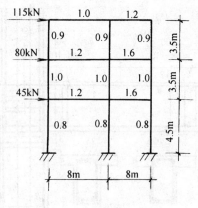

图 24-35

24.8 什么是延性框架？怎样才能设计出延性框架？

24.9 为什么要设计强柱弱梁框架？怎样才能设计强柱弱梁框架？

24.10 为什么要设计强剪弱弯的梁和柱？怎样设计才能实现强剪弱弯？

24.11 非抗震梁也要求设计成具有延性的适筋梁，那末抗震要求的延性梁和非抗震梁究竟有什么区别？为什么塑性铰不允许在跨中出现？

24.12 钢箍的作用有哪些？为什么抗震结构中钢箍特别重要？为什么需要钢箍加密区？节点区加箍筋起什么作用？

24.13 复式箍筋怎样组成？面积含箍率与体积含箍率有什么不同？配箍特征值 λ 与含箍率 ρ 的关系是什么？

24.14 利用例 24-4 数据设计七层办公楼底层 A 轴线柱（边柱）及梁柱节点区配筋。

第25章 剪力墙结构

25.1 剪力墙结构布置

剪力墙结构中的剪力墙多为纵横布置，以抵抗不同方向作用的水平力。剪力墙的布置要注意以下几方面：

1. 支承楼板的剪力墙间距大约为 3～8m，楼板直接支承在墙上。间距为 3～4m 时，称为小开间方案；为了减轻自重及充分发挥剪力墙的抗侧移能力，宜扩大剪力墙间距，做成 5～8m 间距的大开间方案；如果间距为 5～6m，可用单向或双向的现浇混凝土平板或叠合板；如用 7～8m 的更大间距，需要采用无粘结预应力平板等适用于较大跨度的楼板。在剪力墙结构中，一般不用梁板体系。

2. 沿建筑物整个高度，剪力墙应贯通，上下不错层、不中断。剪力墙上开门洞或窗洞时，尽可能做到上下洞口对齐。

3. 非抗震时剪力墙厚度一般取楼层净高的 1/25，多层建筑中墙厚度不小于 140mm，高层建筑中不小于 160mm。抗震时要取楼层净高的 $\frac{1}{16} \sim \frac{1}{20}$，多层建筑一般不小于 160mm，高层建筑中底部加强部不小于 200mm，其他部位不小于 160mm。

4. 剪力墙端部宜有翼缘（与其相垂直的剪力墙），它可增大剪力墙平面外的刚度及承载力，避免平面外错断等脆性破坏，也可提高剪力墙平面内的抗弯延性。

5. 在地震区，宜将剪力墙设计成高宽比（总高度 H 与墙面宽度 B 之比）较大的高墙或中高墙（见图 25-1a），因为矮墙（$H/B<1.5$）的抗剪性能差，延性不好。当墙的长度太长时（例如板式结构中的纵墙），宜将墙分段或用较大的洞口将墙分隔成宽度适宜的墙段（见图 25-1b 中 B_1、B_2、B_3 段墙），以提高弯曲变形能力，改善抗震性能。

6. 在轴力和弯矩作用下，剪力墙部分截面受有较大的轴向压应力，它会降低剪力墙的抗弯延性，因此对于抗震的剪力墙，也要限制及截面的轴压比值。

轴压比 $n=\dfrac{N}{A_\mathrm{w} f_\mathrm{c}}$，是轴向平均压应力与混凝土抗压强度的比值。为了简化计算，在剪力墙中只用重力荷载代表值计算其轴力 N。由此计算得到的轴压比不宜超过 0.4（一级、9 度设防时）、0.5（一级，8 度设防时）、0.6（二级）。

此外，为了改善剪力墙混凝土的抗压性能，提高其延性，剪力墙要设配置箍筋的边缘构件。

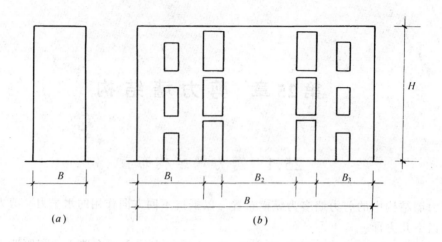

图 25-1 剪力墙的高宽比

7. 在底层或底部多层大空间剪力墙结构中，部分剪力墙做成框支剪力墙，为避免这种结构中出现薄弱层要注意：

（1）框支剪力墙在地面以上的框支层数不宜太多，8 度抗震时不宜超过 3 层，7 度抗震时不宜超过 5 层；

（2）落地剪力墙的数量不能太少，一般不少于全部剪力墙的 30%（非抗震）和 50%（抗震）；

（3）落地剪力墙的间距不要过大，一般应满足图 25-2 中列出的要求；

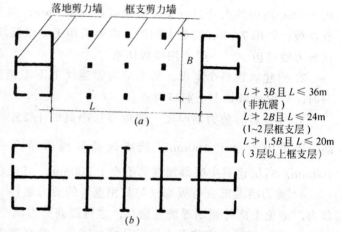

图 25-2 底层大空间剪力墙结构

（4）可增大框支层的落地剪力墙厚度或提高其混凝土强度，以提高这些楼层的抗侧刚度。要求在水平荷载作用下，框支部分和上层结构的层转角接近而无突变，也可以用单位力作用下的平均层转角表示，见图 25-3。

取框支层高度 H_1（包含转换层），在单位力作用下侧移为 Δ_1，取上部结构 H_2（使 $H_2 \approx H_1$），也在单位力作用下，得侧移 Δ_2，则转换层上下结构的平均层转角之比为：

$$\gamma_e = \frac{\Delta_1}{H_1} \bigg/ \frac{\Delta_2}{H_2} = \frac{\Delta_1 H_2}{\Delta_2 H_1} \tag{25-1}$$

要求框支层与上部结构刚度均匀，即要求 γ_e 接近 1，非抗震设计时 γ_e 不应大于 2，抗震设计时 γ_e 不应大于 1.3。

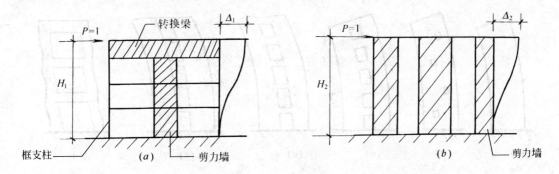

图 25-3 框支层与上部结构等效侧向刚度计算简图
(a) 框支层（包含转换层）总高 H_1；(b) 上部结构取 $H_2 \approx H_1$

25.2 剪力墙结构计算

25.2.1 计算简图及计算方法概述

通常，一片剪力墙被认为只能抵抗与墙面平行的水平力，即将剪力墙简化成平面结构进行分析。在图 25-4 所示的剪力墙结构中，其纵向和横向都可划分成若干片单片剪力墙，分别抵抗各个方向的水平荷载，与其垂直方向的墙可作为翼缘参加工作，如图中所示，横向有 6 片 I 形截面墙，纵向侧有 2 片开窗洞的长墙和 3 片短的 I 形墙，楼板均假定在其平面内为无限刚性的平板，每一方向的水平荷载按各片墙的刚度分配给该方向的墙。

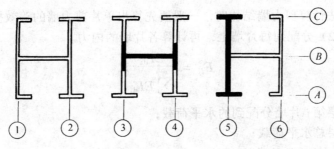

图 25-4

单片剪力墙的抗侧刚度以及内力和位移计算是比较复杂的，墙上所开的洞对其应力分布和位移有很大影响。严格说，剪力墙是平面应力问题，应按照平面应力方法分析，例如用平面有限元方法。但是在工程设计中不可能、也没必要采用如此精确的方法，通常仍然简化为杆件体系计算，但是必须考虑开洞的影响，必须考虑高梁、宽柱的影响。图 25-5 所示为各种不同开洞情况的墙，简化计算方法大体上分三类：

1. 悬臂剪力墙不开洞或仅有小洞口的剪力墙，可看成悬臂杆，利用静定方法即可计算其内力及位移。

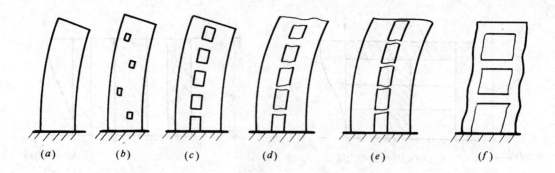

图 25-5　剪力墙简化计算方法分类
(a)、(b) 悬臂墙；(c)、(d)、(e) 联肢墙；(f) 壁式框架

2. 联肢剪力墙，图 25-5 (c)、(d)、(e) 三类墙开洞大小不一，但其共同特点是墙肢都较宽，墙肢变形以弯曲为主。联肢墙可采用连续化方法计算内力及位移，可得到解析解。根据连梁与墙肢的相对刚度，在一定条件下可分别采用整体小开口方法或独立墙肢等方法进行简化计算。

3. 带刚域框架，图 25-5 (c)、(d)、(e) 所示的联肢墙也可采用另一种方法——带刚域框架方法进行计算。图 25-5 (f) 是另一种开洞情况，连梁与墙肢宽度相近或甚至墙肢更细一些，因此它具有框架特点，在水平荷载作用下主要是墙肢层间出现反弯变形，沿高度出现剪切型变形等特性。这种剪力墙可称为壁式框架，用带刚域框架方法计算较为适宜。

在用近似方法计算剪力墙结构时，一般要先算出单片剪力墙的等效抗弯刚度，将总水平荷载按式（25-2）分配到每片墙上，再计算各片墙的内力。

$$F_{ij} = \frac{EI_{di}}{\sum_{j=1}^{m} EI_{di}} F_j \tag{25-2}$$

式中　F_{ij}——j 层第 i 片墙分配到的水平荷载；
　　　F_j——j 层总水平荷载；
　　　EI_{di}——第 i 片墙的等效抗弯刚度；
　　　m——剪力墙片数。

25.2.2　整体悬臂墙

不开洞或开洞很小——洞口面积不超过墙面面积的 15%，且孔洞间净距及洞口至墙边距离均大于洞口长边尺寸——的剪力墙，可看成一根悬臂杆，按静定方法计算水平荷载下的内力及位移。

由于洞口的削弱作用，悬臂杆的截面面积及惯性矩应加以折减。

折算面积

$$A_q = \left(1 - 1.25\sqrt{\frac{A_d}{A_0}}\right) A_w \tag{25-3}$$

折算惯性矩
$$I_q = \frac{\sum_{i=1}^{n} I_j h_j}{\sum_{i=1}^{n} h_j} \tag{25-4}$$

式中 A_d——洞口立面总面积；

A_0——剪力墙立面总面积；

A_w——剪力墙截面毛面积；

I_j、h_j——将剪力墙沿高度分成无洞口段及有洞口段后第 j 段的惯性矩（有洞口处应扣除洞口）及段高，共 n 段，见图 25-6。

计算悬臂墙位移时，除弯曲变形外，还要考虑剪切变形，倒三角形分布水平荷载作用下，杆件顶点位移是

$$\Delta_n = \frac{11}{60} \frac{V_0 H^3}{EI_q} + \frac{2}{3} \frac{V_0 H \mu}{GA_q} \tag{25-5}$$

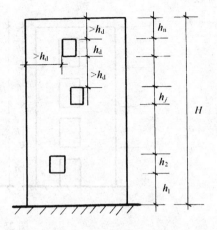

图 25-6 小洞口墙

式中 V_0——底部总剪力；

μ——剪应力分布不均匀系数，矩形截面取 $\mu = 1.2$，I 形截面 μ = 全截面面积/腹板截面面积；

E、G——分别为混凝土的弹性模量及剪切模量。

引入等效抗弯刚度概念后，把剪切变形与弯曲变形综合起来，用弯曲刚度形式表达，令

$$EI_d = \frac{EI_q}{1 + \frac{3.64 \mu EI_q}{H^2 GA_q}} \tag{25-6}$$

则顶点变形公式（25-5）可写成弯曲变形表达式

$$\Delta_n = \frac{11}{60} \frac{V_0 H^3}{EI_d} \tag{25-7}$$

在用公式（25-2）分配水平荷载时，整体悬臂墙的等效抗弯刚度即由式（25-6）计算。

应当注意，如果是均布荷载或顶部集中水平力时，悬臂墙的等效刚度有所不同，但都可用式（25-6）近似计算，误差不大。不过顶点位移公式（25-7）必须改变，式中系数应分别采用与荷载形式相应的常数。

25.2.3 联肢剪力墙

对于开洞规则（洞口上下对齐，截面沿高度不变）的联肢剪力墙，连续连杆法是一种

用杆系分析方法得到内力与位移解析解的较好方法。它作了一些简化假定，并把连梁假想为沿高度连续分布的连杆，见图 25-7，将连（梁）杆的剪力 $\tau(x)$ 作为沿高度变化的未知函数，用力法建立变形协调微分方程，求出连杆的剪力函数后，即可得出其他内力及位移函数。

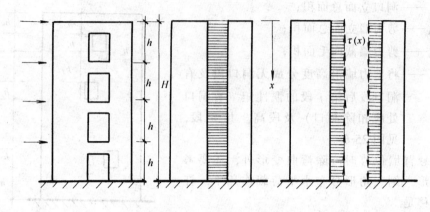

图 25-7　连续连杆法计算简图

连续连杆法得到的内力和位移的函数解，规律明显、概念清楚，可以做成曲线或图表直接查用，对于规则的剪力墙，求出的结果精确度也较高。本节主要目的是通过给出倒三角分布荷载作用下的内力函数，对联肢墙的内力、位移规律以及由此得到的简化计算进行分析讨论。

由连续连杆法分析可知，在开洞规则的剪力墙中，影响其内力分布及变形状态的参数主要有两个，它们都与剪力墙的几何尺寸有关。图 25-8 为具有多列孔洞的多肢剪力墙，k 列洞口就有 $k+1$ 列墙肢。$2a_i$ 为洞口宽度，$2c_i$ 为墙肢形心之间距离，I_i、A_i 为墙肢惯性矩及面积，I_{li} 及 A_{li} 为连梁截面惯性矩及截面积。

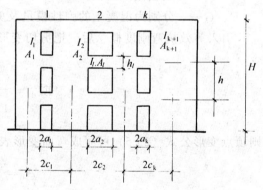

图 25-8　剪力墙几何参数

两个重要参数是：

(1) 墙肢系数 T，是表示墙肢与洞口相对关系的一个参数。

$$T = \frac{I_A}{I} \tag{25-8}$$

I 是整个剪力墙对截面形心的组合惯性矩。

$$I = \Sigma I_i + \Sigma A_i y_i^2 \tag{25-9}$$

$$I_A = \Sigma A_i y_i^2 = I - \Sigma I_i \tag{25-10}$$

(2) 整体系数 α,是表示连梁与墙肢相对刚度的一个参数。

$$\alpha = H\sqrt{\frac{6}{Th\sum_{i=1}^{k+1}I_i}\sum_{i=1}^{k}\frac{\tilde{I}_{li}c_i^2}{a_i^3}} \tag{25-11}$$

式中,T 即墙肢系数,$\tilde{I}_{li}$ 为综合考虑弯曲与剪切变形的连梁截面折算惯性矩,其他符号见图 25-8,在矩形截面的连梁中,$\tilde{I}_{li}$ 可简化为式(25-12)的表达式。

$$\tilde{I}_{li} = \frac{I_{li}}{1+\frac{3\mu EI_{li}}{A_{li}Ga_i^2}} = \frac{I_{li}}{1+0.7\frac{h_{li}^2}{a_i^2}} \tag{25-12}$$

1. 墙肢内力

图 25-9 表示一多肢剪力墙在水平荷载作用下的内力与应力分布。由连续连杆法分析可得第 i 个墙肢在坐标为 $\xi(\xi = x/H)$ 处截面的弯矩和轴力公式为:

$$\left.\begin{array}{l}M_i(\xi) = kM_p(\xi)\dfrac{I_i}{I} + (1-k)M_p(\xi)\dfrac{I_i}{\Sigma I_i} \\ N_i(\xi) = kM_p(\xi)\dfrac{A_iy_i}{I}\end{array}\right\} \tag{25-13}$$

式中,k 是由连续连杆法分析得到的系数,在倒三角形分布荷载下,k 值计算公式为

$$k = \frac{3}{\xi^2(3-\xi)}\left[\frac{2}{\alpha^2}(1-\xi) + \xi^2\left(1-\frac{\xi}{3}\right) - \frac{2}{\alpha^2}\text{ch}\alpha\xi + \left(\frac{2\text{sh}\alpha}{\alpha} + \frac{2}{\alpha^2} - 1\right)\frac{\text{sh}\alpha\xi}{\alpha\text{ch}\alpha}\right] \tag{25-14}$$

$M_p(\xi)$ 为荷载作用在 ξ 截面处的倾覆力矩,α 为整体系数。

图 25-9(c)画出了墙肢截面应力分布,它可以分解为 d、e 两部分应力。第一部分应力为 $kM_p(\xi)$ 作用下的应力,可视所有墙肢为一整体截面,沿截面应力分布成直线形,如图 25-9(d),可称为整体弯曲应力,即公式(25-13)中弯矩的第一项及轴力形成的应力;第二部分应力是 $(1-k)M_p(\xi)$——公式(25-13)中弯矩的第二项作用下的应力,以各墙肢形心为中和轴,见图 25-9(e),可称为局部弯曲应力。式(25-13)的物理意义由此可见:k 值就是整体弯曲部分占总倾覆力矩的百分比。

式(25-14)给出的 k 值是 α、ξ 的函数,如用 α——k 坐标系绘制曲线,是一族不同 ξ 值的曲线,每一个 ξ 值代表剪力墙的一个截面。曲线见图 25-10。

图 25-10 可以说明下述意义,当整体系数 α 较小时,各个截面的 k 值都很小,因此,在截面弯矩公式中第二项占的比例较大,α 值较小表示连梁刚度相对较小,连梁对墙肢的约束弯矩也就较小,此时墙肢中弯矩较大而轴力较小。

当整体系数 α 值增大时,表示连梁的相对刚度增大,对墙肢的约束弯矩也增大,此时墙肢的弯矩减小而轴力加大。在 α 值大于 10 以后,所有 k 值都趋近于 1,在式(25-13)中,墙肢弯矩以第一项为主,也就是以整体弯曲成分为主。这也是为什么把 α 称为整体

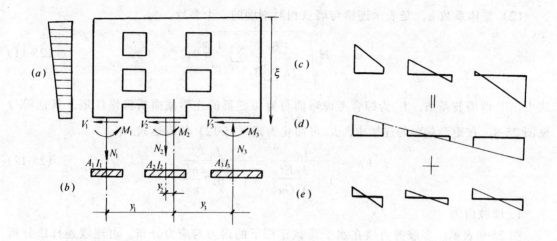

图 25-9 多肢墙截面应力分布

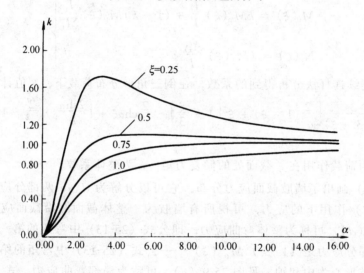

图 25-10 k 值曲线

系数的原因。

由开洞引起的剪力墙截面应力分布的变化，可由参数 α 反映：

①当 $\alpha \leqslant 1$ 时，连梁的约束作用很小，墙肢截面应力分布近似于独立墙肢，可近似按图 25-11 计算墙肢内力。此时可将总水平荷载或总剪力按每个墙肢的等效弯曲刚度分配到墙肢上，每个墙肢都按静定的悬臂杆

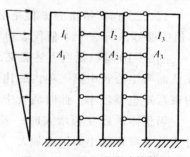

图 25-11 独立墙肢计算简图

计算内力及位移。

$$V_i(\xi) = V_p(\xi)\frac{EI_{di}}{\Sigma EI_{di}} \tag{25-15}$$

② 当 $\alpha > 10$ 时，连梁的约束作用很强，各墙肢弯曲以整体弯曲为主，可将 k 值取为 0.85（仍有部分局部弯曲应力），用式（25-16）近似计算墙肢弯矩与轴力。对于工程设计而言，是偏于安全的。

计算公式（25-17）为剪力分配近似公式，和连续连杆法的推导无关。

$$\left.\begin{aligned}M_i(\xi) &= 0.85M_p(\xi)\frac{I_i}{I} + 0.15M_p(\xi)\frac{I_i}{\Sigma I_i}\\ N_i(\xi) &= 0.85M_p(\xi)\frac{A_iy_i}{I}\end{aligned}\right\} \tag{25-16}$$

$$V_i(\xi) = \frac{V_p(\xi)}{2}\left(\frac{A_i}{\Sigma A_i} + \frac{I_i}{\Sigma I_i}\right) \tag{25-17}$$

公式（25-16）中 $k = 0.85$ 是以 $\alpha = 10$，取底截面（$\xi = 1.0$）计算得到的 k 值。α 愈大，各截面的 k 值愈接近 1.0，会使截面上的轴力愈大而弯矩减小。

此外，还应注意沿墙高各截面内力的变化，也就是弯矩图的形状，它不仅与 α 有关，也与墙肢系数 T 有关。$T = I_A/I$，可反映墙肢与洞口宽度的相对关系。T 值愈大，表示墙肢宽度较小而洞口较大。墙肢愈小，相对于总弯矩而言连梁的反弯就增大了。

图 25-12 (c) 给出了联肢墙墙肢具有的典型弯矩图。由于连梁约束弯矩是一个反向弯矩，使弯矩图呈现锯齿形，如墙肢较粗，约束弯矩较小，墙肢弯矩就不会变号，在大部分层中墙肢没有反弯点，整个剪力墙表现为弯曲型变形。但是如果墙肢较细，连梁的约束弯矩会使墙肢出现反弯点，形成如图 25-12 (d) 所示的弯矩分布图。这种情况与框架的弯矩图类似，墙肢呈现反弯，整个墙会呈现剪切型变形。

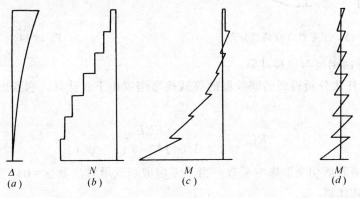

图 25-12 联肢墙位移、内力分布图

当开洞剪力墙的弯矩图中大部分层都具有反弯点时，即如图 25-5 (f) 所表示的高梁宽柱框架，它的 α 值一般都很大（大于20），而 T 值较小。

因此，当 $\alpha>10$，T 值较小时，是弯曲型变形的剪力墙，按公式（25-16）和（25-17）近似计算的方法被称为整体小开口墙方法，可以很快速的估算剪力墙的内力和位移。

在 $\alpha=1\sim10$ 范围内时，按连续连杆法计算墙肢内力，按式（25-14）计算 k 值，代入式（25-13）可求出墙肢弯矩和轴力；再按式（25-15）计算各墙肢剪力。

2. 连梁内力

在联肢墙中，连梁的反弯点假定在连梁中点（与实际情况误差很小），这时连梁的端弯矩和剪力有如下关系：

$$M_{li} = V_{li} \cdot a_i \tag{25-18}$$

式中 a_i 为第 i 跨连梁跨度的一半。因此只要求出连梁剪力，即可求出相应的弯矩。

连梁剪力大小和 α 值有关，α 值愈大，表明连梁刚度相对愈大，连梁的剪力也愈大。由连续连杆法分析得到的联肢墙连梁剪力沿墙高度分布由图25-13描述，在某一高度处连梁剪力值最大。该位置也与 α 系数有关，α 值较小时，最大值更靠墙上部一些，随着 α 值增大，最大剪力值下移。各层连梁剪力可用连续连杆法精确计算。采用整体小开口方法计算时，可通过平衡，由上下两层墙肢轴力相减得到。在多肢墙中，计算连梁剪力需从边跨算起，逐跨逐层得出剪力，见图25-14。

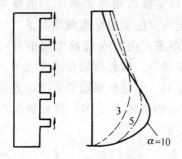

图 25-13 连梁剪力沿高度分布

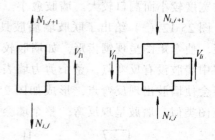

图 25-14

3. 等效弯曲刚度与位移计算

由连续连杆法分析得到的联肢墙的等效抗弯刚度由下式计算，它考虑了墙肢的剪切变形及轴向变形。

$$EI_d = \frac{E\Sigma I_i}{1 + 3.64\gamma^2 - T(1 - \psi_a)} \tag{25-19}$$

式中 γ ——墙肢剪切变形影响系数，当不考虑剪切变形时，取 $\gamma=0$；当考虑时，按下式计算。

$$\gamma^2 = \frac{E\Sigma I_i}{H^2 G \Sigma \dfrac{A_i}{\mu_i}} \tag{25-20}$$

T——墙肢系数；
μ_i——第 i 个墙肢剪应力不均匀系数，取值与截面形状有关；
ψ_a——系数，可查表25-1。

ψ_a 值 表   表25-1

α	倒三角荷载	α	倒三角荷载
1.000	0.720	11.000	0.026
1.500	0.537	11.500	0.023
2.000	0.399	12.000	0.022
2.500	0.302	12.500	0.020
3.000	0.234	13.000	0.019
3.500	0.186	13.500	0.017
4.000	0.151	14.000	0.016
4.500	0.125	14.500	0.015
5.000	0.105	15.000	0.014
5.500	0.089	15.500	0.013
6.000	0.077	16.000	0.012
6.500	0.067	16.500	0.012
7.000	0.058	17.000	0.011
7.500	0.052	17.500	0.010
8.000	0.046	18.000	0.010
8.500	0.041	18.500	0.009
9.000	0.037	19.000	0.009
9.500	0.034	19.500	0.008
10.000	0.031	20.000	0.008
10.500	0.028	20.500	0.008

在用独立墙肢（$\alpha<1$）近似方法计算时，每个墙肢都按悬臂剪力墙方法取等效弯曲刚度。

在用整体小开口墙（$\alpha>10$）方法近似计算时，取开洞截面的面积 A 及组合惯性矩 I，按下式计算等效弯曲刚度

$$EI_d = \frac{0.83EI}{1+\dfrac{3.64\mu EI}{H^2 GA}} \tag{25-21}$$

在有了等效刚度后，按悬臂墙的顶点位移公式计算顶点位移，倒三角分布荷载下用公式（25-7）计算。

25.2.4 带刚域框架

开洞剪力墙可以简化为带刚域框架，按框架方法计算内力及位移。与普通框架不同之处在于，开洞剪力墙是高梁宽柱，因而节点区较大，在计算简图中把节点区视为杆件的"刚域"，即没有变形的一个区域，故称为带刚域框架，见图25-15，图中粗黑线部分为刚域。

带刚域框架的轴线均取在连梁及墙肢的形心线处。

梁、柱的刚域长度取法见图 25-16。

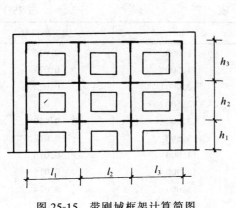

图 25-15 带刚域框架计算简图

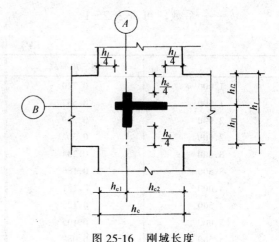

图 25-16 刚域长度

$$\left.\begin{array}{l}梁刚域长度 = h_{c1} - \dfrac{h_l}{4}（轴线 Ⓐ 左侧）\\ \\ \qquad\qquad = h_{c2} - \dfrac{h_l}{4}（轴线 Ⓐ 右侧）\end{array}\right\} \quad (25\text{-}22)$$

$$\left.\begin{array}{l}柱刚域长度 = h_{l1} - \dfrac{h_c}{4}（轴线 Ⓑ 下侧）\\ \\ \qquad\qquad = h_{l2} - \dfrac{h_c}{4}（轴线 Ⓑ 上侧）\end{array}\right\} \quad (25\text{-}23)$$

带刚域杆件与一般杆件的主要区别在于：①杆端有刚域，它增大了杆件的刚度；②杆件截面高度大，杆件的剪切变形不能忽略。用与普通杆件相类似的方法，可推导出在杆端有单位转角 $\theta=1$（图 25-17）时杆端的弯矩，得出转角刚度系数。

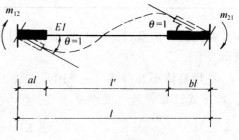

图 25-17 带刚域杆

$$\left.\begin{array}{l} m_{12} = \dfrac{6EI}{l} \dfrac{1+a-b}{(1-a-b)^3(1+\beta)} = 6k_1 \\ \\ m_{21} = \dfrac{6EI}{l} = \dfrac{1-a+b}{(1-a-b)^3(1+\beta)} = 6k_2 \\ \\ m = m_{12} + m_{21} = \dfrac{12EI}{l} \dfrac{1}{(1-a-b)^3(1+\beta)} = 12k \end{array}\right\} \quad (25\text{-}24)$$

$$\beta = \frac{12\mu EI}{GAl'^2} = 34.3\left(\frac{h_l}{l'}\right)^2 \tag{25-25}$$

式中，β 为剪切变形影响系数，a、b 分别为左右端刚域长度系数（见图 25-17）。

k_1、k_2、k 为带刚域杆件的等效线刚度。不难由式（25-24）看出，它可以由线刚度 $i\left(i = \dfrac{EI}{l}\right)$ 乘以修正系数得到。

$$\left.\begin{aligned}k_1 &= c_1 \cdot i = \frac{1 + a - b}{(1 - a - b)^3(1 + \beta)} \cdot \frac{EI}{l} \\ k_2 &= c_2 \cdot i = \frac{1 - a + b}{(1 - a - b)^3(1 + \beta)} \cdot \frac{EI}{l} \\ k &= \frac{c_1 + c_2}{2}i = \frac{1}{(1 - a - b)^3(1 + \beta)} \cdot \frac{EI}{l}\end{aligned}\right\} \tag{25-26}$$

带刚域杆件的线刚度经过修正后，其转角刚度系数、转角位移方程与等截面杆件的表达式完全相同，因此可以用计算等截面框架的杆件有限元方法计算带刚域框架。

在多数现有的用杆件有限元方法编制的计算程序中，可将开洞剪力墙简化为带刚域框架计算，其刚域取法与此相同。计算时，只要输入刚域长度，由程序计算其修正刚度及杆件内力，应用十分方便。

【例 25-1】 计算 12 层剪力墙的内力及顶点位移。该剪力墙层高 2.9m，总高 34.8m，每层开两个门洞，洞口高均为 2.22m。截面如图 25-18 所示。用 C20 级混凝土；各层等效地震力见表 25-3。

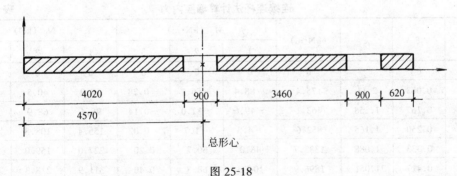

图 25-18

解

墙肢几何参数计算见表 25-2。墙肢编号顺序自左向右。

表 25-2

墙肢	A_i (m^2)	x_i (m)	$A_i x_i$	至总形心距离 y_i (m)	I_i (m^4)	$A_i y_i^2$	$I_i/\Sigma I_i$	I_i/I	$2c_i$
1	0.643	2.01	1.292	2.56	0.866	4.21	0.610	0.082	4.64
2	0.554	6.65	3.684	2.08	0.552	2.40	0.389	0.053	
3	0.099	9.59	0.949	5.02	0.0032	2.94	0.002	0.0003	2.94
Σ	1.296		5.925		1.42	9.1			

总形心位置 $\quad x_0 = \dfrac{5.925}{1.296} = 4.57\text{m}$

组合惯性矩 $\quad I = 1.42 + 9.1 = 10.52\text{m}^4$

墙肢系数 $\quad T = \dfrac{I_A}{I} = \dfrac{9.1}{10.52} = 0.865$

连梁几何参数（两根连梁相同）：

$$I_l = \dfrac{bh_l^3}{12} = 4.2 \times 10^{-3}\text{m}^4$$

连梁计算跨度（与刚域取法类似，每端由墙边退入 $h_l/4$）

$$2a_i = l_l + \dfrac{h_l}{4} \cdot 2 = 0.9 + \dfrac{0.68}{2} = 1.24\text{m}$$

$$\widetilde{I}_l = \dfrac{I_l}{1 + 0.7\dfrac{h_l^2}{a_i^2}} = \dfrac{4.2 \times 10^{-3}}{1.84} = 2.28 \times 10^{-3}\text{m}^4$$

整体系数 $\quad \alpha = H\sqrt{\dfrac{6}{Th\Sigma I_i} \cdot \Sigma \dfrac{\widetilde{I}_{li} \cdot c_i^2}{a_i^3}} = 34.8\sqrt{\dfrac{6 \times 2.28 \times 10^{-3}(2.32^2 + 1.47^2)}{0.865 \times 2.9 \times 1.42 \times 0.62^3}}$

$\quad = 12.2 > 10$

1. 按连续连杆法计算墙肢内力

用公式（25-14）计算 k 值后代入公式（25-13）计算墙肢弯矩 M 和轴力 N，现以底层为例计算，各层截面三个墙肢计算的结果列于表25-3。

连续连杆法计算墙肢内力　　表25-3

楼层	ξ	k	(kN·m)	M_{ij} (kN·m)			N_{ij} (kN)		
				1	2	3	1	2	3
12	0		0	0	0	0	0	0	0
11	0.083	2.11	175.4	-88.4	-56.1	-0.28	57.9	40.5	18.0
10	0.167	1.358	463.1	-49.6	-31.0	-0.14	98.4	68.9	30.6
9	0.250	1.165	852.6	-4.3	-1.7	-0.02	155.4	108.8	48.4
8	0.333	1.088	1333.7	48.0	30.7	0.20	227.0	159.0	70.7
7	0.417	1.051	1896.9	104.3	68.3	0.40	311.9	218.3	97.1
6	0.500	1.031	2531.6	167.1	108.9	0.63	408.3	285.8	127.1
5	0.583	1.019	3227.6	232.4	151.7	0.87	514.5	360.2	160.1
4	0.667	1.0	3974.7	325.9	210.7	1.2	621.6	420.9	193.6
3	0.75	0.999	4762.3	395.3	252.4	1.4	744.3	521.0	231.4
2	0.833	0.983	5580.7	507.8	329.3	1.8	858.3	601.0	267.3
1	0.917	0.952	6419.4	686.9	442.9	2.4	956.5	669.5	297.2
0	1.0	0.879	7268.2	1060.3	680.7	3.7	999.6	699.8	301.8

底截面 $\xi = 1.0$

外荷载产生的倾覆力矩 $M_{p1} = 7268.2 \text{kN·m}$

$$\alpha = 12.2, \quad \alpha^2 = 148.84$$

$$\text{sh}\alpha = 99.39403286 \times 10^3, \quad \text{ch}\alpha = 99.39511828 \times 10^3$$

$$k = \frac{3}{\xi^2(3-\xi)}\left[\frac{2}{\alpha^2}(1-\xi) + \xi^2\left(1 - \frac{\xi}{3}\right) - \frac{2}{\alpha^2}\text{ch}\alpha\xi + \left(\frac{2\text{sh}\alpha}{\alpha} + \frac{2}{\alpha^2} - 1\right)\frac{\text{sh}\alpha\xi}{\alpha\text{ch}\alpha}\right]$$

$$= 0.879$$

由式（25-13）计算 i 墙肢弯矩与轴力（各几何参数均取自表 25-2）：

墙肢 1： $M_1 = [0.879 \times 0.082 + (1 - 0.879) \times 0.61]7268.2 = 1060.3 \text{kN·m}$

$N_1 = 0.879 \times 7268.2 \times \dfrac{0.643 \times 2.56}{10.52} = 999.6 \text{kN}$

墙肢 2： $M_2 = [0.879 \times 0.053 + (1 - 0.879) \times 0.389]7268.2 = 680.7 \text{kN·m}$

$N_2 = 0.879 \times 7268.2 \times \dfrac{0.554 \times 2.08}{10.52} = 699.8 \text{kN}$

墙肢 3： $M_3 = [0.879 \times 0.0003 + (1 - 0.879) \times 0.002]7268.2 = 3.68 \text{kN·m}$

$N_3 = 0.879 \times 7268.2 \times \dfrac{0.099 \times 5.02}{10.52} = 301.8 \text{kN}$

在本剪力墙中，可以判断墙肢 3 会出现反弯点，即弯矩图中"锯齿"所占比例很大，而连续连杆法是连续化后计算的没有"锯齿"的弯矩图，因此墙肢 3 的弯矩偏小很多。

用公式（25-19）计算剪力墙的等效弯曲刚度，取 C20 级混凝土，$E = 2.55 \times 10^7$ kN/m^2，$G = 0.42E$

则 $\gamma^2 = \dfrac{E\Sigma I_i}{H^2 G \Sigma \dfrac{A_i}{\mu}} = \dfrac{1.42}{34.8^2 \times 0.42 \times \dfrac{1.296}{1.2}} = 0.0026$

$T = 0.865$

由表 25-1 查 ψ_a，因 $\alpha = 12.2$，$\therefore \psi_a = 0.022$

代入公式（25-19）

$$EI_d = \frac{2.55 \times 10^7 \times 1.42}{1 + 3.64 \times 0.0026 - 0.865(1 - 0.022)} = 2.21 \times 10^8 \text{kN·m}^2$$

剪力墙顶点位移：

$$\Delta = \frac{11}{60}\frac{V_0 H^3}{EI_d} = \frac{11}{60}\frac{292.7 \times 34.8^3}{2.21 \times 10^8} = 0.01 \text{m}$$

2. 按整体小开口近似方法计算

由公式（25-16）及（25-17）计算内力，各内力系数列于表 25-4，计算各楼层处内力列于表 25-5。注意，表 25-5 中所注层数 i 的位置为 i 层顶位置，即 $i+1$ 层底部截面。

表 25-4

内 力 公 式	墙 肢 1	墙 肢 2	墙 肢 3
$M_{ij} = 0.85 M_{pj} \dfrac{I_i}{I} + 0.15 M_{pj} \dfrac{I_i}{\Sigma I_i}$	$0.162 M_{pj}$	$0.104 M_{pj}$	$0.0006 M_{pj}$
$N_{ij} = 0.85 M_{pj} \dfrac{A_i y_i}{I}$	$0.133 M_{pj}$	$-0.092 M_{pj}$	$-0.04 M_{pj}$
$V_{ij} = \dfrac{1}{2}\left(\dfrac{A_i}{\Sigma A_i} + \dfrac{I_i}{\Sigma I_i}\right) V_{pj}$	$0.553 V_{pj}$	$0.408 V_{pj}$	$0.039 V_{pj}$

墙肢 3 会出反弯点，由整体小开口墙计算的墙肢弯矩也太小，不符合实际情况。近似的修正方法是假定反弯点在门洞高度的中点，墙肢弯矩由下式计算，结果列在表 25-5 M_{ij} 的 3′ 栏中

$$M'_{3j} = M_{3j} + V_{3j} \times 1.0$$

表 25-5

层数	截面位置 x_j (m)	F_j (kN)	V_{pj} (kN)	M_{pj} (kN·m)	M_{ij} (kN·m)				N_{ij} (kN)			V_{ij} (kN)		
					1	2	3	3′	1	2	3	1	2	3
12	0	60.5	60.5	0	0	0	0	0	0	0	0	33.5	24.7	2.4
11	2.9	38.7	99.2	175.4	28.4	18.2	0.11	2.5	23.3	16.1	7.0	54.9	40.5	3.9
10	5.8	35.1	134.3	463.1	75.0	48.2	0.28	4.2	61.6	42.6	18.5	74.3	54.8	5.2
9	8.7	31.6	165.9	852.6	138.1	88.7	0.51	5.7	113.4	78.4	34.1	91.7	67.7	6.5
8	11.6	28.3	194.2	1333.7	216.0	138.7	0.8	7.3	177.4	122.7	53.3	107.4	79.2	7.6
7	14.5	24.7	218.9	1896.9	307.3	197.3	1.1	8.7	252.3	174.5	75.9	121.1	89.3	8.5
6	17.4	21.1	240.0	2531.6	410.1	263.3	1.5	10.0	336.7	232.9	101.3	132.7	97.9	9.4
5	20.3	17.6	257.6	3227.6	522.9	335.7	1.9	11.3	429.3	296.9	129.1	142.5	105.1	10.1
4	23.2	14.0	271.6	3974.7	643.9	413.4	2.4	12.5	528.6	365.7	159.0	150.2	110.8	10.6
3	26.1	10.6	282.2	4762.3	771.5	495.3	2.9	13.5	633.4	438.1	190.5	156.1	115.0	11.0
2	29.0	7.0	289.2	5580.7	904.1	580.4	3.4	14.4	742.2	513.4	223.2	159.9	118.0	11.3
1	31.9	3.5	292.7	6419.4	1039.9	667.6	3.9	15.2	853.9	590.6	256.8	161.9	119.4	11.4
0	34.8	0		7268.2	1177.4	755.9	4.4	15.8	966.7	668.7	290.7			

由公式（25-21）计算等效抗弯刚度，

C20 级混凝土　　$E = 2.55 \times 10^7$ kN/m²，　　$G = 0.42E$

等效弯曲刚度

$$EI_d = \dfrac{0.83 EI}{1 + \dfrac{3.64 \mu EI}{H^2 GA}} = \dfrac{0.83 \times 2.55 \times 10^7 \times 10.52}{1 + \dfrac{3.64 \times 1.2 \times 10.52}{34.8^2 \times 0.42 \times 1.296}} = 2.08 \times 10^8 \text{kN} \cdot \text{m}^2$$

顶点位移

$$\Delta = \frac{11}{60} \frac{V_0 H^3}{EI_d} = \frac{11}{60} \frac{292.7 \times 34.8^3}{2.08 \times 10^8} = 0.0109 \text{m}$$

3. 计算结果及计算方法的比较

现将连续连杆法与整体小开口方法计算的墙肢1的 M、N 进行比较，绘于图25-19。

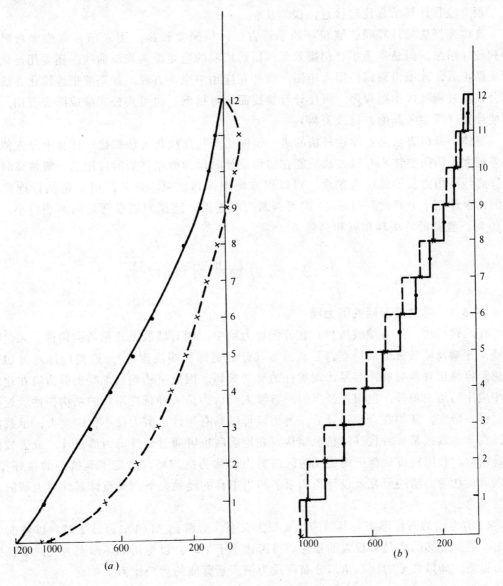

图 25-19 墙肢1内力比较
(a) 弯矩图；(b) 轴力图
----连续连杆法 ——整体小开口法

整体小开口方法源自连续连杆法，是按照 $\alpha=10$，取 $k=0.85$ 代入公式计算得到的近似 M、N。当实际 α 大于 10 时，整体小开口方法计算的墙肢弯矩偏大，而轴力偏小，α 与 10 相差愈大则误差也愈大。从本例题看，底截面弯矩值误差为 11%，而其他截面弯矩值误差都很大。但是从截面设计的角度看，其截面配筋偏于安全。

顶点位移计算结果比较接近，误差 9%。

连续连杆法是计算联肢墙较好的手算方法，精确度较高，用 α 值计算连梁弯矩亦能得到较好结果，但是作为手算仍嫌繁冗，得到墙肢的弯矩图为光滑曲线，还要用连梁约束弯矩修正后，才能得到锯齿形弯矩图，因此在应用中也不方便。如果能把连续化方法的计算公式及过程写成小型程序，可使计算快捷而相对精确。也可将公式编成图表查用，也能方便计算（可参考其他教材或资料）。

整体小开口方法是连续连杆法的进一步简化，与连续化方法相比，计算十分方便，但误差较大。因而整体小开口方法只能在初步设计时作为概略估算时应用。一般估算时只需计算底截面内力及等效抗弯刚度，可以很方便地得到结果，此外，用 α 值估计连梁对墙肢的约束作用十分有效，当 $\alpha\leqslant 1$ 时可判断为弱连梁，连梁对墙肢弯矩的影响很小；当 $\alpha>10$ 时，连梁的约束作用就相当强了。

25.3 剪力墙截面设计

25.3.1 剪力墙及延性剪力墙

在悬臂墙中，只有墙肢构件；在开洞剪力墙中，则有墙肢及连梁两类构件。无论哪一类墙，连梁及墙肢截面的特点都是宽而薄（此处宽即截面高度 h），这类构件对剪切变形敏感，容易出现斜裂缝，容易出现脆性的剪切破坏。因此虽然钢筋混凝土剪力墙在建筑结构中应用的历史很长，也很广泛，但一直被人们认为是一种延性不好的结构构件。近年来经过许多研究，证明在合理设计后，剪力墙可以具有延性。剪力墙不仅刚度大，承载能力高，在非地震区是一种较好的抗风结构，在地震区也可通过延性剪力墙设计，成为较好的抗震结构。我国抗震规范把地震设防区的剪力墙称为抗震墙，肯定了其抗震的良好作用，我国对延性剪力墙的研究及设计均积累了相当丰富的经验。下面是设计延性剪力墙的几个重要概念。

1. 剪力墙的破坏形态与其剪跨比有很大关系。剪跨比 M/Vh 超过 2 时，以弯曲变形为主，弯曲破坏的墙具有较大的延性。剪跨比小于 1 时，以剪切破坏形态为主，塑性变形能力很差。如以常见的倒三角形分布荷载为例，悬臂墙的剪跨比为

$$\frac{M}{Vh}=\frac{2H}{3h}$$

因此，当 $\frac{H}{h}\geqslant 3$ 时，为高墙；

$$1.5 \leqslant \frac{H}{h} < 3 \text{ 时,为中高墙;}$$

$$\frac{H}{h} < 1.5 \text{ 时,为矮墙}。$$

三种墙典型的裂缝分布见图 25-20。因此在本章 25.1 节提出,在抗震结构中,为保证延性尽可能采用高墙及中高墙。

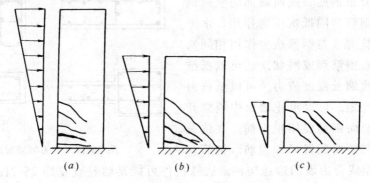

图 25-20 高墙、中高墙及矮墙

2. 悬臂剪力墙为静定结构,只要有一个截面出现塑性铰就会使之成为机构,只要有一个截面破坏,就会导致结构失效或倒塌。而联肢墙则不然,它是超静定结构,连梁及墙肢都可出现塑性铰。与悬臂墙相比,联肢墙的塑性铰数量可以较多,耗能分散。如果做成强墙弱梁的剪力墙,将连梁设计成延性的耗能构件,则可大大改善剪力墙的延性;如果连梁破坏或失效,开洞剪力墙即蜕化为独立墙肢结构,只要保证墙肢的承载力及延性,结构不会倒塌。这种性能对实现大震不倒很有好处,同时,如将塑性铰或破坏局限在连梁上,则震后便于修复。设计延性剪力墙要充分利用这一有利因素,将联肢剪力墙视为第一道防线,独立墙肢视为第二道防线。

3. 剪力墙中两类构件——连梁及墙肢都需要通过强剪弱弯设计提高其抗剪承载能力,推迟剪切破坏,从而改善其延性。由于构件截面的特点,它对剪切变形的敏感性较大,即使做到强剪弱弯,构件屈服后仍然可能出现剪切变形引起的破坏。特别是开洞剪力墙中的连梁构件,一般情况下的普通配筋连梁很难实现高延性。设计时要采取一些措施,改善它们的性能。

4. 在联肢剪力墙中,由地震作用产生的墙肢拉力不宜超过墙肢承受的竖向荷载,否则将出现偏心受拉墙肢。如为全截面受拉(小偏拉)则更为不利。因为如果部分墙肢出现拉力,该墙肢的裂缝会较早出现,甚至钢筋较早屈服,地震作用下的剪力将向未开裂或未屈服的其余墙肢转移(塑性内力重分布),使这些墙肢的抗剪负担加大,可能过早引起剪切破坏。如遇到这种情况,要采取措施,勿使墙肢中拉力太大。

25.3.2 构件配筋计算及构造

1. 墙肢

在竖向荷载和水平荷载共同作用下,悬臂墙的墙肢为压、弯、剪共同作用的构件,而开洞剪力墙的墙肢可能是压、弯、剪,也可能是拉、弯、剪构件,后者出现的机会较少。墙肢的配筋计算与柱的配筋计算有共同之处,但是也有不同之处。

剪力墙截面高度大(通常 $h_w/b_w \geqslant 4$ 时才按墙截面配筋),除端部钢筋外,剪力墙要在腹板中配置分布钢筋。截面端部的竖向钢筋与竖向分布钢筋共同抵抗压弯作用;水平分布钢筋用于抗剪(与钢箍抗剪作用相同);水平与竖向分布钢筋形成网状,还可以抵抗墙面混凝土的收缩及温度应力,可以抵抗剪力墙平面外的弯矩,可以阻止墙面中裂缝开展等。墙端部竖向钢筋要用粗钢筋,在抗震剪力墙中,端部还要配置局部箍筋,箍筋和

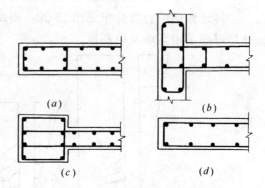

图 25-21 剪力墙墙肢配筋

粗的竖向钢筋组成剪力墙的边缘构件,边缘构件可能是暗柱(见图 25-21a、b)或明柱(图 25-21c)。箍筋起约束混凝土作用,以改善剪力墙端部混凝土的抗压性能,提高剪力墙的抗弯延性。

剪力墙的端部钢筋、竖向分布钢筋及水平分布钢筋要通过压弯及抗剪计算确定,端部边缘构件的钢箍及竖向钢筋主要是由剪力墙的轴压应力大小(轴压比)及抗震等级确定。

在正截面抗弯配筋计算时,偏压构件可分为大偏心及小偏心破坏两种情况,由平截面变形假定得到平衡配筋受压区相对高度 ξ_b。

$$\xi_b = \frac{\beta_1}{1 + \frac{f_y}{0.0033 E_s}} \tag{25-27}$$

式中,β_1 是随混凝土强度提高而逐渐降低的一个系数,当混凝土强度等级不超过 C50 时取 0.8,当混凝土强度等级为 C80 时取 0.74,当在 C50 和 C80 之间时,可按线性内插取值。

极限状态下,截面受压区相对高度 $\xi \leqslant \xi_b$ 时,为大偏压破坏情况,其极限状态应力分布如图 25-22 所示。由于分布钢筋都较细,受压分布筋不参加工作,中和轴附近分布钢筋应力较小,也不计入抗弯,只有 $1.5x$ 范围以外的受拉分布钢筋达到屈服应力。截面尺寸及有关符号见图 25-22。

在矩形截面、对称配筋($A_s = A'_s$)条件下,写出两个平衡方程($\Sigma N = 0$,$\Sigma M = 0$,后者是对压区中心取矩):

$$\left. \begin{array}{l} N = f_c b_w x - f_{yw} \dfrac{A_{sw}}{h_{w0}} (h_{w0} - 1.5x) \\[2mm] M_w = f_{yw} \dfrac{A_{sw}}{h_{w0}} (h_{w0} - 1.5x) \left(\dfrac{h_{w0}}{2} + \dfrac{x}{4} \right) + N \left(\dfrac{h_{w0}}{2} - \dfrac{x}{2} \right) + f_y A_s (h_{w0} - a') \end{array} \right\} \tag{25-28}$$

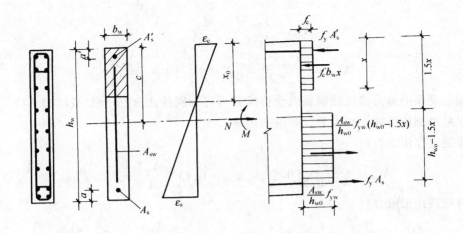

图 25-22 大偏压截面应力分布

将第 2 式展开，忽略 x^2 项，化简后得

$$M_w = \frac{A_{sw}f_{yw}h_{w0}}{2}\left(1 - \frac{x}{h_{w0}}\right)\left(1 + \frac{N}{f_{yw}A_{sw}}\right) + f_yA_s(h_{w0} - a')$$

$$= M_{sw} + f_yA_s(h_{w0} - a') \tag{25-29}$$

上式中第一项为分布筋及轴力的抵抗弯矩，当分布筋已选定后，可计算出其值，即

$$M_{sw} = \frac{A_{sw}f_{yw}h_{w0}}{2}\left(1 - \frac{x}{h_{w0}}\right)\left(1 + \frac{N}{f_{yw}A_{sw}}\right) \tag{25-30}$$

在进行截面设计时，通常都由构造要求选定分布钢筋，即分布钢筋的总面积 A_{sw} 已知，则可由式 (25-28) 的第 1 式计算 ξ 值：

$$\xi = \frac{x}{h_{w0}} = \frac{N + A_{sw}f_{yw}}{f_cb_wh_{w0} + 1.5A_{sw}f_{yw}} \tag{25-31}$$

检查是否满足 $\xi \leqslant \xi_b$，如满足，则由式 (25-29) 计算端部钢筋面积：

$$A_s = A'_s = \frac{M_w - M_{sw}}{f_y(h_{w0} - a')} \tag{25-32}$$

应符合 $x \geqslant 2a'$ 的条件，否则按 $x = 2a'$ 进行计算，A_s 及 A'_s 尚应符合最小端部配筋要求，可由有关规范或规程查得。

当 $\xi > \xi_b$ 时，应按小偏压状态计算配筋。小偏压状态截面大部分或全部受压，分布钢筋不计入抗弯，因此小偏压剪力墙的配筋计算与小偏压柱完全相同，仅计算 A_s 及 A'_s，它们也要满足最小端部配筋要求，分布钢筋则按构造要求配置。

在计算地震作用时，按照式 (23-23) 要求，承载力都应除以承载力抗震调整系数 γ_{RE}（见表 23-13），相当于将式 (25-28) 的左端内力设计值乘以 γ_{RE}，因此，对于有地震作用组合的内力，截面计算公式 (25-31)、(25-32) 写成：

$$\xi = \frac{x}{h_{w0}} = \frac{\gamma_{RE}N + A_{sw}f_{yw}}{f_cb_wh_{w0} + 1.5A_{sw}f_{yw}} \tag{25-33}$$

$$A_s = A'_s = \frac{\gamma_{RE}M - M_{sw}}{f_y(h_{w0} - a')} \qquad (25\text{-}34)$$

式中
$$M_{sw} = \frac{A_{sw}f_{yw}h_{w0}}{2}\left(1 - \frac{x}{h_{w0}}\right)\left(1 + \frac{\gamma_{RE}N}{f_{yw}A_{sw}}\right) \qquad (25\text{-}35)$$

偏心受压的剪力墙墙肢斜截面受剪承载力可分别按式（25-36）或（25-37）计算。计算结果可得到抗剪需要的水平分布钢筋用量。

无地震作用组合时
$$V_w \leqslant \frac{1}{\lambda - 0.5}\left(0.5f_tb_wh_{w0} + 0.13N\frac{A_w}{A}\right) + f_{yh}\frac{A_{sh}}{s}h_{w0} \qquad (25\text{-}36)$$

有地震作用组合时
$$V_w \leqslant \frac{1}{\gamma_{RE}}\left[\frac{1}{\lambda - 0.5}\left(0.4f_tb_wh_{w0} + 0.1N\frac{A_w}{A}\right) + 0.8f_{yh}\frac{A_{sh}}{s}h_{w0}\right] \qquad (25\text{-}37)$$

式中　f_t——混凝土轴心抗拉强度设计值；

　　　f_{yh}——水平钢筋抗拉强度设计值；

A_w、A——分别为混凝土截面的腹板部分面积和全截面面积，在矩形截面中 $A_w = A$；

　　　N——轴向压力设计值，如 $N > 0.2f_cb_wh_{w0}$，则取 $N = 0.2f_cb_wh_{w0}$；

　　　λ——截面剪跨比，当 $\lambda < 1.5$ 时取 $\lambda = 1.5$，当 $\lambda > 2.2$ 时，取 $\lambda = 2.2$，剪跨比由计算截面的内力计算：

$$\lambda = \frac{M_w}{V_wh_w} \qquad (25\text{-}38)$$

　　　A_{sh}——配置在同一截面内水平钢筋各肢面积总和；

　　　s——水平钢筋间距；

　　　γ_{RE}——抗剪的承载力抗震调整系数（表23-13）；

V_w 为墙肢剪力设计值。非抗震设计时，取内力组合所得的最大值；在抗震设计时，对于一、二、三级抗震等级的剪力墙底部加强部位的 V_w 值要调整增大，使剪力墙成为强剪弱弯的延性剪力墙，调整方法为：

$$V_w = \eta_{vw}V_{wmax} \qquad (25\text{-}39)$$

式中，V_{wmax} 有地震作用组合的剪力最大值，η_{vw} 为剪力增大系数，一级取1.6，二级取1.4，三级取1.2。

剪力墙的底部加强部位是指塑性铰出现的部位，但由设计安全考虑，其取值大于塑性铰长度，取墙肢总高度的 $\frac{1}{8}$ 和底部两层二者的较大值；当剪力墙高度超过150m时，取总高度的 $\frac{1}{10}$。

为了避免剪力墙斜压破坏，避免过早出现斜裂缝，要限制截面的剪压比。

无地震作用组合时　　　$V_w \leqslant 0.25\beta_cf_cb_wh_{w0}$ 　　　(25-40)

有地震作用组合时分为两种情况：

剪跨比 λ 大于 2.5 时　　$V_w \leqslant \dfrac{1}{\gamma_{RE}}(0.2\beta_c f_c b_w h_{w0})$ 　　　　　　(25-41)

剪跨比 λ 不大于 2.5 时 $V_w \leqslant \dfrac{1}{\gamma_{RE}}(0.15\beta_c f_c b_w h_{w0})$ 　　　　　　(25-42)

式中，β_c 为混凝土强度系数，当混凝土强度等级不大于 C50 时取 $\beta_c=1.0$，当混凝土强度等级为 C80 时取 $\beta_c=0.8$，在 C50 和 C80 之间时可按线性内插取值。

剪力墙中的竖向及水平分布钢筋的最小配筋率是由裂缝出现后不能立即出现剪切脆性破坏以及考虑温度、收缩等综合要求定出的，用面积配筋率 $\rho_{\min}=A_{sh}/b_w s$ 表示。在非抗震及四级抗震时，最小配筋率为 0.2%，在一、二、三级抗震时，最小配筋率为 0.25%，在温度应力可能较大或可能出现平面外偏心弯矩的部位，例如顶层墙、底层墙、山墙、楼梯间墙、纵墙的端开间等部位，水平和竖向分布钢筋的最小配筋率不应小于 0.25%。

剪力墙边缘构件按照抗震等级及轴压比不同分为两类：约束边缘构件和构造边缘构件。

一、二级抗震等级剪力墙的底部加强部位及其相邻的上一层应设置约束边缘构件，但墙肢底部截面在重力荷载代表值作用下的轴压比小于 0.2（一级）和 0.3（三级）时，可设置构造边缘构件。

一、二级抗震等级剪力墙的其他部位和三、四级抗震等级剪力墙的端部都只要求配置构造边缘构件。

约束边缘构件的竖向钢筋、钢箍数量较多，约束混凝土的范围也较大，约束效果更好。构造边缘构件则要求较低，配箍数量及范围较小。具体的配筋要求可见规范。

2. 连梁

连梁两端与墙肢相连，两端弯矩同向，因而连梁中部有反弯点。通常连梁跨度较小，截面高度较大，因而跨高比都较小。其剪力主要部分与端部弯矩相平衡 $\left(V_b=\dfrac{M^{左}+M^{右}}{2}\right)$，竖向荷载产生的剪力不大。因此，连梁是一个受弯、受剪的梁，然而它对剪切变形十分敏感，容易出现斜裂缝。一般情况下，连梁采用如图 25-23（a）所示的普通梁配筋形式。

连梁受弯承载力计算与普通梁相同，由于上、下配置纵向钢筋，且 $A_s=A'_s$，按双筋截面计算：

$$A_s = A'_s = \dfrac{M_b}{f_y(h_0-a')} \tag{25-43}$$

为了增强连梁截面抗剪能力（抗震设计时要求强剪弱弯），连梁的剪力设计值也要进行调整增大。连梁的斜截面承载力计算公式与一般梁略有不同，这些公式在"高层规程"中都有专门规定。

为了做到强墙弱梁，也为了减小连梁的剪力，通常要对连梁的弯矩进行调幅以降低其弯矩和剪力（一般降低约20%）。

连梁高度较大，通常要配置腰筋，连梁钢筋锚固、箍筋最小用量等构造要求也可在"高层规程"中查到。

为了改善连梁延性，可以采用交叉配筋形式，或在连梁中开水平缝减小其跨高比，见图 25-23 (b)、(c)。

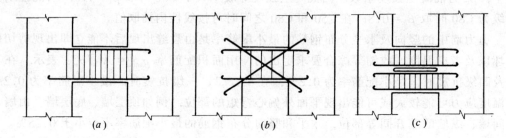

图 25-23 连梁配筋形式

【例 25-2】 计算例 25-1 中墙肢 1 的配筋。在水平地震作用与竖向荷载组合后，有两组内力设计值：(1) 地震力向右时，墙肢 1 受拉，组合结果 $M_w = 1530.6\text{kN·m}$，$N = 366.1\text{kN}$（压力）；(2) 地震力向左时，墙肢 1 受压，$M_w = 1530.6\text{kN·m}$，$N = 2917.1\text{kN}$（压力）。剪力设计值 $V_w = 210.5\text{kN}$。由表 23-15 查得为二级抗震要求。

解

在两组内力中，由第 1 组内力计算配筋（不利内力）。

墙肢 1 截面尺寸：$h_w = 4020\text{mm}$，$h_{w0} = 3940\text{mm}$，$b_w = 160\text{mm}$

C20 级混凝土：$f_c = 9.6\text{MPa}$，$f_t = 1.10\text{MPa}$

分布钢筋用 HPB 235：$f_{yw} = 210\text{MPa}$

端部钢筋用 HRB 335：$f_y = 300\text{MPa}$

1. 墙肢竖向钢筋 $\gamma_{RE} = 0.85$

竖向分布筋配筋率取 0.25%，配置双排 Φ8−250 可满足配筋率要求，所以

$$A_{sw} = 4020 \times 160 \times 0.25\% = 1608\text{mm}^2$$

由式 (25-33)

$$\xi = \frac{\gamma_{RE} N + f_{yw} A_{sw}}{f_c b_w h_{w0} + 1.5 A_{sw} f_{yw}}$$

$$= \frac{0.85 \times 366.1 \times 10^3 + 210 \times 1608}{9.6 \times 160 \times 3940 + 1.5 \times 210 \times 1608} = 0.099$$

∴ $x = 389.8\text{mm} > 2a$

取 $\beta_c = 0.8$，$\xi_b = \dfrac{0.8}{1 + \dfrac{f_y}{0.0033 E_s}} = \dfrac{0.8}{1 + \dfrac{300}{0.0033 \times 2 \times 10^5}} = 0.551 > \xi$

为大偏压受弯，由式（25-35）

$$M_{sw} = \frac{f_{yw}A_{sw}h_{w0}}{2}\left(1 - \frac{x}{h_{w0}}\right)\left(1 + \frac{\gamma_{RE}N}{f_{yw}A_{sw}}\right)$$

$$= \frac{210 \times 1608 \times 3940}{2}(1 - 0.099)\left(1 + \frac{0.85 \times 366.1 \times 10^3}{210 \times 1608}\right)$$

$$= 1150 \text{kN} \cdot \text{m}$$

端部配筋为

$$A_s = A_s' = \frac{\gamma_{RE}M_w - M_{sw}}{f_y(h_{w0} - a')} = \frac{(0.85 \times 1530.6 - 1150) \times 10^6}{300(3940 - 80)} = 130.2 \text{mm}^2$$

按抗震规范要求端部最少配 6 ⌀ 14，实配 $A_s = 923 \text{mm}^2$，满足承载力要求。

2. 墙肢水平钢筋

剪力墙为二级抗震要求，由式（25-39），剪力设计值取

$$V_w = 1.4 V_{wmax} = 1.4 \times 210.5 = 294.7 \text{kN}$$

剪跨比

$$\lambda = \frac{M_w}{V_w h_w} = \frac{1530.6}{210.5 \times 4.02} = 1.81$$

按式（25-42）校核截面尺寸：

$$\frac{1}{\gamma_{RE}}(0.15 f_c b_w h_{w0}) = \frac{0.15 \times 9.6 \times 160 \times 3940}{0.85}$$

$$= 907.8 \text{kN} > V_w \quad \text{满足要求}。$$

水平分布钢筋也取最小配筋率 0.25%，Φ8-250 双排，由式（25-37）计算抗剪承载力

$$\frac{1}{\gamma_{RE}}\left[\frac{1}{\lambda - 0.5}\left(0.4 f_t b_w h_{w0} + 0.1 N \frac{A_w}{A}\right) + 0.8 f_{yh} \frac{A_{sh}}{s} h_{w0}\right]$$

$$= \frac{1}{0.85}\left[\frac{1}{1.81 - 0.5}(0.4 \times 1.1 \times 160 \times 3940 + 0.1 \times 366 \times 10^3)\right.$$

$$\left. + 0.8 \times 210 \times \frac{2 \times 50.3}{250} \times 3940\right]$$

$$= 506 \times 10^3 \text{N} > V_w \quad \text{满足要求}。$$

思 考 题

25.1 剪力墙结构布置的一般要求是什么？为什么说小开间剪力墙结构不能充分发挥剪力墙作用？

25.2 高墙、中高墙、矮墙的主要区别是什么？为什么在有抗震要求的剪力墙结构中要尽可能设计高墙和中高墙？

25.3 什么情况下可用整体悬臂墙方法计算剪力墙？在大地震作用下悬臂墙的塑性铰会在什么部位出现，出现后还能抵抗水平力吗？

25.4 联肢剪力墙公式（25-13）中 k 值物理意义是什么？怎样利用它计算墙肢内力？连梁刚度大小对墙肢、连梁内力及墙的侧移变形有什么影响？

25.5 为什么说整体小开口墙方法是近似的内力计算方法？

25.6 用连续连杆法或整体小开口方法计算墙肢内力时,坐标值 ξ 怎么选择,应计算哪些截面?哪些部位是设计的控制截面?

25.7 什么是等效弯曲刚度 EI_d?怎样计算?怎样应用?公式(25-2)与平面结构假定有关系吗?

25.8 将例 25-1 中的 12 层开洞剪力墙简化成带刚域框架计算简图,并用程序计算其墙肢内力。

25.9 开洞剪力墙有哪些构件要进行配筋计算?这些构件配筋方式有什么特点?配筋计算又有什么特点?

25.10 怎样才能使剪力墙具有好的延性?请与延性框架设计对照,说出共同之处。

第 26 章　框架-剪力墙结构

26.1　变形及受力特点

框架-剪力墙结构由框架及剪力墙（或框架与筒体）两种抗侧力单元组成，无论是分散布置的单片式剪力墙，或将剪力墙布置成井筒式，它们的受力与变形具有共同特点。框架及剪力墙是抗侧刚度相差悬殊而且变形特性又完全不同的两种抗侧力构件，在竖向荷载下，它们分别承担自己邻近的"服务面积"上传来的荷载，与其他结构没有不同之处。在水平荷载作用下，框架与剪力墙通过楼板联系在一起，协同工作，形成了它独有的一些特点，其内力及位移计算也要采用协同工作计算方法。现将框-剪结构的变形及受力特点归纳如下：

1. 在水平荷载作用下，框架结构的侧向变形曲线以剪切型为主，而剪力墙变形则是以弯曲型为主，见图 26-1（a）。但当它们通过楼板互相联系在一起时，由于楼板平面内的刚度很大（在计算分析中假定它为无限刚性），它们在同一层楼板处必须有相同的侧移，形成了如图 26-1（b）所示的弯剪型变形。图 26-1（c）中的实线表示楼板协调变形的结果，剪力墙下部变形加大而上部变形减小，框架下部变形减小而上部加大，因此框-剪结构的层间变形趋于均匀了。

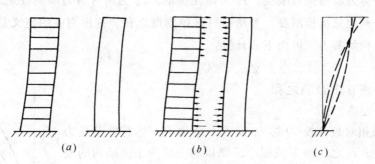

图 26-1　框-剪结构变形特性

2. 剪力墙的抗侧刚度远大于框架，因此剪力墙分配到的剪力也将远大于框架，但是由于上述变形协调作用，框架和剪力墙的荷载和剪力分配沿高度在不断调整，它们不能按照抗侧刚度分配。如果水平荷载是均布的，分配到剪力墙和框架上的荷载将分别如图26-2（b）、（c）所示，楼层的总剪力应该是按三角形分布的（图 26-2d），而框架和剪力墙分配到的层剪力将分别如图 26-2 （e）、（f）所示。剪力墙的下部层剪力十分大，往上迅速减小，到上部可能出现负剪力，而框架下部层剪力很小，向上层剪力增大，到中部某一层时出现最大层剪力，然后又逐渐减小，但上部的层剪力仍然相对较大（超过总剪力），也就是说，框架上下各层的层剪力趋于均匀，而剪力墙上下各层剪力更不均匀，框架与剪力墙各层层剪力的分配比例是变化的。

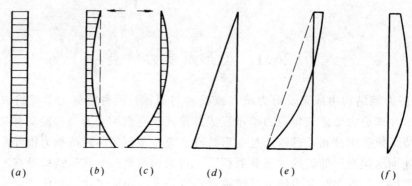

图 26-2　框-剪结构的受力特性

（a）总荷载；（b）剪力墙荷载；（c）框架荷载；（d）总剪力；（e）剪力墙剪力（实线）；（f）框架剪力

3. 框架与剪力墙之间剪力分配，以及结构侧向变形的形状都与整个结构中剪力墙和框架的相对数量和相对刚度比有关，可用特征系数 λ 表示。

$$\lambda = H\sqrt{\frac{C_F}{EI_w}} \tag{26-1}$$

式中　H——结构总高度；

　　　EI_w——剪力墙总抗弯刚度；E 为弹性模量，I_w 为所有剪力墙惯性矩之和；

　　　C_F——框架总抗推刚度，为所有柱抗推刚度之和。抗推刚度的定义是单位层转角时柱的剪力，可由下式计算：

$$C_F = Dh \tag{26-2}$$

　　　D——所有柱 D 值之和；

　　　h——层高。

当剪力墙相对数量较少时，λ 值大，结构的变形特性及受力将以框架为主；反之，如 λ 值很小，则以剪力墙为主，结构的变形也会显示出明显的弯曲型，见图 26-3。但是，要注意，只要设置剪力墙，即使很少，它也会起作用，都要按框-剪协同工作计算，否则剪力墙是不安全的。

4. 在框-剪结构中，剪力墙负担了大部分剪力，框架只负担小部分剪力，在地震作用下通常是剪力墙首先屈服。墙屈服后将

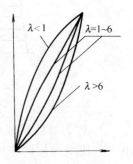

图 26-3　特征系数 λ 对变形的影响

产生内力重分配，框架分配的剪力比例将会增大。如果地震作用继续增大，则框架也会随后进入屈服状态。因此，可视剪力墙为第一道防线，框架为第二道防线。在抗震设计中，规范要求各片剪力墙底部截面的弯矩总和达到外荷载引起总倾覆力矩的某一百分比时，才可按框-剪结构确定框架抗震等级，否则只能按纯框架确定框架的抗震等级。

另一方面，考虑到剪力墙屈服后框架的剪力会比弹性计算结果更大，为安全起见，设计时框架各层总剪力均不能小于外荷载引起总底部剪力的20%，否则应调整设计内力（调整方法见内力计算部分）。

由上述各特点综合可见，与纯框架及纯剪力墙结构相比，框-剪结构总变形减小，框-剪结构的层间变形也减小，而且上下趋于均匀，框架上下各层柱的受力也比较均匀，又可降低框架梁柱的抗震等级，具有较多优点，但是这些优点必须建立在合理地设置剪力墙的基础上，同时要注意到楼板是框架、剪力墙协同工作的一个重要部件。

26.2 框架-剪力墙结构布置

框架-剪力墙结构的合理布置的关键是剪力墙的数量、形式及位置。

26.2.1 剪力墙数量

为了发挥框-剪结构的优点，要布置足够数量的剪力墙。所谓足够数量是指两方面：一方面是要使结构有足够的抗侧刚度，使结构的位移不超过限值。剪力墙的总抗侧刚度（指全部剪力墙抗弯刚度总和）可用 EI_w 表示，通常建筑物愈高，要求的 EI_w 也愈大。另一方面是在抗震设计时，剪力墙抵抗的总弯矩不小于总倾覆力矩的50%；这是指框架与剪力墙的相对关系，剪力墙不宜过少，计算表明当特征系数 λ 不大于2.4时，可实现这一要求。

剪力墙的数量也不宜过多。过多的剪力墙不仅会影响建筑使用空间，从结构上说也是不利的。因为剪力墙过多，会使结构总刚度过大，地震力将加大，而且绝大部分地震力又会被吸引到剪力墙上，既不合理也不经济。因此剪力墙的数量（用总抗弯刚度 EI_w 表示）以使结构满足位移要求为恰到好处。一般宜将框-剪结构的特征系数设计在下列范围内：

$$1 < \lambda \leqslant 2.4$$

由此可见，在框架结构中合理选择框架梁、柱断面，使它具有足够的抗推刚度，能与剪力墙数量匹配，也是重要的。

26.2.2 剪力墙形状及布置

1. 剪力墙可采用单片形、L形、匚形、I形或井筒形。在框-剪结构中不宜只布置一片剪力墙，更不宜为了加大剪力墙的截面惯性矩而设置一道很长的墙。因为只有一片墙时，抵抗弯矩过于集中，既不安全，更不利于基础的设计。当做成单片墙分散布置时，不宜少于三片，最好各片墙的长度接近（惯性矩接近）；在较高的建筑中，需要的 EI_w 较大，则要将剪力墙做成筒体。

当筒体布置在中间，周边是间距较大（约5~8m或更大）的框架柱时，称为框架-核心筒结构，见22.3.3节，上海金茂大厦就是框架-核心筒结构。

2. 在非地震区，可根据建筑物迎风面大小及风力大小设置剪力墙，纵横两个方向总风荷载不相同，剪力墙数量可以不同。在地震区，宜使纵横两个方向的剪力墙数量相近，使两个方向抗侧刚度尽可能相近。

3. 剪力墙布置要对称，以减少结构的扭转效应。如不能对称。也要尽量使刚度中心和质量中心（抗风结构则为风力合力中心）接近，减少水平荷载引起的扭矩。此外，剪力墙宜靠近建筑物外围布置，可加强结构的抗扭作用。

4. 剪力墙（或筒体）之间的距离不宜过远。如图26-4所示情况，楼板必须有足够的平面内刚度，才能保证剪力墙与框架的水平变形相同，传递到剪力墙上的水平剪力才能与计算值相符（大多数计算都假定楼板在平面内刚度无限大）。在设计中要限制L/B，以保证楼板不产生过大的平面内挠曲变形。在用现浇钢筋混凝土楼板的结构中，要求$L/B \leqslant 2~5$，非抗震时取5，抗震烈度愈大，限制愈严格；用装配整体式楼板时要求$L/B \leqslant 2.5~3.5$。

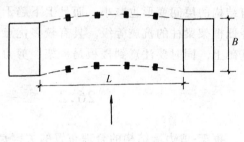

图26-4 剪力墙间距

5. 剪力墙应贯通全高，使结构上下刚度均匀或逐渐减小（剪力墙厚度可逐渐减小）。门窗洞口应尽量做到上下对齐、大小相同。

26.3 框架-剪力墙结构计算

26.3.1 概述

竖向荷载通过楼板或次梁传到框架或剪力墙上，按照楼板的支承方式分配荷载，然后分别按单片框架或单片剪力墙计算竖向荷载下内力。

在水平荷载作用下，要进行框架与剪力墙协同工作计算。

比较精确的方法是杆件有限元矩阵位移法。该方法必须通过计算机程序进行计算，框架为梁、柱杆件单元，剪力墙则在不同的程序中可能采用不同的简化单元，最常用的有四种：

(1) 带刚域框架 墙肢和连梁都简化为带刚域杆件，这种计算简图与框架类似，在任何程序中都可实现，但通常只能在规则开洞的剪力墙中使用。

(2) 墙板单元 将剪力墙划分为大块的墙板，它只能在墙板平面内受力和变形，4个角点都有$u、v$自由度，与框架结点变形协调。

(3) 壳板单元 将剪力墙划分成较大的或者小一点的单元，它不仅在平面内受力、变形，也在平面外有变形，自由度更多，壳板的角点与框架结点变形协调。

(4) 薄壁杆件单元 将各种截面（一、L、I、Z形等）的剪力墙简化为一根薄壁杆件，在楼板中形成结点，通过楼板与其他杆件协同变形，它的自由度数少，在较规则的筒体中适用。

因此，在使用程序时必须了解该程序采用什么模型计算剪力墙，要选择合理的计算模型与计算简图。

框架-剪力墙结构的程序分析可以采用3维的空间分析，也可以采用2维的平面结构空间协同工作分析。后者把抗侧力的框架和剪力墙看成平面结构，每个结点只有3个自由度，把楼板看成无限刚性平板，板平面内有 x、y、θ 三个自由度，这样就可以考虑各平面结构的位移及结构的扭转。

协同工作计算也可用简化方法，它通过建立变形协调微分方程，求解出内力及位移函数，做成图表或曲线供直接查用，这是一种可以用手算进行的方法。它也是把各抗侧力单元看作平面结构，假定楼板是无限刚性平板。由于在建立方程时还要做一些假定，手算方法不如矩阵位移法精确，但概念清楚，方法简单，它分为如下几个步骤完成计算。

1. 把剪力墙及框架看成平面结构，通过平移计算，即假定只在水平力作用方向产生位移，得到结构平移位移，并得到各片框架和剪力墙在平移位移下的剪力分配。

2. 如果结构有扭转，再考虑各抗侧力单元在扭矩作用下的剪力修正。

3. 按照分配到每个框架柱或剪力墙上的剪力，计算杆件内力。

下面介绍简化的手算方法，26.1节中归纳的许多受力特性都可以通过这种分析方法了解到。

26.3.2 协同工作平移计算

在如图 26-5（a）所示的框剪结构中，把所有的剪力墙合并成总剪力墙，所有的框架合并成总框架。当横向有水平荷载时，建立如图 26-5（b）所示的协同工作计算简图，总剪力墙与总框架之间用铰接连杆表示，因为框架和剪力墙只是通过楼板联系，楼板保证它们有相同的位移，但不传递弯矩和剪力，这种计算简图称为铰接体系；图 26-5（a）所示结构的纵向是另外一种情况，在纵向水平荷载作用下要建立如图 26-5（c）所示的协同工作计算简图，称为刚接体系。因为纵向剪力墙和框架柱在同一个受力平面中，剪力墙和柱之间的连梁（图中用双线表示，共八根）能传递弯矩和剪力，在计算简图中，总剪力墙与总框架之间的连杆不仅代表楼板作用，同时还表示连梁。因此，框-剪结构的协同工作计算简图有两类-铰接体系与刚接体系。本节只介绍铰接体系的计算方法。

由变形协调建立的微分方程为：

$$\frac{d^4 y}{d\xi^4} - \lambda^2 \frac{d^2 y}{d\xi^2} = \frac{H^4}{EI_w} P(\xi) \tag{26-3}$$

式中，y 为结构侧移，是相对坐标 ξ 的函数，$\xi = \frac{x}{H}$，H 为总高，$P(\xi)$ 为外荷载，λ 为框架-剪力墙结构特征系数，见式（26-1），EI_w 为总剪力墙抗弯刚度，C_F 为总框架抗推

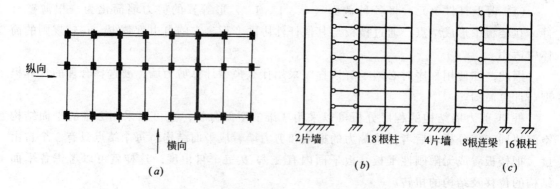

图 26-5 框-剪结构协同工作计算简图
(a) 结构平面；(b) 铰接体系；(c) 刚接体系

刚度，见式 (26-2)。

求解该微分方程即可得到结构的位移函数 y。通过位移函数的导数即可求得剪力墙的总剪力和总弯矩（见图 26-6）。

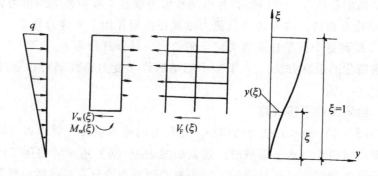

图 26-6 框-剪结构内力与位移

有关微分方程建立、边界条件及求解方法以及刚接体系的计算方法等详细内容，读者可参阅有关参考书。此处仅给出倒三角形荷载下微分方程 (26-3) 的解：

$$y = \frac{qH^2}{C_F}\left[\left(1 + \frac{\lambda \operatorname{sh}\lambda}{2} - \frac{\operatorname{sh}\lambda}{\lambda}\right)\frac{\operatorname{ch}\lambda\xi - 1}{\lambda^2 \operatorname{ch}\lambda} + \left(\frac{1}{2} - \frac{1}{\lambda^2}\right) \times \left(\xi - \frac{\operatorname{sh}\lambda\xi}{\lambda}\right) - \frac{\xi^3}{6}\right] \quad (26\text{-}4)$$

$$M_w = EI_w \frac{d^2 y}{d\xi^2} = \frac{qH^2}{\lambda^2}\left[\left(1 + \frac{\lambda \operatorname{sh}\lambda}{2} - \frac{\operatorname{sh}\lambda}{\lambda}\right)\frac{\operatorname{ch}\lambda\xi}{\operatorname{ch}\lambda} - \left(\frac{\lambda}{2} - \frac{1}{\lambda}\right) \times \operatorname{sh}\lambda\xi - \xi\right] \quad (26\text{-}5)$$

$$V_w = -\frac{dM_w}{d\xi} = \frac{-qH}{\lambda^2}\left[\left(1 + \frac{\lambda \operatorname{sh}\lambda}{2} - \frac{\operatorname{sh}\lambda}{\lambda}\right)\frac{\lambda \operatorname{sh}\lambda\xi}{\operatorname{ch}\lambda} - \left(\frac{\lambda}{2} - \frac{1}{\lambda}\right) \times \lambda \operatorname{ch}\lambda\xi - 1\right] \quad (26\text{-}6)$$

y、M_w、V_w，都是 λ 和 ξ 的函数，已做成曲线如图 26-7～9 所示。曲线给出的是对应于坐标 ξ 的位移系数 $(y(\xi)/(f_H))$、弯矩系数 $(M_w(\xi)/M_0)$ 和剪力系数 $(V_w(\xi)/V_0)$，f_H、M_0、V_0 分别是外荷载作用下悬臂墙的顶点位移、底截面弯矩和底截面剪力，在倒三角形

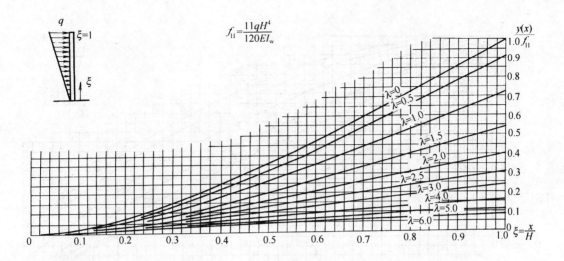

图 26-7　框-剪结构位移系数

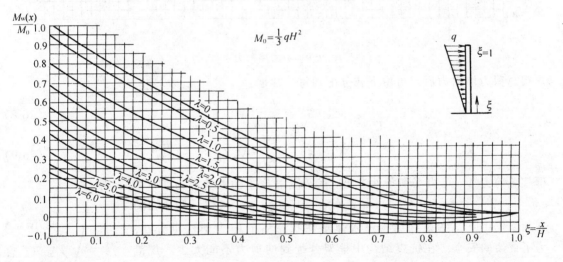

图 26-8　剪力墙弯矩系数

荷载下的上述公式都已在相应图表中给出。使用时根据该结构的 λ 值及所求截面的坐标 ξ，从图表中查出系数后，代入下式，可得坐标为 ξ 处总剪力墙的位移及内力值。

$$\left. \begin{array}{l} y(\xi) = \left(\dfrac{y(\xi)}{f_H} \right) \cdot f_H \\[2mm] M_w(\xi) = \left(\dfrac{M_w(\xi)}{M_0} \right) \cdot M_0 \\[2mm] V_w(\xi) = \left(\dfrac{V_w(\xi)}{V_0} \right) \cdot V_0 \end{array} \right\} \qquad (26\text{-}7)$$

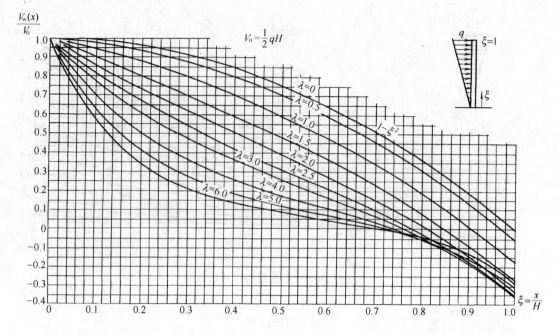

图 26-9 剪力墙剪力系数

求得总剪力墙内力后，可由下式分配到每一片墙：

$$M_{wi}(\xi) = \frac{EI_{wi}}{EI_w} M_w(\xi) \tag{26-8}$$

$$V_{wi}(\xi) = \frac{EI_{wi}}{EI_w} V_w(\xi) \tag{26-9}$$

框架总剪力 V_F 可由平衡条件求出。若外荷载产生的总剪力为 $V_p(\xi)$，则

$$V_F(\xi) = V_p(\xi) - V_w(\xi) \tag{26-10}$$

在地震作用下，考虑到结构进入弹塑性状态后的内力塑性重分布，为了框架的安全，在抗震结构中框架分配到的剪力不能太少。规范规定如果框架分配到的总剪力 V_F 小于 $0.2V_0$，则取下面两值中的较小值作为框架总剪力（见图 26-10）。

$$\left. \begin{array}{l} V_F = 0.2 V_0 \\ \text{或} \quad V_F = 1.5 V_{F\max} \end{array} \right\} \tag{26-11}$$

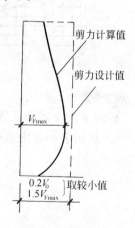

式中　V_F——框架总剪力；

　　　V_0——地震作用下底部总剪力值；

　　　$V_{F\max}$——总框架各层剪力中的最大值；

求得总框架剪力后，由下式分配到每根柱。求出每根柱的剪力后，便可依次求出柱弯矩、梁弯矩、梁剪力、柱轴力等其他内力。

图 26-10　框架总剪力调整

$$V_{Fi}(\xi) = \frac{G_{Fi}}{\Sigma C_{Fi}} V_F(\xi) = \frac{D_i}{\Sigma D_i} V_F(\xi) \tag{26-12}$$

求出各楼层位移值 $y(\xi)$ 后,两楼层位移相减即可得到层间位移。

26.3.3 考虑扭转剪力修正

当水平力作用点与结构刚度中心不一致时,结构会产生扭转,如图26-11所示。偏心的力平移到刚心,则等效于一个水平力和一个扭矩,它们分别使结构产生平移变形和转动变形。

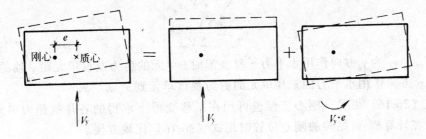

图26-11 扭转作用

风的合力中心位置确定方法见第23章23.2.2节。地震力的作用中心称为质心,与质量(重量)分布有关,可按照重量的分布计算质心。在任意选定的参考坐标系 $x'oy'$ 中,质心坐标为(见图26-12,质心用"※"表示):

$$\left. \begin{array}{l} x_m = \dfrac{\Sigma x_i w_i}{\Sigma w_i} \\[6pt] y_m = \dfrac{\Sigma y_i w_i}{\Sigma w_i} \end{array} \right\} \tag{26-13}$$

式中,w_i 及 x_i、y_i 分别为楼面上某一块面积的重量(包括自重、活荷等所有重力荷载)及该块面积中心的坐标。

刚心的定义是抗侧力结构抗侧刚度的中心,设各片抗侧力单元的抗侧刚度为 D_{yi}(与 y 轴平行的单元)与 D_{xk}(与 x 轴平行的单元),则在任意选定的参考坐标系 $x'oy'$ 中,刚心坐标为(见图26-12,刚心用"O"表示):

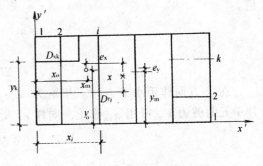

图26-12 刚心与质心

$$\left. \begin{array}{l} x_0 = \dfrac{\Sigma D_{yi} x_i}{\Sigma D_{yi}} \\[6pt] y_0 = \dfrac{\Sigma D_{xk} y_k}{\Sigma D_{xk}} \end{array} \right\} \tag{26-14}$$

由抗侧刚度定义,可知

$$\left.\begin{aligned} D_{yi} &= \frac{V_{yi}}{\delta_y} \\ D_{xk} &= \frac{V_{xk}}{\delta_x} \end{aligned}\right\} \quad (26\text{-}15)$$

将式（26-15）代入（26-14），可得：

$$\left.\begin{aligned} x_0 &= \frac{\Sigma V_{yi} x_i}{\Sigma V_{yi}} \\ y_0 &= \frac{\Sigma V_{xk} y_k}{\Sigma V_{yk}} \end{aligned}\right\} \quad (26\text{-}16)$$

式中，V_{yi}、x_i 为 y 方向作用水平力平移变形时 i 单元的剪力及该单元距 y 轴的距离，V_{xk} 及 y_k 为 x 方向作用水平力的 k 片单元的剪力及该单元到 x 轴距离。

由式（26-16）可见，刚心坐标也可用在平移变形下求得的各片抗侧力单元分到的剪力计算。在计算框-剪结构的刚心位置时用式（26-16）比较方便。

结构的偏心距是刚心到合力作用中心的距离，即

$$\left.\begin{aligned} e_x &= x_m - x_0 \\ e_y &= y_m - y_0 \end{aligned}\right\}$$

在计算扭矩产生的剪力时，要以刚心为坐标原点，重新建立 xoy 坐标系（见图26-14）。此时，x_i、y_k 等坐标值均以新的坐标系计算。

在扭矩 $V_y e_x$（y 方向作用水平力产生的扭矩）作用下，刚心一侧的抗侧力单元位移及相应剪力都将增大，另一侧将减小。由平移计算得到的第 i 片单元的剪力为 V_{yi}，则在平移及扭转共同作用时，V_{yi} 可用 α_{yi} 修正，注意 e_x 及 x_i 为 xoy 坐标系的坐标，均为代数值。

$$\left.\begin{aligned} V'_{yi} &= \alpha_{yi} \cdot V_{yi} \\ \alpha_{yi} &= 1 + \frac{e_x x_i \Sigma D_{yi}}{\Sigma D_{yi} x_i^2 + \Sigma D_{xk} y_k^2} \end{aligned}\right\} \quad (26\text{-}17)$$

在 x 方向作用水平力时，扭矩为 $V_x \cdot e_y$，可得相类似公式，由平移计算得到的第 k 片单元的剪力 V_{xk} 可用 α_{xk} 修正，同样 e_y 及 y_y 也为代数值。

$$\left.\begin{aligned} V'_{xk} &= \alpha_{xk} \cdot V_{xk} \\ \alpha_{xk} &= 1 + \frac{\dot{e}_y y_k \Sigma D_{xk}}{\Sigma D_{yi} x_i^2 + \Sigma D_{xk} y_k^2} \end{aligned}\right\} \quad (26\text{-}18)$$

式（26-17）和（26-18）中第二项的分母即抗扭刚度，它是抗侧力单元抗推刚度与至刚心的距离平方的乘积之和，而且无论是纵向还是横向的抗侧力单元都对抵抗扭矩有贡献。要注意抗推刚度的计算方法，在框-剪结构中剪力墙的抗推刚度用式（26-15）计算。

上述扭转修正的近似方法在纯框架结构及纯剪力墙结构中也适用。第24、25章都只给出了在结构平移变形下的剪力分配计算方法。刚心、质心、偏心距以及扭转剪力修正都

可用本节所给方法计算,但在上述各公式中,框架结构中柱的抗推刚度全部用 D 值,剪力墙结构中各片剪力墙的抗推刚度则可用每片剪力墙的抗弯刚度 EI 代替。

应注意,在用位移矩阵法进行程序计算时平移与扭转变形是同时进行分析的,也分不开哪是平移,哪是扭转,也不存在固定的刚心。上述扭转计算是一种近似方法,在假定的前提下得到的刚心与程序计算结果不会相同,但是近似方法概念清楚,有助于概念设计。

26.4 框架-剪力墙结构截面设计

框-剪结构中有框架及剪力墙两类构件,在求得内力以后,截面设计方法与框架结构和剪力墙结构相同。考虑到框-剪结构的特点,对截面设计的一些特殊要求归纳如下:

1. 在"高层规程"中规定,基本振型地震作用下剪力墙抵抗的总弯矩达到总倾覆力矩的 50% 时,才能按框架-剪力墙结构选择框架的抗震设计等级,否则应按框架结构确定其抗震设计等级。

2. 框-剪结构中的剪力墙往往和梁柱连在一起,成为带边框剪力墙。如图 26-13 所示。边框柱截面尺寸与框架柱相同。

整体现浇的带边框剪力墙截面配筋按工形截面剪力墙设计。端柱中要按"高层规程"的剪力墙端部配筋要求配置纵筋及箍筋,还要符合框架柱的一些配筋构造要求。各层楼板标高处的横梁并不承受弯矩,但它可以支承楼板或次梁,它与边柱共同约束墙板,限制墙板裂缝开展。因此横梁按构造要求配筋,也可只用暗梁方式配筋,暗梁宽度与墙厚相同,高度取墙厚的 2 倍。

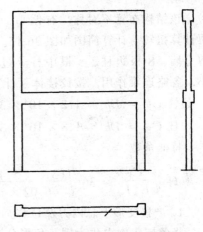

图 26-13 带边框剪力墙

3. 框-剪结构中剪力墙数量不多,但担负了大部分剪力,因此对墙板的配筋构造要求更高一些。一、二级抗震剪力墙的底部加强部位墙厚不小于 200mm,且不小于层高的 $\frac{1}{16}$;其他情况下:墙厚不小于 16cm,且不小于层高的 $\frac{1}{20}$,墙板竖向和横向分布钢筋的最小含钢率为 0.2%(非抗震)和 0.25%(抗震),并不小于双排 ϕ 8@300(非抗震)和双排 ϕ8@200(抗震)。

【例 26-1】 计算 12 层框架-剪力墙结构在水平力作用下的内力与位移。该结构平面如图 26-14 所示。层高 3m,总高 36m。沿 y 向作用地震,在各楼层处的等效总地震力在

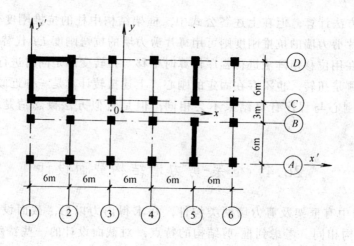

图 26-14

表 26-1 中给出，已知沿 y 向每根边柱 D 值为 1.2×10^4kN/m，中柱为 1.8×10^4kN/m，每片剪力墙 E_wI_w 为 6.02×10^7kN·m²，1～12 层截面不变。

解

该结构布置不对称，有偏心。因此先计算平移，再计算扭转。计算简图如图 26-15。在 y 方向有 4 片剪力墙、8 根边柱、8 根中柱。过道处的梁刚度很小，忽略连梁作用，按铰接体系计算。

边柱 $C_{Fi} = Dh = 1.2\times10^4\times3 = 3.6\times10^4$kN

中柱 $C_{Fi} = Dh = 1.8\times10^4\times3 = 5.4\times10^4$kN

特征系数

$$\lambda = H\sqrt{\frac{C_F}{E_wI_w}} = 36\sqrt{\frac{(3.6+5.4)8\times10^4}{6.02\times10^7\times4}} = 1.97$$

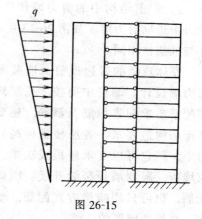

图 26-15

1. 平移变形下总内力及位移

将各层集中力化为倒三角形分布荷载，

$$q = V_0\cdot\frac{2}{H} = 2766\times\frac{2}{36} = 153.7\text{kN/m}$$

计算悬臂杆 f_H、M_0、V_0 各值，

$$f_H = \frac{11}{120}\frac{qH^4}{E_wI_w} = \frac{11}{120}\frac{153.7\times36^4}{6.02\times10^7\times4} = 0.098\text{m}$$

$$M_0 = \frac{1}{3}qH^2 = \frac{1}{3}\times153.7\times36^2 = 66398\text{kN·m}$$

$$V_0 = 2766\text{kN}$$

由图 26-7～9 查各项系数，并按公式（26-7）计算总内力及位移，列于表 26-1。

表 26-1

层数	截面坐标		F_i (kN)	V_p (kN)	y 系数	y (mm)	M_w 系数	M_w (kN·m)	V_w 系数	V_w (kN)	V_F $V_p - V_w$	V_F 层剪力 (kN)
	x	ξ										
12	36	1.0	572	0	0.41	40.2	0	0	-3.40	-940	940	991
11	33	0.917	353	572	0.37	36.3	-0.003	-1992	-0.17	-470	1042	1039
10	30	0.83	310	925	0.33	32.3	-0.05	-3320	-0.04	-110	1035	1039
9	27	0.75	281	1235	0.29	28.4	-0.03	-1992	0.08	221	1014	989
8	24	0.67	254	1516	0.25	24.5	-0.02	-1328	0.20	553	963	952
7	21	0.58	225	1770	0.20	19.6	0.02	1328	0.30	830	940	928
6	18	0.5	197	1995	0.16	15.7	0.05	3320	0.39	1079	916	890
5	15	0.417	168	2192	0.13	12.7	0.12	7968	0.48	1328	864	824
4	12	0.33	140	2360	0.09	8.8	0.18	11952	0.57	1577	783	715
3	9	0.25	112	2500	0.06	5.9	0.26	17263	0.67	1853	647	551
2	6	0.167	84	2612	0.03	2.9	0.35	23240	0.78	2157	455	359
1	3	0.083	70	2696	0.015	1.5	0.45	29879	0.88	2434	262	131
0	0	0		2766	0	0	0.58	38510	1.0	2766	0	—

计算结果绘于图 26-16。应注意：由于结果为连续函数，M_w、V_w、V_F 都是连续曲线。对于剪力墙，取各层楼板标高处的 M_w 及 V_w 作为该层内力设计值是允许的，误差不大。但对于框架，要取上、下两个楼层标高处的剪力的平均值作为该层的层剪力（近似看成各层中点为柱反弯点），否则误差太大。取平均值后的层剪力列于表 26-1 中 V_F 的第二栏内，并用虚线在图 26-16（d）中标出。

2. 质心及刚心计算

由于质量分布均匀，质心在平面中点，在平面图上标明的坐标系 $x'oy'$ 中，质心 $x_m = 15\text{m}$，$y_m = 7.5\text{m}$。

现计算 1、7、11 三层的刚心位置，首先由表 26-2 计算总剪力在各片墙、柱中分配然后在表 26-3 中计算刚心位置。

3. 扭转修正剪力（底层）

将坐标原点移到刚心，重新建立坐标系 xoy。地震力作用点在质心，底层偏心距 $e_x = 1.4\text{m}$

沿 y 方向各片抗侧力单元的 D_{yi} 值由下式计算，列于表 26-4 中。

$$D_{yi} = \frac{V_i}{\delta_1} = \frac{V_i}{0.0015} \quad \text{kN/m}$$

表 26-2

	一层	七层	十一层
V_F	131	952	991
每根中柱 $V_{ci} = \dfrac{1.8}{24} \times V_F$	9.83	71.4	74.3
每根边柱 $V_{ci} = \dfrac{1.2}{24} \times V_F$	6.55	47.6	49.6
V_w	2635	818	-419
每片墙 $V_{wi} = \dfrac{V_w}{4}$	658.8	204.5	-104.8

注：为了使 $V_F + V_w = V_p$，此处所用 V_w 与表 26-1 中略有差别。

表 26-3

轴线号	距原点 x_i (m)	一层 $V_{wi} + V_{ci}$ (kN)	$V_i x_i$	七层 $V_{wi} + V_{ci}$	$V_i x_i$	十一层 $V_{wi} + V_{ci}$	$V_i x_i$
1	0	658.8 + 9.83 + 6.55	0	204.5 + 71.4 + 47.6	0	-104.8 + 74.3 + 49.6	0
2	6	658.8 + 9.83 + 6.55	4051.8	204.5 + 71.4 + 47.6	1941	-104.8 + 74.3 + 49.6	114.6
3	12	(9.83 + 6.55) × 2	393.1	(71.4 + 47.6) × 2	2856	(74.3 + 49.6) × 2	2973.6
4	18	(9.83 + 6.55) × 2	589.7	(71.4 + 47.6) × 2	4284	(74.3 + 49.6) × 2	4460.4
5	24	658.8 × 2	31622.4	204.5 × 2	9816	-104.8 × 2	-5030.4
6	30	(9.83 + 6.55) × 2	982.8	(71.4 + 47.6) × 2	7140	(74.3 + 49.6) × 2	7434
Σ		2766	37639.8	1770	26037	572	9952.2
$x_0 = \dfrac{\Sigma V_i x_i}{\Sigma V_i}$		13.6m		14.7m		17.4m	

在计算扭转修正时，还需要 D_{xk} 及 y_k，本例题不再计算，给出假设的值，列于表26-4中。

表 26-4

轴线	x_i (m)	D_{yi} (kN/m)	$D_{yi} x_i^2$	轴线	y_k (m)	D_{xk} (kN/m)	$D_{xk} y_k^2$
1	-13.6	450120	83.25 × 10⁶	A	-9.0	32000	2.59 × 10⁶
2	-7.6	450120	26.0 × 10⁶	B	-3.0	32000	0.29 × 10⁶
3	-1.6	21840	0.06 × 10⁶	C	+3.0	55000	4.95 × 10⁶
4	4.4	21840	0.42 × 10⁶	D	+9.0	55000	44.55 × 10⁶
5	10.4	878400	95.01 × 10⁶				
6	16.4	21840	5.87 × 10⁶				
Σ		1.844 × 10⁶	127.36 × 10⁶	Σ		1.164 × 10⁶	52.38 × 10⁶

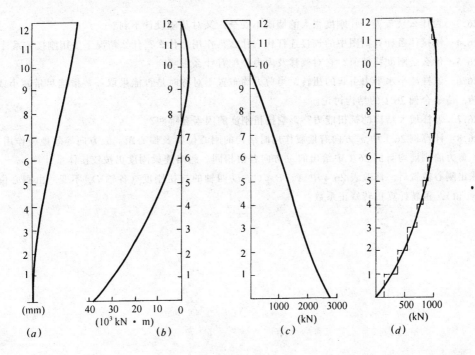

图 26-16
(a) 侧移曲线;(b) M_w;(c) V_w;(d) V_F

由式(26-17)计算剪力修正系数,修正后的 $V_{y1} \sim V_{y6}$ 都分别指各个轴线上修正后的总剪力值,对于同一轴线上的一根柱或一片剪力墙,修正系数是相同的。

① 轴 $\quad \alpha_{y1} = 1 + \dfrac{e_x i_1 \Sigma D_{yi}}{\Sigma D_{yi} x_i^2 + \Sigma D_{xk} y_k^2} = 1 + \dfrac{1.4 \times 1.844 \times 10^6 \times (-13.6)}{(127.36 + 52.38) \times 10^6}$

$\qquad\qquad\quad = 1 - 0.195 = 0.805$

$\qquad\qquad\qquad\qquad\qquad\qquad V_{y1} = 0.805 \times 675.18 = 543.5 \text{kN}$

② 轴 $\quad \alpha_{y2} = 1 - 0.109 = 0.891 \qquad V_{y2} = 0.891 \times 675.18 = 601.6 \text{kN}$

③ 轴 $\quad \alpha_{y3} = 1 - 0.023 = 0.977 \qquad V_{y3} = 0.977 \times 32.76 = 32.0 \text{kN}$

④ 轴 $\quad \alpha_{y4} = 1 + 0.063 = 1.063 \qquad V_{y4} = 1.063 \times 32.76 = 34.8 \text{kN}$

⑤ 轴 $\quad \alpha_{y5} = 1 + 0.149 = 1.149 \qquad V_{y5} = 1.149 \times 1317.6 = 1513.9 \text{kN}$

⑥ 轴 $\quad \alpha_{y6} = 1 + 0.236 = 1.236 \qquad V_{y6} = 1.236 \times 32.76 = 40.5 \text{kN}$

思 考 题

26.1 框-剪结构中剪力墙布置多少比较合理?请全面分析应考虑的因素。为什么说并不是剪力墙愈多愈好。

26.2 为什么框剪结构的变剪型变形曲线在下部是弯曲型,到上半部变为剪切型。框-剪协同工作带来了哪些优点?与纯框架、纯剪力墙有哪些区别?

26.3 为什么只布置一片刚度很大的墙既不安全，又对基础设计不利？

26.4 铰接体系计算简图中的铰接连杆代表什么？作用是什么？什么情况下要用刚接体系计算？

26.5 什么是刚度特征值？它对侧移及内力分配有什么影响？

26.6 怎样减小水平力引起的扭转？当剪力墙布置不对称时是否能采取一些措施尽量减小或甚至避免扭转，请结合例 26-1 的结构讨论。

26.7 怎样增大结构的抗扭能力？影响抗扭刚度的因素有哪些？

26.8 计算例 26-1 中 x 方向有地震作用时结构的刚心位置及偏心距。x 方向等效地震作用及中柱、边柱、剪力墙刚度均与例 26-1 中给出的 y 方向各值相同。忽略连梁刚度仍按铰接体系计算。

求出刚心位置后，修改表 26-4 中 A、B、C、D 四轴的抗扭刚度（各轴 D_{xk} 不变，由刚心位置重新计算 y_k 值），重新计算扭转修正系数。

第 27 章 框筒、筒中筒与空间结构

27.1 平面结构与空间结构

任何一个建筑结构都是空间结构，任何一个结构都能承受来自不同方向的力的作用，结构中的每个构件都与不在同一平面内的其他构件相联系，形成了三维的传力体系。但是结构经常被简化成平面结构进行分析，正如前面几章中介绍的框架、剪力墙、框-剪结构的手算方法都是建立在平面结构假定基础上的分析方法。简化成平面结构的计算方法应用是有条件的，有一些结构可以符合这一条件，但有一些结构则不能满足这些条件，后者就必须采用空间分析方法。

在如图 27-1（a）所示的框架结构中，当沿 y 方向作用水平力时，由于 y 方向框架的作用（y 方向梁具有足够刚度），1、4、7 柱压缩，而 3、6、9 柱拉伸，当各框架尺寸基本相同时，各柱的拉伸和压缩接近，此时 x 方向的梁受力是很小的，它们对 1、4、7 柱（或 3、6、9 柱）的竖向变形影响将很小，这些柱在 x 方向的弯曲变形（称为出平面变形）也会很小。在计算时，忽略 x 方向的横梁，不考虑它们对竖向变形及出平面弯矩等的微小影响，把 y 方向看成三片平面框架进行分析带来的误差很小，在工程上是允许的。从力学上说，平面结构就是假定该片结构只在 y 方向平面内具有刚度并受力（2 维），出平面的刚度等于零，也不产生出平面的内力，因此每一个节点只有 u、v、θ 三个自由度，如图 27-2（a）所示。

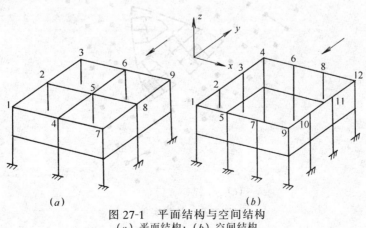

图 27-1 平面结构与空间结构
（a）平面结构；（b）空间结构

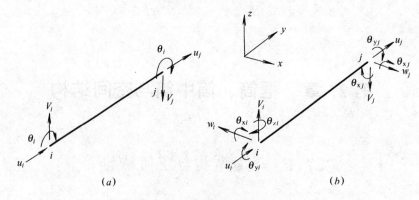

图 27-2 平面杆件与空间杆件
(a) 平面杆件；(b) 空间杆件

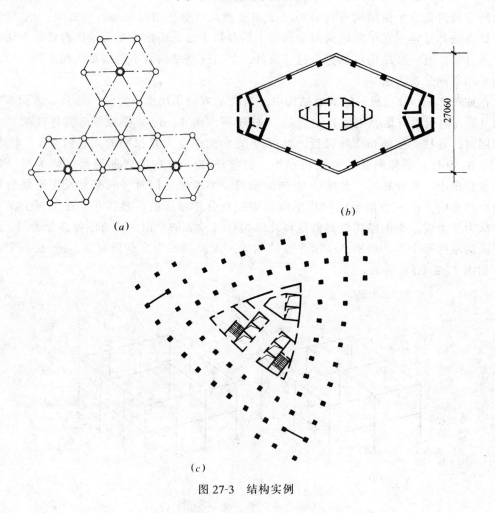

图 27-3 结构实例

如图 27-1（b）所示的结构，则与前者不同。在 y 方向水平力作用下，1—4，9—12 两榀框架（腹板框架）中，1、2、9、10 柱受压，3、4、11、12 柱受拉；但是对 5、6、7、8 各柱，由于在 y 方向柱间只有刚度很小的楼板连系，y 方向不能形成框架作用，5、6、7、8 柱的变形主要是由各角柱变形后由 x 方向横梁的传递作用而产生的（即翼缘框架）。以 5 柱为例，由于角柱 1 压缩，1—5 梁具有刚度，5 柱也跟着压缩，而且 1、5 柱都存在 x 方向弯矩，同理 7 柱也会受压，6、8 柱则受拉，并都存在 x 方向弯矩。因此，在这类结构中必须同时考虑 x、y 两个方向构件的变形和受力，每个节点必须考虑 6 个自由度，如图 27-2（b）所示。这样的分析称为空间结构（三维）分析。

显然，空间结构分析自由度数增大，计算工作量增大，但是它更符合实际。在计算机技术发展到今天的程度，对于空间计算而言，技术上已没有困难，因此，目前大部分应用程序都是 3 维的空间分析程序。无论空间结构分析还是平面结构分析，都假定楼板在其平面内无限刚性，这样，同一层所有结点的 x、y 自由度都不独立，自由度大大减少。

布置规则、且能清楚地分出一片一片抗侧力单元的结构中，这些单元在其平面内有较大刚度而出平面的刚度又相对很小，互相之间联系及约束又不太强时，可以简化为平面结构。通常在一些小型工程符合上述条件时可以采用平面结构协同工作分析。如图 27-3 所示的工程以及框筒、筒中筒结构中，由于它们的结构特性，就必须采用 3 维空间分析。事实上，在计算机程序普及的今天，大部分工程，特别是一些重要的或大型工程中都已经采用了三维空间分析。

27.2 框筒与筒中筒结构特点及布置

实腹筒与框筒都是充分利用结构的空间性能做成的三维受力的筒式结构。在水平力作用下，框筒结构中除腹板框架抵抗倾覆力矩外，翼缘框架柱主要是通过承受轴力抵抗倾覆力矩，同时梁柱都有在翼缘框架平面内的弯矩与剪力。由于翼缘框架中横梁的弯曲和剪切变形，使翼缘框架中各柱轴力向中心逐渐递减，见图 27-4，这种现象称为剪力滞后。由于剪力滞后现象的存在，远离角柱的柱子不能充分发挥作用，角柱必须负担更大的轴力。为了充分发挥翼缘框架中柱子的作用，减少剪力滞后，必须减小柱距，加大梁的抗剪刚度，也就是说，框筒必须做成密柱深梁。

框筒结构将密柱深梁布置在建筑物外围，充分利用材料的轴向承载能力，因此具有很大的抗侧刚度及抗扭刚度，是经济而高效的

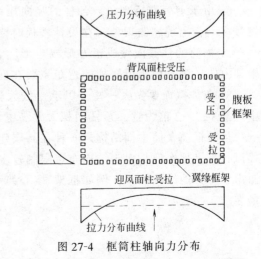

图 27-4 框筒柱轴向力分布

一种抗侧力结构体系。

框筒与内筒（通常做成实腹筒）组成的筒中筒结构不仅更加增大了结构的抗侧刚度，而且还带来协同工作的优点。外框筒沿高度侧向变形以剪切型为主，内实腹筒则以弯曲型变形为主，二者通过楼板协同工作抵抗水平荷载，它与框-剪结构的协同工作类似，可以改变原有的变形性能，而使层间变形更趋均匀，框筒的上下内力也趋于均匀。其次，由于内筒的存在减小了楼板的跨度，因此筒中筒结构的结构受力合理，经济，适用于较高的高层建筑（≥50层），且十分符合建筑使用要求。

根据上述特点及要求，筒中筒结构的布置需注意以下一些问题：

1. 框筒必须做成密柱深梁。因为密柱深梁才能使窗裙梁的跨高比较小，减小翼缘框架中梁的弯曲及剪切变形，减小柱中剪力滞后现象。根据经验，一般情况下柱距为1~3m，最大为4.5m；窗裙梁跨高比约为3~4；一般窗洞面积不超过建筑立面的50%。

2. 框筒的平面宜接近正方形、圆形。如为矩形平面，则长短边的比值不超过2，否则在较长的一边，剪力滞后现象会比较严重，长边中部的柱子轴力很小，利用程度不高。

3. 结构总高度与总宽度之比（H/B）大于3时，才能充分发挥框筒的作用，因此在矮而胖的结构中不宜采用框筒或筒中筒体系。

4. 内筒面积不宜过小，通常内筒边长为外筒边长的1/2~1/3较为合理。一般情况下，内、外筒之间不再设柱。内筒的高宽比（H/B）不宜超过12~15。

5. 筒中筒结构中的楼盖不仅承受竖向荷载，它在水平荷载作用下还起刚性隔板作用，一方面，内、外筒通过楼盖联系并协同工作，另一方面它维持筒体的平面形状，保证沿竖向筒体不变形。因此楼盖是筒中筒结构中的重要构件。但是楼盖（包括楼板和梁）的高度不宜太大，要尽量减小楼盖与柱子之间的弯矩传递。在多数钢筋混凝土筒中筒结构中，将楼盖做成平板式或密肋梁式以减少端弯矩。因此楼盖跨度（内外筒间距）不宜过大，通常约为10~12m。

6. 由于剪力滞后现象，各柱的竖向压缩不同，角柱压缩变形最大，因而楼板四角下沉较多，会出现翘曲现象，在设计楼板时要注意增加四角的配筋，以抵抗翘曲开裂。

7. 框筒的柱截面做成正方形或矩形。若为矩形，则矩形的长边应与腹板框架或翼缘框架方向一致，因为梁、柱的弯矩主要在框架平面内，框架平面外的柱弯矩较小。

8. 角柱截面要做大一些，以承受较大轴向力，并减少压缩变形，通常取角柱面积为中柱的1.5~2倍为宜。角柱面积太大，也会加大剪力滞后现象。

虽然框筒及筒中筒结构是一种在高层建筑中高效而经济的抗侧力结构，在60~70年代风行于世界，但是由于结构布置限制较多，窗洞面积较小，目前应用已不如过去普遍，而由一些其他结构体系，例如框架-核心筒结构、巨型框架结构等在高层建筑中应用逐渐增多。

27.3 框筒与筒中筒结构计算简介

框筒与筒中筒结构应该按照空间结构分析计算其内力及位移。目前应用程序中主要是采用空间杆件有限元矩阵位移法，将框筒的梁、柱简化为带刚域杆件，杆件节点有6个自由度。实腹内筒的剪力墙，可采用墙板单元、壳板单元或薄壁杆件等计算模型。外筒与内筒通过楼板连接协同工作，假定楼板在其平面内无限刚性。楼板的作用只是保证内筒与外筒具有相同的水平位移，而楼板与筒之间无弯矩传递关系。

在工程应用中，框筒与筒中筒结构也有一些简化计算方法，简化的方法和程度各不相同，各有特点，下面仅介绍一些常见的简化方法。

1. 有限条方法。将外筒及内筒均划分成竖向条带，条带的应力分布用函数形式表示，连接线上的位移为未知函数，通过求解位移函数得到内力。这种方法和平面有限元方法相比未知量大大减少，适于在较规则的高层建筑结构的空间分析中采用。外筒与内筒的协同工作也与上述方法相同，对楼板作了无限刚性板的假定。

2. 按平面结构方法分析

矩形平面的框筒结构在水平荷载作用下的分析可简化为等效平面结构，然后按平面结构的方法计算，它可利用平面框架分析程序。较常用的是翼缘展开法。如图27-5（a）所示的具有对称平面的框筒，将翼缘旋转90°，使它与腹板框架在同一平面内，成为平面框架。根据空间受力特点，建立该平面框架的计算简图。腹板框架与一般平面框架类似，承受框架平面内的水平剪力与倾覆力矩，产生梁、柱弯曲、剪切与轴向变形，而翼缘框架的变形与内力则主要是由于角柱的轴向变形引起的。因此对于翼缘展开后的平面框架取如图27-5（b）所示的计算简图，将角柱一分为二，其一属于腹板框架（取角柱一半面积及绕y方向形心轴惯性矩），其二属于翼缘框架（另一半面积及绕x方向形心轴的惯性矩），

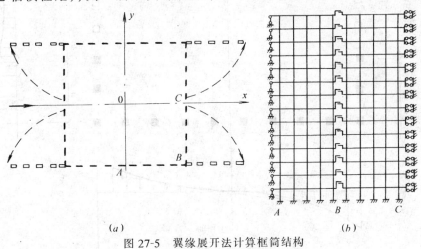

图 27-5 翼缘展开法计算框筒结构
(a) 结构平面；(b) 计算简图

二者之间由一个虚拟刚性剪切梁连接。该虚拟梁的剪切刚度很大，弯曲刚度及轴向刚度都很小，它只能传递剪力，保证角柱的两半具有相同的轴向变形，不传递弯矩及轴力。

当框筒完全对称时，可取 1/4 框筒计算，见图 27-5（b），此时根据其变形情况，选择边界条件。翼缘框架的中心（C 点）在其平面内水平位移和弯矩为 0，竖向有位移，因而选用滚动支座，腹板框架中点（A 点）的竖向位移为 0，但有弯曲及水平位移，因而选用铰支承节点。

矩形的实腹内筒可分为两个匚形的剪力墙，按照平面结构计算抗弯惯性矩及抗剪面积，然后与展开成平面的框架协同工作，其协同工作原理与框-剪结构相同。

应用本方法，可利用具有平面结构假定的协同工作计算程序进行内力及位移计算，十分方便。利用这方法进行大量计算后给出的图表曲线，可供初步设计时查用。

3. 粗略估算方法

在初步设计时，如需粗略估算框筒的抗侧刚度和内力，可以将框筒简化为两个等效的槽形，见图 27-6。由于存在剪力滞后，等效槽形翼缘宽度 a 的取值不大于腹板高度的一半，

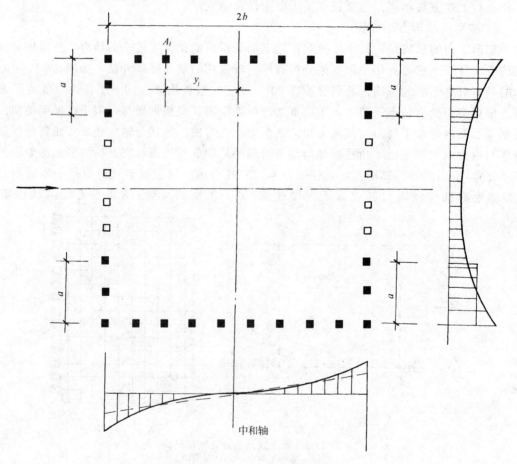

图 27-6 粗略估算槽形截面

也不大于建筑物高度的 $\frac{1}{10}$。

等效槽形的惯性矩
$$I_e = \Sigma A_i y_i^2 \tag{27-1}$$

框筒柱内轴力
$$N_i = \frac{M_p y_i}{I_e} A_i \tag{27-2}$$

窗裙梁中剪力
$$V = \frac{V_p S_i}{I_e} h \tag{27-3}$$

式中 M_p、V_p——分别为水平荷载产生的弯矩和剪力；

A_i、y_i——分别为第 i 根柱子面积和到槽形截面中和轴的距离；

S_i——第 i 根柱以外所有柱对中和轴面积矩之和；

h——层高。

第6篇 砌体结构

第28章 概 述

28.1 砌体结构的范畴

砌体结构系指其主要承重构件（墙、柱）的材料是由块体和砂浆砌筑而成的结构。

块体可以是天然的或人工合成的，例如天然的石材，人工制造的砖和混凝土空心小型砌块等。砂浆也可分天然的和人工合成的，例如天然的胶泥、人工制造的白灰砂浆、各种类型的水泥砂浆和白灰水泥混合砂浆等。由烧结普通砖、烧结多孔砖和蒸压灰砂砖、蒸压粉煤灰砖（图28-1a、b、c）作为块体与砂浆砌筑而成的结构称为砖砌体结构。由天然毛石或经加工的料石与砂浆砌筑而成的结构称为石砌体结构。砖、石砌体结构又习称砖石结构。而由混凝土、轻骨料混凝土等材料制成的空心砌体作为块体与砂浆砌筑而成的结构则称为砌块砌体结构。混凝土小型空心砌块块体见图28-1（d）、（e）、（f）、（g）。砌块一般指其尺寸、重量较大以致一个工人用单手或双手较难或必须用小型机械才能铺砌操作的块材，按其尺寸的大小又可分为小型、中型和大型砌块（国内推广的一般指混凝土小型空心砌块）。另外，在砌体构件中按其受力又可配置各种形式的钢筋：在水平砂浆层中配置水平钢筋或钢筋网片的水平配筋砌体墙、网状配筋砌体柱；在砌体外层设置钢筋混凝土面层或钢筋砂浆面层的组合砌体柱、墙；砌体墙和钢筋混凝土构造柱的组合墙；以及在空心砌块孔洞内灌混凝土并设置钢筋的配筋芯柱、构造柱、连梁等能承受竖向和水平作用的配筋砌块砌体剪力墙等。上述由配置钢筋的砌体作为建筑物主要受力的结构可统称为配筋砌体结构（图28-1h）。砌体结构按其在墙内设置钢筋面积的配筋率 ρ_s 大小可分为无筋砌体（$\rho_s < 0.07\%$，非地震区房屋）；约束砌体（$0.07\% \leqslant \rho_s < 0.17\%$，抗震区多层房屋，墙体边缘为竖向构造柱和水平向圈梁所约束）和配筋砌体（$\rho_s \approx 0.2\%$左右，抗震区10～20层房屋、配筋砌块砌体剪力墙结构）。

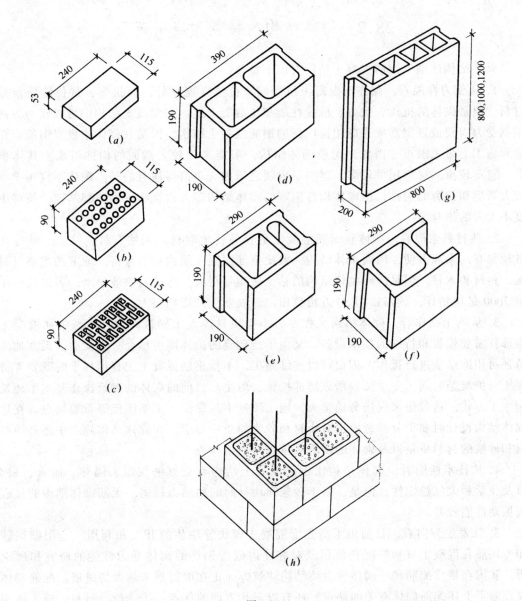

图 28-1

(a) 页岩、页岩煤矸石烧结实心砖;(b) 页岩、页岩煤矸石多孔砖(圆孔 KP1 型);
(c) 页岩、煤矸石多孔砖(扁孔 KP1 型);(d) 混凝土小型空心砌块主砌块 K422;
(e) 混凝土小型空心砌块辅砌块 K322;(f) 混凝土小型空心砌块组合芯柱 K322A;
(g) 混凝土中、大型砌块(较少生产);(h) 配筋砌块砌体

28.2 砌体结构的特色和应用范围

砌体结构区别于钢筋混凝土结构有以下特色：

1. 从受力性能看，砌体与混凝土虽然同属抗压性能较好，而抗弯、抗拉性能很差的材料，但是砌体的抗压、抗弯、抗拉性能却比混凝土差。在混凝土结构中可以较为方便地根据受力需要放置钢筋成为应用极广泛的钢筋混凝土结构，但是在砌体中设置钢筋会在构造和施工上带来困难。因此，无筋砌体结构一般需采用较大截面的构件组成，其体积较大、自重较重，材料用量较多，运输量也随之增加。更值得注意的是，砌体不宜用于承受较大弯矩和拉力的构件；由砌体构件组成的砌体结构多为建筑物的墙体和基础，桥梁中跨度不太大的拱身等。

2. 从材料来源看，砌体较钢筋混凝土更容易就地取材，天然石材、粘土、砂等几乎各地都有，来源方便，因而砌体结构一般比钢筋混凝土结构更为经济，能节约重要材料水泥、钢材和木材。但是，砖砌体结构的粘土砖用量很大，造砖与农业争地，若以我国年用量7000亿块估计，约需占用50万亩良田，对农业生产影响很大。

3. 从施工制作看，砌体结构工程多为小型块材经人工砌筑而成，不像钢筋混凝土工程那样需要模板和特殊的技术设备。又由于新砌筑的砌体即可承受一定荷载，天寒地冻季节还可用冻结法进行操作，因而可以连续施工，不像钢筋混凝土工程那样平时既要等待混凝土养护凝结时间，冬季又要增添防冻措施。但是，目前的砌体的砌筑操作基本上还是采用手工方式，这就带来现场劳动量大、施工质量不易保证、工期缓慢等重要缺点。在进行砌体结构设计时要十分注意提出对块材和砂浆的质量要求，在砌体结构施工中还必须对块材和砂浆的材料质量以及砌体的砌筑质量进行严格检查。

4. 从技术性能看，砌体结构比钢筋混凝土结构有更好的保温、隔热、耐火、耐久、以及化学和大气稳定性；但是，由于砂浆和块材间的粘结力较弱，无筋砌体结构的抗震和抗振动性能较差。

5. 从发展方向看，目前由于高强度混凝土砌块等块体的开发和利用，专用砌筑砂浆和专用灌孔混凝土材料的配套使用及对芯柱内放置钢筋的砌体受力性能的研究和理论分析，我国在推广配筋砌块砌体剪力墙结构建筑方面正在取得越来越大的进展。配筋砌体不仅克服了上述无筋砌体有关的缺点，还有以下几方面的优点：①造价、材料、施工周期都少；②在等厚度的墙体内可随平面和高度方向改变重量、刚度、配筋；③砌块竖缝的存在一定程度上可以吸收能量，增加延性，有利抗震；④收缩量总体比混凝土墙要小。故在地震区，中、高层民用建筑中具有一定的优势。

根据以上特色，长期的工程实践说明，砌体结构适用于以受压为主的结构构件，以及需要就地取材的工程。例如：

民用建筑物中的墙体、柱、基础、过梁等。

工业建筑物和构筑物中的承重墙和围护墙、烟囱、小型水池、地沟等。

交通工程中的拱桥、隧道、涵洞、挡土墙等。

水利工程中的石坝、渡槽、围堰等。

28.3 砌体结构的简史和发展趋势

我国的砌体结构有着悠久历史和辉煌记录，今天仍有着广阔应用天地和良好应用传统。据史料记载，公元前殷商时代就已有用粘土砌成的夯土版筑墙。公元前400年战国时期至公元后秦汉时期的秦砖汉瓦，表明当时建筑材料的生产和砌筑质量已达到相当高的水平。公元后520年在河南建成的嵩岳寺塔（高40m，12边砖砌筒体结构）、隋代在河北赵县建成的安济桥（单孔，跨度37m，宽度9.6m 敞肩圆弧石拱结构）以及明代在南京建成的灵谷寺（无梁、屋顶用砖券建造）等在砌体结构的建筑高度、跨度和型式上代表了当时的一流水平。19世纪中叶前建成的城墙（以万里长城为辉煌代表）、宫殿、寺庙、佛塔……形成了我国砌体结构的特有风格。但是，19世纪中叶后我国砌体结构的代表作仅反映在海关、教堂等半殖民地的建筑物上。那时，砌体材料主要为粘土砖，砂浆所需水泥尚需进口，设计和施工没有自己的技术规范仅凭经验从事，砌体结构的发展受到严重限制。

解放后，中小型砖石结构建筑物大量兴建，1956年引入前苏联砖石结构设计规范后，我国砌体结构的理论研究，设计规程制定和施工技术设备力量有了长足进步，建筑材料生产得到国家和地方的重视。可以认为，20世纪五六十年代是我国砌体结构大发展时期。1973年在大量工程实践基础上，我国有了自己的《砖石结构设计规范》（GBJ 3—73）；1980~1982年在大量应用工业废料和混凝土砌块的基础上，原国家建工总局（现建设部）颁布了《中型砌块建筑设计与施工规程》和《混凝土空心小型砌块建筑设计与施工规程》。1988年又进一步依据《建筑结构设计统一标准》编制了《砌体结构设计规范》（GBJ 3—88），其中将"砖石"改为"砌体"，使用新的与国际接近的符号、计量单位和术语，在一些设计技术问题上有了新的进展。而后13年来我国在砌体结构领域内的理论研究和工程实践又取得了长足的进步。

根据新颁布的国家《建筑结构可靠度设计统一标准》（GB 50068—2001）规定的原则，总结了最新科研成果和工程实践经验，对《砌体结构设计规范》（GBJ 3—88）进行了全面修订，编制了新的《砌体结构设计规范》（GB 50003—2001）（以下简称砌体规范），使我国的砌体结构进入了又一个新的大发展时期。

当今砌体结构发展趋势是土建科技工作者对砌体结构进行认识、研究、改进并付诸工程实践的结果。它表现在以下几方面：

1. 为了克服砌体强度低、自重大的弱点，大力发展轻质高强的各种实心和空心砖，砌块和高强度砂浆。国外由于生产了高强度砖和高粘合砂浆而使砌体抗压强度达到20~

$45N/mm^2$;而我国目前规范规定最高的砌体抗压强度还不足 $10N/mm^2$。有的国家已能采用抗压强度为 $50\sim200N/mm^2$、孔洞率为 $40\%\sim60\%$ 的空心砖建造建筑物,因而大大减轻了建筑物的自重,如 1958 年瑞士已用抗压强度为 $60N/mm^2$ 的空心砖砌体建成 24 层塔楼;而我国目前承重空心砖的抗压强度一般还在 $10N/mm^2$ 左右,少数可达 $30N/mm^2$,孔洞率一般在 30% 以内。南京市已用 300mm 厚的承重空心砖建成 8 层高的旅馆。

2. 为了克服生产粘土砖要与农业争地的重大缺点,需要大力发展各种工业废料和混凝土砌块。我国从五六十年代起已注意这方面问题。但由于各种原因,改革力度不大,国家工业建设、住宅建筑与农业争地的矛盾日益突出,至 20 世纪 80、90 年代我国墙体材料革新和推广的步伐才逐渐加快,以页岩、煤矸石和粉煤灰等为主要材料的烧结砖已经面世,混凝土小型空心砌块房屋得到推广,在主要大、中城市已经禁止使用粘土砖作为建筑材料。

3. 为了克服砌体抗震性能差的不足需要发展配筋砌体结构:在砌体中设置钢筋网片(如 1974 年建成的北京外交公寓为九层实心粘土砖砌体结构);在砌体中设置钢筋混凝土构造柱,采用组合砖砌体构件;特别是 20 世纪末推广的配筋混凝土砌块砌体剪力墙结构,使我国墙体改革走上了一个新的台阶。上海、北京分别已建成 18 层的住宅楼(试点工程,前者墙厚 190mm,7 度抗震地区;后者为 (190 + 40 + 90) mm 厚的复合夹心保温墙,8 度抗震地区)。

4. 为了克服砌体结构现场施工劳动量繁重和施工质量低的弱点,可进一步推广小型砌块,振动成型的墙板等。

28.4 工业与民用建筑物中的砌体结构体系

砌体在工业与民用建筑物中主要应用于建造各类承重墙、柱和基础构件,由这些构件形成建筑中的砌体结构。因此,在学习砌体结构知识以前了解建筑结构中的承重墙体系,将有助于初学者在学习本篇时有明确的主要学习目标,以掌握建筑结构中墙体结构的设计计算原理和方法。

砌体结构建筑物中的水平结构体系为屋盖和楼盖,竖向结构体系为纵向(沿建筑物较长方向即长度方向)和横向(沿建筑物较短方向即宽度方向)的由砖石或砌块和砂浆砌筑而成的承重墙。砌体结构按竖向荷载的传递途径可归纳合并为以下三种承重体系:

1. 横墙承重体系

横墙指横向承重墙体。横墙承重体系指建筑物楼(屋)盖的竖向荷载主要通过短向楼板或横墙间小梁传给横墙,再经横墙基础传至地基的结构体系(图 28-2a)。由于横墙是主要承重墙体,它的间距不能太大,划分房屋开间的宽度一般为 3~5m,即横墙间距。横墙承受两侧开间内由楼(屋)盖传来的竖向荷载和由风或横向水平地震作用产生的水平荷载,假若两侧开间宽度相同,横墙在竖向荷载作用下基本上处于轴心受压状态,在水平荷

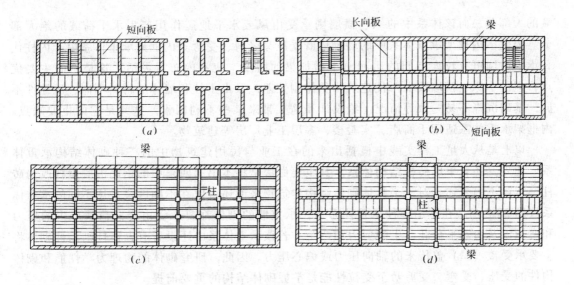

图 28-2
(a) 横墙承重体系；(b) 纵墙承重体系；(c) 内框架承重体系；(d) 混合型承重体系

载作用下则处于受弯、受剪状态。横墙承重体系建筑物的纵墙不参与承受楼（屋）盖荷载，仅承受自身的重量，因而在纵墙上可开设较大的门窗洞口；又由于承重横墙较密，建筑物的整体刚性和抗地震性能很好，这些都是横墙承重体系的优点。但是，这种体系在房间使用上很不灵活，室内空间较小；又由于横墙较密而使建筑材料用量较大，这又是横墙承重体系的缺点。横墙承重体系适用于宿舍、住宅等建筑物。

2. 纵墙承重体系

纵墙指纵向承重墙体。纵墙承重体系指建筑物楼（屋）盖的竖向荷载主要通过长向楼板或进深梁传给纵墙，再经纵墙基础传至地基的结构体系（图 28-2b）。在这个体系中，为了保证建筑物的整体刚性，沿纵墙方向一定长度还需设置少量横墙与纵墙拉结。这样，建筑物的竖向荷载基本上由纵墙承受，而由风或横向水平地震作用产生的水平荷载则主要通过水平楼（屋）盖传给横墙。由于板、梁在纵墙上的支承点往往并不与纵墙形心线重合，故纵墙一般处于偏心受压状态。而横墙在水平荷载作用下则处于受剪和受弯状态。纵墙承重体系的横墙间距一般较大，使得建筑物可以有较大的房间，室内分割也较灵活，这是它的优点；但整个建筑物的整体刚性不如横向承重体系，在纵墙上开门窗洞口受到限制，这又是它的缺点。纵向承重体系适用于教学楼、办公楼、实验室、阅览室、中小型生产厂房、车间、食堂和会议室等建筑物。小型砌块多层房屋不允许采用纵墙承重体系，且不应有错层，否则应设防震缝。

3. 内框架承重体系

内框架承重体系指四周纵、横墙和室内钢筋混凝土（或砖）柱共同承受楼（屋）盖竖向荷载的承重结构体系（图 28-2c）。在一般情况下内框架承重体系中的柱承受着竖向荷载的大部分，而该体系中的纵、横墙则承受由风或水平地震作用产生水平荷载的绝大部分。因此，内框架承重体系中的墙砌体既受压又受剪、受弯。内框架承重体系由于内柱代替承重内墙可有较大空间的房间而不增加梁的跨度，使室内布置灵活，这是它的主要优点；但由于纵、横墙较少，使建筑物整体刚性差，又由于柱和墙体的材料不同、压缩性不同，基础沉降不易一致等情况，给设计和施工带来某些不利因素，这又是它的重要缺点。内框架承重体系适用于商店、实验楼、多层工业厂房等建筑物。

以上是从大量工程实践中概括出来的在工业与民用建筑物中的三种砌体结构承重体系。此外，还有单层砖柱结构体系，其主要做法是将本书第四篇中的钢筋混凝土柱改为砖柱，本篇不另赘述。对一个具体砌体结构建筑物来说还可以在不同区段采用不同的承重体系（图 28-2d）。在不论哪种承重体系中，承重墙的砌体都要承受由竖向荷载产生的压力和弯矩以及由水平荷载产生的剪力和弯距。若该承重体系中还设置有砌体柱则该柱砌体将主要承受楼（屋）盖传来的轴向压力或偏心压力。因此，研究砌体的物理力学性能和砌体构件的受压、受弯、受剪乃至受拉性能是掌握砌体结构的重要前提。

第29章 块体、砂浆、砌体的物理力学性能

29.1 块体材料的物理力学性能

用作砌体的块体可分为三大类：砖（烧结普通砖、烧结多孔砖、蒸压灰砂砖、蒸压粉煤灰砖等）、砌块（普通混凝土和轻骨料混凝土小型砌块等）和石材（料石、毛石）。本节重点介绍烧结普通砖❶的强度和变形性能。

29.1.1 烧结普通砖的强度和其他性能要求

我国烧结普通砖的标准尺寸为 240mm×115mm×53mm（图 29-1a），干重约 2.5kg。烧结普通砖强度等级的评定标准按国家标准《烧结普通砖》（GB/T 5101—1998）强度等级表（见表 29-1）评定，其试验方法按国家标准《砌墙砖试验方法》（GB/T 2542—92）进行。

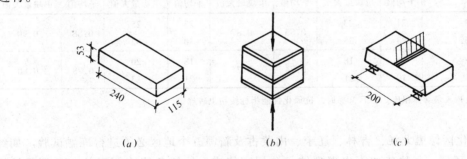

图 29-1
(a) 标准砖；(b) 抗压试验；(c) 抗折试验

烧结普通砖强度等级 表 29-1

强度等级	抗压强度平均值 $\overline{f}$ (≥)	变异系数 $\delta \leqslant 0.21$ 强度标准值 f_k (≥)	变异系数 $\delta > 0.21$ 单块最小抗压强度值 f_{min} (≥)
MU30	30.0	22.0	25.0
MU25	25.0	18.0	22.0

---

❶ 烧结普通砖泛指由粘土、页岩、煤矸石或粉煤灰为主要原料，经过成坯、焙烧而成的实心或孔洞率不大于15%的规定值且外形符合规定的砖。由于粘土砖占用大片良田，国内主要大城市已禁止使用，推荐采用以页岩煤矸石、页岩等为原材料的非粘土烧结实心砖。由于推荐的产品其外形尺寸和各项指标性能要求都应符合《烧结普通砖》的规定。本教材仍以介绍烧结普通砖及其砌体的性能为重点。

续表

强度等级	抗压强度平均值 $\bar{f}$ (≥)	变异系数 $\delta \leqslant 0.21$ 强度标准值 f_k (≥)	变异系数 $\delta > 0.21$ 单块最小抗压强度值 f_{min} (≥)
MU20	20.0	14.0	16.0
MU15	15.0	10.0	12.0
MU10	10.0	6.5	7.5

表 29-1 中 $\bar{f}$、f_k、f_{min}、δ 分别为：10 块试样的抗压强度平均值、标准值（$f_k = \bar{f} - 1.8S$）、单块最小抗压强度值和强度变异系数 $\delta = S/\bar{f}$，S 为 10 块试样的抗压强度标准差、$S = \sqrt{\frac{1}{9}\sum_{i=1}^{10}(f_i - \bar{f})^2}$、$f_i$ 为单块试样抗压强度测定值）。可以看出砖作为合格产品的强度指标按概率统计，具有 96% 以上的保证率，它应同时满足表中平均值——标准值和平均值——最小值两种方法的评定标准。

除强度外，烧结普通砖尚应满足表 29-2 所列抗风化性能的要求。

各类砖抗风化性能 表 29-2

项目 砖种类	严重风化区				非严重风化区			
	5h 沸煮吸水率(%≤)		饱和系数(≤)		5h 沸煮吸水率(%≤)		饱和系数(≤)	
	平均值	单块最大值	平均值	单块最大值	平均值	单块最大值	平均值	单块最大值
粘土砖	21	23	0.85	0.87	23	25	0.88	0.90
粉煤灰砖	23	25			30	32		
页岩砖	16	18	0.74	0.77	18	20	0.78	0.80
煤矸石砖	19	21			21	23		

注：粉煤灰掺入量（体积比）小于 30% 时，抗风化性能指标按粘土砖规定。

严重风化区像黑龙江、吉林、辽宁、内蒙古及新疆五个地区必须进行冻融试验。如经 15 次冻融循环后，每块砖如不出现裂纹、分层、掉皮、缺棱角等冻坏现象，且其质量损失不大于 2% 时可认为该砖合格。

烧结普通砖的产品还应根据：外观质量、尺寸偏差、有无泛霜、有无石灰爆裂区域等，将产品分为优等品（A）、一等品（B）、合格品（C）三个质量等级。(A) 级砖可用作清水墙和房屋地下及潮湿的部位，而（B）、(C) 级砖只能用作混水墙、而且不得用于地下及潮湿部位。国家还专门制定了烧结普通砖的产品标记符号（详见《烧结普通砖》）。

现行《砌体结构设计规范》（GB 50003—2001）（以下简称《砌体规范》）规定：块体强度等级的符号均按国家标准用 MU×× 表示。MU 分别为英文 Masonry Unit 的第一个字母，×× 表示强度值、单位 MPa。我国烧结普通砖的强度等级共分五级：MU30、MU25、MU20、MU15、MU10，最常用的等级为 MU10、MU15。

29.1.2 烧结普通砖的变形

烧结普通砖的应力应变关系近似一斜直线，故可认为属脆性材料。图 29-2 中曲线①表示抗压强度为 12.2N/mm² 的烧结普通砖的应力应变关系图形。经试验统计，烧结普通砖的弹性模量约在 $(2\sim3)\times10^3$N/mm² 之间，约为混凝土的 1/10；其受压后横向应变与纵向应变之比（即泊松比 v）在 0.03~0.1 之间，约为混凝土泊松比的 0.2~0.6 倍。

29.2 砂浆的物理力学性能

砂浆由胶结料、细集料、掺加料和水按一定配比配制而成，在砌体构件中的块体之间起粘结、衬垫和传递应力的作用，它将块材粘结成整体，并因在铺砌时填平了块材不平的表面而使块材在砌体受压时能比较均匀地受力。砂浆因填满块材间的缝隙而减少了砌体的透气性，增加了砌体的隔热性、防冻性和密实性。砂浆中的砂子是细骨科，水泥起活化剂胶结料的作用，石灰膏或粘土既是胶结料又是塑性掺合料，它能增加铺砌时的和易性。在水泥砂浆中增加适量石灰膏或粘土，不但能方便施工，而且因易于铺砌平整可提高砌体的强度，因而常在工程中采用。故砂浆按其成分可分为：①纯水泥砂浆（硬化快、强度高、耐久性好，但和易性差，适用于水中及潮湿环境中的砖砌体）；②有塑性掺合料的水泥石灰混合砂浆或水泥粘土混合砂浆（适用于非地下水位以下的砖砌体）；③纯石灰、石膏或粘土砂浆（和易性虽好，但硬化慢、强度低，抗水性差，仅适用于地面以上一般建筑物的砖砌体，其中粘土砂浆仅适用于气候干燥地区的小城镇和边远地区的低层建筑及临时性辅助房屋）。

29.2.1 砂浆强度和其他性能要求

砂浆强度亦以强度等级表示。砂浆的强度等级用 70.7mm×70.7mm×70.7mm 无底金属或塑料试模做成的砂浆立方体，放在铺有湿纸的同类块体上，在正常温度环境中养护 24 小时拆模后再在标准或自然养护条件下继续养护到 28 天后经加压测得的抗压强度平均值。砌体规范以英文 Mortar 一词的第一字母 M 或 Mb❶ 表示。若实测得到的抗压强度平均值为 5N/mm²，则该砂浆的强度等级为 M5。砂浆强度等级有 M15、M10、M7.5、M5、M2.5 等五种，大于等于 5 层的墙、柱常用的砂浆强度等级为 M5。在工程设计中有时还要使用砂浆强度为 0 的值，它表示在施工过程中砌筑不久还未硬结的砂浆强度，在验算施工期间的砌体强度时即采用 0 值；或对于用冻结法进行冬季施工的砌体在融化后进行承载力或变形验算时采用。

除强度外，砂浆还有流动性、保水性等要求。砂浆的流动性也称稠度（指砂浆在外力

---

❶ 为提高砌块砌体的强度国家建材行业标准专门颁布了用于砌筑混凝土小型砌块的砂浆标准《混凝土小型空心砌块砌筑砂浆》（JC 860）其强度等级用 Mb×× 符号表示，以示区别，强度平均值用 f_{2b} 表示；砂浆的配比设计及要求详见《砌筑砂浆配合比设计规程》（JGJ 98—2000，J 65—2000）。

作用下易于产生流动的性能），以砂浆稠度仪的标准圆锥体沉入砂浆的深度进行测定。一般砖砌体用的砂浆沉入度约为 70~100mm。砂浆的保水性指砂浆在运输和使用过程中保持水分不很快流失的能力，以保证砂浆在块材上铺设均匀。砂浆的保水性用分层度表示（由分层度测定仪测定），分层度一般以 10~20mm 为宜。掺有石灰膏和粘土膏的砂浆其保水性都较好，工程实践证明，凡流动性和保水性好（即和易性好）的砂浆，都能使砖砌体得到较高的强度。

29.2.2 砂浆变形

图 29-2 中曲线②表示一立方体强度为 $5.6N/mm^2$ 的砂浆应力应变关系曲线，由图可见其塑性变形比砖大得多。砂浆的弹性模量随其强度等级降低而减小，强度等级低的砂浆塑性变形更大。据试验统计，在 10mm 厚的灰缝中当砌体的压应力达到 1/3 极限强度时，M5、M2.5 砂浆在短期荷载作用下的压缩变形分别为 0.007、0.039mm。此外，砂浆受压后的横向应变与纵向应变之比即泊松比约为 0.16，与混凝土的泊松比接近，为砖的泊松比的 1.5~5 倍。

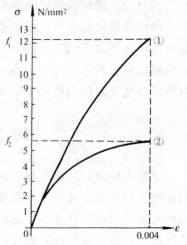

图 29-2　砌体材料应力应变曲线
①砖（$f_1 = 12.2N/mm^2$）；
②砂浆（$f_2 = 5.6N/mm^2$）

29.3　砖砌体的力学性能

29.3.1　砖砌体抗压强度

1. 砖砌体抗压强度试验和破坏特征

图 29-3 表示以 MU10 烧结普通砖和 M5 混合砂浆砌筑的尺寸为 240mm×370mm×720mm 的标准试件在轴心压力作用下加载至破坏的三个阶段：

（1）由开始加荷起，到个别砖块上出现微细可见裂缝止，称为第Ⅰ阶段。该阶段横向变形较小，应力应变呈直线关系，故属弹性阶段，在本试验中，出现微细裂缝时的轴心荷载为 $N_{cr}=161kN$，压应力为 $1.81N/mm^2$，约为砖砌体极限压应力的 0.55 倍。

（2）继续加载，到个别砖块上的裂缝裂通。并顺竖向灰缝与相邻砖块上的裂缝贯穿，形成平行于加载方向的纵向间断裂缝时，称为第Ⅱ阶段，这时轴心荷载 N 约为 234kN，压应力为 $2.64N/mm^2$，约为砖砌体极限压应力的 0.8 倍；在此期间，若荷载不增加维持恒值，裂缝发展可以稳定，不会出现新的裂缝。

（3）当 $N>234kN$ 后即使荷载增加不多，裂缝亦会发展很快，再以后若不增加荷载，裂缝仍能不断增加，使成段的裂缝逐渐形成上下贯通到底的通长裂缝、直至整个砖棱柱砌体被通长裂缝分割成若干半砖小柱，发生明显的横向变形，向外鼓出，导致失稳而被坏。这时称第Ⅲ阶段，所加荷载到达其极限值 $N_u = 296\text{kN}$，相应的砌体压应力为 3.33 N/mm^2。

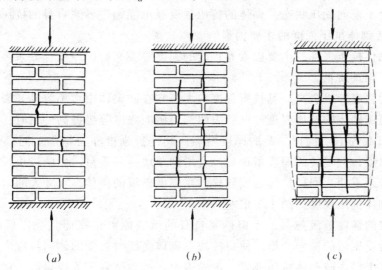

图 29-3　砖砌标准试件受压破坏过程
(a) 第Ⅰ阶段；(b) 第Ⅱ阶段；(c) 第Ⅲ阶段

试验还表明：不同强度等级砖和不同强度等级砂浆砌筑的砖砌体，其开裂荷载 N_{cr} 与破坏荷载 N_u 的比值不尽相同，且随砂浆强度等级的提高而提高。一般情况下 $N_{cr}/N_u = 0.5 \sim 0.7$。

2．受压砖砌体中砖和砂浆的应力分析

砖砌体中砖和砂浆的受力状态十分复杂。由于砖块一般用手工铺砌在厚度、密实性都很不均匀的砂浆层上，砖块的受压面并不平整而且砖块之间还有未能很好填满砂浆的竖缝，故当砌体受压时，砖块实际处于不均匀受压、局部受压、受弯、受剪以及竖缝处的应力集中状态下（图 29-4a）。此外，由于砖和砂浆受压后的横向变形不同，当砖和砂浆因其间存在粘结应力而共同变形时，使得砖还处于受拉状态，而砂浆则处于三向受压状态（图 29-4b）。由于砖的抗折强度仅及其抗压强度的 0.2 倍❶，砖的抗拉强度更低，故砖砌体受压后总是先在砖块上出现因弯拉应力过大而产生的竖向裂缝，这种裂缝还会随着荷载加大而上下贯通，以致将整个砌体分裂成细长的半砖小柱而压屈破坏，因而砖砌体

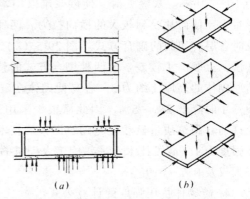

图 29-4　砖砌体受压时砖块和砂浆的受力状态

---

❶ 抗折强度由抗折试验（见图 29-1c）求得。

抗压强度必然在很大程度上低于砖的抗压强度（砖抗压强度较高的特性未能充分发挥），而砂浆则因处于三向受压状态，砌体的抗压强度有可能超过砂浆自身的抗压强度。

3. 影响砖砌体抗压强度的主要因素

影响砖砌体抗压强度的主要因素有：砖的强度等级和砖的厚度；砂浆强度等级及砂浆层铺砌厚度；砌筑质量。

(1) 砖的强度等级愈高，其抗折强度愈大，它在砖砌体中愈不容易开裂，因而能在较大程度上提高砖砌体的抗压强度。试验表明，当砖的强度等级提高一倍时，约可使砌体抗压强度提高40%左右。同理，砖的厚度增加，其抗折强度亦会增加，同样也可以提高砖砌体的抗压强度；但是砖的厚度增加后，会增加单块砖的重量，影响砖块尺寸的模数，会给工人砌筑带来不便。同样块体强度同样砂浆强度砌筑的砌体，尺寸大的，高度高的砌块砌体要比砖砌体抗压强度高约1.7倍左右。

(2) 砂浆的强度等级愈高，不但砂浆自身的承载能力愈高而且受压后的横向变形愈小，愈接近砖受压后的横向变形，使得砖块在砌体受压时所受的侧向拉应力愈小，因而可以在一定程度上提高砖砌体抗压强度。试验表明，如砂浆强度等级提高一倍，砌体抗压强度约可提高26%。但为节省水泥，砂浆强度不应超过块体的强度。同理，砂浆的和易性（包括流动性和保水性）好，易于使砖块比较均匀地砌筑在砂浆层上，能更好地发挥砖块抗压强度较大的作用，使得砖砌体的抗压强度得到提高。试验还表明，采用纯水泥砂浆砌筑时，由于其和易性欠佳，以致它的砌体的抗压强度比采用水泥石灰混合砂浆砌筑的砌体抗压强度约低15%。但是，也不能过高地估计砂浆流动性的有利影响，如果砂浆的流动性太大，硬化受压后的横向变形增大，反而会使砌体抗压强度有所下降。

(3) 砌筑质量对砖砌体抗压强度的影响首先表现在砖块上砂浆层的饱满程度。若砂浆层比较饱满均匀，可以改善砖块在砌体中的受力性能。《砌体工程施工及验收规范》规定水平灰缝中砂浆层的饱满度应≥80%。其次表现为砂浆层的铺砌厚度。砂浆层的标准厚度为10~12mm。灰缝太薄，使砂浆难以均匀铺砌；灰缝太厚会造成砂浆层受压后的横向变形过大，使砖块受到较大的横向拉力。两种情况都将使砌体抗压强度降低。再次表现为砌筑时各层砖块间的砌合方式。图29-5 (a) 所示一顺一丁的砌合方式最好，(b) 三顺一丁其次，五顺一丁较差。前两种砌合方式的整体受力性能较好，后一种在横截面中通缝的半砖厚砌体的高厚比约为3，容易使砌体在破坏前形成半砖小柱，因而砌体抗压强度将比一顺一丁时降低2%~5%，因此已很少采用，至于砌体中有更多砖皮未咬合的情况则是不允许的。砌筑质量显然还与砌筑工人的技术水平有关，若以中等技术水平的工人砌筑的砌体强度为1，高级技术水平熟练工人砌筑的砌体强度可达1.3~1.5，而低技术水平不熟练工人仅及0.7~0.9。

4. 砖砌体抗压强度的计算公式

砌体规范对各类砌体的大量试验数据进行统计和回归分析，经多次校正，采用了以二项式表达的砌体抗压强度平均值的计算公式：

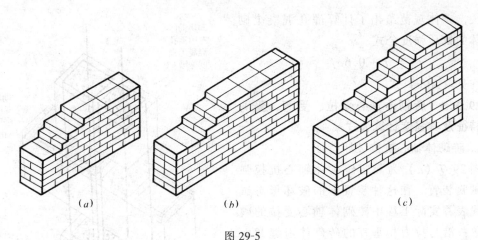

图 29-5

$$f_m = k_1(f_1)^\alpha (1 + 0.07 f_2) k_2 \text{❶} \tag{29-1}$$

式中 f_m——各类砌体轴心抗压强度平均值（N/mm²）；

f_1、f_2——分别为各种块体抗压强度等级值或平均值，和砂浆抗压强度平均值(N/mm²)；

k_1——随砌体中块体类别和砌合方法变化的参数，对于砖砌体取 0.78；

k_2——砂浆强度对砌体强度的修正系数，对于砖砌体当 $f_2 < 1$ 时，$k_2 = 0.6 + 0.4 f_2$，当 $f_2 > 1$ 时，$k_2 = 1.0$；

α——与砌体块材高度有关的系数，对于砖砌体取 0.5。

前述烧结普通砖砌体抗压强度试验（MU10、M5）所列基本数据按（29-1）式计算，可得

$$f_m = 0.78 \times (10)^{0.5} \times (1 + 0.07 \times 5) \times 1.0 = 3.33 \text{N/mm}^2$$

29.3.2 空心砌块砌体抗压强度

1. 空心砌块砌体受压破坏与砖砌体同样经历三个阶段：弹性、弹塑性和塑性阶段，开裂荷载约为破坏荷载的 0.5~0.6 倍，裂缝都从块体间的竖向裂缝开始。空心砌块砌体的破坏是由块体壁出现竖向裂缝，直至上下裂缝连通而丧失承载能力。

2. 空心砌块砌体在空心块体的空洞内灌以混凝土（称注芯混凝土砌块砌体）见图 29-6 其破坏过程类似于上述 1 但其破坏则首先因砌块外壁受拉胀裂，出现剥皮现象后，砌块退出工作，荷载由孔内芯柱混凝土承受，直至芯柱体破坏而告终。

3. 空心砌块砌体的抗压强度主要取决于砌块的强度，砂浆的贡献要比砖砌体小得多。但砂浆对空心砌块砌体的弹性模量影响较大，空心砌块砌体的弹性模量主要取决于砂浆的强度，且随砂浆强度的增加而增加。

4. 注芯砌块砌体的抗压强度比空心砌块砌体的抗压强度约高 30%~40%。还与灌孔

---

❶ 对混凝土砌块、毛料石、毛石等各类砌体的有关系数表，见砌体规范。

率有关，砌体规范给出了计算灌孔混凝土砌块砌体的抗压强度公式

$$f_g = f + 0.6\alpha f_c$$

公式详见（30-8）式

29.3.3 砖砌体轴心受拉、受弯、受剪破坏特征及其强度计算公式

1．砖砌体轴心抗拉破坏特征

图29-7（*a*）为测定砖砌体轴心抗拉强度的试验装置。在这种装置下的破坏形态试验，代表着实际工程中砖砌体轴心受拉的破坏现象：沿与拉力相垂直的砖砌体齿缝截面发生，破坏时砖块并未被拉断（图29-7*b*）。圆形砖砌水池池壁在水压力作用下，池壁砖砌体承受环向拉力就是砖砌体轴心受拉的例子。池壁的破坏可能沿Ⅰ—Ⅰ、Ⅰ′—Ⅰ′截面发生（图29-7*c*）；Ⅰ′—Ⅰ′为Ⅰ—Ⅰ的特例。

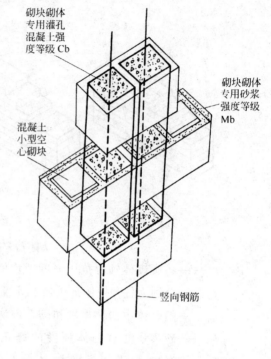

图 29-6 （孔内箍筋未画）

2．砖砌体弯曲受拉破坏特征

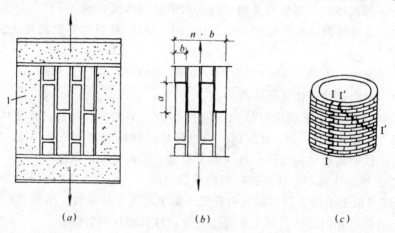

图 29-7 砖砌体轴心受拉
（*a*）试验装置，1—夹具；（*b*）沿齿缝破坏；（*c*）圆形水池受拉裂缝

图29-8（*a*）、（*b*）为测定砖砌体弯曲抗拉强度的两种试验方法：（*a*）为测定砌体弯曲受拉时沿通缝破坏的方法，（*b*）为测定砌体弯曲受拉时沿齿缝破坏的方法。砖砌围墙在风荷载作用下的破坏即砌体弯曲受拉沿通缝截面破坏的实例（图29-8*d*），有壁柱挡土

墙在侧向土压力作用下的破坏即砌体弯曲受拉沿齿缝截面破坏的实例（图29-8c）。

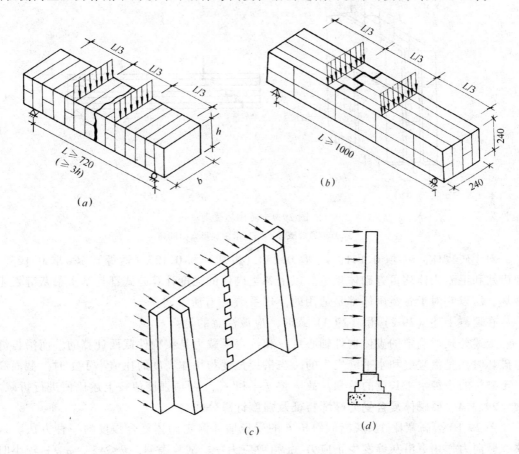

图 29-8 砖砌体弯曲受拉
（a）沿通缝破坏；（b）沿齿缝破坏；（c）砖砌有壁柱挡土墙；（d）砖砌围墙

3．砖砌体受剪破坏特征

图29-9为测定砖砌体沿通缝破坏的抗剪强度和沿阶梯形截面破坏的抗剪强度的两类试验方法。图29-9（a）所示为基本的受剪破坏现象，这种砖砌体沿通缝发生剪切破坏。此外，砖砌体还可能发生阶梯形斜裂缝破坏，它多半在砖砌过梁或抗侧力墙体上发生。

4．砖砌体抗拉、抗弯、抗剪强度计算公式

砌体规范给出砌体轴心抗拉、弯曲抗拉和抗剪强度平均值 $f_{t,m}$、$f_{tm,m}$、$f_{v,m}$ 的计算公式如下：

$$f_{t,m} = k_3 \sqrt{f_2} \tag{29-2}$$

$$f_{tm,m} = k_4 \sqrt{f_2} \tag{29-3}$$

$$f_{v,m} = k_5 \sqrt{f_2} \tag{29-4}$$

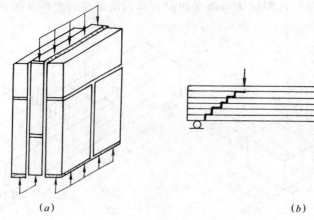

图 29-9 砖砌体受剪
(a) 沿通缝破坏;(b) 沿阶梯形截面破坏

对于砖砌体,k_3 取 0.141,k_4 取 0.250(齿缝)和 0.125(通缝),k_5 取 0.125。其他砌块和毛石砌体均可查砌体规范。以上各类砌体的强度计算公式都是基于沿灰缝发生的破坏,所以它对于各类砌体都是适用的,仅系数 k 有所不同。

在理解上述(29-2)和(29-3)式时,应该注意的是:

上述公式所确定的砌体构件轴心抗拉和抗弯承载力是按构件截面计算的,而沿齿缝发生破坏时,是沿竖缝和水平缝发生的,当搭接长度与块体高度的比值小于 1 时,截面高度大于破坏的齿缝水平长度的总和,故应将 $f_{t,m}$ 和 $f_{tm,m}$ 两项强度值按上述比值进行折减。

29.3.4 砖砌体复合受力破坏特征及强度计算公式

图 29-10 为高宽比 3、灰缝倾斜角 θ 的受压墙体测定砌体复合强度的一种方法。该墙体在竖向力作用下沿灰缝发生正应力 σ_0 和剪应力 τ。试验表明,$\theta < 45°$,σ_0/τ 较小时发生剪切破坏,沿灰缝发生剪切滑移;$45° \leqslant \theta \leqslant 60°$,$\sigma_0/\tau$ 较大时发生剪压破坏,破坏面为阶梯形斜面;$\theta > 60°$,σ_0/τ 更大时发生斜压破坏,裂缝沿压力方向。后静力(动力)试验表明,抗剪强度的增长随 σ_0/f_m 或 (σ_0/f_{vm}) 比值的增加先快后慢,直至不增长。其破坏形态先后为剪切(摩)、剪压和斜压破坏。

《砌体规范》以半理论(剪摩)和半经验的方法列出计算抗剪强度的方法,见第 31.4.3 节中式 (31-28);《建筑抗震设计规范》以半理论(主拉应力)和半经验加震害统计的方法列出计算抗震抗剪强度设计值的计算式 $f_{vE} = \zeta_N f_v$,ζ_N ❶ 为砌体抗震抗剪强度的正应力影响系数 $\zeta_N = \frac{1}{1.2} \sqrt{1 + 0.45\sigma_0/f_v}$ (29-5),详见第 34.3.3 节式 (34-14)、(34-15) 及表 34-6。

---

❶ 对于混凝土小型空心砌块砌体因其抗剪强度低又缺乏震害资料,正应力影响系数通过试验由剪摩理论得出 ζ_N 的计算式:

$$\zeta_N = \begin{cases} 1 + 0.25\sigma_0/f_v & (\sigma_0/f_v \leqslant 5) \\ 2.25 + 0.17\sigma_0/f_v & (\sigma_0/f_v > 5) \end{cases} \tag{29-5}$$

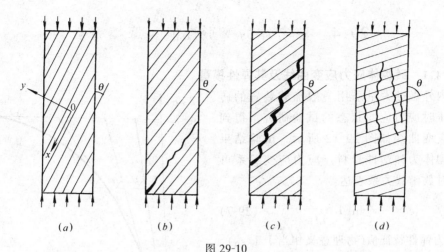

图 29-10
(a) 受压墙体；(b) 剪切破坏 ($\theta < 45°$)；(c) 剪压破坏 ($45° \leqslant \theta \leqslant 60°$)；(d) 斜压破坏 ($\theta > 60°$)

29.3.5 砖砌体局部受压和均匀局部受压强度

支承砖柱的砖基础顶面，支承钢筋混凝土梁的砖墙或砖柱的支承面均属局部受压状态（图 29-11）。前者当砖柱承受轴心压力时为均匀局部受压状态，后者为非均匀局部受压状态。其共同点是局部受压截面周围存在有未受压或受有较小压力的砌体，限制了局部受压砌体在竖向压力作用下的横向变形。从局部受压砌体的受力状态分析，该砌体在竖向压力作用下的横向变形受到周围砌体的箍束作用产生的侧向横向压力，使局部受压砌体处于三向受压的应力状态，因而能在较大程度上提高其抗压强度。砌体在均匀受压状态下提高了的抗压强度以 γf_t 表示，γ 称砌体局部抗压强度提高系数，f_t 为砌体抗压强度的试验值，显然 γ 与局部受压砌体周围的有效箍束砌体面积有关。由试验得出的 γ 值可表达为：

$$\gamma = 1 + 0.7 \sqrt{(A_0/A_l) - 1} \tag{29-6}$$

式中，A_0 为影响砌体局部抗压强度的计算面积，A_l 为局部受压面积，A_0 的取值与局部受压墙体的形状有关，详见第 31 章 31.3 节图 31-9。

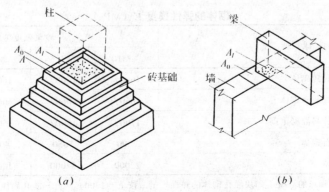

图 29-11 砖砌体局部受压情况
(a) 砖基础；(b) 支承梁的墙体

29.4 砖砌体的变形性能和摩擦系数

29.4.1 砖砌体应力应变曲线及其弹性模量

国内外做过大量采用一般加载装置的砖砌体受压时应力应变状态的试验研究，得到其应力应变曲线如图 29-12 所示。试验结果表明砖砌体为弹塑性材料，应力应变关系可用下列对数函数关系表达：

$$\varepsilon = -\frac{1}{\zeta}\ln\left(1-\frac{\sigma}{f_m}\right) \quad (29\text{-}7)$$

式中，ζ 为弹性特征值（物理意义相当于 $1/\varepsilon_0$）。

曲线上任一点 B 切线的斜率即为该点切线弹性模量 $E' = d\sigma/d\varepsilon = \zeta f_m \times (1-\sigma/f_m)$。当 σ/f_m 为 0 时，即为通过原点的初始弹性模量 $E_0 = \zeta f_m$。由于 E_0 较难测定，通常取正常使用状态下的应力值即 A 点的割线模量作为砖砌体的弹性模量 E。砌体规范取相应于 A 点的应力值为 $\sigma = 0.43 f_m$，将 $\sigma/f_m = 0.43$ 代入（29-7）式并取 $E=\sigma/\varepsilon$，即可得到 $E = 0.43 f_m / \frac{1}{\zeta} \times \ln(1-0.43) = 0.765 \zeta f_m \approx 0.8 \zeta f_m$。

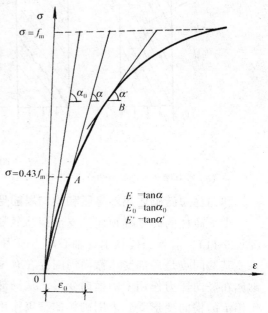

图 29-12 砖砌体应力应变曲线

由试验得知，砖砌体在受压后其压缩变形由空隙的压缩变形、砖的压缩变形和砂浆的压缩变形三部分组成，其中砂浆层的压缩是砖砌体压缩变形的主要影响因素。故（29-7）式中的弹性特征 ζ 主要与砂浆的强度等级有关。为此，砌体规范按砂浆强度等级、砌体种类编制了砌体弹性模量表，见表 29-3。

砌体的弹性模量 E（MPa）　　　　　　　　　　　表 29-3

砌体种类	砂浆强度等级			
	≥M10	M7.5	M5	M2.5
烧结普通砖、烧结多孔砖砌体	1600f	1600f	1600f	1390f
蒸压灰砂砖、蒸压粉煤灰砖砌体	1060f	1060f	1060f	960f
混凝土砌块砌体、轻骨料混凝土砌块砌体	1700f	1600f	1500f	/
粗料石、毛料石、毛石砌体	7300	5650	4000	2250
细料石、半细料石砌体	22000	17000	12000	6750

注：单排孔且对孔砌筑的混凝土砌块灌孔砌体的弹性模量，按 $E=1700 f_g$，f_g—灌孔砌体的抗压强度设计值。

29.4.2 砖砌体的剪变模量

砖砌体的剪变模量 G 是根据砖砌体的泊松比，按材料力学公式 $G = E/2(1+v)$ 计算的。由于砖砌体的泊松比一般取 0.15，砌块砌体一般取 0.3，代入上式可得 $G = (0.43 \sim 0.38)E$。因此，在一般情况下，各类砌体的剪变模量 G 可取 $0.4E$；而对地震作用下的各类砌体的剪变模量则宜取 $0.3E$。

29.4.3 砖砌体的线膨胀系数、收缩率和摩擦系数

表 29-4 为各类砌体的线膨胀系数和收缩率。

砌体的线膨胀系数和收缩率　　　　　表 29-4

砌 体 类 别	线膨胀系数 ($\times 10^{-6}/℃$)	收缩率 (mm/m)
烧结粘土砖砌体	5	-0.1
蒸压灰砂砖、蒸压粉煤灰砌体	8	-0.2
混凝土砌块砌体	10	-0.2
轻骨料混凝土砌块砌体	10	-0.3
料石和毛石砌体	8	/

注：表中的收缩率系由达到收缩允许标准❶的块体砌筑 28 天后的砌体收缩率（指每一延米砌体因水分蒸发（干缩）的收缩值，以 mm 计）。当地方有可靠的砌体收缩试验数据时，亦可用当地的试验数据。
混凝土的收缩率为 $-(0.2 \sim 0.4)$ mm/m。

由表 29-4 中的数据需要注意的是：（1）砌体结构中因楼、屋盖、圈梁、雨篷等均为钢筋混凝土结构，而其材料的线膨胀系数为 $10 \times 10^{-6}/℃$，是砖砌体的 2 倍，两者因温度变化引起的内力常导致墙体开裂的问题应引起重视；（2）蒸压类（灰砂砖、粉煤灰砖等）砌体和混凝土砌块砌体的收缩率比烧结类砖砌体要大 1 倍，其较大收缩率造成的收缩裂缝，在当今大力推广蒸压类砖及混凝土砌块的时候，更应引起重视。

由于砖砌体、钢筋混凝土两种材料的线膨胀和收缩应变有较大差异，在设计中将它们粘结在一起时（如砖墙中设置钢筋混凝土圈梁等），就要十分注意它们之间的连接构造问题，否则容易使墙体开裂。

砌体之间、砌体与其他材料之间的摩擦系数，当摩擦面干燥时为 $0.50 \sim 0.70$，当摩擦面潮湿时为 $0.30 \sim 0.60$，视不同材料而异。应用时可查砌体规范。

29.5 砖砌体中块材和砂浆的粘结作用

砖砌体在竖向压力作用下，砖块和砂浆在产生竖向压缩的同时都会发生横向的拉伸。

---

❶ 收缩允许标准系指块体出厂含水率应根据该地区（潮湿、中等、干燥）规定，即要有一定的静养时间（如出厂后马上就用就可能引起更大的干缩收缩变形）。

由于二者材性不同，其横向拉伸率是不同的，靠砖块和砂浆层之间的良好粘结作用，使二者能较好地共同承受竖向荷载。而且随着砌体纵向裂缝的发生和发展，砖块和砂浆层所受的内力也由于其间粘结力的存在而发生不断的变化，以便与外荷载取得平衡。

砖砌体在拉力、由弯曲引起的拉力或水平剪力作用下，截面的破坏一般都发生在砂浆和砖块的连接面上。因此砖砌体的抗拉，抗弯和抗剪强度往往决定于灰缝中砂浆层和砖块间的粘结强度。如图 29-7（b）所示的砖砌体轴心受拉情况，图中 a 为齿缝宽度、b 为块体高，n 为砖皮数或灰缝数，砌体截面厚度为 d。则根据平衡条件，其极限拉力

$$N_u = nadf_{t,m} = n\frac{a}{b}bdf_{t,m} = \frac{a}{b}Af_{t,m} \tag{29-8}$$

式中，a/b 反映砌筑方法，若采用一顺一丁砌筑时，$a/b=1$。顺砖多时 a 相对大一些，砌体的抗拉强度相对可以提高一些。由此可见，水平灰缝中砂浆层和砖块间的粘结强度在一定程度上决定了砖砌体抗拉、抗剪、抗弯强度。而粘结强度又取决于块体和灰浆界面上的粘结作用。

为了保证砖块和砂浆层间有良好粘结作用，在砌体结构工程中往往对各类砖块、砂浆及其砌筑方法提出一系列的要求，如：

1. 砖的大面应该是粗糙的，不宜做成光滑面，以便增加砖块和砂浆层间的机械咬合力；同时砖表面要平整（满足外观尺寸要求的技术规定）以便增加砖块和砂浆层间的吻合接触面。

2. 规定砖在砌筑时要有一定的含水率（即砖要适当润湿后而不是在干燥时进行砌筑）。因为被水泡透的砖与砂浆间有一层水膜，对粘结不利；而干燥的砖会吸掉砂浆中的水分造成界面接触不良。一般认为砖在砌筑时的含水率在 10% 左右为宜。

3. 要保证砂浆的流动性和保水性，避免砂浆失水后形成面层上有许多突出砂粒与砖面接触，降低砖块和砂浆层间的吸附力；同时也要避免因砂浆流动性差难于铺砌而使砖块支承在很不规则的砂浆支承面上，形成极为复杂的受力状态。

4. 要保证在砖面上铺砌砂浆的饱满度，以便增加砖块和砂浆层间的接触面，既要尽可能使砖块在竖向压力下均匀受压，又能提高砖和砂浆层界面上的摩阻力，增加抵抗水平剪力的能力。

5. 砌筑时各层砖块间必须有效地搭接，由（29-8）式可见，如能提高齿缝宽度 a 就能提高砌体抗拉时的粘结强度。

思 考 题

29.1 简述砖砌体标准棱柱体抗压强度试验的破坏全过程。简述砖砌体中砖和砂浆能共同工作的机理。为什么 $f_m \ll f_1$？什么情况下 $f_m < f_2$；什么情况下 $f_m > f_2$？为什么？

29.2 有否用强度等级为零的砂浆砌筑的砌体？什么情况下考虑砂浆强度为零？砂浆强度为零时砌体抗压强度是零吗？为什么？

29.3 简述影响砌体抗压强度的主要因素。提高砌体抗压强度的有效措施是哪些？

29.4 同样强度等级的块材（MU10），同样强度等级的砂浆（M5）砌筑而成的砌体，为什么混凝土小型砌块砌体的抗压强度大于砖砌体抗压强度？为什么毛石砌体的抗压强度最小？

29.5 反映砖砌体强度的计算指标有哪几项？它们分别是如何测定的？

29.6 试回答下列施工中遇到的几个实际问题：

(1) 为什么对水平灰缝要求严，而对竖向灰缝要求较松？

(2) 为什么宁愿采用混合砂浆，而不愿采用强度等级相同的纯水泥砂浆？

(3) 为什么不允许采用竖向有通缝的砌体？

(4) 为什么砌筑混凝土小型空心砌块砌体和注芯混凝土砌块砌体时要采用专门的砂浆砌筑和专门的混凝土来灌孔？

29.7 简述砖、混凝土小型空心砌块、注芯混凝土砌块与砂浆、砌筑砂浆、混凝土小型空心砌块灌孔混凝土各自在相应砌体中能共同工作的机理。

为什么 $f_m \ll f_1$？什么情况下 $f_m > f_2$ (f_{2b})？为什么一般情况下总是 $f_m < f_2$ (f_{2b})？

f_{2b} 为专门砌筑混凝土空心砌块砂浆 M_b 的抗压强度平均值。

第30章 砌体结构设计方法

本章讨论砌体结构的设计方法和砌体结构房屋静力计算的基本规定。

30.1 砌体结构设计方法的概念

砌体结构设计的原则和方法与钢筋混凝土结构及其他材料的结构一样，是根据现行国家标准《建筑结构可靠度设计统一标准》（GB 50068）（简称统一标准；下同）采用以概率理论为基础的极限状态设计方法，以可靠指标度量结构构件的可靠度，采用分项系数的设计表达式进行结构设计计算的。对于以永久荷载为主的、破坏形态属脆性破坏的砌体结构构件需要注意的是：①在计算荷载效应时应按考虑不同的永久荷载系数和可变荷载系数的设计表达式进行不利组合（见30.2节）；②确定抗力的表达式中，所用的材料性能分项系数 γ_f 值，不仅与材料、试验给出的构件抗力统计参数等有关，还与施工质量有关。砌体规范规定：一般情况下施工质量控制等级❶为"B"级时，γ_f 取1.6；如"C"级时为了确保满足目标可靠指标 β ❷值，γ_f 应取为1.8，或将砌体强度设计值乘以小于1的 γ_a 值，规范取0.89。也就是明确了设计可靠度与施工质量"等级"的关系。③通过构造措施，如限制低强度墙体材料的应用等确保可靠度。

30.2 砌体结构设计方法的表达式

1. 砌体结构按承载能力极限状态设计时，应按下列公式中最不利组合进行计算（见式30-1、2）。

$$\gamma_0(1.2S_{Gk} + 1.4S_{Q1k} + \sum_{i=2}^{n} \gamma_{Qi}\psi_{ci}S_{Qik}) \leqslant R(f, a_k\cdots\cdots) \tag{30-1}$$

$$\gamma_0(1.35S_{Gk} + 1.4\sum_{i=2}^{n}\psi_{ci}S_{Qik}) \leqslant R(f, a_k\cdots\cdots) \tag{30-2}$$

式中 γ_0 ——结构重要性系数，对安全等级为一、二、三级及相应使用年限为50年以上、50年、1~5年的结构构件，γ_0 分别不应小于

---

❶ 详见《砌体工程施工质量验收规范》（GB 50203—2002）；
❷ 详见上册第三章，通常安全等级为二级的民用建筑房屋，目标可靠指标 $[\beta]$ = 3.7。

1.1、1.0 和 0.9；

S_{Gk}、S_{Q1k}、S_{Qik}——分别为永久荷载在基本组合中起控制作用的一个可变荷载和第 i 个可变荷载标准值的效应；

ψ_{ci}——第 i 个可变荷载的组合值系数，一般情况取 0.7；

γ_{Qi}——第 i 个可变荷载的分项系数；

$R(\cdot)$——结构构件的抗力函数；f_m、f_k、f 分别为砌体的强度平均值、强度标准值、强度设计值，$f = f_k/\gamma_f$，$f_k = f_m - 1.645\sigma_f$，$f_m$ 见前，σ_f 为砌体强度的标准差；γ_f 为砌体结构的材料性能分项系数，由施工质量控制等级区分取值，一般情况（按"B"级考虑）取 $\gamma_f = 1.6$；a_k 为几何参数标准值。

2. 砌体结构正常使用极限状态设计表达式为

$$S_{Gk} + S_{Q1k} + \sum_{i=2}^{n} \psi_{ci} S_{Qik} \leqslant R(f_k, a_k \cdots) \tag{30-3}$$

$$S_{Gk} + \sum_{i=1}^{n} \psi_{ci} S_{Qik} \leqslant R(f_k, a_k \cdots) \tag{30-4}$$

3. 验算砌体结构作为一个刚体的整体稳定性时（倾覆、滑移、漂浮等）的表达式为

$$\gamma_0 (1.2 S_{G2k} + 1.4 S_{Q1k} + \sum_{i=2}^{n} S_{Qik}) \leqslant 0.8 S_{G1k} \tag{30-5}$$

式中　S_{G1k}——起有利作用的永久荷载标准值的效应；

S_{G2k}——起不利作用的永久荷载标准值的效应。

30.3　砌体强度计算指标

30.3.1　砌体的抗压强度标准值和设计值

统一标准规定各类砌体的标准强度 f_k，都是其平均强度 f_m 概率密度分布函数的 0.05 分位值，故

$$f_k = f_m (1 - 1.645 \delta_f) \tag{30-6}$$

式中，δ_f 为各类砌体在各种受力情况下的变异系数，除毛石砌体外的各类砌体抗压强度变异系数取 0.17，抗拉、弯、剪强度变异系数取 0.20。

因此，当施工质量控制等级为"B"级时，龄期为 28 天的以毛截面计算的各类砌体的抗压强度设计值 f 应为

$$f = f_k / \gamma_f = f_m (1 - 1.645 \delta_f) / 1.6 = f_k / 1.6 \tag{30-7}$$

烧结普通砖和烧结多孔砖砌体的抗压强度设计值 f、标准值 f_k 可查表 30-1，蒸压灰砂砖和蒸压粉煤灰砖砌体的抗压强度设计值可按表 30-1 查用，但没有 MU30 强度等级的相应指标。单排孔混凝土和轻骨料混凝土砌块砌体的抗压强度设计值和标准值 f、f_k 可查表 30-2。

烧结普通砖和烧结多孔砖砌体的抗压强度设计值/标准值（MPa） 表 30-1

砖强度等级	砂浆强度等级					砂浆强度
	M15	M10	M7.5	M5	M2.5	0
MU30	3.94/6.3	3.27/5.23	2.93/4.69	2.59/4.15	2.26/3.61	1.15/1.84
MU25	3.60/5.75	2.98/4.77	2.68/4.28	2.37/3.79	2.06/3.30	1.05/1.68
MU20	3.22/5.15	2.67/4.27	2.39/3.83	2.12/3.39	1.84/2.95	0.94/1.50
MU15	2.79/4.46	2.31/3.70	2.07/3.32	1.83/2.94	1.60/2.56	0.82/1.30
MU10	/3.64	1.89/3.02	1.69/2.71	1.50/2.40	1.30/2.09	0.67/1.07

注：①当烧结多孔砖的孔洞率大于30%时，表中数值应乘以0.9；
②蒸压灰砂砖和蒸压粉煤灰砖砌体的抗压强度设计值、标准值同表30-1，但无MU30等级的相应指标。

单排孔混凝土和轻骨料混凝土砌块砌体的抗压强度设计值/标准值（MPa） 表 30-2

砌块强度等级	砂浆强度等级				砂浆强度
	Mb15	Mb10	Mb7.5	Mb5	0
MU20	5.68/9.08	4.95/7.93	4.44/7.11	3.94/6.30	2.33/3.73
MU15	4.61/7.38	4.02/6.44	3.61/5.78	3.20/5.12	1.89/3.03
MU10		2.79/4.47 (3.08)/	2.50/4.01 (2.76)/	2.22/3.55 (2.45)/	1.31/2.10 (1.44)/
MU7.5			1.93/3.10 (2.13)/	1.71/2.74 (1.88)/	1.01/1.62 (1.12)/
MU5				1.19/1.90 (1.31)/	0.70/1.13 (0.78)/

注：对错孔砌筑的砌体，应按表中数值乘以0.8，对独立柱或厚度为双排组砌的砌块砌体，应按表中数值乘以0.7；对T形截面砌体应按表中数值乘以0.85；表中轻骨料混凝土砌块为煤矸石和水泥煤渣混凝土砌块。表中带括号（ ）的数据指以火山渣，浮石和陶粒轻骨料为材料的砌块。

由表30-1、表30-2可看出砌体规范不推荐砂浆强度大于块材强度的砌体。

对于单排孔混凝土砌块对孔砌筑并灌混凝土于孔中的灌孔砌体的抗压强度其设计值 f_g 可按式（30-8）计算。

$$f_g = f + 0.6\alpha f_c \tag{30-8}$$

式中 f_g——灌孔砌体的抗压强度设计值，且不应大于未灌孔砌体抗压强度设计值 f 的2倍；

f_c——灌孔混凝土的轴心抗压强度设计值；

α——砌块砌体中灌孔混凝土面积和砌体毛面积的比值（$\alpha = \delta \cdot \rho$）；

δ——混凝土砌块的孔洞率（通常小型空心砌块约为50%左右）；ρ为混凝土砌块砌体的灌孔率（指截面灌孔混凝土面积和截面孔洞面积的比值），ρ不应小于33%，灌孔混凝土强度不应低于C_b20。

30.3.2 砌体的轴心抗拉、弯曲抗拉、抗剪强度标准值和设计值

同30.3.1节分析，可得砌体轴心抗拉强度设计值

$$f_t = f_{t,m}(1-1.645\delta_f)/1.60 = f_{t,k}/1.6 \tag{30-9}$$

砌体弯曲抗拉强度设计值

$$f_{tm} = f_{tm,m}(1-1.645\delta_f)/1.60 = f_{tm,k}/1.6 \tag{30-10}$$

砌体抗剪强度设计值

$$f_v = f_{v,m}(1-1.645\delta_f)/1.6 = f_{v,k}/1.6 \tag{30-11}$$

式中，$f_{t,m}$、$f_{tm,m}$、$f_{v,m}$详见29.3.3所述；$f_{t,k}$、$f_{tm,k}$、$f_{v,k}$分别为砌体的轴心抗拉、弯曲抗拉、抗剪强度标准值；它们和相应的设计值f_t、f_{tm}、f_v均可由表30-3查得，其他砌体的相应值详见砌体规范。

沿砖、混凝土砌块砌体灰缝截面破坏时砌体的轴心抗拉强度、弯曲抗拉强度和抗剪强度设计值/标准值（MPa）　　表30-3

强度类别	破坏特征及砌体种类		砂浆强度等级			
			≥M10	M7.5	M5	M2.5
轴心抗拉	沿齿缝	烧结普通砖、烧结多孔砖	0.19/0.30	0.16/0.26	0.13/0.21	0.09/0.15
		蒸压灰砂砖、蒸压粉煤灰砖	0.12/0.19	0.10/0.16	0.08/0.13	0.06/—
		混凝土砌块	0.09/0.15	0.08/0.13	0.07/0.10	/
		毛石	0.08/0.14	0.07/0.12	0.06/0.10	0.04/0.07
弯曲抗拉	沿齿缝	烧结普通砖、烧结多孔砖	0.33/0.53	0.29/0.46	0.23/0.38	0.17/0.27
		蒸压灰砂砖、蒸压粉煤灰砖	0.24/0.38	0.20/0.32	0.16/0.26	0.12/—
		混凝土砌块	0.11/0.17	0.09/0.15	0.08/0.12	/
		毛石	0.13/0.20	0.11/0.18	0.09/0.14	0.07/0.10
	沿通缝	烧结普通砖，烧结多孔砖	0.17/0.27	0.14/0.23	0.11/0.19	0.08/0.13
		蒸压灰砂砖，蒸压粉煤灰砖	0.12/0.19	0.10/0.16	0.08/0.13	0.06/—
		混凝土砌块	0.08/0.12	0.06/0.10	0.05/0.08	/

续表

强度类别	破坏特征及砌体种类	砂浆强度等级			
		≥M10	M7.5	M5	M2.5
抗剪	烧结普通砖、烧结多孔砖	0.17/0.27	0.14/0.23	0.11/0.19	0.08/0.13
	蒸压灰砂砖，蒸压粉煤灰砖	0.12/0.19	0.10/0.16	0.08/0.13	0.06/
	混凝土和轻骨料混凝土砌块	0.09/0.15	0.08/0.13	0.06/0.10	/
	毛石	0.21/0.34	0.19/0.29	0.16/0.24	0.11/0.17

注：1. 对于用形状规则的块体砌筑的砌体，当搭接长度与块体高度的比值小于1时，其轴心抗拉强度设计值 f_t 和弯曲抗拉强度设计值 $f_{t,m}$ 应按表中数值乘以搭接长度与块体高度比值后采用；

2. 对孔洞率不大于35%的双排孔或多排孔轻骨料混凝土砌块砌体的抗剪强度设计值，可按表中混凝土砌块砌体抗剪强度设计值乘以1.1；

3. 对蒸压砖类或烧结砖类的砌体，当有可靠的试验数据时，表中强度设计值，允许作适当调整。

对于单排孔混凝土砌块对孔砌筑时，灌孔砌体的抗剪强度设计值 f_{vg} 可按式（30-12）计算。

$$f_{vg} = 0.2 f_g^{0.55} \tag{30-12}$$

式中 f_g——灌孔砌体的抗压强度设计值，见（30-8）式。

在进行砌体结构设计时，遇有下列情况的各类砌体，其砌体强度设计值还应乘以相应的调整系数 γ_a：

（1）有吊车房屋砌体、跨度不小于9m的梁下烧结普通砖砌体、跨度不小于7.5m的梁下烧结多孔砖、蒸压灰砂砖、蒸压粉煤灰砖砌体，混凝土和轻骨料混凝土砌块砌体，$\gamma_a = 0.9$；

（2）对无筋砌体构件的截面面积 A 小于 $0.3m^2$ 时，γ_a 为其截面面积加0.7，即 $\gamma_a = A + 0.7$；对配筋砌体的构件，当其中砌体截面面积 A 小于 $0.2m^2$ 时，γ_a 为其截面面积加0.8，即 $\gamma_a = A + 0.8$；截面面积 A 以平方米计；

（3）当砌体用水泥砂浆砌筑时，表30-1，30-2中的数值应乘以 $\gamma_a = 0.9$，表30-3中的数值应乘以 $\gamma_a = 0.8$；如为配筋砌体构件，当其中的砌体采用水泥砂浆砌筑时，只需对砌体的强度设计值乘以调整系数 γ_a；

（4）当施工质量控制等级为"C"级时❶，$\gamma_a = 0.89$；

（5）当验算施工中房屋的构件时，$\gamma_a = 1.1$。

表30-1、2列出的用零号砂浆砌筑的砌体抗压强度是验算施工阶段砂浆尚未硬化时新砌砌体的强度和稳定性的指标（或寒冷地区，冬季采用冻结法施工时，验算构件强度和稳

---

❶ 配筋砌体不允许采用"C"级。

定性的指标)。

【例 30-1】 以第 29 章中截面为 240mm×370mm 的棱柱砖砌体为例，该砌体的砖强度等级为 MU10，混合砂浆强度等级为 M5，试用计算方法求该砌体的抗压强度平均值 f_m、标准值 f_k 和设计值 f。

解

以 $k_1 = 0.78$，$\alpha = 0.5$，$f_1 = 10\text{N/mm}^2$，$f_2 = 5\text{N/mm}^2$，$k_2 = 1$ 代入 (29-1) 式得

$$f_m = 0.78 \times 10^{0.5} \times (1 + 0.07 \times 5) \times 1 = 3.33\text{N/mm}^2$$

$$f_k = 3.30 \times (1 - 1.645 \times 0.17) = 2.40\text{N/mm}^2, f = 2.40/1.60 = 1.50\text{N/mm}^2$$

由于截面面积 $A = 0.24 \times 0.37 = 0.089\text{m}^2 < 0.3\text{m}^2$，故若采用该砌体作为构件时，该砌体的抗压强度设计值为

$$\gamma_a f = (0.7 + 0.089) \times 1.50 = 1.184\text{N/mm}^2$$

30.4 砌体房屋静力计算的基本规定

砌体房屋中的砌体构件主要为墙和柱，它们都是轴心或偏心受压构件，在计算时都要考虑纵向弯曲和稳定问题，这些问题与墙、柱在房屋结构中的支承条件有关。砌体房屋静力计算基本规定指的是根据房屋的空间工作性能确定墙、柱在进行静力计算时的支承条件和基本计算方法。

以纵墙承重的有山墙的单层房屋墙构件为例，它们承受的荷载有由墙体自重产生的竖向轴心压力、由屋面梁产生的竖向偏心支承反力、由风荷载产生的水平力等。竖向力都是沿着"屋面梁→墙→墙基础→地基"这一途径传递的。但是水平力（包括偏心竖向力产生的水平支承反力）的传递途径则完全不同。

以风荷载产生的水平力为例，它先作用于外纵墙，外纵墙作为上端支承于屋盖下端支承于基础的竖向构件，将水平力传给屋盖和基础，屋盖则可视作支承在两端山墙上的水平梁（跨度为山墙间距 s，图 30-1a），它将传来的部分水平力传给山墙。而山墙则可视作固定于山墙基础的竖向悬臂梁（跨度为山墙高度 H，图 30-1b），将这部分水平力传给山墙基础。这条传递水平力的路线简示如下：

作用于外纵墙面的风荷载 → 外纵墙 → 屋盖水平梁 → 山墙 → 山墙基础 → 地基
                      → 外纵墙基础

由图 30-1 (b) 可见，纵墙顶点水平位移包括两部分：一部分是屋盖水平梁的水平位移，其最大值在中部，以 δ_b 表示；另一部分是山墙顶点的水平位移，以 δ_w 表示。纵墙顶点水平位移最大值 $\Delta_s = \delta_b + \delta_w$。

显然，房屋的空间工作性能与三个因素有关：屋盖水平梁在其自身平面内的刚度、山墙间距和山墙在其自身平面内的刚度。一般认为，在屋盖结构材料和形式以及山墙平面内

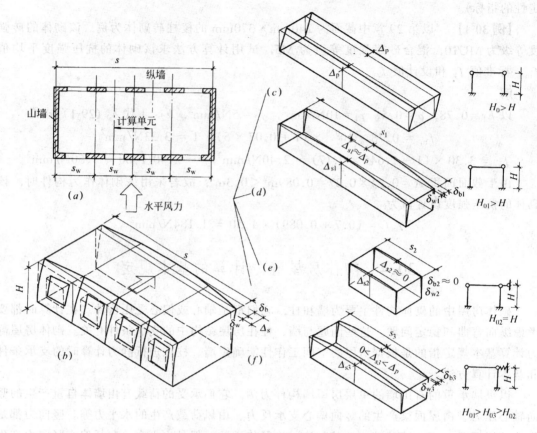

图 30-1 单层房屋在风荷载作用下的空间工作性能
(a) 平面; (b) 在风荷载作用下纵墙顶点水平位移; (c) 平面排架体系; (d) 弹性静力计算方案;
(e) 刚性静力计算方案; (f) 刚弹性静力计算方案

刚度已确定的情况下,山墙间距就成为决定房屋空间工作性能的主要因素。下面分四种情况分析:

1. 假若两端无山墙,该房屋在沿纵墙均匀分布的由风荷载产生的水平力作用下,可取任一开间为计算单元,按单跨铰接平面排架算得其顶点的水平位移为 Δ_p。这时,风荷载的传递路线为"风载→纵墙→墙基础→地基",顶点水平位移与纵墙平面外的抗侧移刚度有关,所取计算单元上无相邻单元作用的剪切和扭转作用,该房屋的结构称为平面排架体系(图 30-1c)。这种房屋在实际工程中是很少的。

2. 当山墙间距很大,以致屋盖水平梁在由风荷载产生的水平力作用下的 δ_{b1} 值很大时,如果该房屋顶点水平位移最大值 $\Delta_{s1} = \delta_{b1} + \delta_{w1} \approx \Delta_p$,则该房屋的静力计算可按不考虑空间工作的平面排架进行,称为弹性静力计算方案(图 30-1d)。这时,纵墙构件的顶端支承为可动铰,在考虑它的纵向弯曲和稳定问题时,计算高度 H_{01} 大于构件的实际高度 H。

3. 当山墙间距小到一定程度，以致屋盖水平梁的 δ_{b2} 值接近于 0 时，如果山墙在平面内的刚度较大，以致 Δ_{w2} 值也接近于 0 时，则 $\Delta_{s2} = \delta_{b2} + \Delta_{w2} \approx 0$，相当于纵墙顶端支承在不动铰支座上，称为刚性静力计算方案（图 30-1e）。在考虑纵墙的纵向弯曲和稳定问题时，其计算高度 H_{02} 等于构件的实际高度 H。

4. 当山墙间距介于 2、3 两种情况之间时，屋盖水平梁的最大水平位移 $\Delta_{s3} = \delta_{b3} + \delta_{w3} < \Delta_p$，但 $\Delta_{s3} \neq 0$，该房屋的静力计算可按上端有弹性支承的平面排架进行，称为刚弹性静力计算方案（图 30-1f）。这时，纵墙的计算高度 H_{03} 在 H_{01} 和 H_{02} 之间，即 $H_{01} > H_{03} > H_{02}(H)$。

显然，砌体结构房屋的静力计算方案与楼（屋）盖类别（反映水平梁不同的水平方向刚度）和横墙间距有关，横墙自身还必须满足必要的构造要求（见第 32 章 32.1.3 节）。砌体规范对砌体房屋静力计算方案和受压砌体构件的计算高度 H_0 的有关规定见表 30-4 和表 30-5。

砌体结构房屋的静力计算方案　　　　表 30-4

楼（屋）盖类别	刚性方案	刚弹性方案	弹性方案
整体式、装配整体和装配式无檩体系钢筋混凝土屋盖或钢筋混凝土楼盖	$s < 32$	$32 \leqslant s \leqslant 72$	$s > 72$
装配式有檩体系钢筋混凝土屋盖、轻钢屋盖和有密铺望板的木屋盖或木楼盖	$s < 20$	$20 \leqslant s \leqslant 48$	$s > 48$
瓦材屋面的木屋盖和轻钢屋盖	$s < 16$	$16 \leqslant s \leqslant 36$	$s > 36$

注：s 为房屋横墙间距，长度单位为 m。

砌体受压构件的计算高度 H_0　　　　表 30-5

房屋类别			柱		带壁柱墙或周边拉结的墙		
			排架方向	垂直排架方向	$s > 2H$	$2H \geqslant s > H$	$s \leqslant H$
无吊车的单层和多层房屋	单跨	弹性方案	$1.5H$	$1.0H$	$1.5H$		
		刚弹性方案	$1.2H$	$1.0H$	$1.2H$		
	多跨	弹性方案	$1.25H$	$1.0H$	$1.25H$		
		刚弹性方案	$1.10H$	$1.0H$	$1.1H$		
	刚性方案		$1.0H$	$1.0H$	$1.0H$	$0.4s + 0.2H$	$0.6s$

注：1. H 为受压构件高度。在房屋底层，为楼板到构件下端支点的距离，下端支点可取基础顶面；当埋置较深时，取为室内地面或室外地面下 300~500mm 处。在房屋其他层次，为楼板或其他水平支点间的距离，s 为房屋横墙的间距。
2. 对于上端为自由端的构件，$H_0 = 2H$；对于独立砖柱，当无柱间支撑时，柱在垂直排架方向的 H_0 应按表中数值乘以 1.25 后采用。
3. 自承重墙的计算高度应根据周边支承或拉接条件确定。
4. 对有吊车房屋的受压构件计算高度的取法，见砌体规范。

思 考 题

30.1 简述砌体结构承载能力、正常使用和作为一个刚体验算整体稳定性如倾覆时的相应极限状态设计表达式。

30.2 简述砌体抗压平均强度、标准强度、设计强度的定义,以及三者的关系。

30.3 简述由统计概率归纳的砖砌体抗压强度平均值与其材料(砖和砂浆)强度之间的关系,写出三者之间的关系表达式。

30.4 调整系数 γ_a 与哪几项因素有关?设计时应怎样考虑,当 γ_a 同时涉及几项因素时,怎么办?验算墙体窗间墙的面积 A 小于 $0.3m^2$ 时,是否考虑 $\gamma_a=0.7+A$?为什么?

30.5 何谓砌体结构、混合结构、竖向承重体系结构、水平承重体系结构?举例说明之。

30.6 按竖向荷载传递路线区分,墙体的承重体系可分几种?试分别说明荷载传递途径。

30.7 简述在均匀的水平风荷载作用下的单层房屋在无山墙和有山墙情况下的水平荷载传递途径。

30.8 简述组成砌体结构房屋的基本构件:纵墙、横墙、钢筋混凝土楼(屋)盖……在承受传递竖向荷载和水平荷载时的作用及其对房屋整体空间工作性能的影响。

30.9 墙体平面布置除应考虑建筑使用等要求外,从加强整体刚度、结构受力合理方面应考虑哪些因素?

30.10 结构静力方案有几种?与哪几项主要因素有关?怎样判别?

第31章 砌体结构构件的设计计算

31.1 墙、柱高厚比验算

墙、柱高厚比 β 系指墙、柱某一方向的计算高度 H_0 与相应方向边长 h 的比值，$\beta = H_0/h$。验算高厚比的目的是防止施工过程和使用阶段中的墙、柱出现过大的挠曲，轴线偏差和丧失稳定。砌体构件允许高厚比 $[\beta]$ 的规定类似于钢构件长细比限值的规定，是从构造上保证受压构件稳定性的重要措施，也是确保墙、柱具有足够刚度的前提。在砌体结构构件设计计算中需要在验算构件承载力以前预先加以考虑，并在很大程度上根据高厚比的验算确定墙厚和柱的截面尺寸。

墙、柱高厚比验算是要使所设计墙、柱的高厚比 β 值小于或等于允许高厚比 $[\beta]$ 值。

31.1.1 墙、柱的允许高厚比 $[\beta]$

砌体规范中墙、柱允许高厚比 $[\beta]$ 的确定，是根据我国长期的工程实践经验，经过大量调查研究得到的，同时也进行了一些理论校核。砌体墙、柱的允许高厚比值见表31-1。

墙、柱的允许高厚比 $[\beta]$ 值　　　　　　　　　　表 31-1

砂浆强度等级	墙	柱
M2.5	22	15
M5	24	16
≥M7.5	26	17

注：1. 验算施工阶段砂浆尚未硬化的新砌砌体高厚比时，允许高厚比对墙取14，对柱取11。
　　2. 其他砌体构件的允许高厚比，参见砌体规范。

在工程设计中，影响墙、柱高厚比和允许高厚比的因素主要有：

1. 砂浆强度等级。砂浆强度等级是影响砌体弹性模量和砌体构件刚度与稳定的主要因素，见29.4.1节讨论。

2. 砌体类型。因为砌体材料和砌筑方式的不同，都将在较大程度上影响块材和砂浆间的粘结性能，故进而影响砌体构件的刚度与稳定，如毛石墙的 $[\beta]$ 值比实心砖墙的 $[\beta]$ 值有所降低（按表中数值降低20%），而组合砖砌体构件却有所提高（按表中数值提高20%，但不得大于28)。

3．砌体构件的支承条件。因为与墙体周边拉结的相邻墙体间距和楼（屋）盖类别决定着砌体房屋的静力计算方案，从而确定了墙体的计算高度 H_0。

4．砌体构件截面形状尺寸与所设计墙的开洞情况。砌体构件的截面形状尺寸决定其折算厚度，而墙体开洞将影响墙体的计算高度 H_0 及其刚度。

5．承重墙与非承重墙。显然后者的 $[\beta]$ 值应该比前者有所提高，因为后者对稳定性的要求相对较低。

31.1.2 墙、柱高厚比验算

1．矩形截面墙、柱高厚比按下式验算

$$\beta = H_0/h \leqslant \mu_1\mu_2[\beta] \tag{31-1}$$

式中　H_0——墙、柱的计算高度（见表 30-5）；

　　　h——墙厚或矩形柱与 H_0 相对应的边长；

　　　μ_1——自承重墙允许高度比的修正系数；

　　　μ_2——有门窗洞口墙允许高厚比的修正系数；

　　　$[\beta]$——墙、柱的允许高厚比（按表 31-1 采用）。

砌体规范对 μ_1、μ_2 的规定：当墙厚 $h\leqslant 240\text{mm}$ 时，自承重墙允许高厚比的修正系数 μ_1 应按墙厚 $h=240\text{mm}$、90mm 分别取 1.2、1.5；$90\text{mm}<h<240\text{mm}$ 时按插入法取值，或按下式计算：

$$\mu_1 = 1.2 + 0.002(240-h) \tag{31-2}$$

$$\mu_2 = 1 - 0.4b_s/s^{❶} \geqslant 0.7 \tag{31-3a}$$

式中　b_s——宽度 s 范围内的门窗洞口总宽度；

　　　s——与有洞口墙体周边拉结墙的间距或壁柱之间的距离，如图 31-1（a）、（b）。

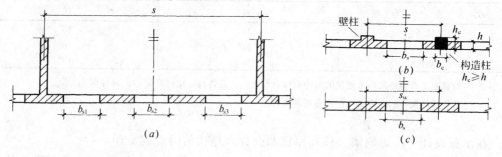

图 31-1　s、s_w、b_s 取值

---

❶ μ_2 是将有洞的墙比拟为变截面柱，无洞口墙比拟为等截面柱，求得两者最小临界荷载的比值，并结合工程实践经验得到的值；(31-3) 为经验公式。若 $\mu_2<0.7$ 时，应取 $\mu_2=0.7$，当洞口高度等于或小于墙高的 1/5 时，可取 μ_2 等于 1.0。

当被验算墙体上门窗洞口分布均匀，相邻门窗间墙间距为 s_w 时（图 31-1c），μ_2 也可按下式计算：

$$\mu_2 = 1 - 0.4 b_s / s_w \quad ❶ \tag{31-3b}$$

当与墙连接的相邻两横墙间的距离 $s \leqslant \mu_1 \mu_2 [\beta] h$ 时，被验算墙体的高度不受（31-1）式限制，即可不进行验算。

变截面柱的高厚比可按上、下截面分别验算，计算高度按规范规定选取。验算上柱的高厚比时，墙、柱的允许高厚比可按表 31-1 的数值乘以 1.3。

对自承重墙如其上端为自由端时，除可按 μ_1 系数提高外，允许高厚比尚可提高 30%；对厚度小于 90mm 的墙，如其两侧墙面上的抹灰用的水泥砂浆强度 $\geqslant$M10 时，且其连墙的总厚度 $\geqslant$90mm 时，可按墙厚等于 90mm 验算高厚比。

2. 带壁柱墙（T 形或十字形截面）和带构造柱墙的高厚比验算

验算应分两步进行：

(1) 将相邻横墙间距为 s 内的带壁柱墙（带构造柱墙）用折算厚度 h_T ❶ 作为等效矩形截面墙的厚度，按式（31-4）进行验算。

$$\beta = H_0 / h_T \leqslant \mu_1 \mu_2 [\beta] \tag{31-4}$$

而带构造柱的墙，当构造柱的截面高度 h_c 大于等于墙厚 h 时，仍取墙的厚度按式（31-1）进行验算，但此时墙的允许高厚比 $[\beta]$ 可乘以提高系数 μ_c（施工阶段验算时不能提高）。$\mu_c = 1 + \gamma \dfrac{b_c}{l}$，$\gamma$ 为区别不同块体材料的砌体系数（对细料石、半细料石砌体 $\gamma = 0$；对混凝土砌块、粗料石、毛料石及毛石砌体 $\gamma = 1.0$；其他砌体 $\gamma = 1.5$），b_c、l 分别为构造柱沿墙长方向的宽度和构造柱之间的距离，应满足 $b_c / l \leqslant 0.25$，当 $b_c / l < 0.05$ 时取 $b_c / l = 0$。

(2) 将相邻壁柱间（或构造柱间）的距离为 s 内的墙体实际厚度，按式（31-1）进行验算，验算时，壁柱间墙的计算高度 H_0 取法可查表 30-5，其中 μ_2 的算法同（31-3）式。由（1）、（2）步骤分别验算的高厚比都应满足相应公式。

带壁柱墙的计算截面翼缘宽度 b_f 取法（图 31-2a）：对有门窗洞口的多层房屋，b_f 取窗间墙宽度；对无门窗洞口的多层房屋，每侧翼墙宽度可取壁柱高度的 1/3；对单层房屋，取壁柱宽加 2/3 墙高 H，但不大于窗间墙宽度和相邻壁柱间距离。

对设有钢筋混凝土圈梁的带壁柱或带构造柱的墙，当圈梁宽度 b 与壁柱或构造柱间距 s 之比 $\geqslant 1/30$ 时，可将圈梁作为壁柱间墙或构造柱间墙的水平不动铰支点（图 31-2b）。若 $b / s < 1/30$ 时，可按墙体平面外刚度相等的原则增加圈梁高度，以满足壁柱间墙或构造柱间墙不动铰支座的要求。

---

❶ $h_T = 3.5 \sqrt{I/A}$，I、A 分别为 T 形或十字形截面惯性矩及截面面积。等效推导过程为 $I = \dfrac{1}{12} b h^3 = \dfrac{1}{12} \times A h^2$，$h = \sqrt{\dfrac{12I}{A}} = 3.5 \sqrt{\dfrac{I}{A}} = 3.5 i$，$i = \sqrt{\dfrac{I}{A}}$。

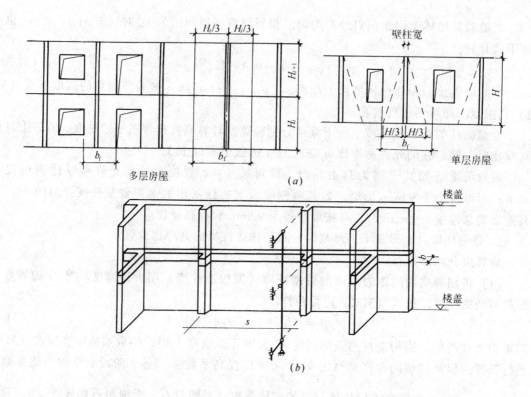

图 31-2

【例 31-1】 某三层办公楼的一层平面如图 31-3 所示。纵、横墙均厚 240mm，采用 M5 混合砂浆砌筑；自承重隔墙厚 115mm（施工图上往往写 120），采用 M2.5 混合砂浆砌筑；楼盖为预制钢筋混凝土短向板和进深梁，层高 3.60m，一层板底标高 +3.40m，梁底标高 +2.83m，室内外高差 0.60m。试进行该层各种墙体高厚比的验算。

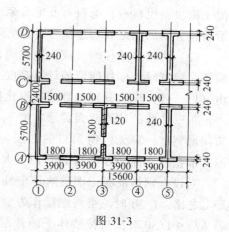

图 31-3

解

1. 由于本楼主要是纵墙承重，横墙厚 240mm、无洞口、满足 32.1.3 节横墙构造要求间距小于 32m，查表 30-4 该楼可按刚性方案考虑。
2. 求各种墙体的计算高度 H_0（见表 31-2）。
3. 高厚比验算（见表 31-3，取层高较大的一层墙体验算）。

均满足要求。若隔墙采用 90mm 厚混凝土小型空心砌块（规格：390mm × 90mm × 190mm）砌筑，请读者自行进行高厚比验算，若不满足要求，自思怎样处理。

表 31-2

墙厚 (mm)		高度 H (m)	横墙间距 s (m)	s, H 关系	H_0 (m)
外纵墙	240	$3.40+0.60+0.50=4.50$	15.60	$s>2H$	4.50
内纵墙	240	$3.40+0.50=3.90$	15.60	$s>2H$	3.90
内横墙	240	$3.40+0.50=3.90$	5.70	$2H\geqslant s>H$	$H_0=0.4s+0.2H=3.06$
隔墙	115	2.83			2.83

表 31-3

墙体类别	β	μ_1	μ_2	$[\beta]$	$\mu_1\mu_2[\beta]$
外纵墙	$4500/240=18.75$	1	$1-[0.4(4\times1.80)/4\times3.90]=0.815$	24	$19.56>\beta$
内纵墙	$3900/240=16.25$	1	$1-[0.4(4\times1.50)/4\times3.90]=0.846$	24	$20.30>\beta$
横墙	$3060/240=12.75$	1	1	24	$24>\beta$
隔墙	$2830/115=24.61$	1.45	$1-[0.4(1.50)/5.70]=0.89$	22	$28.39>\beta$

【例 31-2】 若上例中的外纵墙改为带壁柱的墙体如图 31-4 所示,砂浆强度等级改为 M2.5,试进行该墙体的高厚比验算。

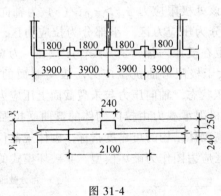

图 31-4

解

1. 按带壁柱墙体验算（$[\beta]=22$）

由图 31-4 可求得 $A=2100\times240+240\times250=564000\text{mm}^2$

$$y_1=[(2100\times240\times120)+(240\times250\times365)]/564000=146.06\text{mm}$$

$$I=(2100\times240^3)/12+2100\times240\times(146.06-120)^2+240\times250^3/12$$
$$+240\times250\times(365-146.06)^2=5.95\times10^9\text{mm}^4$$

$$i=\sqrt{I/A}=\sqrt{5.95\times10^9/564000}=102.71\text{mm}$$

$$h_T=3.5i=359.49\text{mm}$$

$$\beta = H_0/h_T = 4500/359.49 = 12.52$$
$$\mu_1\mu_2[\beta] = 1 \times 0.815 \times 22 = 17.93 > \beta \quad 满足要求。$$

2. 按壁柱间墙体验算（$[\beta] = 22$）

$s = 3.90\text{m}$，由于被验算墙体高度 $4.50\text{m} > s$，故 $H_0 = 0.6s = 0.6 \times 3.90 = 2.34\text{m}$，$\beta = H_0/h = 2340/240 = 9.75$，$\mu_2 = 1 - [0.4 \times 1.80/3.90] = 0.815$，$\mu_1 = 1.0$。$\mu_1\mu_2[\beta]h = 1.0 \times 0.815 \times 22 \times 240 = 4303.20\text{mm} > s$，故壁柱间墙体不必验算高厚比。

31.2 无筋砌体受压构件承载力

受压构件的分类：按纵向荷载作用力对受压构件截面形心的距离的大小及位置，可分为轴心受压，偏心受压和双向偏心受压。前两者为第三者的特殊情况。实际工程中没有任何偏心的轴心受压构件很少见（总会有尺寸的偏差或偶然情况不能居中）本节重点介绍单向偏压。

31.2.1 砖砌体受压截面应力分析

图 31-5 为相同尺寸砖砌体截面在几种具有不同偏心距 e 的单向轴向压力作用下的截面应力图形。(a) 为轴心受压（$e = 0$）情况，截面压应力分布均匀，破坏时的极限压应力为 σ_{c0}；(b) 为轴向压力偏心距较小（e_1）情况，这时截面压应力分布不均匀，破坏先在压应力较大一侧开始，该处极限应力 $\sigma_{c1} > \sigma_{c0}$；($c$) 为轴向力偏心距较大（$e_2 > e_1$）时的应力图形，截面上大部分为压应力区，小部分为拉应力区，外边缘拉应力 σ_{t2} 小于极限弯曲拉应力 f_{tm}，破坏发生在受压一侧（$\sigma_{c2} > \sigma_{c1}$）；($d$) 为偏心距更大（$e_3 > e_2$）情况，这时受拉边缘拉应力 σ_{t3} 大于极限弯曲抗拉应力，表明截面的一部分已产生裂缝而退出工作；由于另一侧仍处于受压状态，轴向压力与未裂截面上压应力的合力相平衡；(e) 当轴向力偏心距 e_4 很大时，截面极限承载力由拉区砌体的弯曲受拉强度控制，一旦出现裂缝，构件就会破坏。工程中为提高砌体结构的可靠度指标，砌体规范仅以全截面受压或大部分截面受压（拉应力较小）的压区应力图作为破坏模型。其破坏模式的控制因素为 $e/y \leq 0.6$。

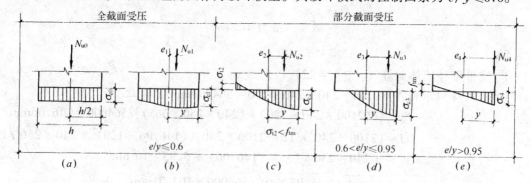

图 31-5 轴向压力有不同偏心距时的砌体受力情况

31.2.2 无筋砌体受压构件承载力计算

无筋砌体受压构件的承载力，除受截面尺寸、材料强度等级、偏心距大小的影响外，还和受压构件的计算高度（以参数高厚比 β 反映）有关。$\beta>3$ 的无筋砌体受压构件在偏心轴向压力作用下需要考虑因构件产生侧移而引起的附加偏心距 e_i，如图 31-6 所示。

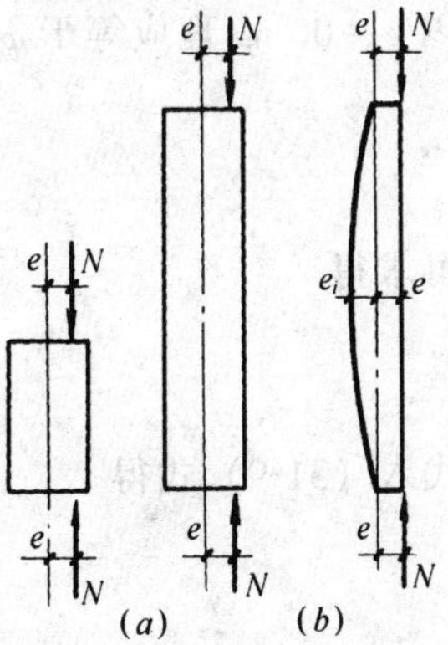

1. 轴心受压构件承载力计算

一般情况下，受压构件的高厚比 $\beta>3$，它在轴心受压时的承载力计算公式为

$$N \leqslant \varphi_0 fA \tag{31-5}$$

$$\varphi_0 = \frac{1}{1+\alpha\beta^2} \tag{31-6}$$

图 31-6
(a) $\beta\leqslant 3$；(b) $\beta>3$

式中 φ_0——为经试验统计分析得到的与砂浆强度等级和构件高厚比有关的轴心受压稳定系数；

f——砌体抗压强度设计值；

A——构件截面面积；

β——构件高厚比（注意：计算 φ_0 时，如遇混凝土及轻骨料混凝土砌块、蒸压灰砂砖、蒸压粉煤灰砖和各种石料砌体，可将 β 乘以大于 1 的系数，见砌体规范）；

α——与砂浆有关的系数，当砂浆强度等级分别为 $\geqslant$M5、M2.5 时，α 相应为 0.0015、0.002，当砂浆强度为 0 时，α 为 0.009。

2. 偏心受压构件（$e\leqslant 0.6y$❶**）承载力计算**与（31-5）式相应的是

$$N \leqslant \varphi fA \tag{31-7}$$

式中 φ——经试验统计分析得到的与偏心距 e、附加偏心距 e_i、截面尺寸有关的偏心影响系数，简称影响系数。

以矩形截面（与 e 相应的截面边长为 h）受压构件为例，当 $\beta\leqslant 3$ 时，由试验统计分析得到的影响系数为（图 31-7）：

$$\varphi = \frac{1}{1+12\left(\dfrac{e}{h}\right)^2} \tag{31-8}$$

当 $\beta>3$ 时，尚应考虑附加偏心距 e_i，故

$$\varphi = \frac{1}{1+12\left(\dfrac{e+e_i}{h}\right)^2} \tag{31-9}$$

---

❶ y 为截面重心到轴向力所在偏心方向截面边缘的距离。

以 $e=0$,φ 理应等于 φ_0 的边界条件求 e_i,得

$$\frac{1}{1+12\left(\frac{e+e_i}{h}\right)^2}=\frac{1}{1+\alpha\beta^2}=\varphi_0$$

可求得

$$e_i=\frac{h}{\sqrt{12}}\sqrt{\alpha\beta}=\frac{h}{\sqrt{12}}\sqrt{\frac{1}{\varphi_0}-1} \tag{31-10}$$

代入 (31-9) 式得

$$\varphi=\frac{1}{1+12\left\{\frac{e}{h}+\sqrt{\frac{1}{12}\left(\frac{1}{\varphi_0}-1\right)}\right\}^2} \tag{31-11}$$

(31-11) 式满足两个边界条件：$e=0$ 时，$\varphi=\varphi_0$；$\beta\leqslant 3$ 即 $\varphi_0=1$ 时，(31-11) 式即 (31-8) 式。对于任意形状截面也可得到类似结果。

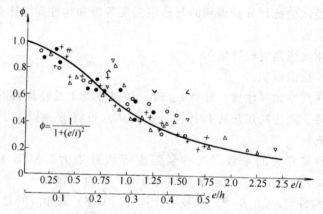

图 31-7 $\varphi-e/h$ (e/i) 关系；(i 为任意截面回转半径)

故 (31-7)、(31-11) 式是轴心和偏心受压构件承载力在 $e\leqslant 0.6y$ 时的统一计算公式。在工程设计中还要考虑构件调整系数 γ_a，即：

$$N\leqslant\gamma_a\varphi fA \text{❶} \tag{31-12}$$

但是，砌体规范的表达式仍为 (31-7)。

式中　N——荷载设计值产生的轴向力；

　　　A——砌体截面面积，对各类砌体均可按毛截面计算，对带壁柱墙的 T 形截面可折算成厚度为 h_T 的等效矩形截面进行验算；

　　　φ——砌体规范已将 φ 按 β、e/h（或 e/h_T）、砂浆强度等级为参数做成表格，可以查用，见本章附录表 31-8（查取 φ 时，如果遇到混凝土小型空心砌块等

---

❶ 本书上为，γ_a 与房屋类别、构件截面面积、砌体砂浆类别以及是否验算施工中的构件有关，实质上是砌体截面承载力的调整系数。故以(31-12)式的表达式为宜。

砌体，应将 β 乘以大于 1 的系数，同（31-6）式说明）

在计算或用表格查取 φ 时，所采用的轴向力偏心距 e 值，是按内力设计值算得的。

对矩形截面构件、当单向轴向力偏心方向的截面边长大于另一方向的边长时，除按上述计算承载力外，还应对较小边长方向，按轴心受压构件进行验算。

对于工程中经常遇到的房屋转角处的墙或柱，当受到两侧外加荷载（如阳台等）作用时，应按双向偏心受压构件计算（详见砌体规范）。

【例 31-3】 某轴心受压砖柱（图 31-8a），截面尺寸 370mm×490mm，两端为不动铰支承，$H_0 = H = 3$m，材料强度等级：砖 MU10、混合砂浆 M5，砖砌体自重 19kN/m³。若在柱顶截面上作用有由恒载和活载产生的轴向力各 80kN（标准值），试验算其承载力。

解

1. 基本参数

$f = 1.50$N/mm², $[\beta] = 16$, $A = 0.37 \times 0.49 = 0.181$m² < 0.3m²,
$\gamma_a = 0.7 + 0.181 = 0.881$, $\alpha = 0.0015$, $\beta = H_0/h = 3700/370 = 8.11$, $\beta < [\beta]$。

2. 柱底截面所承受的轴力最大，应以此进行验算

$N = (1.2 \times 80 + 1.4 \times 80) + 1.2 \times (0.37 \times 0.49 \times 3 \times 19) = 220.40$kN;

3. $\varphi_0 = \dfrac{1}{1+\alpha\beta^2} = \dfrac{1}{1+0.0015 \times 8.11^2} = 0.91$（亦可由表 31-8 查得）

4. $\gamma_a \varphi_0 f A = 0.881 \times 0.91 \times 1.50 \times 181300 = 218.03 \times 10^3$N $= 218.1$kN < 220.40kN，不满足要求。

5. 采取提高砂浆强度的措施，取 M7.5 混合砂浆，经计算 $\alpha = 0.0015$, $f = 1.69$, $[\beta] = 17$, $A = 0.181$m², $\gamma_a = 0.881$, $\beta = 8.11 < [\beta]$, $\varphi_0 = 0.91$,
$\gamma_a \varphi_0 f A = 0.881 \times 0.91 \times 1.69 \times 181300 = 245.64 \times 10^3$N $= 245.64$kN > 218.1kN，满足。

【例 31-4】 若例 31-3 中由恒载和活载产生的轴向力标准值改为各 60kN，作用于长边方向的弯矩为 9.0kN·m（设计值），其他不变，试验算其承载力。

解

1. 柱顶截面为弯矩最大截面（弯矩内力见图 31-8b）。该截面

$e = M/N = 9.0 \times 10^3/156 = 57.7$mm, $N = 1.2 \times 60 + 1.4 \times 60 = 156$kN

2. 有关基本参数：$b = 370$mm, $h = 490$mm, $y = 245$mm, $e = 57.7$mm

$e/h = 0.118$, $e/y = 0.235 < 0.6$, $\beta = H_0/h = 3000/490 = 6.12$

$\varphi_0 = 1/(1+0.0015 \times 6.12^2) = 0.947$

其余同例 31-3。

3. $e_i = \dfrac{490}{\sqrt{12}} \sqrt{\dfrac{1}{0.947} - 1} = 33.46$mm

$\varphi = \dfrac{1}{1+12\left(\dfrac{e+e_i}{h}\right)^2} = \dfrac{1}{1+12\left(\dfrac{57.7+33.46}{490}\right)^2} = 0.707$（或查表 31-8）

4. $\gamma_a \varphi f A = 0.881 \times 0.707 \times 1.50 \times 181300 = 169.39 \times 10^3 \text{N}$

169.39kN＞156kN，满足要求。

5. 按平面外轴心受压验算，见例31-3，$N = 156\text{kN} < 218.03\text{kN}$，满足要求。

【例31-5】 某砖柱截面尺寸如图31-8（c）所示，$H_0 = 10.5\text{m}$，采用砖MU10，混合砂浆M2.5，柱顶截面上由恒载和活载产生的轴向力标准值均为100kN，$M = 40\text{kN·m}$，荷载产生的合力偏向图示 y_2 一侧。试验算构件承载力。

解

1. 求截面折算厚度 h_T

$$A = 0.24 \times 3.60 + 0.50 \times 0.49 = 1.109\text{m}^2 > 0.3\text{m}^2, \quad \gamma_a = 1.0$$

$$y_1 = \frac{3.60 \times 0.24 \times 0.12 + 0.49 \times 0.50 \times 0.49}{1.109} = 0.20174\text{m} = 201.74\text{mm}$$

$$y_2 = 740 - 201.74 = 538.26\text{mm}$$

$$I = \frac{3.6 \times 0.202^3}{3} + \frac{3.11 \times 0.038^3}{3} + \frac{0.49 \times 0.538^3}{3}$$

$$= 0.0354\text{m}^4 = 3.54 \times 10^{10}\text{mm}^4$$

$$i = \sqrt{I/A} = \sqrt{0.0354/1.109} = 0.17862\text{m} = 178.62\text{mm}$$

$$h_T = 3.5i = 3.5 \times 178.62 = 625.17\text{mm}$$

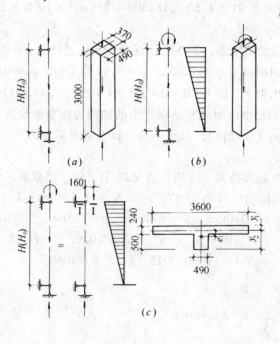

图31-8

2. 有关基本参数：

$$N = 1.2 \times 100 + 1.4 \times 100 = 260 \text{kN}$$
$$e = M/N = 40/260 = 0.153\text{m} = 153\text{mm}$$
$$f = 1.30\text{N/mm}^2, \quad \alpha = 0.002, \quad \beta = 10500/625.17 = 16.80$$
$$\varphi_0 = 1/(1 + 0.002 \times 16.8^2) = 0.639$$
$$e/y_2 = 153/538.26 = 0.284 < 0.6$$
$$e/h_T = 153/625.17 = 0.245$$
$$e_i = \frac{625.17}{\sqrt{12}} \times \sqrt{\frac{1}{0.639} - 1} = 135.65\text{mm}$$

3. 求 φ

$$\varphi = \frac{1}{1 + 12\left(\frac{153 + 135.65}{625.17}\right)^2} = 0.281 \text{（或查表 31-8）}$$

4. $\gamma_a \varphi f A = 1.0 \times 0.281 \times 1.30 \times 1.109 \times 10^6 = 405.12 \times 10^3 \text{N} = 405.12\text{kN} > 260\text{kN}$，满足要求。

【例 31-6】 若例 31-5 中，荷载合力偏向图示 y_1 一侧，试验算该构件承载力。

解

1. 有关基本参数：

$e/h_T = 0.245$，$e/y_1 = 153/201.74 = 0.758 > 0.6$，$e_i = 135.65\text{mm}$，$\varphi = 0.281$

因 $e/y_1 = 0.758 > 0.6$，表明该种工况截面承载力不满足要求。

2. 请读者自思：

(1) 本例 T 形截面为什么当轴向压力作用点偏向 y_1 一侧时，承载力就不满足，设计时轴向力合力重心应偏向哪一侧较为有利？

(2) 本例不满足要求，可采用哪些措施来提高构件承载力？

31.3 砌体局部受压承载力

砌体局部受压的基本概念已在第 29 章 29.3 节中进行了讨论。砌体局部受压情况在砌体结构中是经常遇到的。当砌体受到局部压力时，压力总要沿着一定扩散线分布到砌体构件较大截面或者全截面上。这时如果按较大截面或全截面受压进行构件承载力计算是足够的话，在局部承压面下的几皮砌体处却可能出现被压碎的裂缝，这就是砌体局部抗压强度不足造成的破坏现象。因此，设计砌体受压构件时，除按整个构件进行承载力计算外，还要验算局部承压面下的承载力。

31.3.1 砖砌体局部受压试验

砖砌体有两类不同的局部受压情况：(1) 均匀局部受压；(2) 非均匀局部受压。两类情况下，砌体局部受压面积 A_l 处的抗压强度都因其周围非受荷部分砌体对其约束而提高。若令 A_0 表示构件截面上影响砌体局部抗压强度的计算面积，A 为构件的全截面面积，试验发现 A_0 与 A_l 的面积以及 A_l 在 A 上的位置等因素有关。

一般说来，均匀局部受压构件的破坏现象可分三种：(1) 当面积比 A_0/A_l 不太大时，在局部受压构件外侧距受力顶面一段位置处首先发生竖向裂缝，然后向上向下发展而导致破坏（图 31-9b），可称之为"先裂后坏"；(2) 当面积比 A_0/A_l 较大时，局部受压构件受荷后未发生较大变形，但一旦构件外侧出现与受力方向一致的竖向裂缝后，构件立即开裂而导致破坏见图 31-9 (c)。这种现象可称"劈裂破坏"；(3) 当局部受压构件的材料强度很低时，在局部荷载作用下，因 A_l 面积内砌体材料被压碎而使整个构件丧失承载力，这时构件外侧并未发生竖向裂缝，这种现象可称"未裂先坏"(局部压碎)。上述三种破坏现象可概述为"先裂后坏"、"一裂就坏"和"未裂先坏"。工程设计时一般应按先裂后坏考虑，避免出现危险的"劈裂破坏"和"未裂先坏"现象。29.3 节中提及的局部受压面积 A_l 上的抗压强度可以有较大程度的提高主要是周围未受压砌体的约束作用，一般称为套箍作用；在竖向局部荷载作用下，起套箍作用的砌体产生环向拉应力，当此拉应力一旦大于砌体抗拉强度时，就会发生竖向裂缝而破坏（图 31-9a）。影响砌体局部受压承载力的因素主要有：砖和砂浆的强度等级、局部受压面积 A_l、构件截面面积 A、局部受压荷载作用位置、荷载作用方式等。

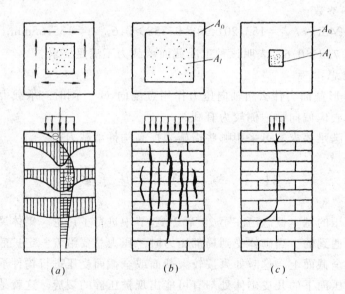

图 31-9 砖砌体局部受压破坏现象

(a) 沿砌体压力作用轴线的水平应力分布，⊕ 为拉应力；⊖ 为压应力；(b) 先裂后坏情况；(c) 劈裂破坏情况

31.3.2 砌体截面中受局部均匀压力时的承载力计算

表 31-4 为两组局部均匀受压试件承载力的试验数据。

表 31-4

组别	砖柱尺寸 (mm)	A 截面实际面积 (mm^2)	A_l 局部受压面积 (mm^2)	f 试验值 (N/mm^2)	γf 试验值 (N/mm^2)	γ 提高系数
I	365×365×710	133225	32400	3.18	8.14	2.56
	364×365×722	132860	32400	3.18	7.40	2.33
II	495×497×1490	246015	60000	2.80	6.08	2.17
	487×497×1500	242039	60000	3.09	7.89	2.55

由试验可知，砌体局部抗压提高系数 γ 是一个比 1 大得多的值，显然它与 A_0/A_l 以及荷载作用位置有关。γ 值应加限制，以避免出现劈裂破坏。经试验分析，γ 可以用下列表达式反映：

$$\gamma = 1 + \zeta \sqrt{(A_0/A_l) - 1} \tag{31-13}$$

当中心均匀局部受压时，$\zeta = 0.7$；当墙段中部、端部和角部均匀受压时，$\zeta = 0.35$。为简化计算，图 31-10 中几种常见均匀局部受压情况的 γ 值均按下式计算：

$$\gamma = 1 + 0.35 \sqrt{(A_0/A_l) - 1} \tag{31-14}$$

式中，A_0 为影响砌体局部抗压的计算面积，分别按图 31-10 中的相应规定计算。同时，计算所得 γ 值还要按图 31-10 中的相应规定加以限制❶。

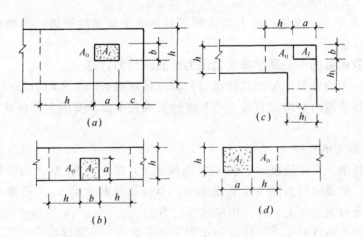

图 31-10 影响局部抗压强度的面积 A_0

$(a) A_0 = (a+c+h)h, \gamma \leqslant 2.5; (b) A_0 (b+2h)h, \gamma \leqslant 2.0; (c) A_0 = (a+h)h + (b+h_1-h)h_1, \gamma \leqslant 1.5;$
$(d) A_0 = (a+h)h, \gamma \leqslant 1.25$

---

❶ 多孔砖砌体和按规定要求灌孔的砌块砌体其 γ 值详见砌体规范，未灌孔混凝土砌块砌体 $\gamma = 1.0$。

因此，当砌体截面的局部受压面积 A_l 上受到均匀分布的轴向压力设计值 N_l 时，其承载力计算公式为

$$N_l \leqslant \gamma f A_l \tag{31-15}$$

图中 a、b——矩形局部受压面积 A_l 的边长；h、h_1——墙厚或柱的较小边长、墙厚；c——矩形局部受压面积的外边缘至构件边缘的较小距离，当大于 h 时应取 h。

【例 31-7】 某截面为 490mm×490mm 的轴心受压砖柱（MU10），支承在顶面尺寸为 620mm×620mm 的单独砖基础上，已知轴向压力设计值 $N_l = 300$kN，地基土属稍潮湿程度，计算该基础应采用的砂浆。

解

1. 求 γ

$$A_0 = 620 \times 620 = 384400 \text{mm}^2, A_l = 490 \times 490 = 240100 \text{mm}^2$$

$$\gamma = 1 + 0.35 \sqrt{(384400/240100) - 1} = 1.27 < 2.5$$

2. 按（31-15）式求 f

$$f \geqslant \frac{N_l}{\gamma A_l} = 300 \times 10^3 / 1.27 \times 240100 = 0.984 \text{N/mm}^2 \quad \text{（混合砂浆）}$$

3. 当采用水泥砂浆时应考虑调整系数 $\gamma_a = 0.90$，故选用水泥砂浆要求的 f 值，应为 $f \geqslant 0.984/\gamma_a = 1.093 \text{N/mm}^2$。因此应选用强度等级为 M2.5 的水泥砂浆。MU10，M2.5，$f = 1.30 \text{N/mm}^2 > 1.093 \text{N/mm}^2$。

4. 实际工程中应考虑地面以下砌体所用材料的最低强度等级。当地基土属稍潮湿时应取 M5 水泥砂浆。

31.3.3 砌体截面中受局部非均匀压力时的承载力计算

梁受荷后因弯曲变形在梁端与砖墙（柱）砌体接触处产生非均匀压应力。梁端支承处砌体的局部受压承载力与梁端有效支承长度和梁端支承面承受的上部荷载有关。下面分别讨论。

1. 梁端有效支承长度

梁在荷载作用下产生挠度 w，梁端发生倾角 θ（图 3-11），从而使梁端支承面上压应力分布不均匀。假设梁端实际支承长度为 a，有效支承长度为 a_0，则梁端支承面砌体边缘的压缩变形近似为 $\Delta = a_0 \tan\theta$，相应的压应力为 $\sigma_{max} = k\Delta$（k 为砌体的压缩刚度系数）。由于压应力为曲线分布，取压应力图形完整系数为 η，则梁端支承压力 N_l 应为：

$$N_l = \eta a_0 b_c \sigma_{max} = \eta a_0 b_c k \Delta = \eta a_0^2 k b_c \tan\theta$$

$$a_0 = \sqrt{N_l / \eta k b_c \tan\theta} \leqslant a \tag{31-16}$$

经试验测定 $\eta k / f \approx 0.7 \text{ (mm)}^{-1}$，将 N_l 以 kN 计，代入（31-16）式得

$$a_0 = \sqrt{1000 N_l / 0.7 f b_c \tan\theta} \approx 38 \sqrt{N_l / b_c f \tan\theta} \leqslant a \tag{31-17}$$

当梁的跨度 $l < 6$m 时，a_0 可按（31-17）式作进一步简化。取 $N_l = ql/2$，$\tan\theta \approx \theta =$

$ql^3/24$ $(0.3E_cI_c)$, $E_c=25.5kN/mm^2$, $I_c=b_ch_c^3/12$, $h_c/l\approx 1/11$, 代入 (31-17) 式, 即可得简化后的梁端有效支承长度为

$$a_0 = 10\sqrt{h_c/f} \leqslant a \tag{31-18}$$

确定 a_0 后, 在验算梁端支承处砌体的局部受压承载力以及验算梁下墙体承载力时, 往往还要确定压应力合力作用点 (即 N_l 作用点) 到墙内边缘的距离。根据压应力分布情况, 该距离对屋盖梁和楼盖梁都统一取为 $0.4a_0$, 如图 3-11 所示。

2. 梁端支承面上有上部荷载作用时的砌体局部受压承载力计算

由图 31-12 可知, 当梁端支承面上有上部荷载作用时, 梁端砌体的压应力图形包括两部分: 一部分为局部受压面积 A_l $(=a_0b)$ 上的梁端非均匀压应力, 其合力为 N_l; 另一部分为 A_l 面积上由上部墙体传来的均匀压应力 $\sigma_0$❶, 其合力为 $\sigma_0 A_l = N_0$。综合考虑试验研究结果和工程经验, 可采用下列公式对梁端支承处砌体的局部受压承载力进行计算:

$$\psi N_0 + N_l \leqslant \eta\gamma f A_l \tag{31-19}$$

式中, ψ 为上部荷载的折减系数, $\psi = 1.5 - 0.5(A_0/A_l)$, 当 $A_0/A_l \geqslant 3$ 时取 $\psi = 0$。η 为梁底压应力图形完整系数, 一般取 0.7。

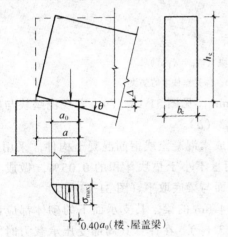

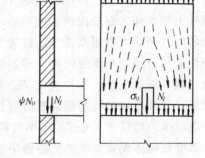

图 31-11　　　　　　　　　图 31-12　梁端上部砌体的内拱作用

系数 ψ 反映出由上部墙体传来荷载因梁上墙体内拱作用有所折减的比例 (图 31-12)。ψ 显然和 A_0 与 A_l 的比值有关: A_0/A_l 值愈大, 内拱作用愈大, ψ 值愈小; 当 $A_0/A_l \geqslant 3$ 时, 试验表明梁端上部由墙体传来的荷载可全部由梁两侧墙体承担, $\psi = 0$。

31.3.4　梁端设有刚性垫块时砌体局部受压承载力计算

当梁端下砌体局部受压承载力不满足设计要求时, 通常采用增设刚性垫块的方法 (图 31-13), 其作用是将梁端集中轴向力分散到砌体更大的面积上, 以满足砌体局部受压承载

---

❶ σ_0 为上部平均压应力设计值。计算时取一开间作为计算单元, 以该单元所受的荷载除以窗间墙面积得出。

力要求。刚性垫块是指其高度 t_b 不小于 180mm，其自梁边挑出长度小于 t_b 的垫块。刚性垫块伸入墙内长度 a_b 可以与梁的实际支承长度 a 相等或大于 a（图 31-13）。

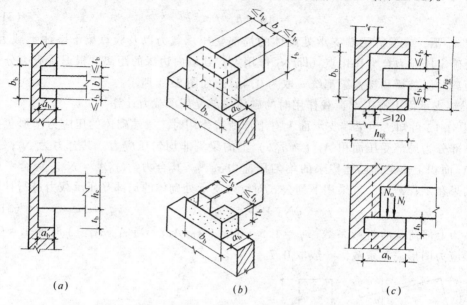

图 31-13 梁端刚性垫块（$A_b = a_b b_b$）
(a) 预制垫块；(b) 现浇垫块；(c) 壁柱上的垫块

壁柱上垫块伸入翼墙内的长度不应小于 120mm，见图 31-13 (c)，若现浇垫块与梁端整体浇灌时，垫块可在梁高范围内设置见图 31-13 (b)。

刚性垫块分预制和现浇两种。预制垫块可做成素混凝土或钢筋混凝土构件，采用 C20 混凝土；钢筋混凝土垫块按构造配筋，钢筋总用量不小于垫块体积的 0.05%，做成上下封闭骨架。现浇垫块往往与梁浇筑成整体，其底面与梁底取平（图 31-13b）。

一般说来，跨度大于 6m 的屋架和跨度大于 4.8m 的梁，其支承面下的砌体都应设置垫块。带壁柱墙体设置垫块的构造做法如图 31-13 (c)。在计算其局部受压承载力时，计算面积 A_0 取壁柱面积，不计算翼缘部分。

1. 梁端设有刚性垫块时，梁端有效支承长度 a_0 可按式（31-20）确定：

$$a_0 = \delta_1 \sqrt{\frac{h}{f}} \quad (31\text{-}20)$$

式中 δ_1 为刚性垫块的影响系数，见表 31-5。

系数 δ_1 值表　　　　　表 31-5

σ_0/f	0	0.2	0.4	0.6	0.8
δ_1	5.4	5.7	6.0	6.9	7.8

注：表中 σ_0/f 在其间的数值时，δ_1 可用插入法求得。

式（31-20）是根据试验、有限元分析并与式（31-18）相协调并经简化后得出的经验公式。该式表明，梁端加了刚性垫块后，无论是梁下预制或沿梁端高度范围内现浇[1]，梁端有效支承长度比不加垫块的要小，其值与上部传来的压应力 σ_0、砌体抗压强度和梁高度有关。需要注意的是：a_0 的减小，引起对墙的偏心距增大，使墙体受力不利的影响。

2. 梁端设有刚性垫块时的砌体局部受压承载力计算

试验和理论分析表明，刚性垫块将局部受压面积上的轴向力分散后，梁通过垫块和在砌体上的轴向力，可按不考虑纵向弯曲影响（$\beta \leqslant 3$）的偏心受压情况对砌体进行验算；但由于梁垫面积较大，上部传来局部受压面积上的轴向力因梁垫周围墙体不易形成内拱作用而不能减小，即不再考虑 ψ 的有利影响；由于梁垫面积较大，在考虑垫块外砌体面积的有利影响时，应比无梁垫情况下有利影响系数的数值要小一些，砌体规范用垫块外砌体面积的有利影响系数 γ_l 表示，$\gamma_l = 0.8\gamma \geqslant 1$（$\gamma$ 按（31-14）式计算，但应用梁垫面积 A_b 代替 A_l，及相应的 A_0 算得）。由此，梁端设有刚性垫块时的砌体局部受压承载力的计算公式为

$$N_0 + N_l \leqslant \phi \gamma_l f A_b \tag{31-21}$$

式中 N_0——垫块面积 A_b 范围内上部轴向力设计值，$N_0 = \sigma_0 A_b$，$A_b = a_b \times b_b$；

ϕ——垫块上 N_0 及 N_l 合力的影响系数，应采用 $\beta \leqslant 3$ 时的 ϕ 值，即 $\phi = \dfrac{1}{\left[1 + 12\left(\dfrac{e}{h}\right)^2\right]}$，$e$ 为 N_0，N_l 合力对垫块中心的偏心距，h 为垫块伸入墙内长度即 a_b；垫块上 N_l 作用点的位置可取 $0.4a_0$ 处。

31.3.5 梁端下设有垫梁时砌体局部受压承载力计算

梁端下设有垫梁，指大梁或屋架端部支承在钢筋混凝土圈梁上的情况。该圈梁即垫梁。垫梁上受有集中局部荷载 N_l 和上部墙体传来的均布荷载，垫梁下砌体的竖向压应力分布范围为 πh_0，如图 31-14 所示。按照试验，垫梁下砌体局部受压破坏时，砌体竖向压应力的最大值与砌体抗压强度之比在 1.5 以上。由此作为设计条件，按弹性理论得到垫梁下砌体局部受压承载力的计算公式

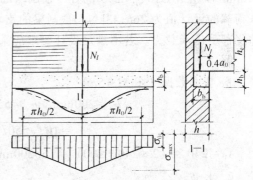

图 31-14 垫梁局部受压时竖向压应力分布

$$N_l + N_0 \leqslant 2.4\delta_2 f b_b h_0 \tag{31-22}$$

---

[1] 工程实践表明，梁端设置现浇刚性垫块且与梁等高时应十分重视大梁的变形在支座处引起的约束弯矩对墙的不利影响。

式中　N_l——垫梁上集中局部荷载设计值；

　　　N_0——垫梁 $\pi b_b h_0/2$ 范围内由上部荷载产生的轴向力设计值，$N_0 = \pi b_b h_0 \sigma_0/2$，$\sigma_0$ 为上部平均压应力设计值；

　　　b_b、h_0——分别为垫梁在墙厚方向的宽度和垫梁折算高度，$h_0 = 2\sqrt[3]{E_b I_b/Eh}$，$E_b$、$I_b$ 分别为垫梁的混凝土弹性模量和截面惯性矩，E 为砌体的弹性模量，h 为墙厚。

　　　δ_2——当荷载沿墙厚方向均匀分布时 $\delta_2 = 1.0$，不均匀分布时 $\delta_2 = 0.8$。

（31-22）式由平衡关系推导而得，由图 31-14 知，$\dfrac{\sigma_0 + \sigma_{\max}}{2} \times \dfrac{\pi h_0}{2} \times 2 \times b_b = N_l + \sigma_0 \pi h_0 b_b$

即
$$\sigma_{\max} = 2N_l/\pi b_b h_0 + \sigma_0 \tag{31-23}$$

考虑梁支承在垫梁上大多数情况均属不均匀的局部受压情况（出墙厚平面外），引入修正系数 δ_2

取
$$\sigma_{\max} \leqslant 1.5 \delta_2 f \tag{31-24}$$

将（31-23）式代入（31-24）式，

$$N_l + \frac{\sigma_0 \pi b_b h_0}{2} \leqslant 1.5 \delta_2 f \frac{\pi b_b h_0}{2}$$

即可得到
$$N_l + N_0 \leqslant 2.4 \delta_2 f b_b h_0$$

【例 31-8】　已知一楼层预制梁，跨度 5.7m，截面尺寸 200mm×550mm，支承在 240mm 厚由 MU10、M2.5 混合砂浆砌筑的内纵墙上，门间墙宽 2500mm。若上部墙体传来荷载的设计值为 266.43kN，预制梁的支承反力设计值 96.36kN。试验算梁端支承处砌体局部受压承载力。若不满足设计要求应采取什么措施？

解

1. 基本数据（图 31-15a）

$$b_c = 200 \text{mm}, \quad h_c = 550 \text{mm}, \quad f = 1.30 \text{N/mm}^2$$

$$a_0 = 10\sqrt{550/1.30} = 205.69 \text{mm}$$

$A_0 = 240 \times (2 \times 240 + 200) = 163200 \text{mm}^2$，$A_l = a_0 b_c = 205.69 \times 200 = 41138 \text{mm}^2$。

2. 求 ψ、γ、η

$$A_0/A_l = 163200/41138 = 3.97 > 3, \quad \psi = 0$$

$$\gamma = 1 + 0.35\sqrt{(A_0/A_l) - 1} = 1 + 0.35\sqrt{3.97 - 1} = 1.60 < 2.0, \quad \eta = 0.7$$

3. 梁端支承处局部受压承载力验算

$$N_l = 96.36 \text{kN}$$

$\eta \gamma f A_l = 0.7 \times 1.60 \times 1.30 \times 41138 = 59.90 \times 10^3 \text{kN} = 59.9 \text{kN} < N_l$，不满足要求，需加垫块。

4. 采用梁下加预制钢筋混凝土垫块（图 31-15b）后的验算。

表 31-6

	N_l (kN)	e_l (mm)	σ_0 (N/mm²)	N_0 (kN)	e_0
设计值	96.36	$120 - 0.4a_0 = 71.4$	$266.43 \times 10^3 / 2500 \times 240 = 0.44$	$0.44 A_b / 1000 = 95.04$	0

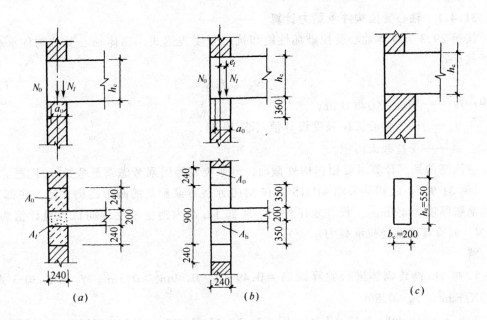

图 31-15

取预制钢筋混凝土垫块 $a_b \times b_b \times t_b = 240\text{mm} \times 900\text{mm} \times 360\text{mm}$

$A_b = 240 \times 900 = 216000 \text{mm}^2$，$A_0 = 240 \times (2 \times 240 + 900) = 331200 \text{mm}^2$

$\gamma = 1 + 0.35 \sqrt{331200/216000 - 1} = 1.26$，$\gamma_l = 0.8\gamma = 0.8 \times 1.26 = 1.008$

$N_0 = \sigma_0 A_b = 0.44 \times 216000 = 95.04 \times 10^3 \text{N} = 95.04 \text{kN}$，$N_l = 96.36 \text{kN}$

$e_l = \dfrac{a_b}{2} - 0.4 a_0 = 120 - 0.4 \times 121.5 = 71.4 \text{mm}$（$a_0 = \delta_1 \sqrt{\dfrac{h}{f}} = 5.907 \sqrt{\dfrac{550}{1.3}} = 121.5\text{mm} < a = 240$，$\sigma_0 / f = 0.44 / 1.3 = 0.338$，查表 31-5 得 $\delta_1 = 5.907$）

$e = \dfrac{N_l e_l + N_0 e_0}{N_l + N_0} = \dfrac{96.36 \times 71.4 + 0}{96.36 + 95.04} = 35.95 \text{mm}$，$e/h = 35.95/240 = 0.15 < 0.6$

$\phi = \dfrac{1}{1 + 12(35.95/240)^2} = 0.788$，

$\phi \gamma_l f A_b = 0.788 \times 1.008 \times 1.30 \times 216000 = 223.04 \times 10^3 \text{N} = 223.04 \text{kN} > N_l + N_0 = 96.36 + 95.04 = 191.4 \text{kN}$，满足要求。

钢筋混凝土垫块配筋上、下各 3 $\underline{\Phi}$ 12，钢箍 ϕ6@150，混凝土强度等级 C25。

5. 讨论：(1) 若所验算梁下恰是墙厚改变部位，此时应如何验算（图 31-15c）？(2) 若要求用圈梁作为垫梁，此时应如何验算？

31.4 砌体轴心受拉、受弯、受剪构件承载力

31.4.1 轴心受拉构件承载力计算

按照 29.3 节砌体轴心受拉破坏性能和抗拉强度表达式，砌体轴心受拉构件承载力应按下式计算

$$N_t \leqslant f_t A \tag{31-25}$$

式中 N_t——轴心拉力设计值；
f_t——砌体轴心抗拉强度设计值（表 30-3）；
A——受拉截面面积。

应注意的是，计算时要根据构件截面，砂浆类别等因素考虑调整系数 γ_a 问题。

【例 31-9】 已知某采用 MU15 砖和 M10 水泥砂浆砌筑的圆形砖砌水池，底部 1m 高内的池壁厚度为 490mm，设在水压作用下底部 1m 高内池壁承受环向拉力设计值为 $N_t = 70$kN。试验算池壁受拉承载力。

解

1. 取 1m 高砖砌体进行验算则 $A = 0.49 \times 1 = 0.49\text{m}^2 > 0.3\text{m}^2$，$f_t$ 由表 30-3 查得为 0.19N/mm^2，$\gamma_a = 0.80$。

2. $\gamma_a f_t A = 0.80 \times 0.19 \times 4.9 \times 10^5 = 74.48 \times 10^3 \text{N} = 74.48\text{kN} > 70\text{kN}$，满足要求。

31.4.2 受弯构件承载力计算

按照 29.3 节砌体受弯破坏性质和弯曲抗拉强度表达式应按下式计算：

$$M \leqslant f_{tm} W \tag{31-26}$$

式中 M——弯矩设计值；
f_{tm}——砌体弯曲抗拉强度设计值（由表 30-3 选取）；
W——截面抵抗矩。

按照 29.3 节砌体受剪破坏和抗剪强度表达式的无筋砌体受弯构件的受剪承载力应按下式计算：

$$V \leqslant f_v bz \tag{31-27}$$

式中 V——剪力设计值；
f_v——砌体抗剪强度设计值（按表 30-3 采用）；
b、h、I、S——分别为截面宽度、高度、惯性矩、面积矩；
z——内力臂，$z = I/S$，当截面为矩形时 $z = 2h/3$。

在按（31-26）、（31-27）两式进行验算时，同样要考虑调整系数 γ_a 问题。

【例 31-10】 某挡土墙厚 370mm，墙墩间距 4m，该墙底部 1m 高内承受有沿水平方向的土压力设计值 $q=2.70\text{kN/m}$。设该墙体采用 MU10 蒸压灰砂砖，M5 混合砂浆砌筑。试验算墩间墙体的抗弯承载力。

解

1. 墩间墙体承受的跨中最大弯矩 $M_{\max} = \dfrac{1}{8} \times 2.70 \times 4^2 = 5.40\text{kN}\cdot\text{m}$

最大剪力 $V_{\max} = \dfrac{ql}{2} = 2.70 \times 4/2 = 5.40\text{kN}$

$A = 0.37 \times 1 = 0.37\text{m}^2 > 0.3\text{m}^2$，$\gamma_a = 1.0$，$W = \dfrac{bh^2}{6} = \dfrac{1000 \times 370^2}{6} = 2.28 \times 10^7 \text{mm}^3$

$z = 2 \times \dfrac{370}{3} = 246.67\text{mm}$，$f_{\text{tm}}$ 由表 30-3 查得为 0.16N/mm^2；

2. $\gamma_a f_{\text{tm}} W = 1.0 \times 0.16 \times 2.28 \times 10^7 = 3.65 \times 10^6 \text{N}\cdot\text{mm} = 3.65\text{kN}\cdot\text{m} < 5.40\text{kN}\cdot\text{m}$ ($M_{\max}$)，不满足要求。需砂浆改用 M10，$f_{\text{tm}} = 0.24$ 时，$\gamma_a f_{\text{tm}} W = 1.0 \times 0.24 \times 2.28 \times 10^7 = 5.47 \times 10^6 \text{N}\cdot\text{mm}$，才能满足。

3. $\gamma_a f_v bz = 1.0 \times 0.08 \times 1000 \times 246.67 = 19730\text{N} = 19.73\text{kN} > 5.40\text{kN}$ ($V_{\max}$)，满足要求。

4. 提问：本题如采用烧结页岩砖砌体砌筑，试验算其相应承载力是否满足，并比较之。

31.4.3 受剪构件承载力计算

沿水平通缝或沿阶梯形截面破坏的受剪承载力验算公式见式 (31-28)

$$V \leqslant (f_v + \alpha\mu\sigma_0)A \tag{31-28}$$

式中 V——截面剪力设计值；

A——水平截面面积。当有孔洞时，取净截面面积；

f_v——砌体抗剪强度设计值，对灌孔的混凝土砌块砌体取 f_{vG}；

α——修正系数，与砌体种类、荷载组合等有关，当恒载分项系数分别为 1.2、1.35 时，砖砌体（混凝土砌块砌体）α 系数分别取为 0.6 (0.64)、0.64 (0.66)；

μ[❶]——剪压复合受力影响系数。$\alpha\mu$ 乘积值可查表 31-7；

σ_0——永久荷载设计值产生的水平截面平均压应力；

f——砌体的抗压强度设计值；

σ_0/f——轴压比，且不大于 0.8。

[❶] μ 取值：当 $\gamma_G = 1.2$ 时，$\mu = 0.26 - 0.082\sigma_0/f$，当 $\gamma_G = 1.35$ 时，$\mu = 0.23 - 0.065\sigma_0/f$

当 $\gamma_G = 1.2$，及 $\gamma_G = 1.35$ 时 $\alpha\mu$ 值　　　　表 31-7

γ_G	σ_0/f	0.1	0.2	0.3	0.4	0.5	0.6	0.7	0.8
1.2	砖砌体	0.15	0.15	0.14	0.14	0.13	0.13	0.12	0.12
	砌块砌体	0.16	0.16	0.15	0.15	0.14	0.13	0.13	0.12
1.35	砖砌体	0.14	0.14	0.13	0.13	0.13	0.12	0.12	0.11
	砌块砌体	0.15	0.14	0.14	0.13	0.13	0.13	0.12	0.12

目前为止，受剪有关计算理论大体分为二类：（1）剪摩理论（砌体规范采用）；（2）主拉应力理论（抗震规范采用），读者可查阅有关资料作比较。

【例 31-11】 已知某暗沟（图 31-16）由计算求得拱脚处的水平推力 V 和竖向反力的设计值分别为 27kN/m、45kN/m（永久荷载为 40kN/m），$\gamma_G = 1.35$，墙体采用 MU10 烧结页岩砖和 M5 水泥砂浆砌筑，试验算拱脚处墙体沿通缝的受剪承载力。

解 取单位长度（1m）暗沟墙体进行验算，$A = 0.24 \times 1 = 0.24\text{m}^2$，虽小于 0.3m^2，但暗沟墙体截面面积远大于 0.3m^2，因采用水泥砂浆，$\gamma_a = 0.8$，$f_v = 0.11 \times 0.8 = 0.088\text{MPa}$。

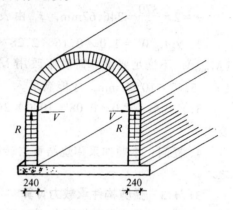

图 31-16

$$\sigma_0 = \frac{40000}{1000 \times 240} = 0.167\text{MPa}, \quad \gamma_a = 0.9, \quad f = 1.5 \times 0.9 = 1.35\text{MPa}, \quad \sigma_0/f = 0.167/1.35 = 0.124$$

$$\mu = 0.23 - 0.065 \frac{\sigma_0}{f} = 0.23 - 0.065 \times 0.124 = 0.222, \quad \alpha = 0.64, \quad \alpha\mu = 0.64 \times 0.222 = 0.142, \quad \alpha\mu\sigma_0 = 0.142 \times 0.167 = 0.0237\text{MPa}, \quad A = 240000\text{mm}^2$$

$(f_v + \alpha\mu\sigma_0)A = (0.088 + 0.0237) \times 240000 = 26808\text{N} = 26.81\text{kN} \approx 27\text{kN}$（差 1%），基本满足。

本例暗沟如在地下、且有水（常年泡水，基土潮湿程度为含水饱和条件）。试问应如何满足要求？

31.5 网状配筋砖砌体构件承载力计算

受压砖砌体构件在水平灰缝内每隔一定间距 s_n 设置方格尺寸为 a 的钢筋网片即为网状配筋砖砌体构件（图 31-17）。方格 a 网片的形成可以是由两个方向互相垂直的直径为

3~4mm 的低碳冷拔丝点焊而成（图 31-17a），也可由两片互相垂直的连弯钢筋网（钢筋直径 6~8mm，HPB 235 级钢）相间一皮砖组成（图 31-17b）。网片方格尺寸 a 不应大于 120mm，也不应小于 30mm。网片间距 s_n 不应超过五皮砖，且不应大于 400mm。网状配筋砖砌体所用的砖强度等级不应低于 MU10；砂浆不应低于 M5，灰缝厚度应保证钢筋上下至少各有 2mm 厚的砂浆层。网片配筋率（体积比）以 ρ 表示，$\rho=(V_s/V)100$；当组成方格网的钢筋截面面积为 A_s、网格尺寸为 a、网片间距为 s_n 时，取一小格可算出钢筋体积为 $V_s=2aA_s$；相应砖砌体体积为 $V=a^2 s_n$，则 $\rho=\dfrac{2aA_s}{a^2 s_n}\times 100=\dfrac{2A_s}{as_n}\times 100$。设计要求 $0.1<\rho<1$。

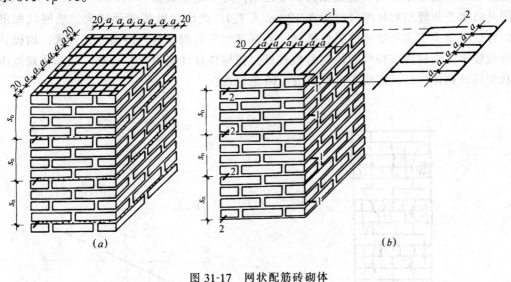

图 31-17 网状配筋砖砌体
(a) 方格网；(b) 连弯钢筋网

31.5.1 网状配筋砖砌体受压构件破坏形态及受力分析

图 31-18 为一网状配筋砖砌体受压构件的破坏图形。试验表明：由于在水平灰缝中增加了钢筋网片，网片配筋砖砌体的破坏形态与无筋砖砌体有很大不同。主要表现在：(1) 个别砖块出现裂缝时荷载与破坏时荷载的比值比无筋砌体略高（前者为 0.6~0.75，后者为 0.5~0.7）；(2) 开裂后的裂缝发展比无筋砌体缓慢，平行于加荷方向的竖向裂缝仅在网片间的小段无筋砖柱内发展，裂缝小而细；(3) 荷载增加到接近破坏值时，小段无筋砖柱内砖块被压碎，四边外侧砖砌体略有外鼓（若网片间距 s_n 较密，破坏时砖块可被压得粉碎），破坏时的抗压强度大于无筋砖砌体。由此可见，钢筋网片的主要作用是约束了砖和砂浆受竖向压力后的横向变形，延缓了砖块的开裂及其发展，阻止了竖向裂缝的上下贯通，避免了将砖柱沿总高分裂成细长小柱导致整个构件的失稳破坏。这样，钢筋网片的搁置就使得网片间小段无筋砌体在一定程度上处于三向受压状态，因而能在较大程度上提高

承载力。由于提高承载力是因为采用了横向设置的钢筋网片而间接地发生的，故网状配筋也可称为间接配筋。

网状配筋砖砌体受压构件承载力的提高与下列因素有关：(1)配筋率 ρ。试验表明：网状配筋砌体抗压强度平均值 $f_{n,m}$ 与无筋砌体抗压强度平均值 f_m 之比与配筋率的大小有关，其中 ρ 在 0.1~1.0 之间时，相关曲线与实验较吻合（图 31-19）。(2)偏心距 e。试验表明：偏心距 $e>0.5y$（y 为截面重心到轴向力所在方向截面边缘的距离）时，网片提高承载力的效果甚微，也即截面上若有拉应力存在，网片对横向变形的约束作用就会大大降低以致完全丧失，故应使网状配筋砌体构件截面上处于无拉应力状态。砌体规范要求网状配筋砌体的偏心距必须不超越截面核心范围，对于矩形截面 $e\leqslant 0.17h$。(3)高厚比 β。加网片后水平灰缝相对较厚（一般在 12mm 左右），受压后砂浆变形较大，故网状配筋砌体的弹性模量小于无筋砌体的弹性模量。若网状配筋砖砌体构件的高厚比过大，因砌体弹性模量较小，会使得该构件的稳定系数较低，使构件设计变得不尽合理，故砌体规范限制网状配筋砖砌体构件只能用于高厚比 $\beta\leqslant 16$ 的情况。

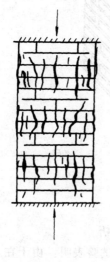

图 31-18

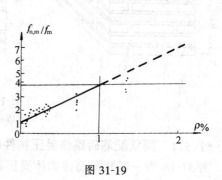

图 31-19

31.5.2 网状配筋砖砌体受压构件承载力计算

为与无筋砌体受压构件承载力计算公式相协调，砌体规范对网状配筋砖砌体受压构件承载力的计算公式基本上采用式（31-7）的形式，即

$$N \leqslant \varphi_n f_n A \tag{31-29}$$

式中 N——轴向力设计值；

φ_n——高厚比和配筋率以及轴向力的偏心距对网状配筋砖砌体受压构件承载力的影响系数，可按下式计算：

$$\varphi_n = \cfrac{1}{1 + 12\left\{\cfrac{e}{h} + \cfrac{1}{\sqrt{12}}\sqrt{\cfrac{1}{\varphi_{0n}} - 1}\right\}^2} \quad (31\text{-}30)$$

$$\varphi_{0n} = \cfrac{1}{1 + \cfrac{1 + 3\rho}{667}\beta^2} \quad (31\text{-}31)$$

ρ——配筋率（体积比）$\rho = (V_s/v)100$，式中 V_s、V 分别为钢筋和砌体的体积；当采用截面面积为 A_s 的钢筋组成的方格网，网格尺寸为 a 和钢筋网的竖向间距为 s_n 时，$\rho = \dfrac{2A_s}{as_n}100$。

f_n——网状配筋砖砌体的抗压强度设计值，

$$f_n = f + 2\left(1 - \dfrac{2e}{y}\right)\dfrac{\rho}{100}f_y \quad (31\text{-}32)$$

e——轴向力的偏心距，按荷载设计值计算；

f_y——钢筋的抗拉强度设计值，当 $f_y > 320\text{N}/\text{mm}^2$ 时仍采用 $320\text{N}/\text{mm}^2$。

（31-30）式与（31-11）式相似，只需将（31-11）式中的 φ_0 由网状配筋砌体轴心受压稳定系数 φ_{0n} 代替。由于网状配筋砌体需限制偏心距不能过大，$e \leqslant 0.17h_0$。

计算矩形截面网状配筋受压构件承载力时，还需注意两个问题：（1）除验算受弯平面内的承载力外，尚应验算平面外轴心受压时的承载力是否满足；（2）应验算接触部分无筋砖砌体的局部承压。

【例 31-12】 某矩形截面柱，截面尺寸为 $370\text{mm} \times 490\text{mm}$，计算高度 $H_0 = 4\text{m}$。设已知承受内力的设计值分别为 $N = 220\text{kN}$，$M = 10\text{kN} \cdot \text{m}$，采用砖 MU10、混合砂浆 M5 砌筑，试验算该柱承载力。

解

1．按无筋砌体受压柱计算

（1）基本参数：$f = 1.50\text{N}/\text{mm}^2$；$A = 0.37 \times 0.49 = 0.1813\text{m}^2 < 0.3\text{m}^2$

$\gamma_a = 0.7 + 0.1813 = 0.8813$

$e = M/N = 10.0/220 = 0.0455\text{m} \approx 45.5\text{mm}$；$e/h = 45.5/490 = 0.093$

$\beta = H_0/h = 4/0.49 = 8.16$。$y = 245\text{mm}$，$e/y = 45.5/245 = 0.186$。

（2）以 $\beta = 8.16$，$e/h = 0.093$ 按（31-11）式算得 $\varphi = 0.711$

（3）$\gamma_a \varphi f A = 0.8813 \times 0.711 \times 1.50 \times 0.1813 \times 10^6 = 170.41 \times 10^3\text{N} = 170.41/\text{kN} < 220\text{kN}$，不满足要求。

2．按网状配筋砌体受压构件验算

因为 $e/h = 0.093 < 0.17$，$\beta = 8.16 < 16$，故可按网状配筋砌体受压构件计算。

（1）基本参数：设采用 ϕ_4^b 焊接网片，$A_s = 12.6\text{mm}^2$；$a = 50\text{mm}$，$s_n = 260\text{mm}$，

$$f_y = 320\text{N/mm}^2;\ \rho = \frac{2A_s}{as_n} \times 100 = \frac{2 \times 12.6}{50 \times 260} \times 100 = 0.193$$

(2) 求 f_n：

$$f_n = f + 2\left(1 - \frac{2e}{y}\right)\frac{\rho}{100}f_y = 1.50 + 2(1 - 2 \times 0.186) \times 0.00193 \times 320 = 2.275\text{N/mm}^2$$

(3) 求 φ_n：

$$\varphi_{0n} = \frac{1}{1 + \frac{1+3\rho}{667}\beta^2} = \frac{1}{1 + \frac{1 + 3 \times 0.193}{667} \times 8.16^2} = 0.864$$

$$\varphi_n = \frac{1}{1 + 12\left[\frac{e}{h} + \frac{1}{\sqrt{12}}\sqrt{\frac{1}{\varphi_{0n}} - 1}\right]^2} = \frac{1}{1 + 12\left(0.093 + \frac{1}{3.464}\sqrt{0.157}\right)^2} = 0.659$$

(4) $\gamma_a \varphi_n f_n A = 0.8813 \times 0.659 \times 2.275 \times 0.1813 \times 10^6 = 239.55 \times 10^3 \text{N} = 239.55\text{kN} > 220\text{kN}$，满足要求；

(5) 验算平面外轴心受压承载力

$$\beta = 4/0.37 = 10.81$$

$$\varphi_{0n} = 1/\left(1 + \frac{1 + 3 \times 0.193}{667} \times 10.81^2\right) = 0.783$$

$$f_n = 1.50 + 2 \times 0.00193 \times 320 = 2.735\text{N/mm}^2$$

$$\gamma_a \varphi_{0n} f_n A = 0.8813 \times 0.783 \times 2.735 \times 0.1813 \times 10^6 = 342.17 \times 10^3 \text{N} = 342.17\text{kN}$$
$$> 220\text{kN},\ 满足要求。$$

31.6 组合砖砌体构件介绍

组合砖砌体构件系指在砖砌体外侧设置钢筋混凝土面层或钢筋砂浆面层的结构构件，目的在于提高砖砌体构件的抗弯抗剪能力以及增加砖砌体结构的延性。组合砖砌体结构一般用于抗震设防的单层房屋砖柱中以及轴向力的偏心距较大（$e > 0.6y$）而构件截面尺寸受到严格控制情况下的工程以及对加固改造具有保存价值的原有砖砌结构房屋；提高其抗震性能，满足新的建筑功能要求的改扩建工程中，也较普遍采用组合砖砌体结构（外包法）的方法。由于组合砖砌体构件由两种不同材料构成，它们之间应采用箍筋、拉筋连接以保证共同工作、如图31-20所示。此外，砌体规范还根据科研成果和工程实践的总结，列出了由钢筋混凝土构造柱和墙砌体形成的组合墙（见图31-21）的计算公式和构造。

由于组合砖砌体不同材料间具有很好的粘结力，因此组合砖砌体受压构件的受力和变形性能类似于钢筋混凝土受压构件。其具体计算方法和构造要求见砌体规范。

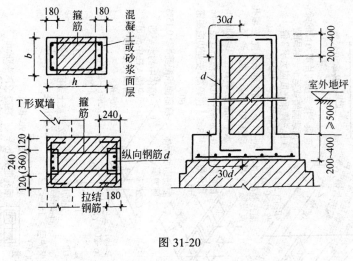

图 31-20

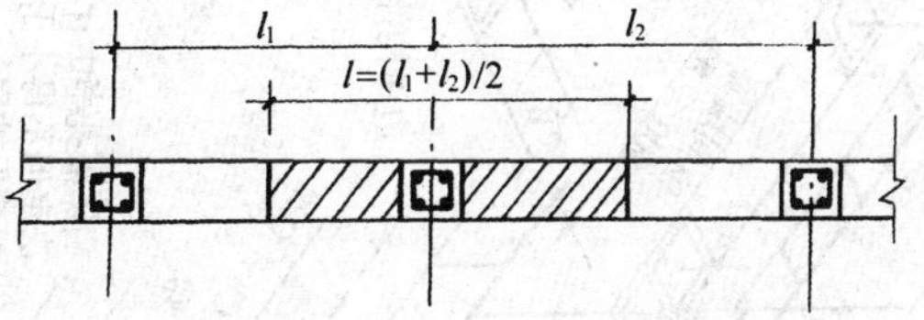

图 31-21 砖砌体和钢筋混凝土构造柱组合墙截面

31.7 配筋砌块砌体构件

配筋砌块砌体构件系指在用空心率约为 35%~60%块体砌筑的砌体中,在其竖向孔洞(灌孔率 ρ 在 $\frac{1}{3}$~$\frac{2}{3}$ 间)和局部水平方向的孔洞或凹槽如门窗过梁或连梁内灌注混凝土并配置钢筋的承重墙、柱、梁等构件。其施工先后顺序应为:砌筑墙体、按要求在水平缝内或门、窗过梁、连梁内放置水平钢筋、灌混凝土。砌墙到本层顶板圈梁下皮为止,在孔洞内插竖向筋与本层底部相应孔洞内伸出的竖向钢筋连接,浇灌混凝土、圈梁和楼板,以此顺序逐层递升。本节介绍的配筋砌块砌体实指块体材料为混凝土小型空心砌块砌筑的配筋砌体,块体空心率为 50%,尺寸规格为 390mm×190mm×190mm 等相应系列的产品。配筋砌块砌体可看成预制的钢筋混凝土剪力墙,配筋基本上是均匀配筋方式,配筋率 ρ_s 在 0.07%~0.17%之间(ρ_s 指按层间墙体竖向截面计算的水平钢筋面积的配筋率)。

配筋砌块砌体构件,国外早在 18 世纪 20 年代已用于结构中,由于其特有的功能,在 19、20 世纪其发展就很快,美国在 60 年代已有统一的设计法规,并在 20 世纪 80 年代就建成了高达 28 层的配筋砌块砌体建筑。我国虽起步较晚,但至今已在主要几个大城市中

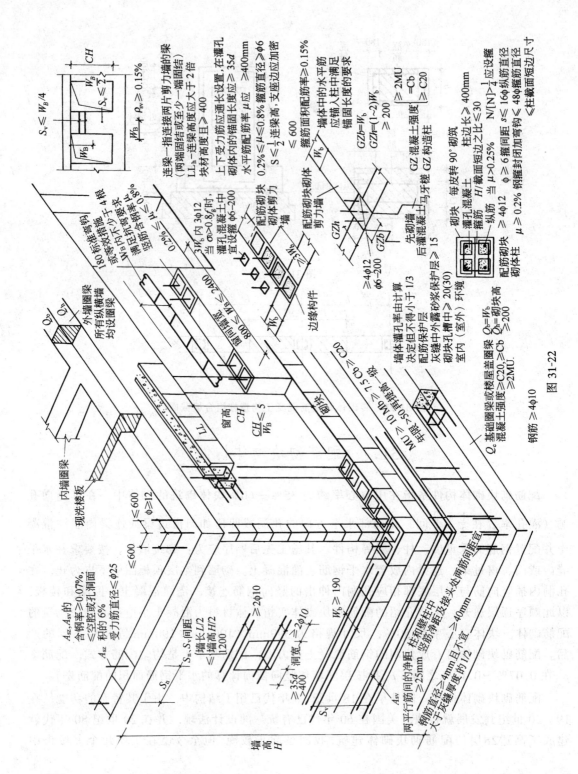

图 31-22

试点并推广了高达18层的配筋砌体结构体系,在现行《砌体结构设计规范》中列入有关内容。实践证明,配筋砌体结构体系在多层、10～20多层的高层建筑中比钢筋混凝土结构具有一定的优势。本节仅介绍主要部分。

31.7.1 配筋砌块砌体构件的构造规定❶

根据试验,参照国内外工程实践经验,配筋砌块砌体结构体系由配筋砌块砌体剪力墙、柱、连梁、构造柱、预制或现浇楼(屋)面板、现浇圈梁等承重构件组成,详见图31-22。

图中 H—墙高;CH—窗高;W_B—窗间墙宽度;W_b—墙宽;GZ—构造柱;GZh、GZb 为构造柱高度和构造柱宽度;Q_b、Q_h 为圈梁宽度和高度;A_{sz}、A_{sv}——分别为墙内竖向筋和水平筋的面积;S_n、S_v 各为竖向筋的间距和水平筋的间距。

31.7.2 配筋砌块砌体构件计算

由于配筋砌块砌体构件类似于钢筋混凝土构件,仅因砌体材料与混凝土材料有所不同,试验分析可得其正截面受压和斜截面受剪性能类同钢筋混凝土构件,基本假定都相同,本教材不再列举具体计算公式,其内容详见现行《砌体结构设计规范》。

思 考 题

31.1 什么叫高厚比 β?为什么要验算高厚比?允许高厚比 $[\beta]$ 与哪些因素有关?怎样确定 H、(外墙、内墙)H_0、μ_1、μ_2?开洞墙与柱子在 $[\beta]$ 值方面有何联系?隔墙高厚比怎样验算?高厚比不满足时可采取哪些措施?

31.2 简述带壁柱墙高厚比的验算步骤?什么叫折算厚度 h_T?怎样求 h_T?b_f 怎样取?墙体内加构造柱对高厚比有什么影响,(构造柱的尺寸和间距有无要求),施工阶段应怎样考虑?

31.3 简述无筋砖砌体构件矩形截面不同偏心距 e 时的应力分析及其破坏形态,规范计算公式中考虑哪种破坏形态?

31.4 简述无筋砌体受压构件 φ、φ_0、e_i 的物理意义相互关系及其主要影响因素。验算 φ、φ_0 时所用的 β 是否仅与墙厚、计算高度有关?为什么?α 的物理意义是什么?e_i 是通过什么方法求得的?

31.5 简述矩形截面受压构件承载力的计算步骤?设计时长、短边应如何设置?T形截面偏心受压构件作用力位置应偏向哪一侧为好?为什么?

31.6 为什么砖砌体受压构件偏心距 e 不宜太大?当 e 大时采用什么办法减小偏心?

31.7 局部受压分哪几种类型?为什么局部受压能提高抗压强度?局部受压破坏有几种?破坏形态与哪些因素有关?局部抗压强度提高系数 γ 与哪些因素有关?写出局部均匀受压承载力的计算公式,说明其中各符号的意义(A_0、A_l,受荷面积和位置)?γ 为什么要有所限制?

31.8 什么情况下需要设置梁垫?刚性梁垫应满足哪些构造要求?简述刚性梁垫的计算公式及设计步骤?刚性梁垫下砌体局部受压计算公式中 e 是对什么的偏心距?怎样求 e?φ 公式中的 e/h 的 h 指哪一部分的宽度?σ_0、N_0、ψ 怎样求?

---

❶ 砌块指混凝土小型空心砌块。

31.9 怎样求预制梁端支承压力 N_l 到墙内边的距离？它与什么因素有关？什么是梁端有效支承长度 a_0？怎样求 a_0？什么情况下可采用简化公式？

31.10 为什么梁垫计算公式中局部承压强度提高系数采用 γ_l？怎样求 γ_l？

31.11 网状配筋砌体为什么能提高砌体抗压强度？网状配筋砌体有哪些构造要求？

31.12 比较网状配筋砌体与无筋砌体的有关系数：$\varphi_{0n} - \varphi_0$；$\varphi_n - \varphi$；$f_n - f$；$E_n - E$。哪个大？有何联系？为什么？

31.13 简述网状配筋砌体的适用范围？为什么不能出现拉应力？

31.14 网状配筋砌体当配筋率不变时，其抗压强度是否与偏心距无关？

31.15 简述组合砖砌体与配筋砌块砌体构件承受外荷 N、M、V 的受力特点、计算方法、计算公式有何不同，各适用于何种建筑物？

31.16 简述组合砖砌体构件与配筋砌块砌体构件的构造要求？

31.17 简述构造柱的主要作用？能否承受大梁荷载？其配筋和截面尺寸应如何考虑，构造柱的尺寸和配筋是否越大越好？

31.18 墙体各构件的尺寸有无限制为什么？是否允许在拐角处开窗？承载力不够的墙垛是否可随意改为混凝土墙？

31.19 墙体门窗洞口为什么应上下对齐？

附录 无筋砌体构件承载力计算时影响系数 φ 表

砂浆强度等级 $\geqslant$ M5 时的 φ 值 表 31-8（a）

β	\multicolumn{13}{c	}{e/h 或 e/h_T}
	0	0.025	0.05	0.075	0.1	0.125	0.15	0.175	0.2	0.225	0.25	0.275	0.3
$\leqslant 3$	1	0.99	0.97	0.94	0.89	0.84	0.79	0.73	0.68	0.62	0.57	0.52	0.48
4	0.98	0.95	0.90	0.85	0.80	0.74	0.69	0.64	0.58	0.53	0.49	0.45	0.41
6	0.95	0.91	0.86	0.81	0.75	0.69	0.64	0.59	0.54	0.49	0.45	0.42	0.38
8	0.91	0.86	0.81	0.76	0.70	0.64	0.59	0.54	0.50	0.46	0.42	0.39	0.36
10	0.87	0.82	0.76	0.71	0.65	0.60	0.55	0.50	0.46	0.42	0.39	0.36	0.33
12	0.82	0.77	0.71	0.66	0.60	0.55	0.51	0.47	0.43	0.39	0.36	0.33	0.31
14	0.77	0.72	0.66	0.61	0.56	0.51	0.47	0.43	0.40	0.36	0.34	0.31	0.29
16	0.72	0.67	0.61	0.56	0.52	0.47	0.44	0.40	0.37	0.34	0.31	0.29	0.27
18	0.67	0.62	0.57	0.52	0.48	0.44	0.40	0.37	0.34	0.31	0.29	0.27	0.25
20	0.62	0.57	0.53	0.48	0.44	0.40	0.37	0.34	0.32	0.29	0.27	0.25	0.23
22	0.58	0.53	0.49	0.45	0.41	0.38	0.35	0.32	0.30	0.27	0.25	0.24	0.22
24	0.54	0.49	0.45	0.41	0.38	0.35	0.32	0.30	0.28	0.26	0.24	0.22	0.21
26	0.50	0.46	0.42	0.38	0.35	0.33	0.30	0.28	0.26	0.24	0.22	0.21	0.19
28	0.46	0.42	0.39	0.36	0.33	0.30	0.28	0.26	0.24	0.22	0.21	0.19	0.18
30	0.42	0.39	0.36	0.33	0.31	0.28	0.26	0.24	0.22	0.21	0.20	0.18	0.17

砂浆强度等级为 M2.5 时的 φ 值　　　　表 31-8（b）

β						e/h 或 e/h_T							
	0	0.025	0.05	0.075	0.1	0.125	0.15	0.175	0.2	0.225	0.25	0.275	0.3
≤3	1	0.99	0.97	0.94	0.89	0.84	0.79	0.73	0.68	0.62	0.57	0.52	0.48
4	0.97	0.94	0.89	0.84	0.78	0.73	0.67	0.62	0.57	0.52	0.48	0.44	0.40
6	0.93	0.89	0.84	0.78	0.73	0.67	0.62	0.57	0.52	0.48	0.44	0.40	0.37
8	0.89	0.84	0.78	0.72	0.67	0.62	0.57	0.52	0.48	0.44	0.40	0.37	0.34
10	0.83	0.78	0.72	0.67	0.61	0.56	0.52	0.47	0.43	0.40	0.37	0.34	0.31
12	0.78	0.72	0.67	0.61	0.56	0.52	0.47	0.43	0.40	0.37	0.34	0.31	0.29
14	0.72	0.66	0.61	0.56	0.51	0.47	0.43	0.40	0.36	0.34	0.31	0.29	0.27
16	0.66	0.61	0.56	0.51	0.47	0.43	0.40	0.36	0.34	0.31	0.29	0.26	0.25
18	0.61	0.56	0.51	0.47	0.43	0.40	0.36	0.33	0.31	0.29	0.26	0.24	0.23
20	0.56	0.51	0.47	0.43	0.39	0.36	0.33	0.31	0.28	0.26	0.24	0.23	0.21
22	0.51	0.47	0.43	0.39	0.36	0.33	0.31	0.28	0.26	0.24	0.23	0.21	0.20
24	0.46	0.43	0.39	0.36	0.33	0.31	0.28	0.26	0.24	0.23	0.21	0.20	0.18
26	0.42	0.39	0.36	0.33	0.31	0.28	0.26	0.24	0.22	0.21	0.20	0.18	0.17
28	0.39	0.36	0.33	0.30	0.28	0.26	0.24	0.22	0.21	0.20	0.18	0.17	0.16
30	0.36	0.33	0.30	0.28	0.26	0.24	0.22	0.21	0.20	0.18	0.17	0.16	0.15

第32章 墙体的设计计算

本篇28.3、30.4两节分别讨论了砌体结构的主要承重构件——墙体的体系和计算方案。按传递竖向荷载的途径墙体体系可分为纵墙承重、横墙承重和内框架承重体系。按传递水平荷载的途径可分为弹性、刚性和刚弹性三种静力计算方案。弹性方案的静力计算可按屋架、大梁与墙（柱）为铰接的不考虑空间工作的平面排架或框架计算；刚性方案的静力计算可按墙（柱）支承在不动支承点上的竖向杆件计算；但刚弹性方案的静力计算则必需按屋架、大梁与墙（柱）为铰接的考虑空间工作的平面排架或框架计算，这时要引入房屋的空间性能影响系数 η。

32.1 房屋的空间性能影响系数

房屋的空间性能影响系数 η，可以由所取计算单元在水平荷载作用下考虑纵横墙与楼（屋）盖的空间工作性能求得的位移 Δ_s，与按平面排架或框架体系求得的位移 Δ_p 的比值 Δ_s/Δ_p [1] 表示（见30.4节讨论）；也可用考虑空间工作性能后作用在计算单元上的作用力 R_s 与按平面排架或框架体系考虑在计算单元上的作用力 R_p 之比值 R_s/R_p [2] 表示。

32.1.1 单层房屋空间性能影响系数 η_1

单层房屋空间性能影响系数 η_1，是按照将屋盖看成支承在纵墙和横墙上的剪切型弹性地基梁的计算模型求得的。在这个模型中，弹性地基是组成平面排架的纵墙和两端横墙，纵墙平面外的侧移刚度和两端横墙侧移刚度则构成弹性地基的刚度，弹性地基梁的计算简图如图32-1所示。取 x、y 轴如图，设屋盖水平梁的截面面积为 F，剪变模量为 G，弹性地基的刚度系数，即纵墙组成的排架的刚度为 D_l，横墙的侧移刚度为 ∞，横墙间距为 s，由纵墙传给屋盖水平梁的水平荷载为 q，屋盖水平梁在 q 作用下的水平位移为 y，则可由图中微段平衡建立微分方程为

$$V + D_l y \, \mathrm{d}x = V + \mathrm{d}V + q\,\mathrm{d}x$$

即

$$\mathrm{d}V/\mathrm{d}x = D_l y - q \tag{32-1}$$

以 $V/F = G \dfrac{\mathrm{d}y}{\mathrm{d}x}$ 代入上式，得

---

[1] $\eta = \Delta_s/\Delta_p = R_s/R_p$，表明内力与位移是线性关系；$\Delta_s/\Delta_p$ 即（32-4）式中的 y_s/y_p。

[2] 同[1]。

$$GF\frac{d^2y}{dx^2} = D_l y - q \tag{32-2}$$

解 (32-2) 式，并以边界条件求待定系数，取按平面排架即平面传力系统算得的顶点侧移 q/D_l 为 y_p，则可求得

$$y = y_p\left[1 - \frac{1}{\text{ch}(ts)}\right] \tag{32-3}$$

令 $y = y_s$ 表明 y_s 为单层房屋在水平荷载作用下，考虑屋盖水平梁和纵横墙空间工作性能后求得的纵墙顶端水平位移。按照空间性能影响系数的定义，可知

$$\eta = \frac{y_s}{y_p} = 1 - \frac{1}{\text{ch}(ts)} \tag{32-4}$$

式中，$t = \sqrt{\dfrac{D_l}{4GF}}$ 为与屋盖类型、纵墙平面外侧移刚度有关的常数；t 值单纯从理论上确定是困难的，它一般可通过实测若干房屋的 y_s、y_p 加以反算统计后确定。

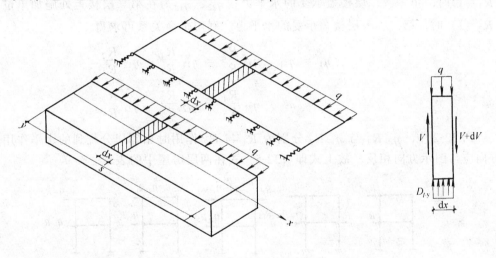

图 32-1

砌体规范总结近年来有关单位对单层厂房进行实测的资料按上述假定作了大量计算分析，得出影响空间性能影响系数 η_i 的主要因素是屋盖类型、横墙间距和房屋高度。并编制了表格，见表 32-1。

房屋各层的空间性能影响系数 η_i 　　表 32-1

屋盖或楼盖类别	横墙间距 s (m)													
	16	20	24	28	32	36	40	44	48	52	56	60	64	68	72
1	—	—	—	—	—	0.33	0.39	0.45	0.50	0.55	0.60	0.64	0.68	0.71	0.74	0.77
2	—	0.35	0.45	0.54	0.61	0.68	0.73	0.78	0.82	—	—	—	—	—	—
3	0.37	0.49	0.60	0.68	0.75	0.81	—	—	—	—	—	—	—	—	—

注：i 取 $1 \sim n$，n 为房屋的层数。

32.1.2 多层房屋各层空间性能影响系数 η_i

对多层房屋来说，η_i 只是一种概称。实质上多层房屋空间性能影响系数应以多个空间作用系数加以确定，它不仅存在沿房屋纵向各开间的相互作用（称为主空间作用），还存在各层之间的相互作用（称为副空间作用），相应的影响系数为主空间性能影响系数 η_{ii} 和副空间性能影响系数 η_{ij}（$i \neq j$）。

有关单位对确定设计多层房屋取用的 η_i 值，进行了实测，建立了分析模型，考虑楼盖类别、开间数目、开间大小、纵横墙厚度、房屋宽度、壁柱尺寸、砌体弹性模量、有无中柱等因素，得到了 η 系数方程，可以算出各主、副空间性能影响系数。为了设计应用方便，可将每层所受水平力简化为用单一系数 $\eta_i R_i$ 表示的公式，

即
$$\eta_i = \sum_{j=1}^{n} \eta_{ij} \frac{R_j}{R_i} \tag{32-5}$$

以 $i=2$ 的单跨两层房屋为例（图 32-2），η_{11}、η_{21} 为在第一层楼盖处施加单位水平力（$R_1=1$）时，第一、二层楼盖承受的水平力；η_{22}、η_{12} 为在第二层楼盖处施加单位水平力（$R_2=1$）时，第二、一层楼盖承受的水平力。利用平衡关系可求得

$$\eta_1 = \eta_{11} - \eta_{12}\frac{R_2}{R_1} = \eta_{11}\frac{R_1}{R_1} - \eta_{12}\frac{R_2}{R_1}$$

$$\eta_2 = \eta_{22} - \eta_{21}\frac{R_1}{R_2} = \eta_{22}\frac{R_2}{R_2} - \eta_{21}\frac{R_1}{R_2}$$

图 32-2 中，$\eta_{21}R_1$ 与 $\eta_{12}R_2$ 分别为 R_1 与 R_2 作用时相邻层分配到的水平作用力，其方向应与图示方向相反，故上式即（32-5）式在两层房屋中的表现。

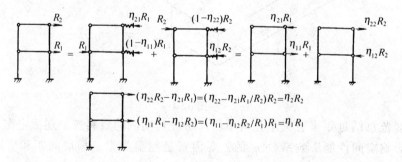

图 32-2

由（32-5）式可见，η_i 即第 i 层综合空间性能系数，简称第 i 层空间性能影响系数，可直接查表 32-1 得到。按理，多层房屋各层的 η_i 值应有所不同，但根据（32-5）式计算的结果比表 32-1 中的系数值小，为简便和偏于安全取与单层房屋相同的 η 系数值。

32.1.3 刚性和刚弹性方案房屋的横墙

符合这两种静力计算方案房屋的横墙要保证它本身有足够刚度,应符合下列构造要求:

(1) 横墙厚度不宜小于180mm;

(2) 单层房屋横墙长度不宜小于其高度,多层房屋的横墙长度不宜小于横墙总高度的1/2;

(3) 横墙中开孔洞口的水平截面面积不应超过横墙截面面积的50%;

(4) 横墙应与纵墙同时砌筑以确保房屋整体性。

当横墙不能同时满足前3项要求时,可对横墙的侧移刚度进行验算。如经验算横墙在水平荷载作用下的顶点水平位移值不超过横墙高度 H 的1/4000时,仍可将该墙看成刚性和刚弹性方案的横墙。其他结构构件(如框架等)只要能满足水平位移值小于 $H/4000$ 的要求,都可看作刚性和刚弹性方案房屋的横墙。

单层房屋横墙水平位移的计算是将横墙看作一个在水平力 P 作用下的悬臂梁。其截面是以墙厚为截面宽度、以墙长为截面高度的矩形截面,或是I形截面(翼缘取能与横墙共同工作的纵墙宽度)。横墙顶点水平位移 Δ_w 为由弯曲变形引起的水平位移 Δ_1 和由剪切变形引起的水平位移 Δ_2 之和。即

$$\Delta_w = (\Delta_1 + \Delta_2)m/2 = \left(\frac{PH^3}{3EI} + \frac{\xi PH}{GA}\right)\frac{m}{2} = \frac{mPH^3}{6EI} + \frac{2.5mPH}{EA} \quad (32-6)$$

多层房屋横墙顶点水平位移 Δ_w 可利用单层房屋求位移的公式分层算出后求和,即

$$\Delta_w = \frac{m}{6EI}\sum_{i=1}^{n} P_i H_i^3 + \frac{2.5m}{EA}\sum_{i=1}^{n} P_i H_i \quad (32-7)$$

式中 m、n——分别为与计算横墙相邻的横墙间的开间数(图32-3)和房屋总层数;

P、P_i——分别为每开间作用在横墙顶端和第 i 层横墙顶端的作用力。P_i 按多层框架假定在第 i 层楼盖处加不动铰支座求得;

H、H_i——分别为单层房屋的横墙高度和多层房屋第 i 层楼盖到基础大放脚顶面高度;

E、G——分别为砖砌体弹性模量和剪变模量,$G=0.4E$;

A、I——分别为横墙毛截面面积 $A=Bt$(B 为墙长、t 为墙宽)和截面惯性矩。如按I形或匚形截面计算时,翼缘宽为横墙中向两边各0.3H,即 $s=0.3H$,$2s$ 小于或等于窗间墙宽,均见图32-3;

ξ——剪应力分布不均匀系数,取 $\xi=2.0$。

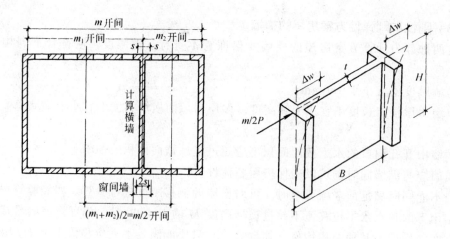

图 32-3 横墙顶点水平位移计算参数 ($2s \leqslant$ 窗间墙宽)

32.2 墙体的验算

墙体的验算包括以下三部分：(1) 高厚比验算；(2) 墙体承载力验算；(3) 梁端支承处砌体局部受压承载力验算。高厚比验算已在第 31 章 31.1 节作了讨论；墙体作为一般砌体受压构件的承载力验算和墙上梁端砌体局部受压承载力验算也已分别在第 31 章 31.2 和 31.3 节进行了讨论。本节着重讨论一个具体墙体在其承载力验算中怎样确定计算简图和计算截面问题，并通过外纵墙验算实例说明其过程。

32.2.1 单层房屋墙体验算

1. 当静力计算为刚性方案时（图 32-4a）

可选取单层房屋的一开间作为计算单元，计算荷载按竖向荷载（恒、活）和水平荷载（风、水平地震作用或吊车荷载等）考虑其最不利情况进行组合；计算简图按下端为固定、上端为不动铰支承的单跨铰接排架取用；墙体计算截面理应分别取窗间墙及固定端处的墙截面，但为简化和偏安全计算，都取窗间墙截面作为计算截面。

2. 当静力计算为弹性方案时（图 32-4b）

墙体的计算单元、计算截面和所承受的荷载同刚性方案，但计算简图应按上端无支承的单跨铰接排架取用。内力计算时，先假设排架无侧移求出顶端反力 R，算出相应墙体内力，再将顶端反力 R 沿相反方向加于可侧移的排架上，再算出相应墙体内力，最后将两部分墙体内力叠加，即为墙体实际所受的内力。

3. 当静力计算为刚弹性方案时（图 32-4c）

类似弹性方案，仅计算简图上端为弹性支承情况。内力计算方法也类似弹性方案，仅有以下区别：将顶端反力 R 乘以空间性能影响系数 η_1 后，以 $\eta_1 R$ 反方向加于可侧移的排架。

图 32-4 还列出三种静力计算方案在一侧有均布风荷载时的墙体弯矩图。由图可见，弹性方案时墙体截面弯矩最大，刚性方案时最小，刚弹性方案时居中。

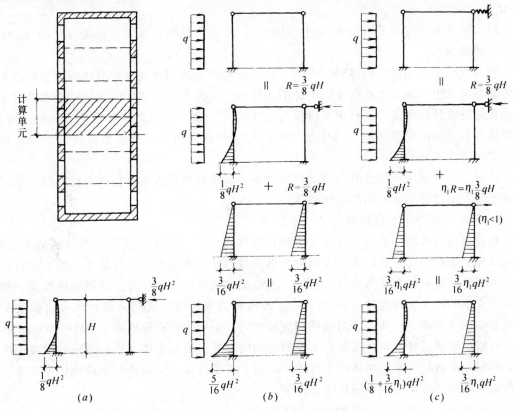

图 32-4　三种静力计算方案内力分析
（a）刚性方案；（b）弹性方案；（c）刚弹性方案

32.2.2　多层房屋墙体验算

在竖向荷载作用下，墙体承受上层传来的轴向力和自重，按砌体受压构件进行内力分析和截面验算。而在水平风载和偏心轴向力产生的水平支承力作用下的内力分析就复杂得多。以在风荷载作用下的刚弹性方案房屋墙体内力分析为例，可分两步进行（图 32-5）：

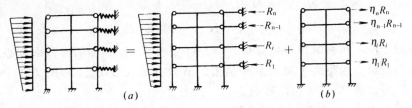

图 32-5　刚弹性方案房屋的静力计算简图

(1) 选取一开间作为计算单元,画出图 32-5（a）所示的计算简图,在该图中,各层楼盖与墙连接处加不动水平铰支杆,算出在风荷载作用下无侧移时墙体的内力和各支杆反力 R_i。

(2) 将各支杆反力乘以由表 32-1 查得的 η_i 并反向施加于各层楼盖处（见图 32-5b）,再算得墙体内力。

将两步结果叠加即得墙体最后内力。由图可见,上述刚弹性方案墙体内力分析的关键是怎样在构造上和施工上确保多层墙体的连续性,不但上下层墙体的连接构造要确保水平力的传递符合计算假定,而且更要确保与施工实际一致。要做到这些是不容易的。因此,刚弹性方案多层房屋在实际工程中的应用,必须在设计和施工上多加慎重考虑和认真对待,以获得实践经验。

实际上,多层房屋设计时应尽量使墙体布置满足按刚性方案进行静力计算的要求。下面按刚性方案讨论多层房屋的墙体验算。

1. 竖向荷载作用下的验算

楼盖虽是墙体的支承点,但它又嵌砌在墙体内,使得墙体在被嵌入部位的截面削弱,影响墙体上下层的连续性。被楼盖削弱的墙体截面能传递的弯矩实际是不大的。为简化计算,可假定墙体在楼盖处为铰接。这样,多层墙体就可以分层计算,每层墙体均为一两端不动铰支承的简支竖向构件（图 32-6b）。该构件的跨度为：底层,取基础大放脚顶至二层楼盖结构支承面之间高度（当基础埋深较大时,下端支承点取地面下 300～500mm 处）；以上各层,取两层楼（屋）盖结构支承面之间的高度。由每层楼（屋）盖通过梁或板传至墙上的偏心荷载只对本层墙体产生弯矩,而以上各层传至该层墙体的荷载可认为是通过上一层墙体截面形心作用于该层墙体顶面的。

于是,第 i 层墙体所承受的荷载有（图 32-6c）:

(1) 第 $i+1$ 层楼盖（即第 i 层墙体所支承的楼盖）由板、梁传来的轴向力 $N_{l,i+1}$,它对第 i 层墙体截面形心的偏心距 $e_{l,i+1}$;

(2) 由第 $i+1$ 层墙体截面形心传来的轴向力 N_{i+1},它对第 i 层墙体截面形心的偏心距 e_{i+1};

(3) 第 i 层墙体自重 N_{wi}、（窗上墙 N_{wi1}、窗间墙及窗重 N_{wi2}、窗下墙 N_{wi3}、如图 32-7 所示）。因此,第 i 层墙体顶、底部截面承受的内力有

$$N_顶 = N_{l,i+1} + N_{i+1}, M_顶 = N_{l,i+1}e_{l,i+1} \pm N_{i+1}e_{i+1} \tag{32-8}$$

$$N_底 = N_{l,i+1} + N_{i+1} + N_{wi}, M_底 = 0 \tag{32-9}$$

轴向力偏心距 e 按荷载设计值算得。(32-8) 式中的 $e_{l,i+1}$ 为墙体截面形心到轴向力所在偏心方向的截面边缘距离 y 减去 0.4 倍梁的有效支承长度 a_0,见式 (31-18); (32-8) 式中的 "±" 号,视 N_{i+1} 所在位置而定。

对于梁跨度大于 9m 的墙承重的多层房屋,除按上述方法计算墙体承载力外,还应考虑梁部分嵌固于墙的作用对墙引起的弯矩。为此需按梁两端固结求出梁端的弯矩,再将其

乘以修正系数 γ 后，按墙体线性刚度分到上层墙底和下层墙顶对墙体承载力再验算一次。修正系数

$$\gamma = 0.2 \sqrt{\frac{a}{h}}$$

式中 a——梁端实际支承长度；

h——支承墙体的厚度，当上下墙厚不同时取下部墙厚，当有壁柱时取 h_T。

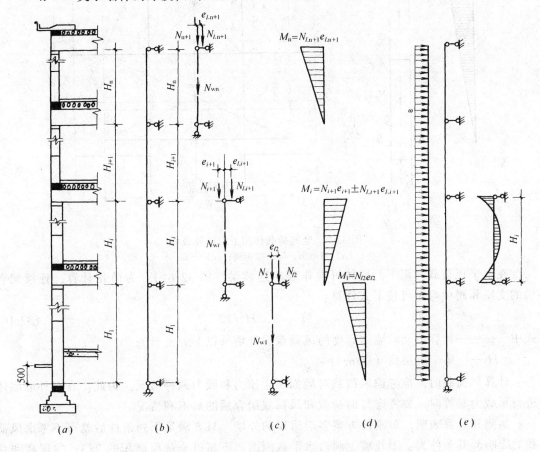

图 32-6 多层房屋刚性方案时的墙体计算图形

(a) 墙体剖面；(b) 竖向连续梁计算简图；(c) 简化后的计算简图；(d) 竖向荷载作用下的弯矩图；(e) 风载作用下的计算简图

第 i 层墙体各截面内力不同。由于轴力值上小下大，弯矩值上大下小，因此进行截面承载力验算时必须确定承载力的控制截面：从弯矩看，应为Ⅰ—Ⅰ截面；从轴力看，应取Ⅱ—Ⅱ截面；从墙体截面看，应取窗间墙上截面（图 32-7）。在工程设计中为了简化计算，一般取Ⅰ—Ⅰ、Ⅱ—Ⅱ两个截面进行承载力验算，而其截面面积仍以窗间墙截面计算。

2. 风荷载作用下的验算

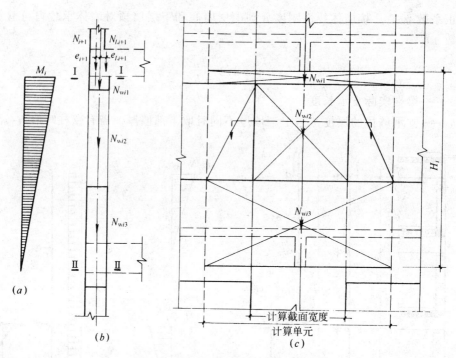

图 32-7 竖向荷载作用下的计算截面
（a）弯矩图；（b）墙剖面；（c）立面

在水平风荷载作用下，墙体可视作竖向连续梁（图 32-6e）。为简化计算，连续梁各层的支座和跨中弯矩可按下式计算：

$$M = \pm wH_i^2/12 \tag{32-10}$$

式中　w——计算单元沿墙体高度的风荷载设计值（以 kN/m 计）；
　　　H_i——第 i 层层高（以 m 计）。

计算风荷载时，应考虑风荷载对墙面产生压力和吸力两种情况。为此，在对外墙墙体进行承载力验算时，要考虑竖向荷载和风荷载组合后的最不利情况。

实测和计算表明，对刚性方案多层房屋的外墙，只要满足下列条件后就可不考虑风荷载的影响，其条件为：①外墙上洞口水平截面面积不超过全截面面积的 2/3；②层高和总高不超过表 32-2 的规定；③屋面自重不小于 0.8kN/m^2。

外墙不考虑风荷载影响时的最大高度　　　　表 32-2

基本风压（kN/m^2）	层高（m）	房屋总高（m）
0.4	4.0	28
0.5	4.0	24
0.6	4.0	18
0.7	3.5	18

注：对于多层砌块房屋190mm 厚的外墙，当层高不大于 2.8m，总高不大于 19.6m，基本风压不大于 $0.7 kN/m^2$ 时可不考虑风荷载的影响。

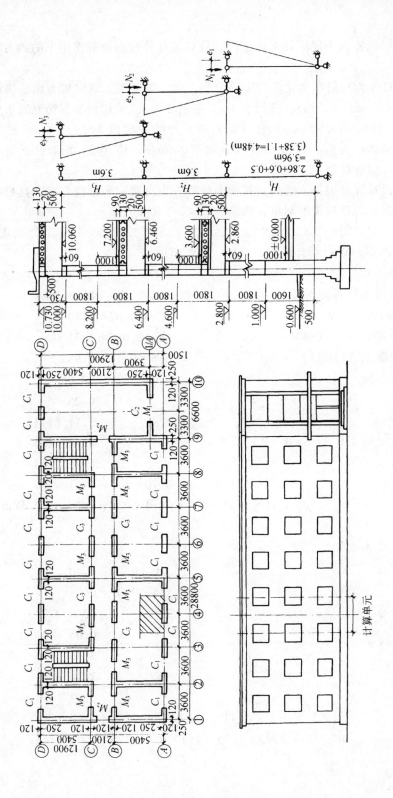

图 32-8

$M_1—3\times2.7; M_2—1.5\times2.7; M_3—1\times2.4; C_1—1.8\times1.8; C_2—3\times1.8; C_3—1.8\times0.6$(均为宽×高,以 m 计)

一般刚性方案多层房屋大都能满足上述条件。故只需计算竖向荷载作用下的内力而无需与风荷载组合。

【例 32-1】 图 32-8 为三层某文化活动中心的平、立、剖面图。该房屋为纵、横墙混合承重体系。开间 3.6m，层高 3.6m，进深 5.4m，走道 2.1m，采用预制钢筋混凝土空心板（130mm 厚）、梁（200mm×500mm）楼（屋）盖。外墙一层厚 370mm，二、三层厚 240mm、内墙除⑨轴墙体厚度为 370mm 外，其他均厚 240mm。楼（屋）面静、活荷载见计算部分。试验算该房屋外纵墙。

本例按纵横墙平面布置及层高、总高，其静力计算方案可确定为刚性方案；且根据窗户等大小可不考虑风载；荷载按最不利组合取值。

解

1. 荷载（标：标准值；设：设计值）

(1) 屋盖荷载（kN/m²）

二毡三油小豆石防水层	0.35
砂浆找平层	$20 \times 0.02 = 0.40$
焦碴找坡平均（95 厚）	$14 \times 0.095 = 1.33$
加气混凝土（150 厚）	$6.5 \times 0.15 = 0.98$
预制空心板	2.0
刮腻子	0.05
静荷载	5.11（标）
活荷载（施工 0.7，雪 0.3）	0.70（标）
静 + 活	5.81（标）
	$5.11 \times 1.2 + 0.70 \times 1.4 = 7.11$（设）
	$5.11 \times 1.35 + 0.70 \times 1.4 \times 0.7 = 8.27$（设）取此值

(2) 楼盖荷载（kN/m²）

水泥地面	$20 \times 0.20 = 0.40$
焦碴垫层（70 厚）	$14 \times 0.07 = 0.98$
预制空心板	2.0
刮腻子	0.05
静荷载	3.43（标）
活荷载	2.50（标）
静 + 活	5.93（标）
	$3.43 \times 1.2 + 2.50 \times 1.4 = 7.62$（设）取此值
	$3.43 \times 1.35 + 1.4 \times 0.7 \times 2.5 = 7.08$（设）

(3) 墙体、窗（kN/m²）、预制梁自重（标）

表 32-3

240 墙、外水刷、内抹灰	370 墙、外水刷、内抹灰	窗	预制梁、三面抹灰
5.40（=19×0.24+0.5+0.34）	7.78（=19×0.365+0.5+0.34）	0.45	2.91（=25×0.2×0.5+0.34×1.2）

2．基本参数

采用 MU10 烧结页岩砖，M2.5（混合砂浆），$f=1.30\text{N/mm}^2$；外纵墙各层细部尺寸及檐口、屋面做法尺寸见图 32-8，其他基本参数见表 32-4。

表 32-4

	墙体计算截面 A (mm²)	y (mm)	横墙间距 s (mm)	墙高 H (m)	H_0 (m)	$a_0=10\sqrt{h/f}$ (mm)	e_l (mm)
二、三层	240×1800=432000 >0.3m², $\gamma_a=1$	120	10.8	3.60	3.60	196.12	$y-0.4a_0=41.55$
底层	370×1800=666000 $\gamma_a=1$	185	10.8	3.96	3.96	196.12	$y-0.4a_0=106.55$

3．外纵墙承载力验算（用表格进行）

表 32-5

层数	截面	N_k (kN)	N (kN)	M (kN·mm)	e (mm)	β	e/h	φ	$N_u=\varphi Af$ (kN)
三层 $h=240$	I_3-I_3	梁底以上墙 0.66×3.6×5.4 =13.03 挑檐 0.75×3.6×5.81=15.69 屋盖 2.7×3.6×5.81=56.47 梁 2.7×2.91=7.86 93.05	17.58 22.33 80.38 10.61 130.90	(80.38+10.61)×41.55 =3780.63	3780.63/130.90 =28.88 <0.6y=72	15	0.120	0.459	257.77>130.90
	II_3-II_3	窗上墙 0.06×3.6×5.4=1.17 窗 重 1.8×1.8×0.45=1.46 窗间墙 1.8×1.8×5.4=17.50 窗下墙 1.74×3.6×5.4=33.83 53.96 53.96+93.05=147.01	1.58 1.97 23.62 45.67 72.84 203.74	0	0	15	0	0.689	386.94>203.74
二层 $h=240$	I_2-I_2	屋盖 2.7×3.6×5.93=57.64 梁 2.7×2.91=7.86 65.50 65.60+147.01=212.51	74.07 9.43 83.50 287.24	83.50×41.55 =3469.43	3469.43/287.24 =12.08 >0.6y=72	15	0.050	0.583	327.57>287.24
	II_2-II_2	同 II_3-II_3 墙重=53.96 53.96+212.51=266.47	72.84 360.08	0	0	15	0	0.689	386.94>360.1

续表

层数 (mm)	截面	N_k (kN)	N (kN)	M (kN·mm)	e (mm)	β	e/h	φ	$N_u = \varphi A f$ (kN)
一层 $h=$ 370	$I_1—I_1$	楼盖　　　　　　　　57.64 梁　　　　　　　　　7.86 370墙增厚部分墙体 $0.51 \times 3.6 \times (7.78 - 5.4) = 4.37$ 　　　　　　　　　69.87 $69.87 + 266.47 = 336.34$	74.07 9.43 5.90 89.40 449.48	$e_1 = 185 - 120$ $= 65$mm $360.1 \times 65 -$ $(74.07 + 9.43)$ $\times 106.55$ $= 14510$	14510 449.48 /32.28 $= 32.28$ $0.6y = 111$	10.70	0.0872	0.62	536.80>449.48
	$II_1—II_1$	窗上墙 $0.06 \times 3.6 \times 7.78 = 1.68$ 窗　重 $1.8 \times 1.8 \times 0.45 = 1.46$ 窗间墙 $1.8 \times 1.8 \times 7.78 = 25.21$ 窗下墙 $2.1 \times 3.6 \times 7.78 = 58.82$ 　　　　　　　　　87.17 $87.17 + 336.34 = 423.51$	117.68 567.16	0	0	10.70	0	0.81	701.30>567.16

以二层墙体 $I_2—I_2$ 截面承载力验算为例（$A = 432000$mm^2，$\gamma_a = 1$，$f = 1.30$ N/mm^2）。$I_2—I_2$ 截面：

由上层墙体形心传来 $N_3 = 203.74$kN

由本层楼盖梁传来 $N_{l2} = 83.50$kN

$$M_{l2} = N_{l2} \times e_{l2} = 83.50 \times 41.55 = 3469.43 \text{kN·mm}$$

$$e_2 = 3469.43/(83.5 + 203.74) = 12.08\text{mm} < 0.6y = 72$$

$$e_3/h = 12.08/240 = 0.050, \quad \beta = 3600/240 = 15, \quad 查表 31-8 得 \varphi = 0.583$$

$$N_u = \gamma_a \varphi A f = 1 \times 0.583 \times 432000 \times 1.30 = 327.57 \times 10^3 \text{N} = 327.57 \text{kN}$$

$$> (203.74 + 83.50) = 287.24 \text{kN}，满足要求。$$

4. 梁垫设置—梁端局部受压承载力验算（用表格进行）

按砌体规范对砖砌体当梁跨度>4.8m时，应设置混凝土或钢筋混凝土垫块，本例按混凝土垫块计算。

$$\frac{\sigma_0}{f} = \frac{0.833}{1.3} = 0.641 \quad 由表 31-5 可得 \quad \delta_1 = 7.08$$

$$a_0 = \delta_1 \sqrt{\frac{h_c}{f}} = 7.08 \sqrt{\frac{500}{1.3}} = 138.85 \quad e_{l1} = 185 - 0.4 a_0 = 129.46$$

表 32-6

层数	梁垫 $a_b \times b_b \times t_b$	$A_b = a_b \times b_b$ (mm²)	N_l (kN)	N_{i+1} (kN)	σ_0 (N/mm²)
二层	240×500×240	120000	83.50	203.74	203740/240×1800=0.472
底层	370×500×240	185000	83.50	360.08	360080/240×1800=0.833

层数	N_0 (kN)	N_0+N_l (kN)	A_0 (mm²)	γ_1	e (mm)	φ	$N_u = \varphi\gamma_l f A_b$
二层	$0.472A_b=56.64$	140.14	235200	1.07	24.76	0.887	148.06>140.14
底层	$0.833 \times A_b=99.96$	183.46	458800	1.14	13.08	0.98	268.69>183.46

注：此处 A_b 应为 $240 \times 500 = 120000 \text{mm}^2$。

以底层梁端下设有梁垫时，梁垫下砌体局部受压承载力验算为例（$A_b=185000\text{mm}^2$，$f=1.30\text{N/mm}^2$，$A_0=370(2\times370+500)=458800\text{mm}^2$）：

由本层楼盖梁传来 $N_{l1}=83.50\text{kN}$

由上层墙体形心传来 $N_2=360.08\text{kN}$

$\sigma_0=360.08\times10^3/240\times1800=0.833\text{kN/mm}^2$（见表 32-6），故 $N_{01}=0.833\times240\times500=99.96\times10^3\text{N}=99.96\text{kN}$（见表 32-6）

$$\gamma=1+0.35\sqrt{(458800/185000)-1}=1.43, \quad \gamma_l=0.8\gamma=1.14$$

$$e=\frac{N_{l1}e_{l1}-N_{01}(370-240)/2}{N_{l1}+N_{01}}=\frac{83.5\times129.46-99.96\times65}{83.5+99.96}=23.50\text{mm}$$

$e/h=23.50/370=0.064$，查表 31-8 得 $\varphi=0.953$

$\therefore N_u=\varphi\gamma_l f A_b=0.953\times1.14\times1.30\times185000=261.28\times10^3\text{N}=261.28\text{kN}>N_0+N_l=183.46\text{kN}$，满足要求。

3．上柔下刚多层房屋设计要点

上柔下刚房屋指的是顶层墙体布置不符合刚性方案要求，但下面各层由相应楼盖类别和横墙间距可确定为刚性方案的房屋。例如顶层为会议厅、俱乐部而以下各层为办公室、宿舍时，就可能属于这类房屋。上柔下刚房屋的内力分析，其顶层可按单层房屋计算，它的空间性能影响系数可根据屋盖类别按表 32-1 取用；以下各层则按刚性方案计算。

上柔下刚多层房屋设计的关键是确保顶层墙体底部与下层墙体的连接为固定端。

32.3 墙体的构造措施

墙体除由各种荷载引起的内力外，还会有因材料收缩、温度变化、地基发生过大不均匀沉降、墙体和门窗洞口布置不当、梁板与墙体搭接做法不妥等复杂因素引起的内力。由于砌体抗拉强度很低，如果在设计上处理不当，由这些复杂因素引起的内力很可能使墙体产生各种裂缝，以致影响墙体的承载力和房屋的整体刚度。在砌体结构的工程设计中，由这些复杂因素引起的内力,往往难以进行定量计算,而需要采取适当的构造措施使其消失或减少。这就是墙体构造措施所要解决的问题。

32.3.1 防止因材料收缩和温度变化使墙体开裂而采取的构造措施

由钢筋混凝土楼(屋)盖和墙体组成的房屋相当于一个盒形空间结构,当材料随时间发生收缩变形和自然界温度发生变化时,由于钢筋混凝土和墙砌体材料收缩系数和线胀系数的不同以及房屋地面以上部分和地面以下部分,室内部分和外露部分温度的差异,会在房屋的墙体及楼(屋)盖结构构件中引起因约束变形而产生的附加应力,当这些附加应力过大时会形成如下裂缝:

1. 由于钢筋混凝土屋盖和墙体温度变形的差异,有可能在屋盖与顶层墙体连接的部位,产生纵向水平裂缝,或包角水平裂缝(图32-9a);在顶层墙体上产生沿窗洞口的八字形裂缝(图32-9b);沿外纵墙两侧产生通长水平裂缝(当横墙间距很大时)(图32-9c);还可能将女儿墙推出而在女儿墙上产生图32-9(d)、(e)所示的各种裂缝。

2. 由于房屋过长,室内外温差过大,因钢筋混凝土楼盖和墙体温度变形的差异,有可能使外纵墙在门窗洞口附近或楼梯间等薄弱部位发生竖向贯通墙体全高的裂缝;这种裂缝有时会使楼(屋)盖的相应部位也发生断裂,形成内外贯通的周圈裂缝(图32-9f)。

3. 由于房屋楼盖错层、钢筋混凝土圈梁未沿外墙交圈等不合理做法,因钢筋混凝土构件和墙体构件间收缩和温度变形的差异,有可能在钢筋混凝土构件不连续处的墙体上产生局部竖向裂缝(图32-9g、h)。

为防止或缓和房屋在正常使用条件下因温差收缩引起的各种裂缝,可将长度过大的房屋用温度伸缩缝划分成几个长度较小的独立单元。由于房屋长度减小,若墙体因收缩和温度变形引起的附加应力小于砌体抗拉强度和抗剪强度,就能防止或减小裂缝。砌体规范经大量统计和理论计算,按砌体类别、楼(屋)盖类别、有无保温层或隔热层确定了砌体房屋温度伸缩缝的最大间距,见表32-7。

砌体房屋伸缩缝的最大间距(m)　　　　　表32-7

砌体类别	屋盖或楼盖类别		间距
烧结普通砖、多孔砖配筋砌块砌体	钢筋混凝土结构	整体或装配整体式 有保温层或隔热层的屋盖、楼盖	50
		整体或装配整体式 无保温层或隔热层的屋盖	40
		装配式无檩体系 有保温层或隔热层的屋盖、楼盖	60
		装配式无檩体系 无保温层或隔热层的屋盖	50
		装配式有檩体系 有保温层或隔热层的屋盖	75
		装配式有檩体系 无保温层或隔热层的屋盖	60
	瓦材屋盖、木屋盖或楼盖、轻钢屋盖		100

注:1. 按本表设置的伸缩缝,可以防止由温差和干缩引起的墙体竖向裂缝,也可缓和或减少顶层墙体的八字缝、水平缝等,但不能防止它们;
2. 层高大于5m的单层房屋,伸缩缝最大间距可按表中数值乘以1.3;
3. 温差较大且变化频繁地区和严寒地区不采暖房屋,应按表中数值适当减小;
4. 石砌体、蒸压灰砂砖、蒸压粉煤灰砖和混凝土砌块房屋取表中数值乘以0.8的系数,其他类别房屋的有关数据见砌体规范;
5. 墙体的伸缩缝应与结构的其他变形缝相重合,在进行立面处理时,必须保证缝隙的伸缩作用。

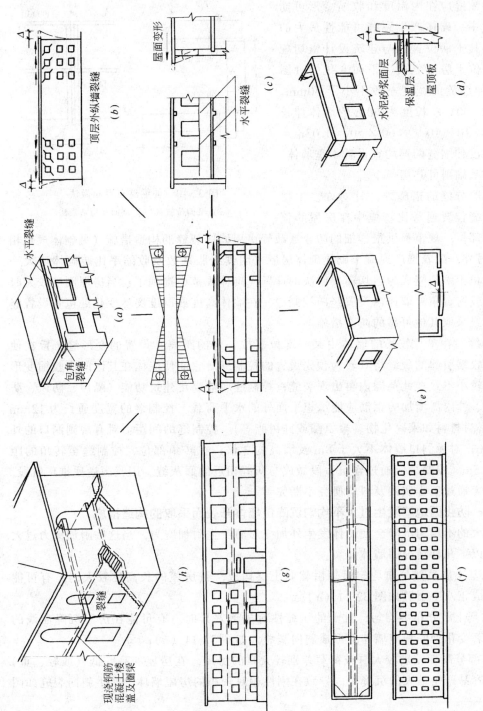

图 32-9 因材料收缩和温度变化致使墙体开裂的情况

温度伸缩缝应在因温度和收缩变形可能引起应力集中、砌体产生裂缝可能性最大的地方设置，其平面位置宜与建筑设计密切配合，一般宜位于房屋立面、平面变化处（图32-10a）。伸缩缝的宽度一般不小于30mm。（相当于温差50℃，长度为60m的墙体伸长值：$\alpha\Delta t \cdot l = 10 \times 10^{-6} \times 60 \times 50 = 0.03m = 30mm$）。温度伸缩缝两侧均宜设置承重墙体，而该墙体的基础则可共用一个。

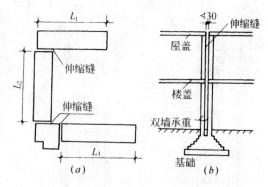

图 32-10 伸缩缝布置和做法
(a) 平面位置；(b) 剖面和构造做法

除了采取分缝的措施外，针对许多工程中出现的裂缝位置通常比较集中在房屋的顶层和底层的部位，规范提供很详细的防止或减轻房屋墙体裂缝的构造措施（见砌体规范相应章节），另外，随着推广混凝土砌块砌体房屋（因其线胀系数及收缩率比砖砌体要大一倍）如何防止干缩裂缝成为迫切需要解决的课题，砌体规范中提到了：当房屋刚度较大时可在窗台下或窗台角处墙体内设置竖向控制缝。在墙体高度或厚度突然变化处也宜设置竖向控制缝，或采取其他可靠的防裂措施。

❶ 控制缝指在单片较长的墙体中某一部位（按一定的距离）设置的变形缝，旨在使砌体材料因收缩引起的裂缝将其转为预先设置的控制缝。它能使墙体在其区间内收缩变形引起的内力较小不致在此范围内再出现裂缝；控制缝应能满足建筑功能（隔声、防风、防雨水的浸袭、缝内需增加的钢筋应能承担平面外的水平荷载。控制缝的宽度通长为12mm（内嵌弹性密封材料如聚硫物、聚氨酯或硅树脂等）。控制缝的间距：对有规则洞口的外墙不大于6m；对无洞口墙体不大于8m及墙高的3倍；在转角部位、控制缝至转角的距离不大于4.5m。控制缝应通过建筑手段做成与灰缝相近的假灰缝。因我国尚属推广阶段，上述措施还需通过工程实践及科研研究不断完善。

32.3.2 防止因地基发生过大不均匀沉降使墙体开裂而采取的构造措施

房屋过大的不均匀沉降会使墙体发生外加变形而产生附加应力，当这些附加应力过大时，会形成以下几种情况的墙体开裂：

1. 当地基土层虽然分布均匀但却由软弱土层构成，且房屋的长高比较大时，有可能在纵墙上形成正八字裂缝如图32-11（a）；

2. 当地基土层分布不均匀，且土的压缩性有显著差异时，有可能在房屋沉降曲线的曲率发生显著变化处的相应墙体上形成斜向裂缝，如图32-11（b）；

3. 对各部分高度差别较大（或荷载差别较大）的房屋，在房屋的高、低（或轻、重）变化的部位容易产生较大的沉降差，导致在刚性相对较小的房屋墙体上产生斜向裂缝如图

---
❶ 摘自配筋砌体工程手册．北京市建设委员会　美国混凝土砌块资料汇编（一）。

32-11（c）。

这些裂缝有以下几个特点：(1) 裂缝一般呈倾斜状，说明系因砌体内主拉应力过大而使墙体开裂；(2) 裂缝较多出现在纵墙上，较少出现在横墙上，说明纵墙的抗弯刚度相对较小；(3) 在房屋空间刚度被削弱的部位，裂缝比较密集。

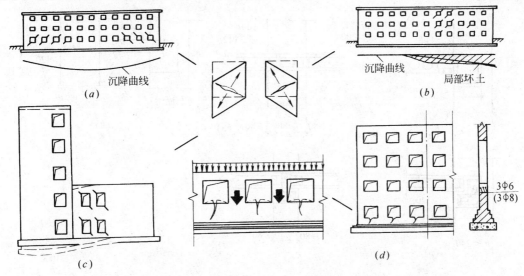

图 32-11　因地基发生过大不均匀沉降致使墙体开裂的情况

为防止因地基发生过大不均匀沉降在墙体上产生的各种裂缝，一般可采用以下构造措施：

(1) 总体上控制房屋的长高比。对三层和三层以上房屋，当房屋建造在软弱地基上时，其长高比宜≤2.5；当房屋建造在一般地基上时，其长高比宜≤5。

(2) 合理地布置承重墙体。宜尽量将纵墙拉通，尽量做到不转折或少转折。避免在中间或某些部位断开，使它能起到调整不均匀沉降的作用；同时每隔一定距离设置一道横墙，与内外纵墙连接，以加强房屋的空间刚度，进一步调整沿纵向的不均匀沉降。

(3) 在墙体内设置钢筋混凝土圈梁，圈梁在墙体中的作用相应于纵向钢筋在钢筋混凝土梁中的作用。它既能提高墙体在其平面内的抗拉能力，承受由地基不均匀沉降而在墙体内产生的拉应力，而且能增强房屋的整体刚度，防止振动（包括地震作用）对房屋的不利影响。圈梁应沿外墙、内纵墙和主要横墙设置，纵横墙圈梁交接处应有可靠的连接，见图 32-12（e），并在同一水平面内连成封闭系统。若圈梁被门窗洞口截断，应在洞口上部或下部砌体中设置一道截面相同的附加圈梁，它与被截断圈梁的搭接长度应不小于其垂直间距的二倍，且不得小于 1m（图 32-12f）。钢筋混凝土圈梁宽度宜与墙厚相同，当墙厚 $h \geqslant$ 240mm 时不宜小于 $2/3h$；圈梁高度不应小于 120mm，截面配筋不宜少于 $4\phi10$（图 32-12a、b），绑扎接头的搭接长度按受拉钢筋考虑，箍筋间距不宜大于 300mm，混凝土强度等级不宜低于C20。采用现浇钢筋混凝土楼（屋）盖的多层砌体结构房屋，当层数超过5层时，除在檐口标高处设置一道圈梁外可隔层设置圈梁、并与楼（屋）盖面板一起现浇，未设圈梁的楼面板嵌入墙内的长度不应小于120mm，并沿墙长配置不少于2Φ10的纵向钢筋，如图32-12（g）所示。圈梁的某些构造做法参见图32-12。

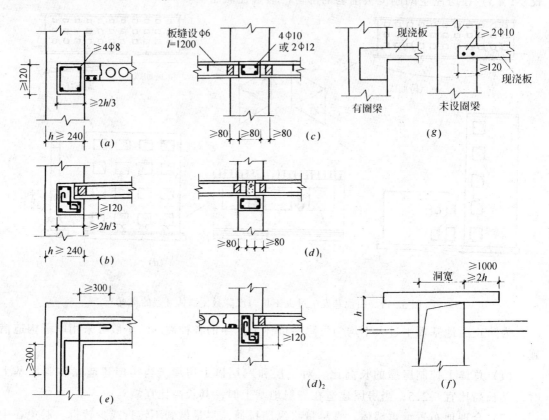

图 32-12 钢筋混凝土圈梁构造做法
(a)、(c) 设与板等高圈梁；(b)、(d) 设板底圈梁；(e) 钢筋混凝土圈梁转角处配筋构造；
(f) 被截断圈梁做法；(g) 现浇板与圈梁及墙关系

圈梁沿房屋高度设置的数量应按单、多层、砌体种类、层数、层高、檐口高度、民用、工业房屋、有无托梁墙梁等情况考虑：①对于空旷的单层砖砌体房屋（如车间、仓库、食堂等建筑），当檐口标高为5～8m时，应在檐口标高处设置一道；檐口标高大于8m时应增加设置数量。单层砌块或料石砌体房屋要求更严，对照砖砌体房屋相应在4～5m和檐口大于5m时就应设置和增设圈梁；对于有吊车或有较大振动设备的单层工业房屋，除在檐口或窗顶标高处设置圈梁外，尚应增加设置数量。②多层砌体民用房屋（如宿舍、办公楼）、当层数为3～4层时应在檐口标高处设置一道圈梁；当层数超过4层时，应在所有纵、横墙上隔层设置。多层工业房屋，则应在每层设置。③设有墙梁的多层房屋、应在托梁、墙梁顶面和檐口标高处设置，其他楼层处应在所有纵横墙上每层设置；④对建造在软弱地基或不均匀地基上的单、多层砌体房屋、除应按上述各项要求设置圈梁外，还应按地基规范有关规定增设。

(4) 设置沉降缝。它与温度伸缩缝不同的是必须自基础起将两侧房屋在结构构造上完全分开。它的做法有：

(a) 双墙偏心基础方案（图 32-13a）。沉降缝两侧承重墙下的基础均为偏心基础，这种方案会因缝两侧墙体受弯而使结构处于不利的受力状态。故只适用于层数少，荷载轻的房屋。

(b) 双墙穿插基础方案（图 32-13b）。沉降缝两侧承重墙下的基础各自分开，互有穿插，自成传力系统。

(c) 一侧墙体置于悬挑梁上的方案（图 32-13c）。沉降缝一侧的承重墙及其基础为通常做法。另一侧的横墙墙体（一般用轻质材料做成）自重则通过墙梁传给由纵墙挑出的挑梁，这时通常在紧挨沉降缝的第一开间处宜设置连接内外纵墙的承重横墙，以加强该处的整体刚度。

(d) 简支构件方案（图 32-13d）。以简支构件架设在两端各自成基础体系的相应承重墙体上，形成有一定宽度的沉降缝，当缝两侧房屋有沉降差时，简支构件可以在构造上将两端结构联系起来。

以上各种沉降缝方案都会对承重墙体的布置和构造有重要影响，在房屋设计初期就需加以认真对待。

砌体结构房屋的沉降缝一般可在房屋的下列部位设置：①形状复杂建筑平面的转折部位；②房屋高度或荷载差异较大的交界部位；③建筑结构或基础类型不同的交界部位；④长高比过大的房屋的适当部位；⑤地基土的压缩性有显著差异的部位；⑥房屋分期建造的交界处。沉降缝最小宽度的确定，要考虑避免相邻房屋因地基沉降不同产生倾斜引起相邻构件有碰撞的可能，因而与房屋高度有关。沉降缝最小宽度一般可取：2~3 层房屋 50~80mm；4~5 层房屋 80~120mm；5 层以上房屋 >120mm。

32.3.3 其他构造要求

1. 砌体材料

(1) 多层房屋每层墙体宜采用同一强度等级的砂浆砌筑。

(2) 五层及五层以上房屋的墙、以及受振动或层高大于 6m 的墙、柱所用材料的最低强度等级为：砖 MU10（砌块 MU7.5，石材 MU30）、砂浆 M5，对安全等级为一级或设计使用年限大于 50 年的房屋其强度等级应相应至少提高一级。

(3) 地面以下或防潮层以下的砌体，潮湿房间的墙，所用材料的最低强度等级应符合表 32-8 的要求。

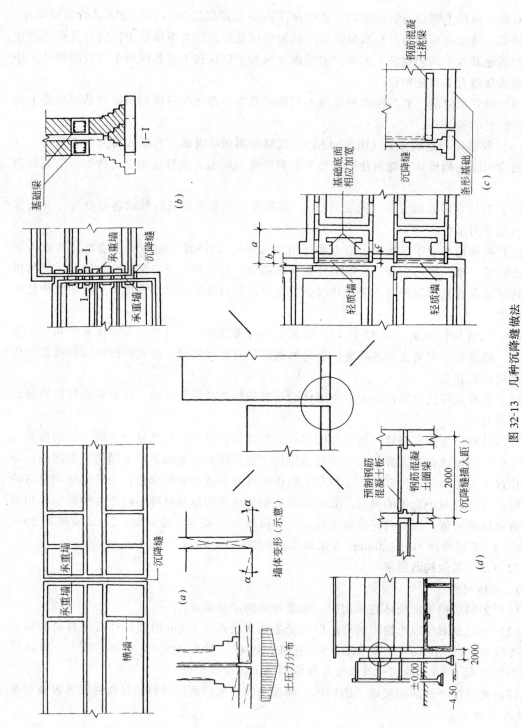

图 32-13 几种沉降缝做法
(a) 双墙偏心方案;(b) 双墙基础牙插方案;(c) 悬挑梁方案;(d) 简支构件方案

表 32-8

基土的潮湿程度	烧结普通砖、蒸压灰砂砖		混凝土砌块	石材	水泥砂浆
	严寒地区	一般地区			
稍潮湿的	MU10	MU10	MU7.5	MU30	M5
很潮湿的	MU15	MU10	MU7.5	MU30	M7.5
含水饱和的	MU20	MU15	MU10	MU40	M10

注：1. 在冻胀地区，地面以下或防潮层以下的砌体，不宜采用多孔砖，如采用时，其孔洞应用水泥砂浆灌实。当采用混凝土砌块砌体时，其孔洞应采用强度等级不低于 C_b20 的混凝土灌实。

2. 墙体布置

除前已论述的多层房屋的静力计算方案应尽量采用刚性方案，为此要满足相应对横墙的构造要求外，尚应注意以下问题：

(1) 墙、柱的截面、墙体厚度、门窗间墙的最小宽度都应符合砖的模数；同一片墙的厚度应相同；壁柱间距应有规律；承重独立砖柱截面尺寸不应小于 240mm×370mm（其他砌体，见砌体规范）。

(2) 墙体上下洞口宜对齐，使上下层荷载能直接传递（尤其要注意内纵墙上下层门洞能否对齐）；宜避免在纵横墙交接处开门窗洞中或留通长沟槽，以致破坏纵横墙的整体连接。

(3) 底层窗口下墙体上侧有时要做局部处理，因为在该窗口下端墙体的中部或角部往往发生上宽下窄的通向基础的竖向裂缝，如图 32-11 (d) 所示。其原因是底层窗间墙在上层墙体传来的竖向力作用下会发生较大的压缩变形，而窗下墙受到的竖向力却极小。这种变形差使得窗下墙处于附加的弯曲受拉和受剪的复杂应力状态。当这种附加应力大于砌体弯曲抗拉和抗剪强度时，就会使墙体开裂。防止的措施是在底层窗口下几皮砖内铺设局部钢筋见 32.3.1 节。

(4) 墙体转角处和纵横墙交接处宜沿竖向每隔 400～500mm 设拉结筋，数量为每 120mm 墙厚不少于 1ϕ6 或焊接钢筋网片，埋入长度从墙的转角或交接处算起每边不小于 600mm。

(5) 对灰砂砖、粉煤灰砖、混凝土砌块或其他非烧结砖，宜在各层门、窗过梁上方的水平灰缝内及窗台下第一、第二道水平灰缝内设置焊接钢筋网片或 2ϕ6 钢筋，长度都应伸入两边窗间墙内不小于 600mm。且当墙长大于 5m 时宜在每层墙高度中部设置 2～3 道焊接钢筋网片或 3ϕ6 的通长水平钢筋，竖向间距宜为 500mm。

3. 板、梁与墙体连接

(1) 预制钢筋混凝土板在墙上支承长度宜≥100mm；在钢筋混凝土圈梁上支承长度≥80mm。当利用板端伸出钢筋拉结和混凝土灌缝时，其支承长度可为 40mm，但板端缝宽应不小于 80mm，灌缝混凝土强度不宜低于 C20。

(2) 钢筋混凝土梁在墙上支承长度宜≥240mm（小跨度梁也可为180mm，但梁下应设置垫块）。跨度大于4.8m、4.2m、3.9m的梁下相应的砖砌体、砌块和料石砌体、毛石墙砌体应设置垫块，当墙中设有圈梁时，垫块与圈梁宜浇成整体；吊车梁、屋架及跨度大于等于9m（砖砌体）或≥7.2m（砌块和料石砌体）的预制梁的端部应采用锚固件与墙、柱上的垫块锚固；当梁跨度≥6m（砖墙240mm厚）、4.8m（180厚砖墙）、（砌块料石墙）时墙体支承处宜设壁柱或采取其他加强措施。

(3) 当跨度较大的梁支承在墙上时，有可能使墙体产生不可忽视的嵌固弯矩（梁跨度＞9m时，固端弯矩给墙体的影响及其计算见前32.2.2节所述），会严重影响墙体的承载力。由于这个原因使墙体倒塌，对人民生命财产造成极大损失的实例、在近期也时有出现。因此，对跨度较大的现浇钢筋混凝土梁不得将梁端扩大代替梁垫，而应采用在梁的支承面下设置预制垫块的做法（图32-14a），且应验算嵌固弯矩对墙的影响。对于厚度≤240mm的墙体，当梁的跨度≥6m时，尚宜在梁的支承处加设壁柱（图32-14b）。

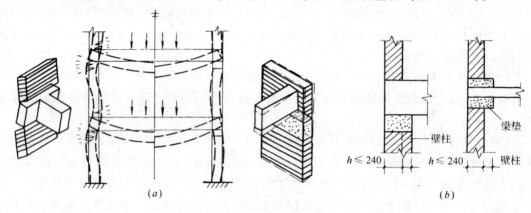

图 32-14

思 考 题

32.1 什么叫做空间性能影响系数？简述其在单层房屋和多层房屋中的物理意义？砌体规范是怎样确定 η_i 的？为什么？

32.2 刚性和刚弹性方案的横墙应满足哪些要求？不满足时怎么办？怎样计算横墙顶点的水平位移？写出计算公式？计算假定是什么？

32.3 简述单层房屋三种静力计算的计算单元，计算简图与计算截面。

32.4 简述多层房屋刚性方案的计算单元、计算简图与计算截面（外纵墙、内纵墙、横墙）。

32.5 为什么多层房屋外纵墙在竖向荷载下的计算简图（楼层、底层）都假定为上部受一偏心压力的两端铰结的竖向简支杆件？而在水平荷载下按跨度为层高 H_i 的多跨连续梁计算？

32.6 多层刚性方案房屋在什么情况下可不考虑风载？多层刚性方案房屋的内墙、外墙各层的 H_i 和 H_0 怎样计算？

32.7 砖砌体房屋通常会出现哪些裂缝？是什么原因引起的？哪些是破坏性的？哪些属非破坏性的？如何防止？

32.8 砖砌体结构多层刚性方案房屋当梁跨度大于 4.8m 时为什么要设置预制刚性梁垫？沿梁全高设置的现浇梁垫为何不宜采用？与计算假定梁、墙交接处为铰结有什么出入？

32.9 什么叫伸缩缝？什么叫沉降缝？什么叫防震缝（见第 34 章）？简述三缝各有哪些构造要求和做法？相互间有何区别和共同点？什么叫控制缝？

32.10 如何增加房屋的整体刚度？有哪些主要的构造措施？哪些又是最关键的？

32.11 画出墙与墙、墙与板、墙与梁、板与板、板与梁、梁与梁、墙与圈梁、板、梁的节点构造。

32.12 非地震区墙体计算包括哪几部分？各解决什么问题？不满足时会造成哪些破坏？

第33章 过梁、墙梁、挑梁设计

33.1 过梁的设计计算

33.1.1 过梁类型及构造

过梁通常指的是墙体门、窗洞口上部的梁,用以承受洞口以上墙体和楼(屋)盖构件传来的荷载。常用的过梁有以下四种类型:

1. 砖砌平拱过梁:它又可分为将砖块竖放立砌和对称斜砌两种,均呈平直线型,如图33-1(a)所示。将砖竖放砌筑的这部分高度不应小于240mm。砖砌平拱过梁跨度不宜超过1.2m,砖的强度等级不应低于MU10。这类过梁适用于无振动、地基的土质较好不需作抗震设防的一般建筑物。

2. 砖砌弧拱过梁:砌法同上,但呈圆弧(或其他曲线)型。将砖竖放砌筑的这部分高度不应小于120mm,其跨度与矢高 f 有关。当 $f=\left(\dfrac{1}{8}\sim\dfrac{1}{12}\right)l$ 时,最大跨度可达2.0~2.5m;当 $f=\left(\dfrac{1}{6}\sim\dfrac{1}{5}\right)l$ 时,最大跨度可达3~4m,如图33-1(b)所示。砖砌弧拱过梁适用于对建筑外形有一定艺术要求的建筑物(工程中应慎重考虑该类过梁对变形很敏感的问题)。

3. 钢筋砖过梁:在这类过梁中,砖块的砌筑方法与墙体相同,仅在过梁底部放置纵向受力钢筋,并铺放厚度不小于30mm的砂浆层,如图33-1(c)所示。钢筋砖过梁的跨度不宜超过1.5m,过梁底面以上截面计算高度(见33.1.3节)内的砖不应低于MU10,砂浆不应低于M5。底面砂浆处的钢筋直径不应小于5mm,间距不应大于120mm。钢筋伸入支座砌体内的长度不宜小于240mm。

4. 钢筋混凝土过梁:同一般预制钢筋混凝土梁,通常在有较大振动荷载或可能产生不均匀沉降的房屋中采用,跨度较小时常作成预制。为满足门、窗洞口过梁的构造需要,可做成矩形截面或带挑口的"L"形截面,后者又可分短挑口和长挑口两种,供不同建筑造型需要采用,如图33-1(d)所示。由于这种过梁施工方便,并不费模板,在实际的砌体结构中已大量被采用。上述各种砖砌过梁已几乎被它所代替。

33.1.2 过梁上的荷载

过梁既是"梁",又是墙体的组成部分,过梁上的墙体在砂浆硬结后具有一定刚度,可以将过梁以上的荷载部分地传递给过梁两侧墙体。所以在设计过梁时,恰当地确定过梁

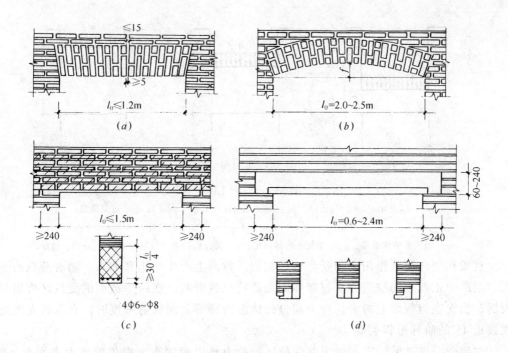

图 33-1 过梁的类型
(a) 砖砌平拱过梁;(b) 砖砌弧拱过梁;(c) 钢筋砖过梁;(d) 钢筋混凝土过梁

所承受的荷载十分必要。

过梁上的荷载一般包括墙体荷载和梁、板荷载两部分。

1. 墙体荷载

对于砖砌墙体,当过梁上的墙体高度 $h_w < l_n/3$ (l_n 为过梁的净跨)时,应按全部墙体自重作为均布荷载考虑;当过梁上的墙体高度 $h_w \geq l_n/3$ 时,应按高度为 $l_n/3$ 的墙体自重作为均布荷载考虑,其余墙体自重可认为通过过梁上墙体的起拱作用,传递给过梁两侧墙体,而不再由过梁承受。

对混凝土砌块砌体,因块材尺寸大,砂浆少,起拱作用不如砖砌体,计算过梁上的墙体高度应以 $h_w < l_n/2$ 和 $h_w \geq l_n/2$ 为界限,代替砖砌体过梁上的墙体高度 $l_n/3$,算法类同。图 33-2 中带括号 ( ) 的表示混凝土砌块砌体。

2. 梁、板荷载

对于砖砌墙体和小型砌块砌体,当梁、板下的墙体高度 $h_w < l_n$ 时,可按梁、板传来的荷载及墙体自重采用;当梁、板下的墙体高度 $h_w \geq l_n$ 时,可不考虑梁、板荷载,认为它们经由过梁上墙体的起拱作用,传递给过梁两侧墙体。

3. 综合考虑墙体和梁、板的荷载取法,可参见图 33-2。

33.1.3 过梁的计算

1. 砖砌过梁的破坏特征

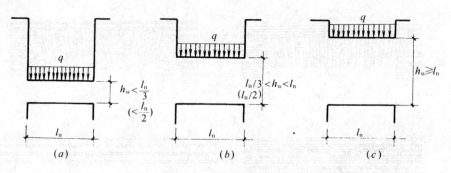

图 33-2 过梁上的荷载

(a) $q_l = wh_w + q$; (b) $q_l = wl_n/3 + q$; (c) $q_l = wl_n/3$; q_l—过梁荷载;
$w(l_n/2) + q$ $w(l_n/2)$

w—每平米墙体自重; h_w—梁板下墙体高度; q—梁、板荷载（每沿长米）; l_n—门、窗净跨

过梁在竖向荷载作用下和受弯构件相似，截面上产生弯矩和剪力。随着荷载的不断增大，当跨中正截面的拉应力超过砌体的弯曲抗拉强度时，在跨中截面的受拉区将出现竖向裂缝；当支座斜截面上的主拉应力超过砌体沿阶梯形截面抗剪强度时，在靠近支座处将出现接近 45°的阶梯形斜裂缝。

对砖砌平拱过梁，正截面下部受拉区的拉力将由两端支座提供的推力来平衡（图 33-3a）；对钢筋砖过梁，正截面下部受拉区的拉力将由钢筋承受（图 33-3b）。

2. 砖砌平拱过梁计算

砖砌平拱过梁临破坏时，如同三铰拱一样工作。有三种可能的破坏情况：

(1) 过梁跨中正截面受弯承载力不足而破坏，为此，要进行受弯承载力验算❶：

$$M \leqslant f_{tm} W \tag{33-1}$$

(2) 过梁支座附近受剪承载力不足，沿阶梯形斜裂缝不断扩展而破坏，为此，要进行受剪承载力验算：

$$V \leqslant f_v bz \tag{33-2}$$

(3) 过梁支承处水平灰缝受剪承载力不足，发生支座滑动而破坏（房屋端部门窗洞口上过梁一侧的支承墙体有可能产生这种破坏，见图 33-3c），为此，要进行支承处墙体沿水平通缝的受剪承载力验算：

$$H \leqslant (f_v + \alpha\mu\sigma_0)A \tag{33-3}$$

若不能满足（33-3）式要求时，可在过梁底部设置钢筋承受水平推力 H（钢筋锚固要求同钢筋砖过梁），则：

$$H \leqslant f_y A_s \tag{33-4}$$

---

❶ 砖砌平拱过梁理应按偏心受压承载力验算，但跨中截面偏心受压并不对过梁承载力起控制作用，一般可简化为按受弯承载力进行验算，既简便又偏于安全。

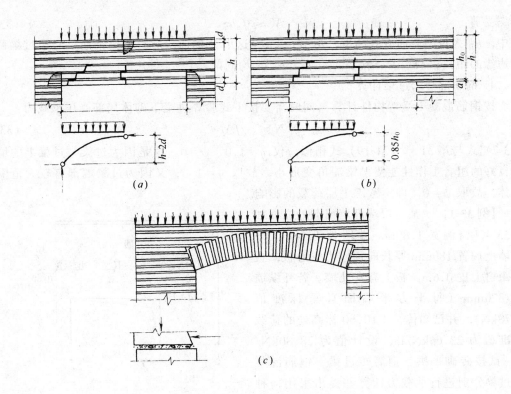

图 33-3 几种砖砌过梁的破坏
(a) 砖砌平拱过梁；(b) 钢筋砖过梁；(c) 砖砌过梁支承处受剪破坏

式中 M、V、H——按简支梁计算的跨中弯矩、支座边缘剪力、支座处水平推力设计值。$H = M/(h-2d) = M/0.76h$，这里 d 为过梁顶部压力 H 距过梁顶部边缘和支座推力距过梁底部边缘距离，$d = 0.12h$，h 为过梁截面计算高度，取过梁底面以上墙体高度（$h \leqslant l_n/3$ 或 h 取梁板以下高度）；

M、b、S、I、z——过梁截面抵抗矩、宽度、面积矩、惯性矩、内力臂（$z = I/S$，当矩形截面时 $z = 2h/3$）；

A、A_s——拱脚端部墙体水平截面面积、受拉钢筋截面面积；

f_{tm}、f_v、f_y——砖砌体沿齿缝截面弯曲抗拉强度、抗剪强度、钢筋抗拉强度（均为设计值）；

σ_0——尽端墙体水平截面上由永久荷载设计值产生的平均压应力。

3. 钢筋砖过梁计算

可按设拉杆的三铰拱计算，内力臂系数近似取 0.85。其计算公式为：

受弯 $$M \leqslant 0.85 h_0 f_y A_s \tag{33-5}$$

受剪 $\qquad V \leqslant f_z b z \qquad$ (33-6)

式中，h_0 为过梁截面有效高度，$h_0 = h - a$，这里 h 同前，a 为受拉钢筋重心至过梁截面下边缘的距离；M、V、f_y、A_s、f_v、b、z 均同前。

4．钢筋混凝土过梁计算

按钢筋混凝土受弯构件计算，同时需要按下式验算过梁下砌体局部受压承载力：

$$N_l \leqslant \gamma f A_l \qquad (33-7)$$

(33-7) 式与第 31 章（31-19）式相似，仅 $\eta = 1.0$、$\psi = 0$。这是因为过梁与过梁上的墙体有良好的组合工作性能使得梁端角变形小，故取 $\eta = 1.0$；又因为过梁端部有较大范围的砌体，故取 $\psi = 0$，即不考虑上层荷载的影响。

【例 33-1】 某三层端部墙窗洞处立面如图 33-4，窗洞宽 1.80m，端墙长 1.15m。外纵墙上搁置 180mm 厚长向预应力空心板，板底距窗上皮 0.6m，板上有女儿墙。若外纵墙厚 370mm（每平方米墙面自重标准值 7.78kN），并已知传至 +10.60 标高处的荷载标准值为 23.66kN/m，设计值为 28.80kN/m，试按砖砌平拱、钢筋砖过梁、钢筋混凝土过梁分别进行承载力计算并提出采用何种类型过梁为宜。

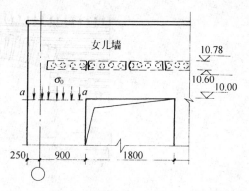

图 33-4

解

1．按砖砌平拱过梁计算（MU10，M5）

（1）荷载及内力计算

过梁底至板底 0.6m，恰为 $l_n/3$；为偏于安全计算，取 $q = 28.80 + 0.6 \times 7.78 \times 1.2 = 34.40$kN/m，$M = 34.40 \times 1.80^2/8 = 13.93$kN·m，$V = 34.4 \times 1.80/2 = 30.96$kN。

（2）已知计算参数

$b = 370$mm，$h = 600$mm，$W = bh^2/b = 2.22 \times 10^7$mm³，$z = 2h/3 = 400$mm

$N = (28.80 + 0.6 \times 7.78 \times 1.2)(1.15 + 1.80/2) = 70.52$kN

$\sigma_0 = 70.52 \times 10^3/370 \times 1150 = 0.166$N/mm²

$H = M/0.76h = 13.93 \times 10^6/0.76 \times 600 = 30.55 \times 10^3$N $= 30.55$kN

$f = 1.50$N/mm²，$f_v = 0.11$N/mm²，$f_{tm} = 0.23$N/mm²，$\gamma_a = 0.37 \times 0.6 + 0.7 = 0.92$，

γ_G 取 1.35，$\alpha = 0.64$，$\sigma_0/f = 0.166/1.5 = 0.11$，$\mu = 0.23 - 0.065\sigma_0/f = 0.223$

（3）各种承载力验算

$\gamma_a f_{tm} W = 0.92 \times 0.23 \times 2.22 \times 10^7 = 4.7 \times 10^6$N $= 4.7$kN·m < 13.93kN·m（M）

$\gamma_a f_v bz = 0.92 \times 0.11 \times 370 \times 400 = 14.98 \times 10^3$N $= 14.98$kN < 30.96kN（V）

$(f_v + \alpha\mu\sigma_0) A = (0.11 + 0.64 \times 0.223 \times 0.166) \times 370 \times 1150 = 56.89 \times 10^3\text{N} = 56.89\text{kN} > 30.55\text{kN}$ （H）

说明砖砌平拱过梁的受弯、受剪承载力均不满足要求，而过梁支承处水平灰缝受剪承载力却满足要求。

2. 按钢筋砖过梁计算（$h_0 = 600 - 20 = 580\text{mm}$，$f_y = 210\text{N/mm}^2$）

虽然钢筋砖过梁的受弯承载力可用设置底部纵向钢筋来解决，即

$$A_s = M/0.85 h_0 f_y = 13.93 \times 10^6/0.85 \times 580 \times 210 = 134.55\text{mm}^2$$

可在砖过梁底部配置 3Φ8（$A_s = 150.8\text{mm}^2$）钢筋。但是，钢筋砖过梁的受剪承载力仍不能满足要求。

3. 按钢筋混凝土过梁计算（$bh = 370\text{mm} \times 180\text{mm}$，$h_0 = 145\text{mm}$，C20 混凝土 $f_c = 9.6\text{N/mm}^2$，$f_t = 1.1\text{N/mm}^2$，$f_y = 210\text{N/mm}^2$）

$q = 34.40 + (0.37 \times 0.18)(25 - 19) = 34.80\text{kN/m}$，[其中（25 - 19）为钢筋混凝土和砖砌体容重的差异]

$$l = 1.05 l_n = 1.05 \times 1.80 = 1.89\text{m}$$

$M = 34.80 \times 1.89^2/8 = 15.54\text{kN·m}$，$V = 34.80 \times 1.80/2 = 31.32\text{kN}$

按钢筋混凝土受弯构件算得需要纵筋 3Φ14，箍筋Φ6@150。

对过梁支承处进行局部受压验算：$A_l = 240 \times 370 = 88800\text{mm}^2$，$A_0 = (240 + 370) \times 370 = 225700\text{mm}^2$，

$\gamma = 1 + 0.35 \sqrt{(225700/88800) - 1} = 1.43$，取 $\gamma = 1.25$，

$\gamma f A_l = 1.25 \times 1.5 \times 88800 = 166.50 \times 10^3\text{N} = 166.5\text{kN} > V = 31.32\text{kN}$

说明本例应选用钢筋混凝土过梁。

（另按规范规定窗宽大于 1.2m、1.5m 的过梁不应采用平拱、砖加筋过梁，应该采用钢筋混凝土过梁）。

33.2 墙梁的设计计算

由支承墙体的钢筋混凝土梁（称为托梁）及其以上计算高度范围内的墙体所组成的组合构件称为墙梁。墙梁按支承形式不同可分为简支和连续墙梁（或单跨和多跨框支墙梁、托梁即为支承墙体的钢筋混凝土框架梁）。墙梁按承重情况不同，可分为承重墙梁和自承重墙梁两类。承重墙梁除承受自身重力荷载外，还承受楼（屋）盖或其他结构传来的荷载；自承重墙梁只承受托梁和砌筑在其上的墙体自身重力荷载。两者都可以做成无洞口墙梁或有洞口墙梁。

通常在墙梁顶面应设置圈梁（又可称顶梁），其截面高度为 h_t。它能将楼层荷载部分传至支座和托梁一起约束墙体横向变形，并能起到延缓和阻滞斜裂缝的开展作用，也略能

起到提高墙梁墙体受剪承载力的作用。

墙梁因能充分发挥两种不同材料（钢筋混凝土和砖或混凝土小型砌块等砌体）的性能，具有受力合理、节省材料、施工方便等优点，已广泛应用于工业和民用建筑各种类型的结构中。例如，在单层工业厂房中，外纵墙与基础梁构成典型的墙梁；在民用建筑中，底层为商店的多层住宅和底层为餐厅的多层旅馆，均可采用墙梁来解决底层为大房间而以上各层为小房间的设计需要；此外，采用桩基时的承台梁及其以上墙体也组成了墙梁构件。可以认为墙梁构件现在愈来愈受到工程界的重视。

墙梁的计算方法很多。过去常用的方法有对无洞口或洞口居墙中的托梁采用弹性地基梁法，对洞口偏置的托梁采用全荷载法以及托梁只承受部分荷载的过梁计算法等。这些方法的共同点是仅考虑托梁受载，不考虑其上墙体的承载力。实际上，由于墙梁是组合构件，只考虑托梁受载不考虑墙体的承载力是不合理的。计算结果与实际情况相比误差很大。有关单位对墙梁的受力性能进行了系统的调查研究、理论分析和试验实测，在此基础上提出了考虑墙梁组合作用的受弯、受剪和局部受压承载力的计算方法和构造要求，并已纳入砌体规范。

33.2.1 墙梁组合构件受力性能及破坏形态

1. 简支（单跨框支）墙梁（无洞口）

（1）无洞口墙梁应力状态

实验表明，无洞墙梁组合构件在均布荷载作用下未出现裂缝前的受力性能与深梁类似，即不仅在正截面上有水平方向的正应力 σ_x，还有水平截面上的法向应力 σ_y，以及剪应力 τ_{xy}。这些应力的分布以及相应的主应力轨迹线见图 33-5（a）、（b）、（c）。

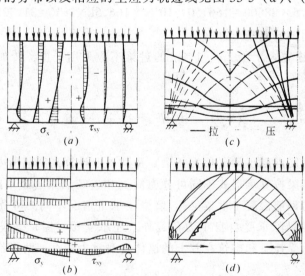

图 33-5 墙梁在均布荷载作用下的应力状态
(a) σ_x 及 τ_{xy} 分布；(b) σ_y 及 τ_{xy} 分布；(c) 主应力轨迹线；(d) 拉杆拱受力机构

应力分布的特点是：1）σ_x 沿墙体截面大部分受压，而托梁截面则全部或大部分受拉；2）σ_y 的分布大体上是愈接近墙顶愈均匀，愈接近墙底愈向托梁支座处集中；σ_y 主要是压应力，仅在墙梁中部托梁与墙梁的交界面上会出现拉应力；3）τ_{xy} 的分布在托梁与墙体交界面上的变化较大，正是由于这种剪应力的存在，才形成了托梁与墙体的组合作用。从图 33-5（c）、（d）可见，无洞墙梁在均布荷载作用下大体可按拉杆拱的受力机构进行分析。托梁的正截面处于偏心受拉状态，墙体的正截面处于偏心受压状态，墙体在支座附近存在着较大的主拉应力和法向压应力。

（2）无洞口墙梁的几种破坏形态

1）受弯破坏（图 33-6a）

在墙顶均布荷载作用下，无洞口墙梁一般首先在托梁跨中部位出现由下而上的竖向裂缝①，初裂荷载约为破坏荷载的 40%。当托梁配筋率较低、墙砌体强度较高时，将因托梁中部纵筋由下而上先后到达屈服强度，裂缝①穿越界面向墙体迅速延伸，墙梁挠度迅速增加而发生受弯破坏。破坏时，所有试验都未发现墙体上部受压区砌体有被压碎现象，这是因为压区砌体处于双向受压状态，砌体承载力有较大提高的缘故。

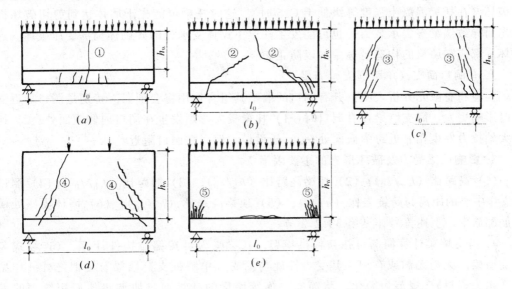

图 33-6 无洞口墙梁破坏形态
（a）受弯破坏；（b）斜拉破坏；（c）斜压破坏；（d）劈裂破坏；（e）局压破坏

2）剪切破坏

由于墙砌体抗剪强度较低，试验中多数试件发生墙体斜截面剪切破坏。它又有三种情况：a）当墙体高度 h_w 和墙梁计算跨度 l_0 之比 $h_w/l_0<0.5$，且墙砌体强度较低时，大约在 50%～60% 破坏荷载作用下，墙体中部由于主拉应力作用产生沿灰缝的阶梯形斜裂缝②，一旦该裂缝发生基本将会贯通墙高，使墙体丧失承载力，这种破坏称为斜拉破坏（图

33-6b）；b）当 $h_w/l_0>0.5$，且墙砌体强度较高时，大约在 60%～70% 破坏荷载作用下，在主压应力作用下于支座斜上方形成较陡的斜裂缝③，该裂缝随荷载增加逐渐增多，墙梁破坏时沿主裂缝中下部砌体被压碎剥落，这种破坏称为斜压破坏，破坏时墙梁承载力较高（图 33-6c）；c）在集中荷载作用下，一般在墙梁支座至加荷垫板连线上突然出现一条或几条贯穿墙体的斜裂缝④，开裂破坏约为 70%～100% 破坏荷载，破坏呈脆性，破坏时墙梁承载力仅为同条件下均布荷载的 1/2～1/6，这种破坏称劈裂破坏（图 33-6d）。

3）局压破坏（图 33-6e）

当墙梁的砌体强度不高，h_w/l_0 较大（>0.75）时，在墙梁顶部荷载作用下，支座端部托梁上砌体的竖向应力高度集中，就有可能因砌体局部受压承载力不足而发生破坏。这时，开裂荷载约为破坏荷载的 70%～90%，破坏时墙体角部砌体压碎剥落⑤。试验表明，若墙梁两端设置翼墙，可以显著减小梁端墙体的竖向压应力，从而使墙梁梁端局部受压承载力得到提高。

4）其他破坏

在墙梁试验中，除以上几种破坏形态外，还可能在个别试件中发生托梁伴随墙体的剪切破坏（在托梁混凝土强度等级低于 C15 时），这时托梁可能先于墙体达到剪切破坏极限状态而导致墙梁丧失承载力；也可能发生托梁下砌体支承处的砖砌体局部受压破坏。这些破坏，都应在墙梁的构造措施中加以防止。

2. 有洞口简支（单跨框支）墙梁

实验和有限元分析表明：开有洞口的墙梁其组合作用将会削弱，特别是洞口靠近支座边时影响更大。简支墙梁在有洞口时：1）托梁最大弯矩发生在洞口内侧截面处；2）托梁最大轴拉力发生在靠近跨中截面处；3）托梁最大剪力在洞口附近。

3. 影响墙梁受力及破坏形态的主要因素

(1) 高跨比（h_w/l_0）；(2) 托梁高跨比（h_b/l_0）；(3) 洞跨比（h_h/l_0）；(4) 洞口边距支座中心的距离与跨度之比（a/l_0）；(5) 顶梁高跨比（h_t/l_0）；(6) 墙体支座处横向钢筋配筋率。上述符号详见第 33.2.2 节。

4. 简支墙梁计算简图可按拉杆拱模型，托梁受力可按偏拉构件计算。（连续式多跨框支墙梁，无论无洞或有洞，其受力性能与简支（单跨框支）墙梁有类似之处，详见规范及相关资料）。规范为简化，将简支、连续墙梁的计算通过协调将他们用统一的表达形式反映（见第 33.2.3 节），采用的是组合内力法，即用全部荷载法计算托梁（及相应柱）的内力，并将各控制截面的内力乘以考虑墙梁组合作用的内力（弯矩、轴力、剪力）系数。

33.2.2 墙梁的一般规定和计算简图

试验和理论分析表明，当墙梁的 $h_w/l_0<0.35～0.4$ 时，墙砌体和钢筋混凝土托梁的组合作用明显减弱，为防止出现上述斜拉破坏现象以及根据试验、理论分析和工程实践经验，墙梁必须满足表 33-1 的要求（各种参数见图 33-7）。

墙梁的一般规定 表33-1

墙梁类别	墙体总高度 (m)	跨度 (m)	墙体高跨比 h_w/l_{0i}	托梁高跨比 h_b/l_{0i}	洞口宽跨比 b_h/l_{0i}	洞高 h_h	a_i/l_{0i}
承重墙梁	≤18	≤9	≥0.4	≥1/10	≤0.3	≤5/6h_w且 h_w-h_h≥0.4m	距边支座≥0.15l_{0i} 距中支座≥0.07l_{0i}
自承重墙梁	≤18	≤12	≥1/3	≥1/15	≤0.8	h_w-h_h≥0.5m	≥0.1l_{0i}

注：1. 采用混凝土小型砌块砌体的墙梁可参照使用；
　　2. 墙体总高度指托梁顶面到檐口的高度，带阁楼的坡屋面应算到山尖墙1/2高度处；
　　3. 墙梁计算高度范围内每跨只允许设置一个洞口。

表33-1和图33-7中的有关符号意义为：

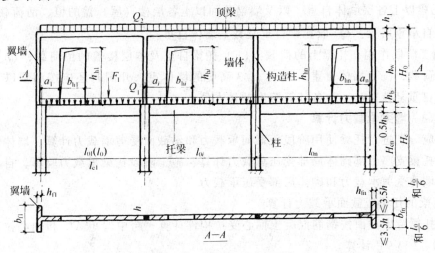

图33-7 墙梁计算简图

l_0 (l_{0i})——墙梁计算跨度，对简支墙梁和连续墙梁取 $1.1l_n$ ($1.1l_{ni}$) 或 l_c (l_{ci}) 两者的较小值，l_n (l_{ni}) 为净跨、l_c (l_{ci}) 为支座中心线距离；对框支墙梁取框架柱中心线间的距离 l_c (l_{ci})；

h_w——墙体计算高度，取托梁顶面上一层墙体高度，当 $h_w > l_0$ 时，取 $h_w = l_0$ ($\overline{l_{0i}}$)，$\overline{l_{0i}}$ 为连续墙梁或多跨框支墙梁各跨 l_{0i} 的平均值；

H_0——墙梁跨中截面计算高度，$H_0 = h_w + 0.5h_b$；

h_b——托梁截面高度；

b_{f1}——翼墙计算宽度、取窗间墙宽或横墙间距的2/3，且每边不大于3.5h（h为墙体厚度）和 $l_0/6$；

h_{f1}——翼墙厚度；

b_{hi}、h_{hi}——分别为洞口宽度和洞口高度（对窗洞取洞顶至托梁顶面距离）；

a_i——洞口边到支座中心的距离，对多层房屋的墙梁各层洞口应设置在相同的位置，并应上下对齐；

Q_1、F_1——托梁顶面的荷载设计值（包括托梁自重、本层楼盖的恒、活荷载，其中 Q_1 指均布荷载、F_1 指集中荷载）；

Q_2——墙梁顶面的荷载设计值（一般为均布荷载，如为集中荷载，当其值不超过该跨该层荷载的30%时，可按作用的跨度近似化为均布荷载）。

规范分别对使用阶段、施工阶段、承重墙梁和自承重墙梁的计算荷载作了下列规定：

1. 使用阶段墙梁上的荷载

(1) 承重墙梁：(a) 托梁顶面的荷载设计值 Q_1、F_1；(b) 墙梁顶面的荷载设计值 Q_2，取托梁以上各层墙体自重、以及墙梁顶面以上各层楼（屋）盖的恒、活荷载。

(2) 自承重墙梁：Q_2 取托梁自重及其上墙体自重。

2. 施工阶段作用在托梁上的荷载：(a) 托梁自重及本层楼盖的恒荷载；(b) 本层楼盖的施工荷载；(c) 墙体自重，取 $l_{0max}/3$ 高度的墙体重。开洞时还应按洞顶以下实际分布的墙体自重复核；l_{0max} 为各计算跨度的最大值。

33.2.3 墙梁承载力计算

墙梁应分别进行托梁使用阶段正截面承载力和斜截面受剪承载力计算、墙体受剪承载力计算、托梁支座上部砌体局部受压承载力计算、施工阶段托梁承载力验算。自承重墙梁可不验算墙体受剪承载力和砌体局部受压承载力。

1. 墙梁的托梁正截面承载力计算

(1) 托梁跨中截面按钢筋混凝土偏心受拉构件计算。跨中弯矩 M_{bi} 和轴心拉力 N_{bti} 按式 (33-8)、(33-9) 计算。

$$M_{bi} = M_{1i} + \alpha_M M_{2i} \tag{33-8}$$

$$N_{bti} = \eta_N \frac{M_{2i}}{H_0} \tag{33-9}$$

式中 M_{1i}、M_{2i}——分别为由荷载设计值 Q_1、F_1 和荷载设计值 Q_2 作用下的简支梁跨中弯矩或按连续梁或框架分析的托梁各跨跨中弯矩的最大值；

α_M——考虑墙梁组合作用的托梁跨中弯矩系数，与支座条件、托梁高跨比、开洞系数 ψ_M 有关；

η_N——考虑墙梁组合作用的托梁跨中轴力系数；简支、连续条件下的 α_M、ψ_M 和 η_N 分别见 (33-10～12) 式和 (33-13～15) 式。

对简支墙梁：

$$\alpha_M = \psi_M \left(1.7 \frac{h_b}{l_0} - 0.03\right), \quad 0.1 \leq \frac{h_b}{l_0} \leq \frac{1}{6} \tag{33-10}$$

$$\psi_M = 4.5 - 10\frac{a}{l_0}, \qquad 0.07 \leqslant \frac{a}{l_0} \leqslant 0.35 \tag{33-11}$$

$$\eta_N = 0.44 + 2.1\frac{h_w}{l_0}, \qquad 0.4 \leqslant \frac{h_w}{l_0} \leqslant 1 \tag{33-12}$$

对连续（多跨框支）墙梁

$$\alpha_M = \psi_M\left(2.7\frac{h_b}{l_{0i}} - 0.08\right), \qquad 0.1 \leqslant \frac{h_b}{l_{0i}} \leqslant \frac{1}{7} \tag{33-13}$$

$$\psi_M = 3.8 - 8\frac{a_i}{l_{0i}}, \qquad 0.07 \leqslant \frac{a_i}{l_{0i}} \leqslant 0.35 \tag{33-14}$$

$$\eta_N = 0.8 + 2.6\frac{h_w}{l_{0i}}, \qquad 0.4 \leqslant \frac{h_w}{l_{0i}} \leqslant 1 \tag{33-15}$$

对自承重简支墙梁，α_M、η_N 都取 0.8。

（2）托梁支座截面按钢筋混凝土受弯构件计算（为安全忽略轴向压力的作用），见式（33-16、17）

$$M_{bj} = M_{1j} + \alpha_M M_{2j} \tag{33-16}$$

$$\alpha_M = 0.75 - \frac{a_i}{l_{0i}}, \quad 0.07 \leqslant \frac{a_i}{l_{0i}} \leqslant 0.35 \tag{33-17}$$

式中 M_{bj}——托梁支座截面的弯矩值；

M_{1j}、M_{2j}——分别为由荷载设计值 Q_1、F_1 和荷载设计值 Q_2 作用下按连续梁或框架分析的托梁支座弯矩；

α_M——考虑组合作用的托梁支座弯矩系数，无洞口墙梁取 0.4，有洞口墙梁可按式（33-17）计算，当支座两边墙梁都开洞时，a_i 取两者的小值。

2. 墙梁的托梁斜截面受剪承载力计算

托梁斜截面受剪承载力按钢筋混凝土受弯构件计算，见（33-18）式。

$$V_{bj} = V_{1j} + \beta_v V_{2j} \tag{33-18}$$

式中 V_{bj}——托梁剪力；

V_{1j}、V_{2j}——分别为由荷载设计值 Q_1、F_1 和荷载设计值 Q_2 作用下按简支梁或连续梁（或按框架分析）的托梁支座边的剪力；

β_v——考虑组合作用的托梁剪力系数：无洞口墙梁边支座取 0.6、中支座取 0.7；有洞口墙梁边支座取 0.7、中支座取 0.8；对自承重墙、无洞口时取 0.45、有洞口时取 0.5。

3. 墙梁的墙体受剪承载力计算

墙梁墙体受剪承载力计算公式见式（33-19）

$$V_2 \leqslant \xi_1 \xi_2 \left(0.2 + \frac{h_b}{l_{0i}} + \frac{h_t}{l_{0i}}\right) f h h_w \tag{33-19}$$

式中 V_2——在荷载设计值 Q_2 作用下墙梁支座边剪力的最大值；

ξ_1——翼墙或构造柱影响系数，对单层墙梁取 1.0；对多层墙梁，当 $\dfrac{b_f}{h}=3$ 时取 1.3，当 $\dfrac{b_f}{h}=7$ 或设置构造柱时取 1.5，当 $3<\dfrac{b_f}{h}<7$ 时按线性插入取值；

ξ_2——洞口影响系数，无洞口墙梁取 1.0，多层有洞口墙梁取 0.9，单层有洞口墙梁取 0.6；

h_t——墙梁顶面圈梁（顶梁）的截面高度。

4．托梁支座上部砌体局部受压承载力计算

托梁支座上部砌体局部受压破坏常发生在墙体剪切破坏同时或稍后、或当 $\dfrac{h_w}{l_0}$ 较大墙砌体抗压强度较低时的情况。其计算公式见 (33-20、21) 式。

$$Q_2 \leqslant \zeta f h \tag{33-20}$$

$$\zeta = 0.25 + 0.08 \dfrac{b_f}{h} \tag{33-21}$$

式中 ζ——为局压系数，当 $\zeta>0.81$ 时取 $\zeta=0.81$，其他符号见前。

当 $\dfrac{b_f}{h}\geqslant 5$ 或墙梁支座处设置上、下贯通的落地构造柱时，可不验算局部受压承载力。自承重墙可不验算砌体局部受压承载力。

5．施工阶段托梁承载力验算

在墙梁的施工阶段、墙体作为施加在托梁上的荷载而不参与受载，故只需对托梁按钢筋混凝土受弯构件进行验算（弯、剪），施加在托梁上的荷载，已在 33.2.2 节第 2 部分列出。

33.2.4 墙梁的构造要求

简支、连续（单、多跨框支）墙梁在满足表 33-1 规定并经计算后尚需满足下列构造要求（也是能进行验算的前提和措施）：

1．关于材料

(1) 托梁的混凝土强度等级不应低于 C30；(2) 纵向钢筋应采用 HRB 335（Φ）、HRB 400（Φ）或 RRB 400（Φ^R）级钢筋；(3) 承重墙梁的块体强度等级不应低于 MU10，计算高度范围内墙体的砂浆强度等级不应低于 M10。

2．关于墙体

(1) 框支墙梁的上部砌体房屋，以及设有承重的简支墙梁或连续墙梁的房屋、应满足刚性方案房屋的要求；(2) 墙梁洞口上方应设置混凝土过梁，其支承长度应 $\geqslant 240\mathrm{mm}$；洞口范围内不应施加集中荷载；(3) 承重墙梁的支座处应设置落地翼墙，翼墙宽度不应小于墙梁墙体厚度的 3 倍，并应与墙梁墙体同时砌筑；当不能设置翼墙时应设置落地且上、下贯通的构造柱；(4) 当墙梁墙体在靠近支座 1/3 跨度范围内开洞时，支座处应设置落地且上、下贯通的构造柱,并应与每层圈梁连接。

3. 关于托梁

(1) 有墙梁的房屋的托梁两边各一个开间及相邻开间处应采用现浇混凝土楼盖,楼板厚度不应小于120mm,当楼板厚度大于150mm时,应采用双层双向钢筋网,楼板上应少开洞,洞口尺寸大于800mm时应设洞口边梁。(2) 托梁每跨底部的纵向受力钢筋应通长设置,不得在跨中弯起或截断。钢筋接长应采用机械连接或焊接。(3) 墙梁的托梁跨中截面纵向受力钢筋总配筋率不应小于0.6%。(4) 托梁距边支座 $l_0/4$ 范围内,上部纵向钢筋面积不应小于跨中下部纵向钢筋面积的1/3。连续墙梁或多跨框支墙梁的托梁中支座上部附加纵向钢筋从支座边算起每边延伸不应小于 $l_0/4$。(5) 承重墙梁的托梁在砌体墙、柱上的支承长度不应小于350mm。纵向受力钢筋伸入支座应符合受拉钢筋的锚固要求。(6) 当托梁高度 $h_b \geqslant 500$mm 时,应沿梁高设置通长水平腰筋,直径不应小于12mm,间距不应大于200mm。(7) 墙梁偏开洞口的宽度及两侧各一个梁高 h_b 范围内直至靠近洞口的支座边的托梁箍筋直径不应小于8mm,间距不应大于100mm,见图33-8。

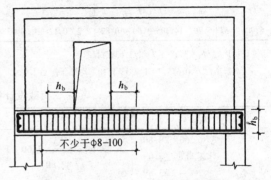

图33-8 偏开洞时托梁箍筋加密区

【例33-2】 图33-9示某四层房屋,刚性方案,内外纵墙均370mm厚,开间3.6m,层高3.6m,楼板120mm厚,底层为大开间房间。二、三、四层为小开间房间。为此,在底层顶设置截面尺寸为250mm×600mm的横向托梁,梁上砌筑240mm厚的承重墙体形成墙梁。墙梁混凝土强度等级C30,纵向主筋HRB 335级,其他钢筋为HPB 235级,砖

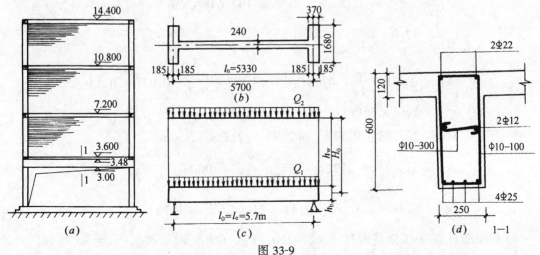

图33-9
(a) 剖面;(b) 墙梁平面;(c) 墙梁计算简图;(d) 托梁配筋

MU10、混合砂浆 M10。假设外纵墙每开间开窗 1.8m×1.8m，算得屋盖恒、活荷载 7.0kN/m²（设计值），楼盖恒、活荷载 8.0kN/m²（设计值），240mm 墙厚双面抹灰墙体自重 6.29kN/m²（设计值）。试设计该墙梁。

解
1. 按图 33-9 求得墙梁各项几何参数（见表 33-2）
2. 各项荷载设计值（见表 33-3）
3. 托梁正截面承载力计算

墙梁各项几何参数（m） 表 33-2

l	l_n	l_0	H	h_w	b_b	h_b	H_0	h	h_f	b_f
5.70	5.33	5.70	14.40−3.60=10.80	7.2−0.12−3.60=3.48	0.25	0.60	3.48+0.30=3.78	0.24	0.37	7×0.24=1.68

注：1. $h_w/l_0 = 3.48/5.7 = 1/1.638 > 1/2.5$
2. $h_b/l_0 = 0.6/5.7 = 1/9.5 > 1/10$ 均符合表 33-1 要求

荷载设计值（kN/m） 表 33-3

Q_1	Q_i	q_w	Q_2
8×3.60=28.80 托梁自重=5.09 33.89	8×3.60×2+7×3.60×1 =82.80	6.29×(3.60−0.12)×3 =65.67	65.67+82.8 =148.47

注：托梁自重 1.2×[25×0.25×0.60+0.34×(2×0.60+0.25)]=5.09

(i) 内力计算

$$M_{bi} = M_{1i} + \alpha_M M_{2i}$$

$$M_{1i} = \frac{Q_1 l_0^2}{8} = 33.89 \times 5.7^2/8 = 137.64 \text{kN} \cdot \text{m}$$

$$M_{2i} = \frac{Q_2 l_0^2}{8} = 148.47 \times 5.7^2/8 = 602.97 \text{kN} \cdot \text{m}$$

$$\alpha_M = \psi_M \left(1.7 \frac{h_b}{l_0} - 0.03\right) = 1 \times \left(1.7 \times \frac{0.6}{5.7} - 0.03\right) = 0.149$$

$$\psi_M = 1.0 (\text{无洞口})$$

$$M_{bi} = 137.64 + 0.149 \times 602.97 = 227.48 \text{kN} \cdot \text{m}$$

$$N_{bt} = \eta_N \frac{M_{2i}}{H_0} = 1.72 \times \frac{602.97}{3.78} = 274.38 \text{kN}$$

$$\eta_N = 0.44 + 2.1 \frac{h_w}{l_0} = 0.44 + 21 \times \frac{3.48}{5.7} = 1.72$$

(ii) 配筋计算 托梁截面尺寸 $b_b = 250$，$h_b = 600$，$h_{b0} = 560$，$a_s = a'_s = 40$，$e_0 = M_{bi}/N_{bt} = 227.48 \text{kN} \cdot \text{m}/274.38 = 0.83\text{m} > (0.5h_b - a_s = 0.26)$ 应按大偏拉构件计算配

筋。经验算后需在托梁下部设置 4 ⌽ 25 钢筋、托梁截面上部设置 2 ⌽ 22，均沿梁通长设置。根据构造要求配其他钢筋见图 33-9（d）。

4. 托梁斜截面受剪承载力计算

(i) 内力计算

$V_{bj} = V_{1j} + \beta_v V_{2j}$

$V_{1j} = \dfrac{Q_1 l_0}{2} = \dfrac{1}{2} \times 33.89 \times 5.33 = 90.32\text{kN}$

$V_{2j} = \dfrac{Q_2 l_0}{2} = \dfrac{1}{2} \times 148.47 \times 5.33 = 395.67\text{kN}$

$\beta_v = 0.6$, $V_{bj} = 90.32 + 0.6 \times 395.67 = 327.72\text{kN}$

$V_{bj} \leqslant 0.25\beta_c f_c b h_0 = 0.25 \times 14.3 \times 250 \times 560 = 500.5 \times 10^3 \text{N} = 500.5\text{kN}$

(ii) 配筋计算，C30，$f_c = 14.3$，$f_t = 1.43$ 单位 N/mm^2

$V_{bj} = 0.7 \times 1.43 \times 250 \times 560 + 1.25 \times 210 \times \dfrac{2 \times 78.5}{100} \times 560 = 140.14 \times 10^3 + 230.79 \times 10^3 = 370.93\text{kN} > 327.72\text{kN}$，需配箍 $\phi 10@100$，见图 33-10（d）。

5. 墙梁墙体受剪承载力计算

式 $V_2 \leqslant \xi_1 \xi_2 \left(0.2 + \dfrac{h_b}{l_{0i}} + \dfrac{h_t}{l_{0i}}\right) f h h_w$ 中 $V_2 = 395.67\text{kN}$，$f = 1.89\text{N}/\text{mm}^2$，$h = 240$，$h_w = 3480$，$\dfrac{h_b}{l_{0i}} = \dfrac{600}{5700} = 0.105$，$\because \dfrac{b_f}{h} = 7$，$\xi_1 = 1.5$，$\xi_2 = 1.0$（无洞口）

$\xi_1 \xi_2 \left(0.2 + \dfrac{h_b}{l_{0i}} + \dfrac{h_t}{l_{0i}}\right) f h h_w = 1.5 \times 1.0 (0.2 + 0.105 + 0) \times 1.89 \times 240 \times 3480 = 722.18 \times 10^3 \text{N} = 722.18\text{kN} > 395.67\text{kN}$，满足要求。

6. 墙体砌体局部受压验算

$Q_2 \leqslant \zeta f h$，$Q_2 = 148.47\text{kN/m}$，$\zeta = 0.25 + 0.08 \dfrac{b_f}{h} = 0.25 + 0.08 \times 7 = 0.81$

$\zeta f h = 0.81 \times 1.89 \times 240 = 367.4\text{N/mm}$，$Q_2 = 148.47\text{kN/m} < 367.4\text{kN/m}$，满足要求。

7. 施工阶段托梁承载力验算

为计算简化并偏安全考虑，假定施工期间楼面活载等于使用期间的楼面活载，墙体自重按高度为 $l_0/3$ 计，则作用于托梁上的荷载设计值为 $q_1 = 8.0 \times 3.6 + (5.7 \times 6.29)/3 = 40.75\text{kN/m}$，求得 $M_{\max} = 40.75 \times 5.7^2/8 = 165.50\text{kN} \cdot \text{m}$，$V_{\max} = 40.75 \times 5.33/2 = 108.6\text{kN}$，按受弯构件，托梁已配置的纵向钢筋和箍筋均能满足要求。

33.3 砌体中的钢筋混凝土挑梁设计

33.3.1 砌体中挑梁的受力及其破坏形态

挑梁是埋设在墙体中的悬挑构件，承受挑出于墙体的阳台或外走廊等各种荷载，通过自身受弯、受剪、受扭将荷载安全可靠地传给承重墙体。在多层砌体房屋中，挑梁的一般嵌固方式是埋入墙体内一定长度，或置于顶层水平承重体系内一定长度。该长度内的竖向压力作用可以平衡挑梁挑出端承受的荷载，使得挑梁不致在挑出荷载作用下发生倾覆破坏。此外，在挑梁设计中，还要保证挑梁本身承载力和变形的要求以及保证挑梁下端的砌体不致因局部受压承载力不足而发生局部受压破坏。

试验表明：挑梁在挑出荷载作用下经历以下三个阶段：弹性阶段、界面水平方向裂缝发生发展阶段和破坏阶段。三个阶段的应力状态、裂缝分布及破坏形态见图 33-10。由图可见，挑梁犹如埋设在墙体中的一根撬棍，受力后使得靠近悬挑端根部的墙体上部受拉、下部受压，而埋入端墙体则上部受压、下部受拉。因而，裂缝先在墙体的受拉处出现水平裂缝①、②，继之在埋入端角部墙体上出现向斜上方发展的阶梯形裂缝③。此外，在悬挑端根部还可能因砌体局部受压承载力不足而产生多条竖向裂缝④。

挑梁的破坏形态可分三种：(1) 因抗倾覆力矩不足引起绕 O 点转动的倾覆破坏；(2) 因局部受压承载力不足引起的局部受压破坏；(3) 因挑梁本身承载力不足的破坏或因挑梁端部变形过大影响正常使用。

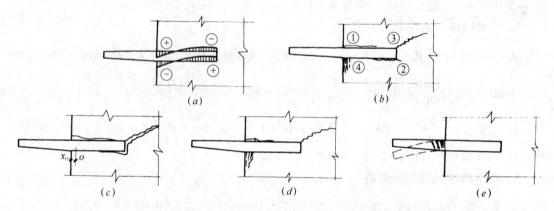

图 33-10 埋在砌体中挑梁的受力和破坏形态
(a) 弹性阶段；(b) 裂缝发生阶段；(c) 倾覆破坏；(d) 局压破坏；(e) 挑梁本身破坏

33.3.2 挑梁设计

挑梁的计算包括挑梁抗倾覆验算、挑梁自身承载力计算和挑梁悬挑端根部砌体局部受压承载力验算三部分。在工程设计中，如果挑梁的截面高度与挑出长度的比值≥1/6，可以不必进行正常使用极限状态下的变形验算。

1. 挑梁抗倾覆验算

按照挑梁在挑出荷载作用下弹性阶段的应力状态，可以得到图 33-11 所示挑梁抗倾覆验算时的计算简图，图中 G_{0v} 为挑梁挑出部分恒载，P_{0v} 和 q_{0v} 为挑出部分活载，G_r 为挑梁埋入段恒载，O 为计算倾覆点，即挑梁一旦发生倾覆，理论上挑梁将围绕 O 点发生转动。显然，挑梁挑出部分由荷载设计值对计算倾覆点产生的倾覆力矩 M_{0v}，应小于或等于挑梁插入墙体部分一定范围内的砌体自重及作用在墙体一定长度的楼（屋）盖静荷载产生的抗倾覆力矩 M_r，即

$$M_r \geq M_{0v} \tag{33-22}$$

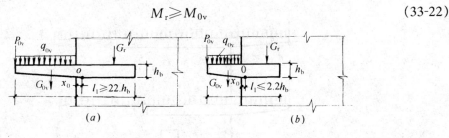

图 33-11
(a) $l_1 \geq 2.2h_b$ 时；(b) $l_1 < 2.2h_b$ 时

(1) 计算倾覆点位置 x_0 的确定

计算倾覆点位置 x_0 是指挑梁埋入段梁下表面压应力合力作用点到埋入墙体外边缘的距离。试验表明，x_0 与挑梁埋入墙体的长度 l_1，挑梁截面高度 h_b 有关。当 $l_1 \geq 2.2h_b$（图33-11a）时，由弹性地基梁方法分析可得

$$x_0 = 0.25\sqrt[4]{h_b^3} \tag{33-23}$$

规范采用近似公式：

$$x_0 = 0.3h_b \tag{33-24}$$

且应满足 $x_0 \leq 0.13l_1$ 的条件。当 $l_1 < 2.2h_b$（图33-11b）时，取

$$x_0 = 0.13l_1 \tag{33-25}$$

(2) 抗倾覆荷载范围

试验表明，抗倾覆荷载的范围与该范围内墙体有无开洞、开洞位置、挑梁埋入墙体长度 l_1 以及挑梁尾端上部按45°扩散角的水平长度 l_3 之间存在关系，如图33-12所示。抗倾覆力矩设计值为

$$M_r = 0.8G_r(l_2 - x_0) \tag{33-26}$$

式中，l_2 为 G_r 作用点至墙外边缘的距离；G_r 为挑梁的抗倾覆荷载（图33-12），为挑梁尾端上部45°扩散角范围（其水平长度为 $l_3 \leq l_1$）内施加于挑梁的本层砌体与楼面恒荷载标准值之和。

2. 挑梁下砌体的局部受压承载力验算

可按下式进行验算

$$N_l \leq \eta\gamma f A_l \tag{33-27}$$

式中　N_l——挑梁下的支承压力，取 $N_l = 2R$，R 为挑梁的倾覆荷载设计值；

　　　η——梁端底面压应力图形完整性系数，$\eta = 0.7$；

γ——砌体局部抗压强度提高系数,对图 33-13（a）情况（一字墙垂直于挑梁方向无墙）取 1.25,对图 33-13（b）情况（丁字墙垂直于挑梁方向有墙）取 1.5;

A_l——挑梁下砌体局部受压面积,$A_l = 1.2bh_b$,b、h_b 为挑梁截面宽度、高度。

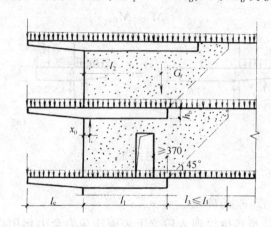

图 33-12　挑梁的抗倾覆荷载

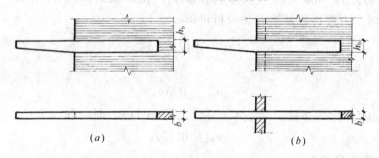

图 33-13　挑梁下砌体局部受压
(a) 挑梁支承在一字墙;(b) 挑梁支承在丁字墙

3. 挑梁自身设计及构造

挑梁自身的最大截面弯矩设计值 M_{max} 取 M_{0v},最大截面剪力设计值 V_{max} 取挑梁荷载设计值在挑梁墙外边缘处截面产生的剪力 V_0。挑梁自身除按钢筋混凝土受弯构件进行设计外,还要满足下列构造要求:(1) 挑梁埋入砌体长度 l_1 与挑出长度 l 之比宜大于 1.2;当挑梁上无砌体时,l_1/l 宜大于 2.0。(2) 挑梁纵筋至少应有 1/2 的钢筋面积伸入梁尾端,且不少于 2Φ12。其他钢筋伸入支座的长度不应小于 $2l_1/3$。

33.3.3　雨篷等墙体平面外悬挑构件设计

上两节所述挑梁均指墙体平面内的悬挑构件。此外,还有墙体平面外的悬挑构件如雨篷、悬挑踏步板等。它的设计与平面内悬挑构件相似,仅有以下几点区别:

1. 其计算倾覆点至墙外边缘的距离 $x_0 = 0.13l_1$,l_1 为挑梁埋入墙体的长度。
2. 其抗倾覆荷载 G_r 可按图 33-14 采用。图中 G_r 的重心位于距墙外边缘 $l_2 (= l_1/2)$

处，G_r 按 45°扩散角向上扩展的水平距离为 $l_3 = l_n/2$，l_n 为雨篷下门洞净宽。

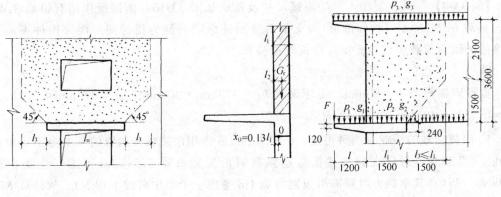

图 33-14　　　　　　　　　　　图 33-15

【例 33-3】 某挑梁承受荷载如图 33-15 所示。其中集中恒载 $F = 5.50\text{kN}$，均布恒载 g_1、g_2、g_3 分别为 5.0、10.0、14.0kN/m，均布活载 p_1、p_2、p_3 分别为 5.0、6.0、2.0kN/m，挑梁自重外伸和内埋部分分别为 1.08、1.44kN/m（以上均为标准值）。挑梁 $bh_b = 240\text{mm} \times 240\text{mm}$，挑出长度 $l = 1.20\text{m}$，埋长 $l_1 = 1.50\text{m}$，挑梁上墙体净高 3.60m，墙厚 240mm（自重 5.24kN/m^2，标准值）。挑梁置于 T 形墙体上。若该墙体采用 MU10、M2.5 混合砂浆砌筑，试设计此挑梁。

解

1. 抗倾覆验算（$x_0 = 0.3h_b = 0.072\text{m} < 0.13l_1$）

$M_{0v} = 1.2 \times 5.50 \times (1.20 + 0.072) + [1.4 \times 5.0 + 1.2 \times (5.0 + 1.08)] \times 1.272^2/2$
$= 8.40 + 11.57 = 19.97\text{kN·m}$

$M_r = 0.8 \times \{[(10.0 + 1.44)(1.50 - 0.072)^2/2] + [1.50 \times 3.60 \times 5.24 \times (0.75 - 0.072)] + [(1.50)^2 \times 5.24 \times (1.50 - 0.072 + 0.50)/2] + [1.50 \times (3.60 - 1.50) \times 5.24 \times (1.50 - 0.072 + 0.75)]\} = 0.8 \times \{11.66 + 19.18 + 11.37 + 35.95\} = 62.52\text{kN·m} > 19.97\text{kN·m}(M_{0v})$，满足要求。

2. 挑梁下砌体局部受压承载力验算（$f = 1.30\text{N/mm}^2$）

$A_l = 1.2 \times 240 \times 240 = 69120\text{mm}^2$，$\eta = 0.7$，$\gamma = 1.5$，

$\eta\gamma f A_l = 0.7 \times 1.5 \times 1.30 \times 69120 = 94.34 \times 10^3\text{N} = 94.34\text{kN}$

$N_l = 2 \times \{1.2 \times 5.50 + [1.4 \times 5.0 + 1.2 \times (5.0 + 1.08)] \times 1.272\} = 2 \times \{6.60 + 18.18\}$
$= 49.56\text{kN} < 94.34\text{kN}(\eta\gamma f A_l)$，满足要求。

3. 挑梁自身设计

$M_{\max} = M_{0v} = 19.97\text{kN·m}$，$V_{\max} = V_0 = 1.2 \times 5.50 + 1.2 \times [1.4 \times 5.0 + (5.0 + 1.08)] \times 1.20] = 23.76\text{kN}$。按此以钢筋混凝土受弯构件算得挑梁应配置纵向筋 2 Φ 16，箍筋

$\phi 6@200$。

【例 33-4】 某三层楼入口处雨篷尺寸及做法如图 33-16。雨篷板作用有恒载 3.0kN/m^2，活载 0.7kN/m^2（均标准值）。支承雨篷的外纵墙另侧为楼梯间，楼梯构件不能作为雨篷的抗倾覆荷载。试对此雨篷作抗倾覆验算。

解

假设雨篷板厚 $h=80\text{mm}$，雨篷梁 $b_b h_b=370\text{mm}\times 300\text{mm}$，$l_1=370\text{mm}<2.2h_b$，故 $x_0=0.13l_1=48.1\text{mm}\approx 0.048\text{m}$。

1. 倾覆荷载的活载有两种可能：0.7kN/m^2 或作用雨篷板外边缘的一个施工集中荷载 1.0kN（荷载规范规定在验算挑檐雨篷倾覆时沿板宽每隔 $2.5\sim 3\text{m}$ 考虑一个集中荷载 1.0kN，但计算其承载力时则需沿板宽每隔 1m 考虑一个集中荷载 1.0kN）。故计算 M_{0v} 时要考虑两种情况：

a) $M_{0v}=(1.2\times 3.0\times 2.8\times 1.048^2/2)+(1.4\times 0.7\times 2.8\times 1.048^2/2)=7.04\text{kN}\cdot\text{m}$

b) $M_{0v}=(1.2\times 3.0\times 2.8\times 1.048^2/2)+(1.4\times 1.0\times 1.048)=7.00\text{kN}\cdot\text{m}$。取 $M_{0v}=7.04\text{kN}\cdot\text{m}$ 进行验算。

2. 抗倾覆荷载按图 33-16 所示外纵墙体（其自重标准值为 7.37kN/m^2）考虑。若雨篷为现浇钢筋混凝土构件，则安装用临时支撑要在全部结构工程完工时才能拆除，这时抗

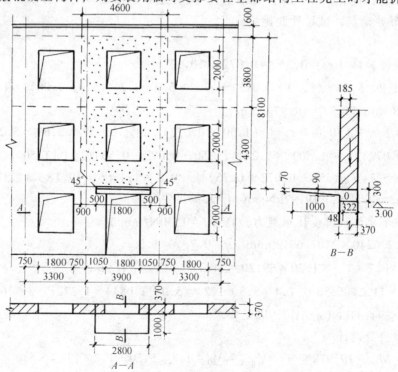

图 33-16

倾覆荷载理应取雨篷板面以上 8.10m 墙高计算；若雨篷为预制构件，其安装用临时支撑在二层结构工程完工后即可拆除，则应取雨篷板面以上 4.30m 的墙高进行计算。若按后一种情况进行抗倾覆验算就能满足要求时，可不必再按前一种情况计算。故

$G_r = [4.30 \times 4.60 - (2 \times 0.9^2/2) - 2.0 \times 1.8] \times 7.37 + (0.37 \times 0.30 \times 2.80 \times 25)$
$= 121.05 \text{kN}$

$M_r = 0.8 \times 121.05 \times (0.185 - 0.048) = 13.27 \text{kN} \cdot \text{m} > 7.04 \text{kN} \cdot \text{m}$，满足要求。

第 34 章 砌体结构房屋抗震设计[1]

震害调查表明，砌体结构房屋因砌体材料的延性很差，破坏时呈脆性，故其抗地震的性能很弱。无筋砌体结构房屋在地震烈度为 6 度时就有少数轻微损坏，7 度时大多数有轻微损坏，8 度时大多数损坏、少数破坏，9 度时许多破坏、少数倾倒，10 度时许多倾倒，11、12 度时普遍毁坏。但是，震害调研也表明，砌体结构房屋只要进行抗震设计、采取合理的抗震措施、确保施工质量，仍能有效地应用于地震设防区。因此，了解砌体结构房屋在地震作用下的一些常见破损现象，对合理地进行它的抗震设计是十分重要的。

34.1 砌体结构房屋几种常见地震损坏形态

地震时，首先到达地面的是纵波，表现为房屋的颠簸，房屋受到竖向地震作用；随之而来的是横波和面波，表现为房屋的摇晃，房屋受到水平地震作用。震中区附近，竖向地震作用明显，房屋先受颠簸使结构松散，接着在受到水平地震作用时就容易破坏和倒塌。离震中较远地区，竖向地震作用往往可忽略，房屋损坏的主要原因是水平地震作用。

水平地震作用下的破损形态有以下几类：

1. 墙体交叉裂缝（图 34-1a）

这主要是由于地震时施加于墙体的往复水平地震剪力与墙体本身所受竖向压力引起的主拉应力过大而产生的剪切破坏裂缝。由于裂缝起因为主拉应力过大，故呈倾斜阶梯状；又由于地震水平剪力是往复的，故呈交叉状。墙体开裂后，裂缝两侧砌体间由于存在摩擦力仍能吸收地震能量并逐渐消耗在砌体间滑移错位的变形过程中。若这时砌体破碎过多，墙体将丧失承载力而倒塌。通常则是在墙体开裂后刚度减小，房屋周期加长，导致水平地震力减小，因而更多地表现为墙体上具有很宽的交叉裂缝而房屋却并不倒塌。7～8 度地震区，这种交叉裂缝在内外纵横墙上、窗间墙上时有发生，裂缝宽度有时可达 10 余厘米。交叉裂缝发生的规律是：底层墙体比顶层严重；层数多层高大的墙体比层数少层高小的严重；砂浆强度低的墙体比砂浆强度高的严重，顶层墙体使用低强度砂浆时裂缝往往很明显。

---

[1] 本章仅侧重介绍多层砌体房屋的抗震设计和构造措施，底部框架、内框架房屋见《建筑抗震设计规范》。配筋混凝土砌块砌体剪力墙结构可称作"预制装配整体式的混凝土剪力墙结构"，其受力性能和现浇混凝土剪力墙结构很相似，其抗震计算及构造要求详见《砌体结构设计规范》、《建筑抗震设计规范》和《混凝土结构设计规范》相应规定。

2. 转角墙及内外墙连接处的破损（图 34-1b、c）

这种破损往往表现在内外墙连接处的竖向裂缝、房屋四周转角处三角形或菱形墙体崩落、外纵墙大面积倒塌等。它们主要是由于内外墙连接处和房屋四周转角处刚度较大，必然吸收较多的地震能量，以及当房屋质量中心与刚度中心偏离引起扭转而在房屋四周和端部产生过大复合应力的缘故。这类破损的规律是：纵墙承重房屋比横墙承重房屋严重；墙体平面布置不规则、不对称时比规则、对称时严重；内外墙不设置圈梁时比设置时严重；房屋四角开有较大洞口，设置空旷房间或楼梯间时更严重；砌体施工质量差尤其内外墙咬接差时严重。

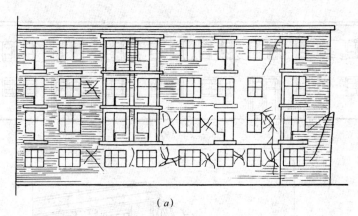

(a)

(b)

(c)

图 34-1

(a) 交叉裂缝；(b) 竖向裂缝；(c) 转角墙体崩落

3. 空旷房间墙体的破损（图 34-2a）

开间大的外墙和房屋顶层大房间的墙体，往往受弯剪或水平弯曲而使墙体发生通长水平裂缝。这是由于房间大，抗震墙体相距较远，地震剪力不能通过楼（层）盖直接传给这些墙体，部分或大部分水平地震作用要由垂直于水平地震作用方向的墙体承担，而这些墙体平面外的刚度小，砌体的抗弯强度低的缘故。这类破损，在7、8度地震区的砌体结构房屋中时有发生。它大体有以下一些规律：空旷房间的外纵墙或山墙破损严重；楼（层）盖错层、房屋平面凹凸变化处、墙体在门窗洞口过分被削弱处破损严重。

4. 碰撞损坏（图 34-2b）

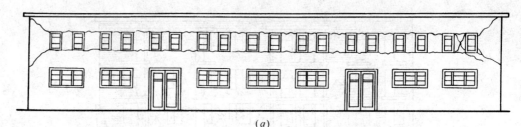

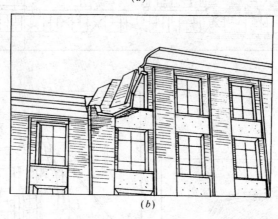

图 34-2
(a) 通长水平裂缝；(b) 碰撞损坏

无论伸缩缝还是沉降缝，当缝宽未满足防震缝宽度要求时，变形缝两侧房屋因振动频率和振幅不同会引起互相碰撞，导致两侧房屋发生局部损坏。

5. 突出屋面楼、电梯间、附墙烟囱、女儿墙等附属结构的破损

这是由于地震的动力作用使得在房屋突出部位产生"鞭鞘效应"使水平地震剪力放大而引起的。破损的严重程度与突出屋面结构面积的大小有关，突出部分的面积相对于下层面积愈小，破损愈严重。

6. 砌体结构房屋楼盖的破损

震害调查表明，现浇钢筋混凝土楼盖的整体性好，与墙体连接紧密，一般震害较轻、

但是预制楼盖的楼板、梁均有在往复水平地震作用下与墙体连接脱落引起破坏甚至房屋倒塌的大量实例。这主要是因为板、梁在墙体上的支承长度不够的缘故。在横墙承重房屋中，预制板与外纵墙无可靠拉结，还有发生当外纵墙一旦在横向水平地震作用下被甩出，带动靠外纵墙的部分横墙和楼板一起跌落引起房屋局部倒塌的可能。震害调查还表明，设置在楼盖标高处的钢筋混凝土或砖配筋圈梁在保证墙体的整体性和墙体与预制板梁的连接方面起重要作用。无圈梁砌体结构房屋在地震时的损坏程度，远较有圈梁的相应房屋严重得多。

7. 门窗过梁的损坏

砖砌平拱、弧拱过梁对变形极为敏感，在地震时易形成端头的倒八字裂缝和跨中的竖向裂缝，甚至引起局部倒塌；而在一般情况下，钢筋混凝土过梁优于钢筋砖过梁，钢筋砖过梁又优于砖砌平拱、弧拱过梁。各种过梁，凡位于房屋尽端处，其损坏都比位于房屋中部的严重，而且上层房屋尽端处的过梁比下层损坏严重。

8. 设有钢筋混凝土构造柱时墙体的损坏

现浇钢筋混凝土构造柱与圈梁一起构成墙体的边框，形成砖墙和钢筋混凝土框架的组合结构，具有很大的抗变形能力。在往复的水平地震作用下，这类墙体通常还可能发生交叉裂缝，但由于构造柱的存在，墙体裂缝的宽度不会很大。当水平地震剪力很大时，钢筋混凝土构造柱也可能破损，其位置一般在柱头附近，现象是破损处混凝土崩裂、钢筋屈曲，同时墙体裂缝两侧的滑移错位加大，交叉裂缝显著变宽，但却能防止墙体倒塌。

34.2 砌体结构房屋的抗震构造措施

砌体结构房屋的抗震构造措施要遵循下列抗震设计基本要求：(1) 房屋平立面布置宜规则、对称，沿房屋高度的质量分布和刚度变化宜均匀，楼层不宜错层；(2) 房屋所在场地宜选择有利地段和较好的场地土，避开不利地段和较弱的场地土，基础设计应考虑与上部结构相一致的结构体系；(3) 抗震结构体系应有明确的计算简图和合理的地震作用传递的途径，宜有多道抗震防线，具备必要的承载能力、良好的变形能力和耗能能力；宜有合理的刚度和强度分布，以避免因局部削弱或突变形成薄弱部位，产生过大的应力或塑性变形集中；(4) 抗震构件除应有必要的承载能力和变形能力外，还必须保证构件间具有可靠的连接；(5) 应按规定设置钢筋混凝土圈梁和构造柱。

《建筑抗震设计规范》（简称抗震规范，下同）经过大量的震害调查、试验和理论分析提出砌体结构房屋抗震的一般规定和构造措施如下。

34.2.1 一般规定

1. 砌体结构房屋高度、层高、高宽比限制

砌体结构房屋层数愈多、总高度愈大、层高愈高、高宽比愈大，房屋所受的地震作用效应愈大，由房屋整体弯曲在墙体中产生的附加应力也愈大，震害可能愈严重。同时，由

于我国当前砌体材料的强度等级较低，房屋层数愈多高度愈大，将使墙体截面加厚、结构自重和地震作用都将相应加大，对抗震十分不利。故提出砌体结构房屋总高度、层数和高宽比的限值如下：

多层砌体房屋总高度（m）、层数和高宽比限值　　　　表34-1

多层砌体房屋	最小墙厚(mm)	烈度							
		6		7		8		9	
		高度	层数	高度	层数	高度	层数	高度	层数
普通砖	240	24	八	21	七	18	六	12	四
多孔砖	240	21	七	21	七	18	六	12	四
多孔砖	190	21	七	18	六	15	五	/	/
小砌块	190	21	七	21	七	18	六	/	/
最大高宽比		2.5		2.5		2		1.5	

注：1. 房屋的总高度指室外地面到主要屋面板板顶或檐口的高度，半地下室从地下室室内地面算起，全地下室和嵌固条件好的半地下室应允许从室外地面算起；对带阁楼的坡屋面应算到山尖墙的1/2高度处；
2. 室内外高差大于0.6m时，房屋总高度应允许比表中数据适当增加，但不应多于1m；
3. 小砌块砌体房屋不包括配筋混凝土小型空心砌块砌体房屋；
4. 单面走廊房屋的总宽度不包括走廊宽度；
5. 建筑平面接近正方形时，其高宽比宜适当减小。

对医院、教学楼等横墙较少的多层砌体房屋，总高度应比表34-1的规定降低3m，层数相应减少一层；各层横墙很少的多层砌体房屋，还应根据具体情况再适当降低总高度和减少层数（横墙较少是指同一楼层内开间大于4.2m的房间占该层总面积的40%以上）；横墙较少的多层砖砌体住宅楼，当按规定采取加强措施并满足抗震承载力要求时，其高度和层数仍可采用表中允许值。表中普通砖、多孔砖和小砌块砌体承重房屋的层高还不应超过3.6m，也即房屋高度是采用双控的办法加以控制。

2．多层砌体房屋的结构体系

（1）由于纵墙承重方案的横墙间距较大，不利于抗震，故应优先采用横墙承重或纵横墙共同承重的结构体系。

（2）纵横墙体布置要均匀对称，平面内横墙宜对齐，沿竖向应上下连续，同一轴线墙体各窗间墙宽度宜均匀。其目的是使地震作用能较均匀地分配到各个墙肢，不致使个别墙肢受力过分集中，同时尽量避免房屋平面内和层间高度方向的扭转。

（3）当房屋立面高差超过6m，或有错层且楼板高差较大，或房屋各部分结构刚度、质量截然不同时，在8、9度地震设防区，宜在该房屋的上述部位设置防震缝。防震缝应沿房屋全高设置（基础处可不设），缝两侧均应设置墙体，缝宽一般为50～100mm。

（4）楼梯间因其墙体缺少各层楼板的侧向支承，且其顶层墙体高度一般为1.5倍层高，往往在地震时遭受较重的震害，故不宜设置在房屋尽端和转角处，也不宜突出于外纵墙平面之外。

(5) 不宜采用无锚固的钢筋混凝土预制挑檐。不应使烟道、风道、垃圾道削弱承重墙体，否则应对被削弱的墙体采取加强措施。如必须做出屋面或附墙烟囱时，宜采用竖向配筋砌体。

3．抗震横墙最大间距限制

在横向水平地震作用下，砌体结构房屋的楼（屋）盖和横墙是主要抗侧力构件。它们要同时满足传递横向水平地震作用时承载力和水平刚度的要求。抗震规范对不同类别楼（屋）盖的抗震横墙最大间距加以限制的目的，主要是为了使楼（屋）盖具有传递地震作用给横墙的水平刚度。多层砌体结构房屋抗震横墙的间距不应超过表34-2的要求。

多层砌体房屋抗震横墙最大间距（m）　　　　　　　表34-2

楼（屋）盖类别	烈度			
	6度	7度	8度	9度
现浇或装配整体式钢筋混凝土	18	18	15	11
装配式钢筋混凝土	15	15	11	7
木	11	11	7	4

注：顶层最大横墙间距允许适当放宽；表中木楼、屋盖的规定，不适用于小砌块砌体房屋。

4．墙体局部尺寸限制

表34-3为多层砌体结构房屋局部尺寸的限值，这是经地震区的宏观调查资料分析得到的。规定局部尺寸限值的目的在于防止因这些部位的失效从而造成整栋结构的破坏甚至倒塌。当采取增设构造柱等措施时，表34-3规定可适当放宽。

房屋的局部尺寸限值（m）　　　　　　　表34-3

部　位	烈度			
	6	7	8	9
承重窗间墙最小宽度	1.0	1.0	1.2	1.5
承重外墙尽端至门窗洞边的最小距离	1.0	1.0	1.2	1.5
自承重外墙尽端至门窗洞边的最小距离	1.0	1.0	1.0	1.0
内墙阳角至门窗洞边的最小距离	1.0	1.0	1.5	2.0
无锚固女儿墙（非入口处）的最大高度	0.5	0.5	0.5	—

34.2.2　抗震构造措施

1．钢筋混凝土构造柱

钢筋混凝土构造柱与墙体组合构件的荷载位移曲线（图34-3）表明，构造柱虽然对提高墙体开裂的作用不大，但可使墙体的承载力提高10%～30%（显然与墙体高度 h、宽度 b、竖向压力 q、开洞大小及位置有关），这说明构造柱对阻止墙体开裂后的继续滑移错位、延缓墙体剥落、提高墙体变形能力作用很大。因此，抗震规范规定多层普通砖、多孔砖房的构造柱应设置在受地震作用较大、连接构造薄弱和易于应力集中的部位，如表34-4所示。

砖房构造柱设置要求　　　　　　　　　　　　　　　表34-4

房屋层数				各种层数和烈度均设置的部位	随层数或烈度变化而增设的部位
6度	7度	8度	9度		
四、五	三、四	二、三		外墙四角、错层部位横墙与外纵墙交接处、较大洞口两侧、大房间内外墙交接处	7、8度时，楼、电梯间的四角；隔15m或单元横墙与外纵墙交接处
六、七	五	四	二		隔开间横墙（轴线）与外墙交接处，山墙与内纵墙交接处；7～9度时，楼、电梯间的四角
八	六、七	五、六	三、四		内墙（轴线）与外墙交接处，内墙的局部较小墙垛处；7～9度时，楼、电梯间的四角；9度时，内纵墙与横墙（轴线）交接处

外廊式和单面走廊式的多层房屋，应根据增加一层后的层数查表34-4设置构造柱，且单面走廊两侧的纵墙均应按外墙处理。

对教学楼、医院等横墙较少的房屋，也应按增加一层后的层数查表设置构造柱；如同时又是外廊式或单面走廊式时，则应先按有外廊或单面走廊的多层房屋，以增加一层后的层数查表设置构造柱，但增加后的层数当6、7、8度相应不超过四、三、二层时，则应按增加二层后的层数查表设置构造柱。

构造柱的主要作用是约束墙体的变形，其截面面积不一定很大，但必须与各层纵横墙的圈梁连接，如无钢筋混凝土圈梁则应以现浇钢筋混凝土板带代替，也即竖向的构造柱在楼（屋）盖水平面上至少要与两个方向的圈梁（或现浇板带）相交，如图34-4所示。

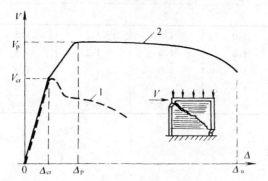

图34-3　构造柱与墙体组合构件荷载—位移曲线
1—无构造柱墙体；2—有构造柱墙体；V_p—构造柱墙体最大承载剪力（柱头开裂）；V_{cr}—墙体开裂时的剪力

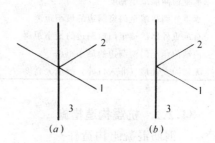

图34-4
(a) 外纵墙与横墙交接；(b) 房屋转角处
1、2—圈梁；3—构造柱

构造柱可不另设基础，但应伸入室外地面下 500mm，或与埋深小于 500mm 的基础圈梁相连（图 34-5a、b）。

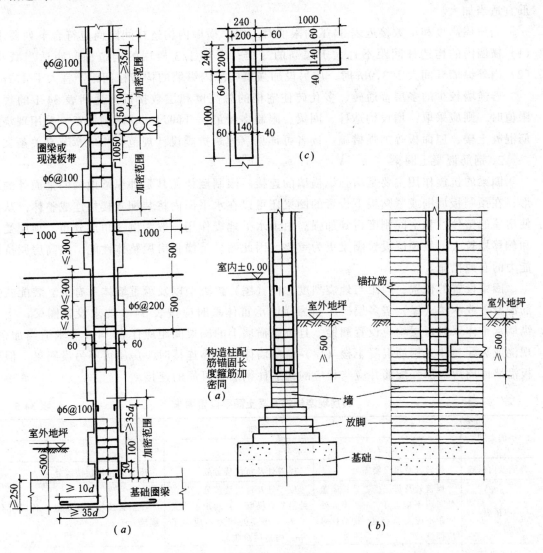

图 34-5
(a) 构造柱配筋要求；(b) 构造柱基底埋固要求；(c) 构造柱与墙连接

构造柱最小截面尺寸为 240mm×180mm，角柱可适当增加，纵筋采用 4ϕ12（角柱用 4ϕ14）。构造柱与圈梁连接处其纵筋应穿过圈梁，确保上下贯通。箍筋采用ϕ6，间距不宜大于 250mm，柱上下端 ≥H/6（H 为层高）及 ≥450mm 范围内箍筋间距宜加密至100mm。构造柱应先砌墙后浇筑混凝土，连接处应砌成大马牙槎以便加强整体性和便于检查。构造柱沿墙高每隔 500mm 设 2ϕ6 拉结钢筋，每边伸入墙内不宜小于 1000mm，如

图 34-5（a）、（c）所示。当 7 度超过六层、8 度超过五层和 9 度时，构造柱的纵筋宜适当加粗（4Φ14）箍筋宜适当加密（间距不应大于 200mm）、房屋四周构造柱截面尺寸及配筋宜适当加大。

当房屋高度和层数接近表 34-1 的限值时，纵、横墙内构造柱间距尚应符合下列要求：
(1) 横墙内的构造柱间距不宜大于层高的二倍；下部 1/3 楼层的构造柱间距适当减小；
(2) 当外纵墙开间大于 3.9m 时，应另设加强措施，内纵墙的构造柱间距不宜大于 4.2m。

若横墙较少的多层普通砖、多孔砖住宅楼的总高度和层数接近或达到表 34-1 的规定限值时，则应采取：增设构造柱、圈梁、限制房屋最大开间尺寸、限制洞宽、采用现浇钢筋混凝土楼、屋面板等加强措施。读者可详见《建筑抗震设计规范》相应章节有关条文。

2. 钢筋混凝土圈梁

圈梁的抗震作用主要是增强纵横墙的连接，限制墙体尤其是外纵墙山墙的平面外的变形；在预制板周围或紧贴板下设置的圈梁还可以在水平面内将装配式楼板连成整体，从而使房屋的整体性和空间刚度得到加强。由于水平地震作用一般为倒三角形分布，顶层受力和侧移均较大，故顶层设置圈梁更为重要。因此圈梁是增强房屋整体性能，提高房屋抗震能力的有效措施。

圈梁设置的位置、间距与地震烈度、楼（屋）盖类型以及承重墙体系有关。装配式钢筋混凝土或木楼（屋）盖多层砖房当为横墙承重体系时应按表 34-5 要求设置圈梁；当为纵墙承重体系时每层均应设置圈梁，且抗震横墙上的圈梁间距应比表 34-5 要求适当加密；现浇或装配整体式钢筋混凝土楼（屋）盖与墙体有可靠连接时，房屋可不另设圈梁，但楼板沿墙体周边应加强配筋并应与相应的构造柱钢筋有可靠的连接。

砖房现浇钢筋混凝土圈梁设置要求　　　　　　　　表 34-5

墙的类别	烈　　度		
	6、7	8	9
外墙及内纵墙	屋盖处及每层楼盖处	屋盖处及每层楼盖处	屋盖处及每层楼盖处
内横墙	屋盖处及每层楼盖处；屋盖处间距不应大于 7m；楼盖处间距不应大于 15m；构造柱对应部位	屋盖处及每层楼盖处；屋盖处沿所有横墙，且间距不应大于 7m；楼盖处间距不应大于 7m；构造柱对应部位	屋盖处及每层楼盖处；各层所有横墙
最小纵筋	4Φ10	4Φ12	4Φ14
最大箍筋间距	250	200	150

圈梁在平面上应封闭，当遇有洞口被切断时需另加附加圈梁，其搭接要求同非地震区砌体结构设置圈梁时的构造要求。圈梁宜与预制板设置在同一标高处或紧靠板底。圈梁如在表 34-5 所要求的间距内无横墙时，应利用梁或在板缝中设置配筋板带替代圈梁。钢筋混凝土圈梁的截面高度不应小于 120mm，配筋要求见表 34-5（因地基土质很差，或严重

不均匀增设的基础圈梁，其截面高度不应小于180mm，配筋不应少于4ϕ12）。

3. 墙体间拉结

对于地震设防烈度为7度长度大于7.2m的大房间的外墙转角及内外墙交接处，以及对于地震设防烈度为8、9度的房屋外墙转角及内外墙交接处均应沿墙高每隔500mm配置2ϕ6拉结钢筋，并伸入墙内不宜小于1m（图34-6）。

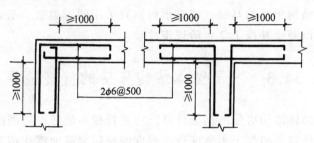

图 34-6

后砌的自承重砌体隔墙应沿墙高每隔500mm配置2ϕ6拉结钢筋与承重墙或柱连接，每边伸入墙内不小于500mm。当设防烈度为8、9度时，长度大于5.0m的后砌自承重砌体隔墙的墙顶尚应与楼板或梁拉结。

4. 楼（屋）盖梁板与墙柱间连接

（1）现浇钢筋混凝土楼板或屋面板伸进纵横墙内的长度，均不宜小于120mm。

（2）装配式钢筋混凝土楼板或屋面板，当圈梁未设在板同一标高时，板端伸进外墙的长度不应小于120mm，伸进内墙的长度不应小于100mm，在梁上不应小于80mm。

（3）当板的跨度大于4.8m并与外墙平行时，靠外墙的预制板侧边应与墙或圈梁拉结（图34-7a）。楼（屋）盖的钢筋混凝土梁或屋架，应与墙、柱、构造柱、圈梁有可靠的连接（图34-7b）。梁与砖柱的连接不应削弱砖柱截面，各层独立砖柱顶部应在两个方向均有可靠连接（图34-7c）。

（4）房屋端部大房间的楼盖，8度时房屋的屋盖和9度时房屋的楼、屋盖，当圈梁设在板底时，钢筋混凝土预制板应相互拉结，并与梁、墙或圈梁拉结（图34-7d）。

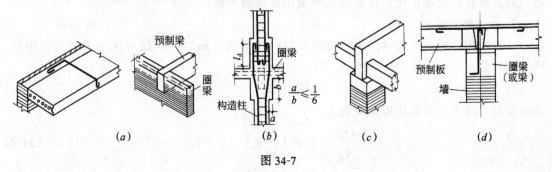

图 34-7

(5) 突出屋顶的楼、电梯间、构造柱应伸到顶部,并与顶部圈梁连接,内外墙交接处应沿墙高每500mm设2ϕ6拉结钢筋,且每边伸入墙内不应小于1m。

(6) 楼梯间、坡屋顶、门窗洞口过梁、预制阳台、后砌的自承重砌体隔墙等,《规范》作了明确的规定,详见《规范》相应条文。

5. 基础

防震缝间同一结构单元的基础(或桩承台)宜采用同一类型,基础底面宜埋置在同一标高上,否则应增设圈梁并按1:2台阶逐步放坡。

34.3 多层砌体结构房屋的抗震验算

原则上,多层砌体结构房屋的抗震计算,应进行按本地区设防烈度的地震作用下的构件截面抗震承载力计算,和高于本地区设防烈度的预估罕遇地震作用下的构件弹塑性变形验算的二次设计。由于目前对变形验算尚缺乏足够数据,故只能采用按本地区设防烈度对砌体构件进行弹性截面抗震承载力验算,而对罕遇地震作用下的构件弹塑性变形则通过抗震措施特别是防止倒塌的措施加以控制。

34.3.1 水平地震作用的计算

1. 基本假定

(1) 考虑到砌体结构房屋主要震害是由水平地震加速度反应引起的,故一般情况下只需计算水平地震作用下结构构件的内力;

(2) 水平地震作用分别沿房屋的两个主轴方向进行,每个方向的水平地震作用全部由平行于地震作用方向的墙体承受,即按横向(由横墙承受)和纵向(由纵墙承受)分别进行验算;

(3) 多层砌体房屋在水平地震作用下的计算简图可将各层楼盖及顶层屋盖简化为若干质点的多质点受力体系,如图34-8所示;

(4) 当房屋高度不超过40m,以剪切变形为主且质量和刚度沿高度分布比较均匀时,可以假定地震时各质点的加速度反应分布与质点所在高度成正比,计算方法可采用底部剪力法。

2. 水平地震作用

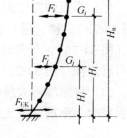

图 34-8

(1) 采用底部剪力法时,多质点体系的砌体结构房屋的各楼层可仅考虑一个自由度。该结构的总水平地震作用标准值 F_{Ek} 按下式确定:

$$F_{Ek} = \alpha_1 G_{eq} \tag{34-1}$$

其中质点 i 的水平地震作用标准值为

$$F_i = \frac{G_i H_i}{\sum_{j=1}^{n} G_j H_j} F_{Ek}(1-\delta_n) \quad i=1,2,\cdots n \tag{34-2}$$

顶部附加水平地震作用为

$$\Delta F_n = \delta_n F_{Ek} \tag{34-3}$$

式中　　α_1——相应于结构基本自振周期的水平地震影响系数值,多层砌体房屋、多层内框架砖房取 $\alpha_1 = \alpha_{max}$;关于 α_1 的计算公式和 α_{max} 取值详见本书第 21 章;

G_{eq}——结构等效总重力荷载,多质点体系取总重力代表值的 85%;

H_i、H_j、G_i、G_j——分别为质点 i、j 的计算高度和集中于 i、j 的重力荷载代表值,后者取 100% 恒载,50%～80%(指书库)楼面活载,50% 雪载;

δ_n——顶部附加地震作用系数,多层内框架砖房可采用 0.2,其他砖房不考虑。

在求得各质点的水平地震作用 F_i 后,即可得到楼层水平地震剪力 V_i,即

$$V_i = \sum_{j=1}^{n} F_j \tag{34-4}$$

(2) 突出屋面附属物的水平地震作用效应

根据本章 34.1 节曾讨论突出屋面附属物的震害及其鞭梢效应的概念,抗震验算时可将突出部分的顶盖作为一个质点,与其他各质点一起按底部剪力法求 F_i。在验算突出屋面附属物的墙体时,需将求得的水平地震作用效应 F_n 乘以增大系数 3,所增大部分不往下层传递。女儿墙可假设在其高度 1/2 处作为一个质点按底部剪力法求 F_n,其余同上。

34.3.2 楼层水平地震剪力在本层墙体间的分配

求得集中在各楼(屋)盖处的水平地震剪力 V_i 后,必须将 V_i 在本层墙体间进行分配,才能根据分配后的水平地震剪力验算各墙体的截面抗震承载力。

1. 横向水平地震作用层间水平地震剪力分配

由基本假定可知,横向水平地震作用由横墙承受。若第 i 层求得的层间水平地震剪力为 V_i,则分配到该层第 m 横墙肢的水平地震剪力 V_{im} 可按下述三种情况进行计算:

(1) 当为现浇或装配整体式钢筋混凝土楼(屋)盖等刚性楼盖时,可认为楼(屋)盖的水平刚度极大,在横向水平地震作用下仅发生平面内的整体平移,所有横墙作为它的弹性支座也发生相同的水平位移 Δ,如图 34-9(a)所示,因此,层间各横墙所承受的水平地震剪力按其等效刚度的比例分配。为此,需先求得层间各横墙的抗侧移刚度。

1) 墙肢抗侧移刚度 D

当在一横墙肢(高 h、宽 b、厚 t、砌体弹性模量 E)顶端作用一单位力 $P=1$ 时,沿作用力方向的顶端位移 δ 可分为两部分:由弯曲变形产生的位移 δ_1 和由剪切变形产生的位移 δ_2。

则

$$\delta = \delta_1 + \delta_2 = \frac{Ph^3}{12EI} + \frac{\xi Ph}{GA} \tag{34-5}$$

式中　ξ——剪应力分布不均匀系数,矩形截面取 1.2;

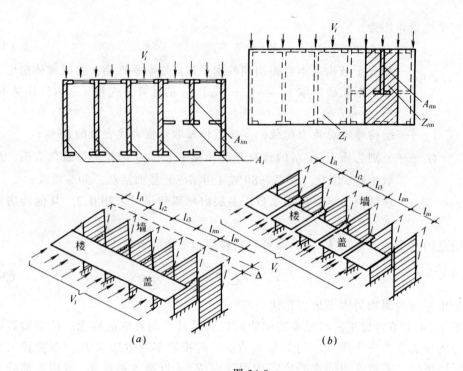

图 34-9
（a）刚性楼盖时；（b）柔性楼盖时

G——砌体剪变模量，取 $0.3E$ [1]。

以 $A = tb$，$I = tb^3/12$，$\rho = h/b$ 代入 (34-5) 式可得，

$$\delta = (\rho^3 + 4\rho)/Et \tag{34-6}$$

故

$$D = Et/(\rho^3 + 4\rho) \tag{34-7}$$

在对墙肢进行抗震验算时可作如下简化：

a）$\rho < 1$ 时，只考虑剪切变形，$D = Et/4\rho$；b）$1 \leqslant \rho \leqslant 4$ 时，应同时考虑剪切和弯曲变形，$D = Et/(\rho^3 + 4\rho)$；c）$\rho > 4$ 时，认为该墙肢的抗侧移刚度可忽略不计。

2）第 i 层第 m 横墙的水平地震剪力 V_{im} 为：

$$V_{im} = \frac{D_{im}}{\sum\limits_{j=1}^{r} D_{ij}} V_i \tag{34-8}$$

若层间各横墙都属于只考虑剪切变形的情况，且材料、厚度、层高都相同时，则各横墙分配到的水平地震剪力为

---

[1] 《砌体结构设计规范》（GB 50003—2001）第 3.2.5 条指出砌体的剪变模量可按砌体弹性模量的 0.4 倍。本书沿用以往抗震设计经验仍取 0.3 倍。请读者自行考虑采用。

$$V_{im} = \frac{A_{im}}{\sum_{j=1}^{r} A_{ij}} V_i = \frac{A_{im}}{A_i} V_i \tag{34-9}$$

式中 D_{im}、A_{im}——第 i 层第 m 横墙的抗侧移刚度和净截面面积；

　　　A_i、r——分别为第 i 层全部横墙的总净截面面积和总数量。

（2）当为木楼（屋）盖等柔性楼盖时，由于其水平刚度很差，可将楼（屋）盖视作支承在横墙上的多跨简支梁（图34-9b）。各横墙所承担的水平地震剪力可按本横墙从属面积上重力荷载代表值的比例分配，即

$$V_{im}' = \frac{G_{im}}{G_i} V_i \tag{34-10}$$

如楼（屋）盖重力荷载均匀分布，可简化为只按从属部分面积的比例分配，即

$$V_{im} = \frac{Z_{im}}{Z_i} V_i \tag{34-11}$$

式中 G_{im}、G_i——分别为第 i 层第 m 横墙和第 i 层所有横墙所承担的重力荷载代表值；

　　　Z_{im}、Z_i——分别为第 i 层第 m 横墙从属部分的面积和第 i 层总面积。

（3）当为普通预制板的装配式钢筋混凝土楼（屋）盖时，各横墙分配到的水平地震剪力可取上述（1）、（2）两种情况的平均值，即

$$V_{im} = \frac{1}{2}\left(\frac{A_{im}}{A_i} + \frac{Z_{im}}{Z_i}\right) V_i \tag{34-12}$$

或

$$V_{im} = \frac{1}{2}\left(\frac{A_{im}}{A_i} + \frac{G_{im}}{G_i}\right) V_i \tag{34-13}$$

2. 纵向水平地震作用层间水平地震剪力分配

由纵向水平地震作用求得的纵向层间水平地震剪力，全部由内外纵墙承受，方法同横墙，不另赘述。通常由于纵向墙体的间距较小，水平刚度较大，为简化计算，往往可按纵墙墙肢净截面面积与纵墙总净截面面积的比值 A_{im}/A_i 进行分配。

34.3.3 墙体截面抗震承载力验算

1. 无筋墙体（普通砖、多孔砖）截面抗震受剪承载力按下式验算

$$V \leqslant f_{vE} A / \gamma_{RE} \tag{34-14}$$

式中 V——墙体剪力设计值，由分配到该墙体的水平地震剪力标准值乘以水平地震作用分项系数 $\gamma_{Eh} = 1.3$ 求得；

　　　γ_{RE}——承载力抗震调整系数，多层砌体房屋（受剪）墙体取 $\gamma_{RE} = 1.0$，当墙体两端均有钢筋混凝土构造柱时，$\gamma_{RE} = 0.9$；

　　　A——所验算墙体的横截面净面积；

　　　f_{vE}——砌体沿阶梯形截面破坏的抗震抗剪强度设计值：

$$f_{vE} = \zeta_N f_v \tag{34-15}$$

f_v——非抗震设计的砌体抗剪强度设计值,按本篇第30章表30-3取用;
ζ_N——砌体抗震抗剪强度的正应力影响系数按表34-6查取。

砌体强度的正应力影响系数　　　　　表34-6

砌体类别	σ_0/f_v							
	0.0	1.0	3.0	5.0	7.0	10.0	15.0	20.0
普通砖、多孔砖	0.80	1.00	1.28	1.50	1.70	1.95	2.32	
小砌块		1.25	1.75	2.25	2.60	3.10	3.95	4.8

注:σ_0为对应于重力荷载代表值的砌体截面平均压应力。

(34-15)式及表34-6表明,砌体的抗震抗剪强度可因正应力的作用而提高,其提高值与砌体类别及σ_0/f_v有关。

2. 当上述砌体经由式(34-14)验算墙体截面抗震受剪承载力不能满足要求时,通常可采用水平配筋墙体(普通砖、多孔砖),其截面抗震受剪承载力可按式(34-16)验算;必要时,可计入设置于墙段中部、截面不小于240mm×240mm且间距不大于4m的构造柱对受剪承载力的提高作用(一般情况下仅考虑墙段两端的构造柱对承载力的影响,用γ_{RE}反映其对墙体的约束作用见(34-14)式)。其简化计算公式见式(34-17)。

(1)水平配筋普通砖、多孔砖墙体截面抗震受剪承载力计算见式(34-16)

$$V \leqslant \frac{1}{\gamma_{RE}}(f_{vE}A + \zeta_s f_y A_s) \tag{34-16}$$

式中　A——墙体横截面面积,多孔砖取毛截面面积;
　　　f_y——钢筋抗拉强度设计值;
　　　A_s——层间墙体竖向截面的钢筋总截面面积,$A_s = \rho_s \cdot A$,ρ_s为水平钢筋面积配筋率,配筋率应满足$0.07\% \leqslant \rho_s \leqslant 0.17\%$;
　　　ζ_s——钢筋参与工作系数,按表34-7查用。

钢筋参与工作系数　　　　　表34-7

墙体高宽比	0.4	0.6	0.8	1.0	1.2
ζ_s	0.10	0.12	0.14	0.15	0.12

(2)砖砌体和钢筋混凝土构造柱组合墙的截面抗震受剪承载力计算见式(34-17)。

$$V \leqslant \frac{1}{\gamma_{RE}}[\eta_c f_{vE}(A - A_c) + \zeta f_t A_c + 0.08 f_y A_s] \tag{34-17}$$

式中　A_c——中部构造柱的横截面总面积(对横墙和内纵墙,$A_c > 0.15A$时,取$0.15A$;对外纵墙,$A_c > 0.25A$时,取$0.25A$);
　　　f_t——中部构造柱的混凝土轴心抗拉强度设计值;

A_s——中部构造柱的纵向钢筋截面总面积（配筋率不小于0.6%，大于1.4%时取1.4%）；

f_y——钢筋抗拉强度设计值；

ζ——中部构造柱参与工作系数，居中设一根时取0.5，多于一根时取0.4；

η_c——墙体约束修正系数；一般情况取1.0，构造柱间距不大于2.8m时取1.1。

【例34-1】 试验算本篇第32章图32-8所示某文化活动中心的纵横墙抗震承载力。该建筑的场地类别为Ⅱ类，所在地区设防烈度为8度，$\alpha_{max}=0.16$ 假设该建筑物的平立面设计、墙体布置均已满足8度时的抗震一般规定和构造措施。

解

1. 荷载：已知各部分荷载标准值如表34-8。

某文化活动中心各部分荷载标准值（除注明外均以 kN/m² 计） 表34-8

屋 盖		楼 盖		墙 体	门窗
恒载	活载	恒载	活载	5.24（240mm厚双面抹灰）	0.45
5.11（短向板及挑檐区）	0.30（雪）	3.43（短向板区）	2.50	7.77（370mm厚一面抹灰，一面水刷石）	
5.81（长向板区）		4.13（长向板区）			
		梁自重 2.86kN/m			

短向板区①~⑨轴线面积 371.52m²，长向板区⑨~⑩轴线面积 75.24m²，挑檐面积 72.45m²

荷载计算举例：

每层楼面荷载　$(3.43+0.5\times2.50)\times371.52+(4.13+0.5\times2.50)\times75.24+6\times2.86\times5.40=2236.35$kN

Ⓐ轴墙体自重　$7.77\times[3.60\times28.80-8\times(1.80\times1.80)]+0.45\times8\times(1.80\times1.80)=615.86$kN

算得屋面荷载 2876.37kN

二、三层墙体总重 4076.11kN，

底层墙体总重 5567.38kN，

故　$G_{eq}=0.85G_E=0.85(G_1+G_2+G_3)=0.85\times[(2236.35+4076.11/2+5567.38/2)+(2236.35+4076.11)+(2876.37+4076.11/2)]=15542.24$kN

表34-9

层数 i	G_i (kN)	H_i (m)	G_iH_i (kN·m)	$G_iH_i/\sum G_iH_i$	$F_i=(G_iH_i/\sum G_iH_i)F_{Ek}$ (kN)	$V_i=\sum_i^3 F_i$ (kN)
3	4914.43	11.90	58481.66	0.41	1019.57	1019.57
2	6312.46	8.30	52393.42	0.36	895.23	1914.80
1	7058.10	4.70	33173.07	0.23	571.96	2486.76

2. 求 F_{Ek}、F_i、V_i（图 34-10）

$$F_{Ek} = 0.16 \times 15542.24 = 2486.76 \text{kN}$$

F_i、V_i 的计算见表 34-9。

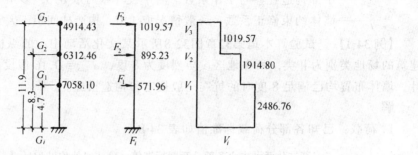

图 34-10

3. 横墙抗震承载力验算（MU10、M10、$f_v = 0.17 \text{N/mm}^2$）

取底层⑤轴横墙，由图 32-8 求得 $A_{1⑤} = (5.40 + 0.24) \times 0.24 \times 2 = 2.707 \text{m}^2$，$A_1 = 24.29 \text{m}^2$，$Z_{1⑤} = (5 \times 3.60 \times 5.40) + (2.5 \times 3.60 \times 2.10) = 116.10 \text{m}^2$，$Z_1 = 371.52 + 75.24 = 446.76 \text{m}^2$，$V_1 = 2486.76 \text{kN}$。

$$V_{1⑤} = \frac{1}{2} \times \left(\frac{2.707}{24.29} + \frac{116.10}{446.76}\right) \times 2486.76 = 462.38 \text{kN}, \quad V = 1.3 V_{1⑤} = 601.09 \text{kN}$$

作用在⑤轴横墙上的重力荷载代表值为

$N = (5.11 + 0.5 \times 0.30) \times 3.60 + 2 \times (3.43 + 0.5 \times 2.50) \times 3.60 + 5.24 \times (2 \times 3.60 + 4.70/2) = 102.68 \text{kN/m}$

$\sigma_0 = 102.68 \times 10^3 / 240 \times 10^3 = 0.428 \text{N/mm}^2$，$\sigma_0/f_v = 0.428/0.17 = 2.52$，查表得 $\zeta_N = 1.213$，$f_{vE} = \zeta_N/f_v = 1.213 \times 0.17 = 0.206 \text{N/mm}^2$，$f_{vE} A_{1⑤}/\gamma_{RE} = 0.206 \times 2.77 \times 10^6 / 1.0 = 570.62 \times 10^3 \text{N} = 570.62 \text{kN} < 601.09 \text{kN}$ 不满足要求。

4. 纵墙抗震承载力验算（$f_v = 0.17 \text{N/mm}^2$）

取底层Ⓐ轴外纵墙，由图 32-8 求得 $A_{1Ⓐ} = [(28.80 + 0.50) - 8 \times 1.8] \times 0.37 = 5.51 \text{m}^2$，$A_1 = 21.87 \text{m}^2$，$V_1 = 2486.76 \text{kN}$

$$V_{1Ⓐ} = \frac{5.51}{21.87} \times 2486.76 = 626.52 \text{kN},$$

由底层外纵墙立面图（图 34-11）可见，应对 c_2 窗间墙肢进行验算。c_2 窗间墙肢所承受的纵向水平地震剪力应按所有该外纵墙的窗间墙肢的抗侧移刚度进行分配：

$\rho_{c1} = 1.80/1.15 = 1.57$，$D_{c1} = Et/(\rho_{c1}^3 + 4\rho_{c1}) = 0.37E/10.50 = 0.036E$；

$\rho_{c2} = 1.80/1.80 = 1.0$，$D_{c2} = Et/(\rho_{c2}^3 + 4\rho_{c2}) = 0.37E/5 = 0.074E$；

$$V_{c2} = \frac{D_{c2}}{\sum D_c} V_{1Ⓐ} = \frac{0.074}{(2 \times 0.036 + 7 \times 0.074)} \times 626.52 = 78.58 \text{kN}$$

$$V = 1.3V_{c2} = 102.15\text{kN}$$

作用在Ⓐ轴 c_2 窗间墙肢上的重力荷载代表值为 $N_E = $ [$(2 \times 3.60 + 0.80) \times 3.60 - 2 \times 1.80 \times 1.80$] $\times 7.77 + (2 \times 1.80 \times 1.80) \times 0.45 = 176.34\text{kN}$,

$\sigma_0 = 176.34 \times 10^3/370 \times 1800 = 0.265\text{N/mm}^2$; $\sigma_0/f_v = 0.256/0.17 = 1.51$,

查表得 $\zeta_N = 1.07$, $f_{vE} = \zeta_N f_V = 1.07 \times 0.17 = 0.182\text{N/mm}^2$

$f_{vE}A/\gamma_{RE} = 0.182 \times 370 \times 1800/1.0 = 121.21 \times 10^3 \text{N} = 121.21\text{kN} > 102.15\text{kN}$, 满足要求。

5. 其余纵横墙地震承载力验算从略。

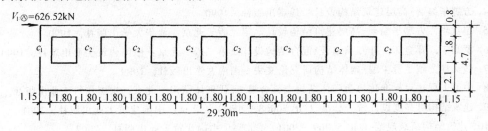

图 34-11

讨论：底层⑤轴横墙抗震抗剪承载力不满足时应采取什么措施？哪一种措施比较简便？

思 考 题

34.1 简述砌体结构房屋地震后有哪些破坏现象？是什么原因造成的？

34.2 简述砌体结构房屋不考虑地震作用和考虑地震作用时的楼（屋）盖方案、墙体布置、圈梁、构造柱、梁、板、墙节点等构造措施。两者有何不同？

34.3 抗震地区对砌体房屋的高度、层数、高宽比、横墙最大间距、房屋局部尺寸等有哪些要求和限制？为什么？

34.4 简述地震区砌体结构房屋墙体抗震承载力计算的步骤。

34.5 什么情况下多层砌体房屋可采用基底剪力法求地震剪力？荷载应如何考虑？什么叫做砌体强度的正应力影响系数 ζ_N？它与哪些因素有关？

34.6 抗震调整系数 γ_{RE} 的意义何在，与哪些因素有关？怎样取值？

34.7 层间水平地震剪力求得后怎样分配到各片墙上，又怎样分配到各墙肢上？水平地震剪力的分配主要与哪些因素有关？

34.8 怎样求墙体的抗侧移刚度 D，它与哪些因素有关？开有门窗洞口墙体的抗侧移刚度怎样求？什么情况下可以简化？

34.9 简述钢筋混凝土构造柱的作用和截面最小尺寸要求。它与墙、与圈梁、与预制（现浇）进深梁等连接有哪些构造措施和要求？构造柱与基础处连接有何特殊要求？

参 考 文 献

1. 滕智明,罗福午,施岚青编·钢筋混凝土基本构件(第二版).北京:清华大学出版社,1987
2. 中国建筑科学研究院编·钢筋混凝土结构设计与构造.1985
3. 罗福午主编·单层工业厂房结构设计.第二版.北京:清华大学出版社,1989
4. 方鄂华编著·高层建筑结构设计.地震出版社,1990
5. 包世华,方鄂华编著·高层建筑结构设计.第二版.北京:清华大学出版社,1990
6. 罗福午,郑金床,叶知满编著·混合结构设计.第二版.北京:中国建筑工业出版社,1990
7. 钱义良,施楚贤主编·砌体结构研究论文集.湖南大学出版社,1989
8. 中国工程建设标准化协会砌体结构委员会编·现代砌体结构.北京:中国建筑工业出版社,2000
9. 建筑结构可靠度设计统一标准(GB 50068—2001).北京:中国建筑工业出版社,2001
10. 建筑结构荷载规范(GB 50009—2001).北京:中国建筑工业出版社,2002
11. 混凝土结构设计规范(GB 50010—2002).北京:中国建筑工业出版社,2002
12. 砌体结构设计规范(GB 50003—2001).北京:中国建筑工业出版社,2002
13. 建筑抗震设计规范(GB 50011—2001).北京:中国建筑工业出版社,2001
14. 建筑地基基础设计规范(GB 50007—2002).北京:中国建筑工业出版社,2002
15. 高层建筑混凝土结构技术规程(JGJ 3—2002).北京:中国建筑工业出版社,2002
16. 钢结构设计规范(GB 50017—2003).北京:中国计划出版社,2003
17. 建筑结构构造资料集编委会编·建筑结构构造资料集(上、下册).北京:中国建筑工业出版社,1989
18. 冶金工业厂房钢筋混凝土柱设计规程(YS 09—78);冶金工业厂房钢筋混凝土屋架设计规程(YS 03—77);冶金工业厂房钢筋混凝土吊车梁设计规程(YS 06—78).冶金工业出版社,1982、1983
19. 第一机械工业部第一设计院主编.建筑结构设计手册(排架计算).北京:中国工业出版社,1971
20. 砌体工程施工质量验收规范(GB 50203—2002).北京:中国建筑工业出版社,2002
21. 建设部关于国家标准《砌体结构设计规范》局部修订的公告(第67号),2002
22. 林同炎等·结构概念和体系.第二版.北京:中国建筑工业出版社,1999
23. B.S.培拉纳特[美]·高层建筑钢混凝土组合结构设计.北京:中国建筑工业出版社,1999
24. J.A.Amrhein[美]·配筋砌体工程手册(第五版节译).北京:北京市建设委员会,1996
25. 徐有邻,周氏编著·混凝土结构设计规范理解与应用.北京:中国建筑工业出版社,2002

高校土木工程专业指导委员会规划推荐教材（经典精品系列教材）

征订号	书名	定价	作者	备注
V16537	土木工程施工（上册）（第二版）	46.00	重庆大学、同济大学、哈尔滨工业大学	21世纪课程教材、"十二五"国家规划教材、教育部2009年度普通高等教育精品教材
V16538	土木工程施工（下册）（第二版）	47.00	重庆大学、同济大学、哈尔滨工业大学	21世纪课程教材、"十二五"国家规划教材、教育部2009年度普通高等教育精品教材
V16543	岩土工程测试与监测技术	29.00	宰金珉	"十二五"国家规划教材
V18218	建筑结构抗震设计（第三版）（附精品课程网址）	32.00	李国强 等	"十二五"国家规划教材、土建学科"十二五"规划教材
V22301	土木工程制图（第四版）（含教学资源光盘）	58.00	卢传贤 等	21世纪课程教材、"十二五"国家规划教材、土建学科"十二五"规划教材
V22302	土木工程制图习题集（第四版）	20.00	卢传贤 等	21世纪课程教材、"十二五"国家规划教材、土建学科"十二五"规划教材
V21718	岩石力学（第二版）	29.00	张永兴	"十二五"国家规划教材、土建学科"十二五"规划教材
V20960	钢结构基本原理（第二版）	39.00	沈祖炎 等	21世纪课程教材、"十二五"国家规划教材、土建学科"十二五"规划教材
V16338	房屋钢结构设计	55.00	沈祖炎、陈以一、陈扬骥	"十二五"国家规划教材、土建学科"十二五"规划教材、教育部2008年度普通高等教育精品教材
V15233	路基工程	27.00	刘建坤、曾巧玲 等	"十二五"国家规划教材
V20313	建筑工程事故分析与处理（第三版）	44.00	江见鲸 等	"十二五"国家规划教材、土建学科"十二五"规划教材、教育部2007年度普通高等教育精品教材
V13522	特种基础工程	19.00	谢新宇、俞建霖	"十二五"国家规划教材
V20935	工程结构荷载与可靠度设计原理（第三版）	27.00	李国强 等	面向21世纪课程教材、"十二五"国家规划教材
V19939	地下建筑结构（第二版）（赠送课件）	45.00	朱合华 等	"十二五"国家规划教材、土建学科"十二五"规划教材、教育部2011年度普通高等教育精品教材
V13494	房屋建筑学（第四版）（含光盘）	49.00	同济大学、西安建筑科技大学、东南大学、重庆大学	"十二五"国家规划教材、教育部2007年度普通高等教育精品教材
V20319	流体力学（第二版）	30.00	刘鹤年	21世纪课程教材、"十二五"国家规划教材、土建学科"十二五"规划教材
V12972	桥梁施工（含光盘）	37.00	许克宾	"十二五"国家规划教材
V19477	工程结构抗震设计（第二版）	28.00	李爱群 等	"十二五"国家规划教材、土建学科"十二五"规划教材
V20317	建筑结构试验	27.00	易伟建、张望喜	"十二五"国家规划教材、土建学科"十二五"规划教材
V21003	地基处理	22.00	龚晓南	"十二五"国家规划教材
V20915	轨道工程	36.00	陈秀方	"十二五"国家规划教材

续表

征订号	书名	定价	作者	备注
V21757	爆破工程	26.00	东兆星 等	"十二五"国家规划教材
V20961	岩土工程勘察	34.00	王奎华	"十二五"国家规划教材
V20764	钢-混凝土组合结构	33.00	聂建国 等	"十二五"国家规划教材
V19566	土力学（第三版）	36.00	东南大学、浙江大学、湖南大学、苏州科技学院	21世纪课程教材、"十二五"国家规划教材、土建学科"十二五"规划教材
V20984	基础工程（第二版）（附课件）	43.00	华南理工大学	21世纪课程教材、"十二五"国家规划教材、土建学科"十二五"规划教材
V21506	混凝土结构（上册）——混凝土结构设计原理（第五版）（含光盘）	48.00	东南大学、天津大学、同济大学	21世纪课程教材、"十二五"国家规划教材、土建学科"十二五"规划教材、教育部2009年度普通高等教育精品教材
V22466	混凝土结构（中册）——混凝土结构与砌体结构设计（第五版）	56.00	东南大学、同济大学、天津大学	21世纪课程教材、"十二五"国家规划教材、土建学科"十二五"规划教材、教育部2009年度普通高等教育精品教材
V22023	混凝土结构（下册）——混凝土桥梁设计（第五版）	49.00	东南大学、同济大学、天津大学	21世纪课程教材、"十二五"国家规划教材、土建学科"十二五"规划教材、教育部2009年度普通高等教育精品教材
V11404	混凝土结构及砌体结构（上）	42.00	滕智明 等	"十二五"国家规划教材
V11439	混凝土结构及砌体结构（下）	39.00	罗福午 等	"十二五"国家规划教材
V21630	钢结构（上册）——钢结构基础（第二版）	38.00	陈绍蕃	"十二五"国家规划教材、土建学科"十二五"规划教材
V21004	钢结构（下册）——房屋建筑钢结构设计（第二版）	27.00	陈绍蕃	"十二五"国家规划教材、土建学科"十二五"规划教材
V22020	混凝土结构基本原理（第二版）	48.00	张誉 等	21世纪课程教材、"十二五"国家规划教材
V21673	混凝土及砌体结构（上册）	37.00	哈尔滨工业大学、大连理工大学等	"十二五"国家规划教材
V10132	混凝土及砌体结构（下册）	19.00	哈尔滨工业大学、大连理工大学等	"十二五"国家规划教材
V20495	土木工程材料（第二版）	38.00	湖南大学、天津大学、同济大学、东南大学	21世纪课程教材、"十二五"国家规划教材、土建学科"十二五"规划教材
V18285	土木工程概论	18.00	沈祖炎	"十二五"国家规划教材
V19590	土木工程概论（第二版）	42.00	丁大钧 等	21世纪课程教材、"十二五"国家规划教材、教育部2011年度普通高等教育精品教材
V20095	工程地质学（第二版）	33.00	石振明 等	21世纪课程教材、"十二五"国家规划教材、土建学科"十二五"规划教材
V20916	水文学	25.00	雒文生	21世纪课程教材、"十二五"国家规划教材
V22601	高层建筑结构设计（第二版）	45.00	钱稼茹	"十二五"国家规划教材、土建学科"十二五"规划教材
V19359	桥梁工程（第二版）	39.00	房贞政	"十二五"国家规划教材
V23453	砌体结构（第三版）	32.00	东南大学、同济大学、郑州大学合编	21世纪课程教材、"十二五"国家规划教材、教育部2011年度普通高等教育精品教材